# 中国古代建筑史

## （第二版）

建筑科学研究院建筑史编委会组织编写

刘 敦 桢 主编

中国建筑工业出版社

**图书在版编目（CIP）数据**

中国古代建筑史/刘敦桢主编；中国科学研究院建筑
史编委会组织编写. —2版. —北京：中国建筑工业出版
社，2005（2025.5重印）
ISBN 978-7-112-01929-8

Ⅰ.中…　Ⅱ.①刘…②中…　Ⅲ.建筑史-中国-古
代　Ⅳ.TU-092.2

中国版本图书馆 CIP 数据核字（2005）第 029299 号

本书是一本关于中国古代建筑历史的理论著作，简要而系统地叙述了
我国古代建筑的发展和成就，并引证了大量的文献资料和实物记录，可供
建筑专业工程技术人员，各级领导干部和大专院校师生阅读参考。

\* \* \*

责任编辑：乔　匀　杨谷生

# 中 国 古 代 建 筑 史

（第二版）

建筑科学研究院建筑史编委会组织编写

刘敦桢　主编

\*

中国建筑工业出版社出版、发行(北京西郊百万庄)

各地新华书店、建筑书店经销

北京君升印刷有限公司印刷

\*

开本：850×1168 毫米　1/16　印张：27　插页：20　字数：734 千字
1984 年 6 月第二版　　2025 年 5 月第五十二次印刷

定价：**88.00** 元

ISBN 978-7-112-01929-8

（40313）

# 说　明

　　我国是一个地大物博，历史悠久的文明古国。我们的祖先给我们留下了丰富多彩的建筑遗产。中国古建筑在世界上形成了独特的建筑体系，在世界古代建筑史中占据着重要的地位。

　　新中国成立后，中国建筑史的研究工作有了很大的发展。1959年建筑科学研究院建筑理论及历史研究室组织了中国建筑史编辑委员会，开始编写《中国古代建筑史》，历时七年，前后修改八次。在这本书的编写过程中，组织了我国有关院校、文化、历史、考古等单位对建筑史有研究的人员，广泛搜集资料，征求意见，进行多次的讨论和修改，完成了这本书的编写工作。应该说，这是一份集体研究的成果，是一部集体的创作。刘敦桢同志从开始到成稿主持了编写工作，发扬了严谨认真的学风，付出了不少精力和心血。梁思成同志参加了编委会的领导，也是第六次稿本的主编之一，并在1965年主持了最后一稿的审定，对本书的编写起了积极的作用。由于各方面的努力，集思广益，终于完成了这部具有较高学术水平的建筑史书。

　　本书简要而系统地叙述了我国古代建筑的发展和成就，引证了大量的文献资料和实物记录，文字简要，叙事详明，资料图片丰富，附图质量较好，有不少资料是过去未曾发表的，在目前同类书和资料中是较好的一部，对建筑历史研究工作和建筑教学工作都具有参考价值。

　　本书成稿于1966年以前，搁置时间较久，不免有不完善之处，比如，编写时虽力求运用辩证唯物主义和历史唯物主义的观点来总结各个历史时期建筑发展的过程和规律，但仍感有不足之处；全书偏重于记叙，对源流变迁的论述还不够；对建筑的艺术方面比较侧重，对建筑的技术方面则注意不够；限于史料，对某些历史时期的建筑活动的论述仍属空白等等。这些正是今后编写建筑史需要继续研究的问题。

　　这次出版，只对原稿作了一些必要的修改或订正，保持了书稿的原貌。为尽快付印出版，以应急需，对近年来考古及建筑研究的新资料未加增补。

国家建委建筑科学研究院

一九七八年三月

# 目　录

# 绪　　论

中国是一个土地辽阔、资源丰富、人口众多的国家，也是一个由多民族所组成、具有悠久的历史文化而又富于革命传统的伟大国家。中华民族各族之间，由于长期间经济和文化的交流、融合而共同发展壮大。在建筑方面，汉族建筑分布范围最广，数量最多，同时各民族的建筑又有若干独自的特点，呈现着丰富多彩的面貌。

建筑是人类基本实践活动之一，也是人类文化的一个组成部分。中国的木构架建筑远在原始社会末期已经开始萌芽，经过奴隶社会到封建社会初期，由于各种需要和各族劳动人民的不断努力，累积了丰富的经验，逐步形成为一个独特的建筑体系。接着在漫长的封建社会里，从个体建筑、建筑组群到城市规划，创造了很多优秀的作品。这些作品虽然具有一定的历史局限性，但都是古代劳动人民的智慧结晶，反映着当时中国建筑在技术上和艺术上的成就，是中国古代文化也是人类建筑宝库中的一份珍贵的遗产。

## 第一节　自然条件对中国古代建筑的影响

中国位于亚洲的东南部，东南滨海而西北深入大陆内部，面积约960万平方公里。中国的地形是西部和北部高，向东、南部逐渐低下；其中有世界最高的康藏高原和峭壁深谷的西南横断山脉，有坡陀起伏的丘陵地区，有面积辽阔的沙漠和草原，有土壤肥沃的冲积平原，也有河流如织的水乡。中国的气候，从南到北包括热带、亚热带、温带和亚寒带。一般来说，东南多雨，夏秋之间常有台风来袭，而北方冬春二季为强烈的西北风所控制，比较干旱。但在同一纬度上的各地，又因地形差别而气候不同：内陆高原往往寒暑相差较大，沿海地区则温差较小，但富于变化。

在这些自然条件不同的地区内，古代劳动人民因地制宜，因材致用，创造了各种不同风格的建筑。黄河中游一带，由于肥沃的黄土层既厚且松，能用简陋的工具从事耕种，因而在新石器时代后期，人们在这里定居下来，发展农业，成为中国古代文化的摇篮。当时这一带的气候比现在温暖而湿润，生长着茂密的森林，木材就逐渐成为中国建筑自古以来所采用的主要材料。为了抵御严寒，北方的房屋朝向采取南向，以便冬季阳光射入室内，并使用火炕与较厚的外墙和屋顶，建筑外观厚重庄严。在温暖潮湿的南方，房屋多采取南向或东南向，以接受夏季凉爽的海风，或在房屋下部用架空的干阑式构造，流通空气，减少潮湿；建筑材料除木、砖、石外，还利用竹与芦苇；墙壁薄，窗户多；建筑风格轻盈疏透，与前述北方建筑恰成鲜明的对比。此外，在石料丰富的山区，每用石块、石条和石板建造房屋；森林地区则往往使用井干式壁体。为了防御野兽侵袭，也有使用干阑式构造的。这些差别说明，在同一民族的建筑中，又因不同地区的自然条件，产生了各种各样的特点。

## 第二节　中国古代建筑发展的几个阶段

中国境内，在距今约五十万年前的旧石器时代初期，原始人群曾利用天然崖洞作为居住处所。到旧石器时代后期，即距今约五万年以前，中国原始社会开始进入母系氏族公社时期。新石器时代，黄河中游的氏族部落，在利用黄土层为壁体的土穴上，用木架和草泥建造简单的穴居和浅穴居，逐步发展为地面上的房屋，形成聚落。

公元前二十一世纪出现了中国历史上第一个皇朝——夏。中国的奴隶社会从夏朝起开始形成和发展，到商朝后期创造了灿烂的青铜文化，经过西周到春秋时代结束为止，前后约计一千六百年。建筑方面，商朝已有较成熟的夯土技术。它的后期，建造了规模相当大的宫室和陵墓，和当时奴隶居住的穴居对照，强烈地表现了阶级对立的情况。西周以后，春秋时代的统治阶级营建很多以宫室为中心的大小城市，城壁用夯土筑造，宫室多建在高大的夯土台上。原来简单的木构架，经商周以来的不断改进，已成为中国建筑的主要结构方式。随着奴隶制的发展建筑上也出现了等级制度[1]、[2]，并有了以管理工程为专职的"司空"[3]，后来各朝代在这基础上发展为中国特有的工官制度。

中国大致在战国时代进入封建社会[4]。铁器的广泛使用大大推动了生产力的发展；新兴的地主经济逐渐取代了领主经济。这种新的生产方式促进了当时的工农业、商业和文化的发展，从而使战国时代的城市规模比以前扩大，高台建筑更为发达，并出现了砖和彩画。在中国最早的一部工程技术专著《考工记》中，还反映出春秋战国之际的许多重要建筑制度，如王城规划思想以及版筑、道路、门墙和主要宫室内部的标准尺度，记录了一些工程测量的技术。秦灭六国，建立统一的中央集权的封建皇朝，修建了空前规模的宫殿、陵墓、万里长城、驰道和水利工程等。不久农民革命摧毁了秦朝，继起的西汉建都长安，高台建筑仍然盛行，可是东汉的洛阳宫室已很少使用这种建筑了。从文献和其他遗物可以看出，东汉建筑取得了很多进展，如当时已大量使用成组的斗栱，木构楼阁逐步增多，砖石建筑也发展起来，砖券结构有了较大发展。汉末营建的邺城，在城市分区方面比长安、洛阳也有所改进。中国古代建筑作为一个独特的体系，在汉朝已经基本上形成了。

从晋朝的建立和东晋南迁，到南北朝结束为止的 316 年间，是中国历史上充满民族斗争和民族融合的时代。晋初黄河流域战争频繁，破坏了农业生产，但长江流域保持比较安静的局面，生产和文化不断上升。这个时期的建筑有不少新的发展。如北魏洛阳都城规划的布局原则在汉末邺城的传统上逐步推进，作为都城中心的皇宫，其位置偏向北移，并在城外设立东西二市[5]、[6]。这时统治阶级利用道教和佛教作为精神的统治工具，因而宗教建筑特别是佛教建筑大量兴建，出现了许多巨大的寺、塔、石窟和精美的雕塑与壁画。这些作品是当时工匠们在中国原有建筑艺术的基础上，吸收一定的外来影响而创造的辉煌成就。

隋朝统一全国后，开凿贯通南北的大运河，促进以后千余年间中国南北地区的物质和文化的交流与发展，也影响到以后几个朝代首都地址的选择。隋朝首都大兴城，依据详密的规划进行建设，它的规模宏巨、分区明确与街道整齐都超过了前代的都城。由于农业和各种手工业的迅速发展，带动了商业与文化、艺术，并扩大国际贸易和文化交流，促成许多内陆与沿海城市的繁荣。唐朝以长安为西京，洛阳为东京，而长安在隋大兴城的基础上继续经营，成为当时世界上最大的城市。这时期遗存下来的陵墓、木构殿堂、石窟、塔、桥及城市宫殿的遗址，无论布局或造型都具有较高的艺术和技术水平，雕塑和壁画尤为精美，不但显示唐代建筑是中国封建前期建筑的高峰，并证明中国封建社会的建筑已经发展到成熟的阶段了。

宋朝最初和契丹族的辽对峙于华北的北部，到公元十二世纪初，女真族的金灭辽，进而压迫宋朝退到淮河以南，但在经济和文化方面，宋朝居于先进地位。宋初期扩大耕种面积，改进水利灌溉，手工业的分工更加细密，国内商业和国际贸易相当活跃，中等城市的数量比前增多，城市生活较前更为繁荣。北宋的首都东京（今开封），随着手工业和商业的发展需要，在晚唐以后改变了汉以来历代都城采用的封闭式里坊制度，改为沿街设店的方式。宫殿寺庙等为统治阶级服务的建筑群在布局上出现若干新手法，艺术形象趋向于柔和绚丽。装修、彩画和家具经过改进已基本定型，室内布置也开辟了新途径。这时期的木、砖、石结构也有不少新发展，并制订出以"材"为标准的模数制，使木构架建筑的设计与施工达到一定程度的规格化，公元十二世纪初编写的《营造法式》就是总结这些经验的重要文献。宋朝是中国封建社会建筑发生较大转变的时期，影响以后元、明、清二朝的建筑。

忽必烈灭宋，统一中国，建立了元朝。元朝的首都——大都虽然是按着汉族传统都城的布局建造起来的，但是随着各民族的文化交流，喇嘛教和伊斯兰教的建筑艺术逐步影响到全国各地，中亚各族的工匠也为工艺美术带来了很多外来因素，使汉族工匠在宋、金传统上创造的宫殿、寺、塔和雕塑等呈现着若干新的趋向。

明朝和后来的清朝，专制政治制度更加严密，可是资本主义在明朝后期已经萌芽，到清朝，经过曲折的道路，有了缓慢的发展，中国封建制度开始由停滞逐步走向解体的阶段。明朝由于制砖手工业的发展，除了增建规模宏大的长城和南北二京以外及中都，其它县城也都用砖包砌，民间建筑也多使用砖瓦。这时期的官式建筑已完全程式化、定型化，建筑装饰琐碎繁褥，但某些组群建筑的布局与形象颇富于变化，民间建筑的类型与数量较前加多，质量也有所提高，各民族的建筑也有了发展。同时，皇家和私人的园林在传统基础上创造一些新手法，留下了若干优秀作品。因此，明清建筑继汉、唐、宋建筑之后，成为中国封建社会建筑的最后一个高潮。

公元1840年鸦片战争以后，中国结束了长期的封建社会，进入半殖民地半封建社会的历史时期。

# 第三节　中国古代建筑的特点

中国古代建筑在以下几个方面形成自己的特点。

## 一、结　　构

中国古代建筑以木构架结构为主要的结构方式，创造了与这种结构相适应的各种平面和外观，从原始社会末期起，一脉相承，形成了一种独特的风格。中国古代木构架有抬梁、穿斗、井干三种不同的结构方式，抬梁式使用范围较广，在三者中居于首位。

抬梁式木构架至迟在春秋时代已初步完备，后来经过不断提高，产生了一套完整的做法。这种木构架是沿着房屋的进深方向在石础上立柱，柱上架梁，再在梁上重叠数层瓜柱和梁，最上层梁上立脊瓜柱，构成一组木构架（图1）。在平行的两组木构架之间，用横向的枋联络柱的上端，并在各层梁头和脊瓜柱上安置若干与构架成直角的檩。这些檩上除排列椽子承载屋面重量以外，檩本身还具有联系构架的作用。这样由两组木构架形成的空间称为"间"。一座房屋通常由二、三间乃至若干间，沿着面阔方向排列为长方形平面。除此以外，这种木构架结构还可以建造三角、正方、五角、六角、八角、圆形、扇面、万字、田字及其他特殊平面的建筑，和多层的楼阁与塔等。

中国封建社会的建筑，由于等级制度，使上述抬梁式木构架的组合和用料产生很多差别，其中最显著的就是只有宫殿、寺庙及其他高级建筑才允许在柱上和内外檐的枋上安装斗栱，所谓斗栱是在方形坐斗上用若干方形小斗与若干弓形的栱层叠装配而成（图2）。斗栱最初用以承托梁头、枋头，还用于外檐支承出檐的重量，后来才用于构架的节点上，而出檐的深度越大，斗栱的层数也越多。中国古代的匠师早就发现斗栱具有结构和装饰的双重作用。统治阶级也以斗栱层数的多少来表示建筑物的重要性，作为制定建筑等级的标准之一。至于斗栱的发展过程，至迟在周朝初期已有在柱上安置坐斗、承载横枋的方法。到汉朝，成组斗栱已大量用于重要建筑中，斗与栱的形式也不止一种。经过两

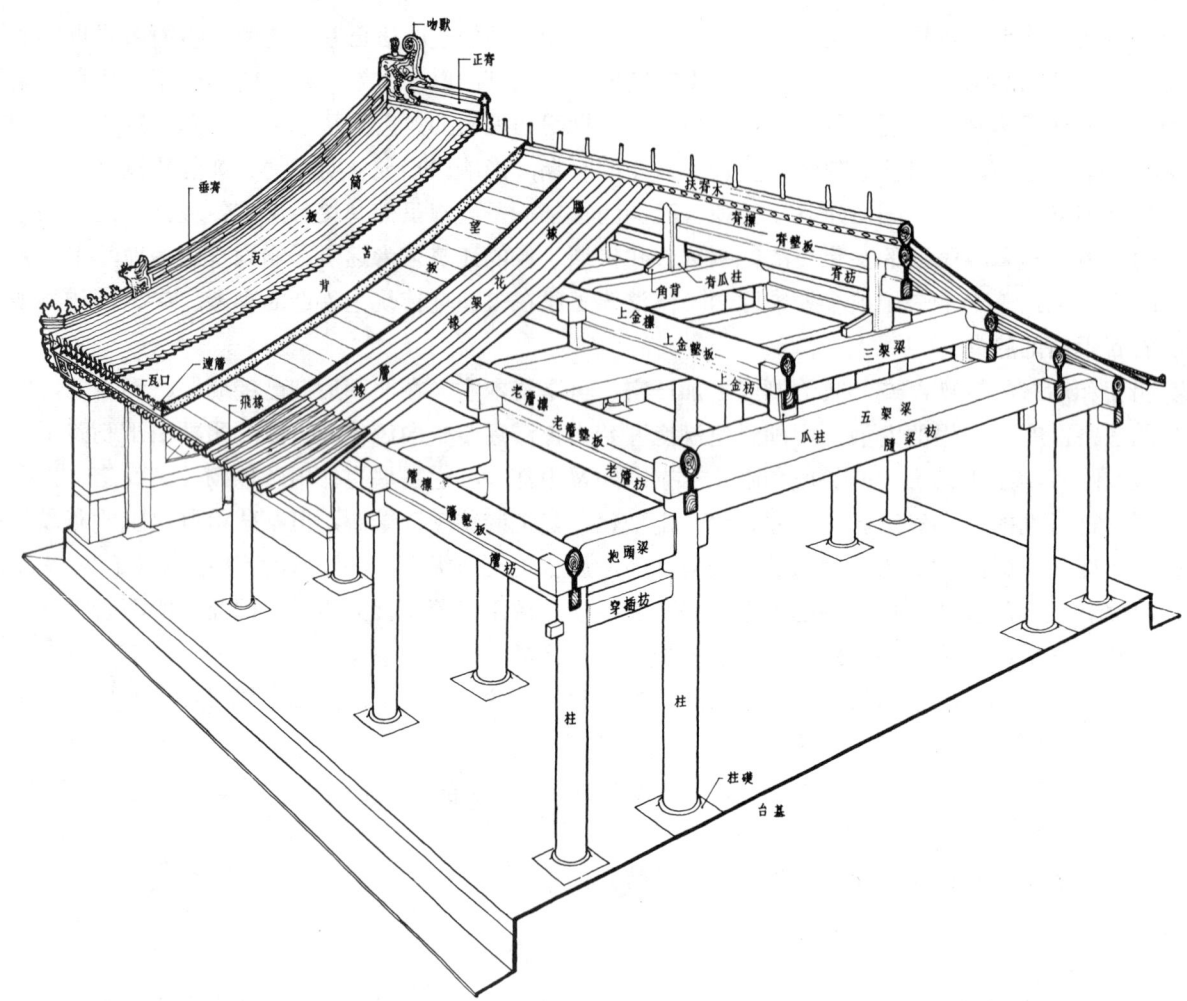

图 1　中国建筑木构架（清代七檩硬山大木小式）示意图

晋、南北朝到唐朝，斗栱式样渐趋于统一，并用栱的高度作为梁枋比例的基本尺度。后来匠师们将这种基本尺度逐步发展为周密的模数制，就是宋《营造法式》所称的"材"。"材"的大小共有八等，而"材"又分为十五分，以十分为其宽。根据建筑类型先定"材"的等级，然后构件的大小、长短和屋顶的举折都以"材"为标准来决定；因此，既简化了建筑设计手续，又便于估算工料和在场地进行预制加工，使多座房屋可齐头并进，提高施工速度，满足了统治阶级在短时间内建造大量 房 屋 的 要求。这种方法由唐宋沿袭到明清，前后千余年，由此可见斗栱在中国古代较高级的建筑中居于重要的地位。宋朝木构架的开间加大，柱身加高，房屋空间随之扩大，木构架节点上所用的斗栱逐步减少，这种趋向到明清二代更为显著。这就是高级抬梁式木构架结构及其艺术形象，由简单到复杂，再由复杂趋于简练的一个重要发展过程。明清两代的柱梁较唐宋大，而斗栱较唐宋小，而且排列较丛密，几乎丧失原来的结构机能成为装饰化构件了。

穿斗式木构架也是沿着房屋进深方向立柱，但柱的间距较密，柱直接承受檩的重量，不用架空的抬梁，而以数层"穿"贯通各柱，组成一组组的构架。它的主要特点是用较小的柱与"穿"，做成相当大的构架（图3）。这种木构架至迟在汉朝已经相当成熟，流传到现在，为中国南方诸省建筑所普遍采用，但也有在房屋两端的山面用穿斗式，而中央诸间用抬梁式的混合结构法。

井干式木构架是用天然圆木或方形、矩形、六角形断面的木料，层层累叠，构成房屋的壁体。据

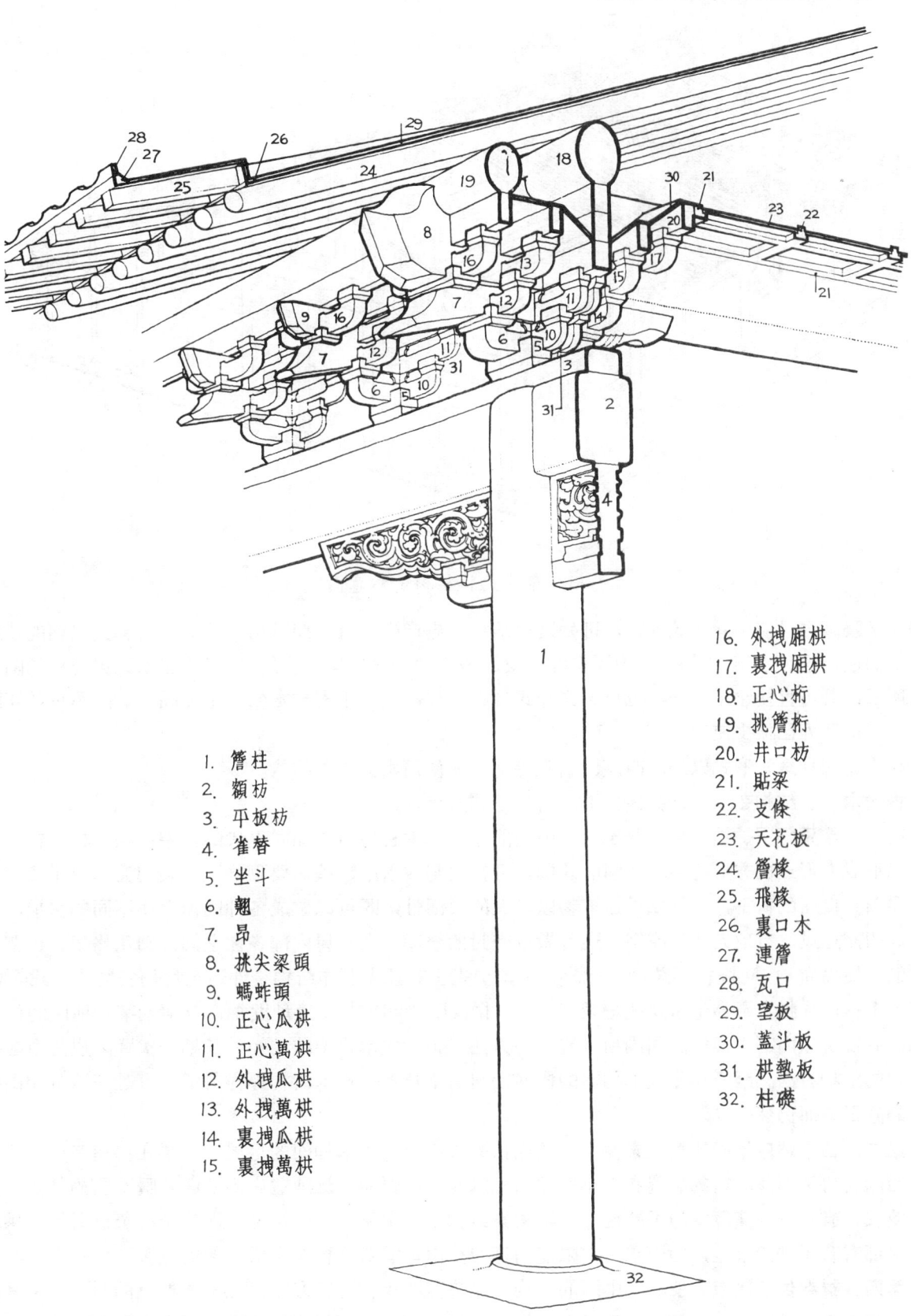

1. 簷柱
2. 額枋
3. 平板枋
4. 雀替
5. 坐斗
6. 翘
7. 昂
8. 挑尖梁頭
9. 蚂蚱頭
10. 正心瓜栱
11. 正心萬栱
12. 外拽瓜栱
13. 外拽萬栱
14. 裏拽瓜栱
15. 裏拽萬栱
16. 外拽廂栱
17. 裏拽廂栱
18. 正心桁
19. 挑簷桁
20. 井口枋
21. 貼梁
22. 支條
23. 天花板
24. 簷椽
25. 飛椽
26. 裏口木
27. 連簷
28. 瓦口
29. 望板
30. 蓋斗板
31. 栱墊板
32. 柱礎

图 2　中国古代建筑斗栱组合（清式五踩单翘单昂）

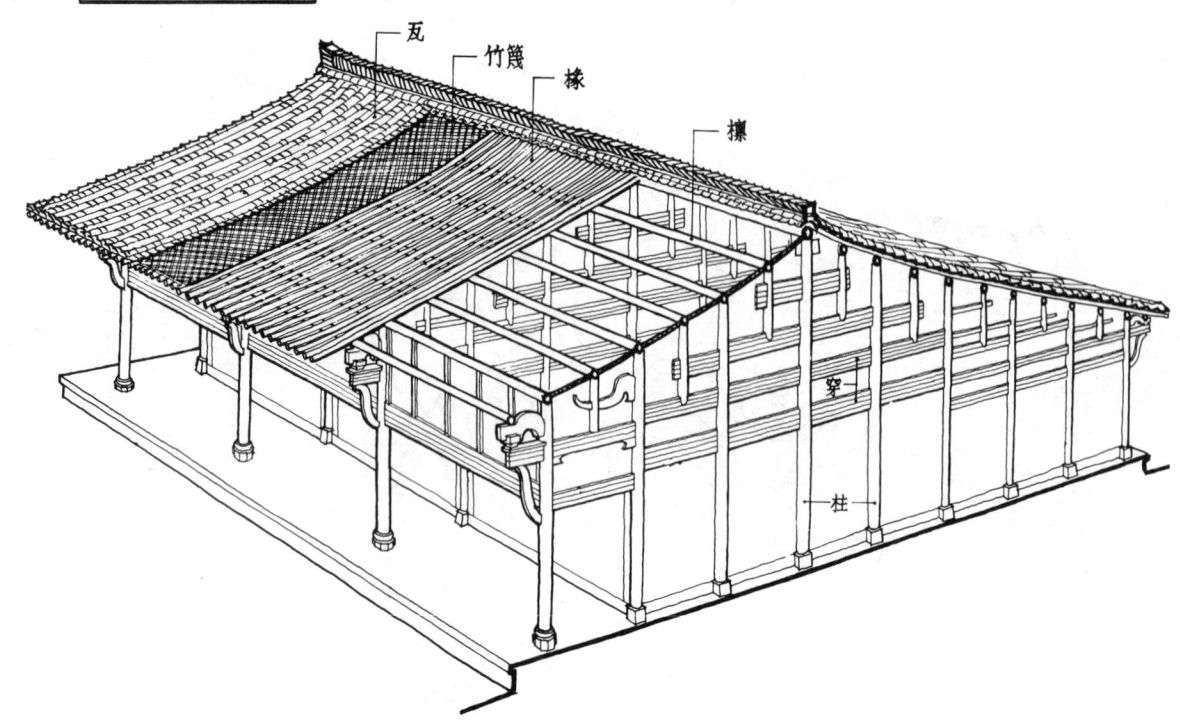

图 3  穿斗式构架构造示意图

商朝后期陵墓内已使用井干式木椁，可知这种结构法应产生于这时期以前。此后，周朝到汉朝的陵墓曾长期间使用这种木椁，汉初宫苑中还有井干楼。至于井干式结构的房屋，据汉代西南兄弟民族的随葬铜器所示，既可直接建于地上，也可象穿斗式构架一样，建于干阑式木架之上（图47），不过现在除少数森林地区外已很少使用。

在上述三种结构形式以外，西藏、新疆等地区还使用密梁平顶结构。

古代木构架结构在当时社会条件下，有如下一些优点：

**第一、承重与围护结构分工明确**    中国的抬梁式木构架结构如同现代的框架结构一样，在平面上可以形成方形或长方形柱网。柱网的外围，可在柱与柱之间，按需要砌墙壁，装门窗。由于墙壁不负担屋顶和楼面的荷重，这就赋予建筑物以极大的灵活性，既可以做成各种门窗大小不同的房屋，也可做成四面通风，有顶无墙的凉亭，还可做成密封的仓库。在房屋内部各柱之间，则用格扇、板壁等做成的轻便隔断物，可随需要装设或拆改。中国历史上有预先制作结构构件运至现场安装的记载[7]，也有若干拆运成批宫殿易地重建的记录[8~11]。据汉明器和唐长安遗址发掘以及清朝某些地区的住宅所示，有在房屋内部用梁柱而周围用承重墙的方法。抬梁式木构架结构经过长期间实践，成为中国建筑普遍的结构方法。至于穿斗式木构架的柱网处理虽不及抬梁式木结构那样灵活，可是在承重和围护结构的分工方面仍然一样。

**第二、便于适应不同的气候条件**    无论抬梁式或穿斗式木构架的房屋，只要在房屋高度、墙壁与屋面的材料和厚薄、窗的位置和大小等方面加以变化，便能广泛地适应各地区寒暖不同的气候。

**第三、有减少地震危害的可能性**    木构架结构由于木材具有的特性，而构架的节点所用斗栱和榫卯又都有若干伸缩余地，因而在一定限度内可减少由地震对这种构架所引起的危害。

**第四、材料供应比较方便**    中国的木构架建筑在防火、防腐方面虽然有着严重的缺点，可是在古代中国大部分地区内，木料比砖石更容易就地取材，可迅速而经济地解决材料供应问题，因此，木结构仍然广泛地用于一般建筑，此外还用于各种梁式、悬臂式和拱式桥梁（图 4 ）。

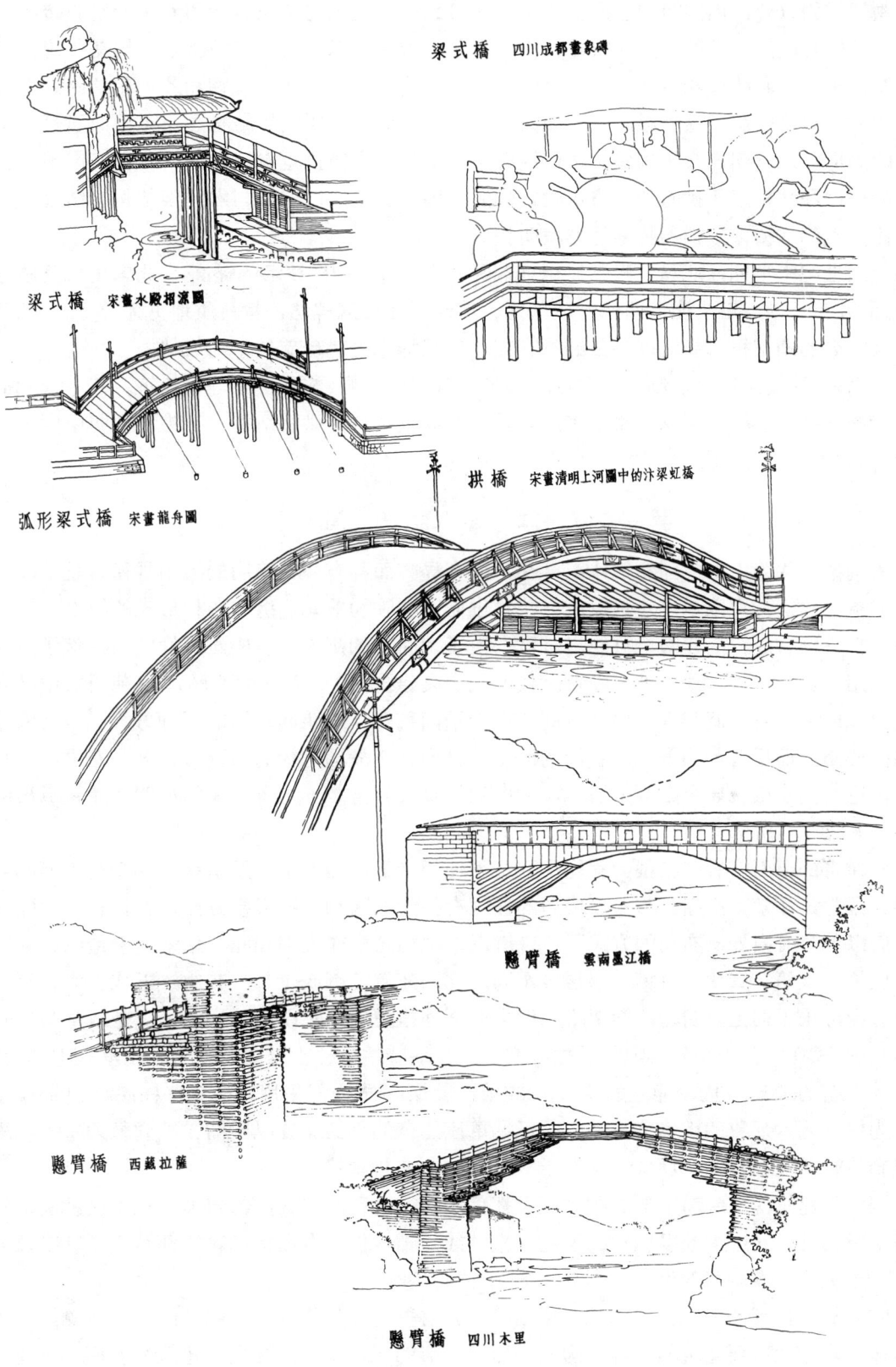

梁式桥　四川成都画像砖

梁式桥　宋画水殿招凉图

弧形梁式桥　宋画龙舟图

拱桥　宋画清明上河图中的汴梁虹桥

悬臂桥　云南墨江桥

悬臂桥　西藏拉萨

悬臂桥　四川木里

图 4　中国古代木结构桥梁

木构架结构以外，周朝初期已产生了瓦。接着战国时代出现了花纹砖和大块的空心砖，而且未经过红砖红瓦的阶段，一开始就生产质量较高的青砖、青瓦，以后也一贯保持着这优良传统。汉代除了已有预制拼装的空心砖墓和砖券墓、砖穹窿墓以外，墓内还使用印有人物和各种花纹的贴面砖。自此以后，木构架建筑的墙壁逐步以砖代替原来的夯土和土砖。至于砖拱结构之用于地面建筑，早期的仅见于塔的局部；从元朝起开始用砖拱建造地面上的房屋，有筒拱也有穹窿顶；明朝又出现了完全用拱券结构的碉楼和结构用砖拱而外形仿木建筑的无梁殿，并进而以砖拱与木构架结构相结合的方法建造很多形体高大的城楼、鼓楼和陵墓的方城明楼等。

公元六世纪上半期，北魏宫殿已使用琉璃瓦[12]。随着制作技术的提高，北宋用琉璃砖建造高达54.66米的开封祐国寺塔。明清两代的琉璃瓦、琉璃门和琉璃牌坊，材料质地更为坚致，颜色也多样化。举世闻名的南京报恩寺琉璃塔虽已不存在，仍然标志当时琉璃技术的成就。

自汉以来，建造了不少形制美丽和雕刻精湛的墓、阙、塔、幢和桥梁等石建筑。其中公元七世纪初隋朝建造的赵县安济桥，不仅形象优美，并首创世界上敞肩式拱桥结构，有力地说明中国古代匠师在石结构方面具有高度水平。

## 二、组 群 布 局

以木构架结构为主的中国建筑体系，在平面布局方面具有一种简明的组织规律。就是以"间"为单位构成单座建筑，再以单座建筑组成庭院，进而以庭院为单元，组成各种形式的组群。

商朝宫室已有成行的柱网，可能当时已产生了"间"的概念。一座建筑的间数，除了少数例外，一般都采用奇数，这种方法早见于春秋时代的门、寝建筑[13]。各间的面阔，汉朝明器中已有明间较宽的现象，唐朝虽有各间相等和中央数间相等而稍间稍窄，及明间较阔的三种方式，但从宋朝起前二者已很少使用，而后者最为普遍。各间的面阔，自商朝至战国时代的遗迹多在 3 米左右，后来随着技术发展，唐朝的宫殿、庙宇以 5 米居多，宋以后则扩大到七、八米，最大的如明长陵棱恩殿的明间面阔达10.34米。

单座建筑的平面布置，在很大程度上取决于使用者的政治地位、经济状况和功能方面的要求，从而殿阁、殿堂、厅堂、亭榭、与一般房屋的柱网有很大的区别。在殿堂方面，根据日本法隆寺金堂所示，知唐以前早有内外槽布局的方式了。自唐以来中型殿堂亦大都如此，据宋《营造法式》所载，有分心斗底槽、金箱斗底槽、单槽、双槽等不同的柱网布置（图5-1）。其次，五代、宋、辽、金、元遗物中有内部采用彻上露明造，梁架略如厅堂而又外檐使用二跳以上斗栱的，应是殿堂与厅堂结构的混合体（图5-2）。其中小型的内部无柱，或仅有二后金柱，柱上以四椽栿与乳栿承载上部梁架荷重。一些中、大型的殿堂，因功能上的要求，或前廊较深，或内部采用减柱和移柱法，从而梁架发生变化，成为内部艺术形象的因素之一。由此可见单座建筑的平面布置以殿阁、殿堂最为整齐，殿堂与厅堂的混合体较为灵活自由，厅堂以次至于一般房屋则变化很多。

中国古代建筑的庭院与组群的布局，大都采用均衡对称的方式，沿着纵轴线（又称前后轴线）与横轴线进行设计。其中多数以纵轴线为主，横轴线为辅，但也有纵横二轴线都是主要、以及只是一部分有轴线或完全没有轴线的例子（图6、7）。

庭院布局大体可分为二种。一种在纵轴线上先安置主要建筑，再在院子的左右两侧，依着横轴线以两座体形较小的次要建筑相对峙，构成冖形或H形的三合院；或在主要建筑的对面，再建一座次要建筑，构成正方形或长方形的庭院，称为四合院。四合院的四角通常用走廊、围墙等将四座建筑连接起来，成为封闭性较强的整体。这种布局方式适合中国古代社会的宗法和礼教制度，便于安排家庭成

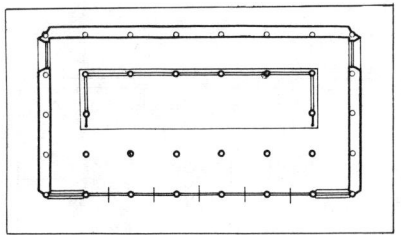

山西五台縣佛光寺大殿(唐)

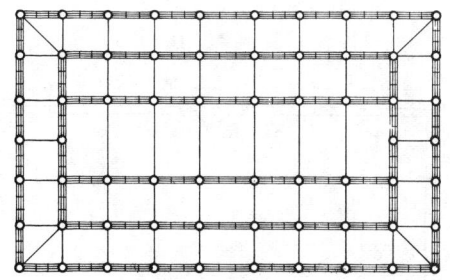

營造法式殿閣地盤(宋)

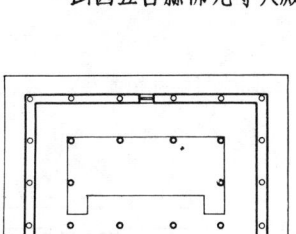

山西大同市下華嚴寺薄伽教藏殿(遼)

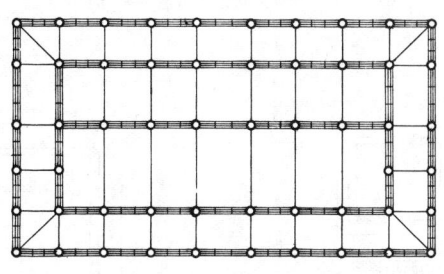

營造法式殿閣地盤(宋)

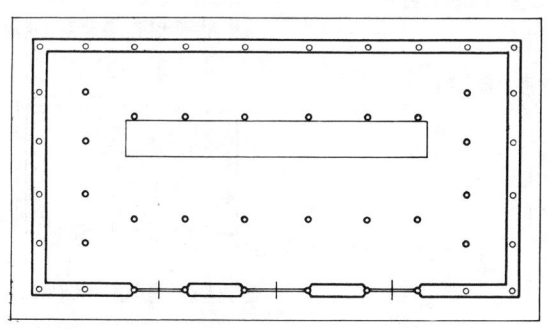

山西大同市上華嚴寺大殿(金)

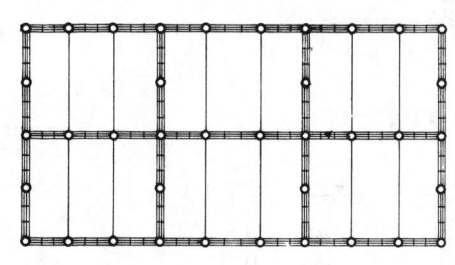

營造法式殿閣地盤(宋)

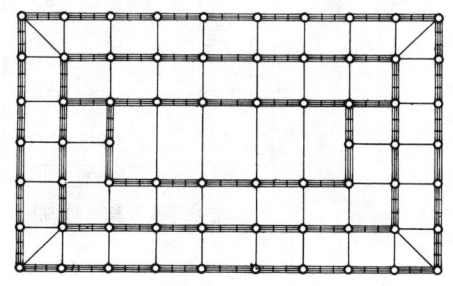

營造法式殿閣地盤(宋)

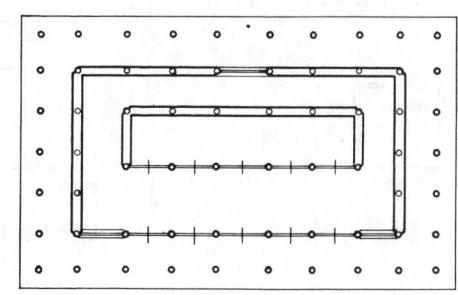

河北曲陽縣北嶽廟德寧殿(元)

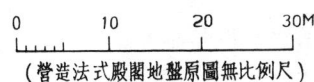

0　　　10　　　20　　　30M

(營造法式殿閣地盤原圖無比例尺)

图 5-1　中国建筑单体平面（一）

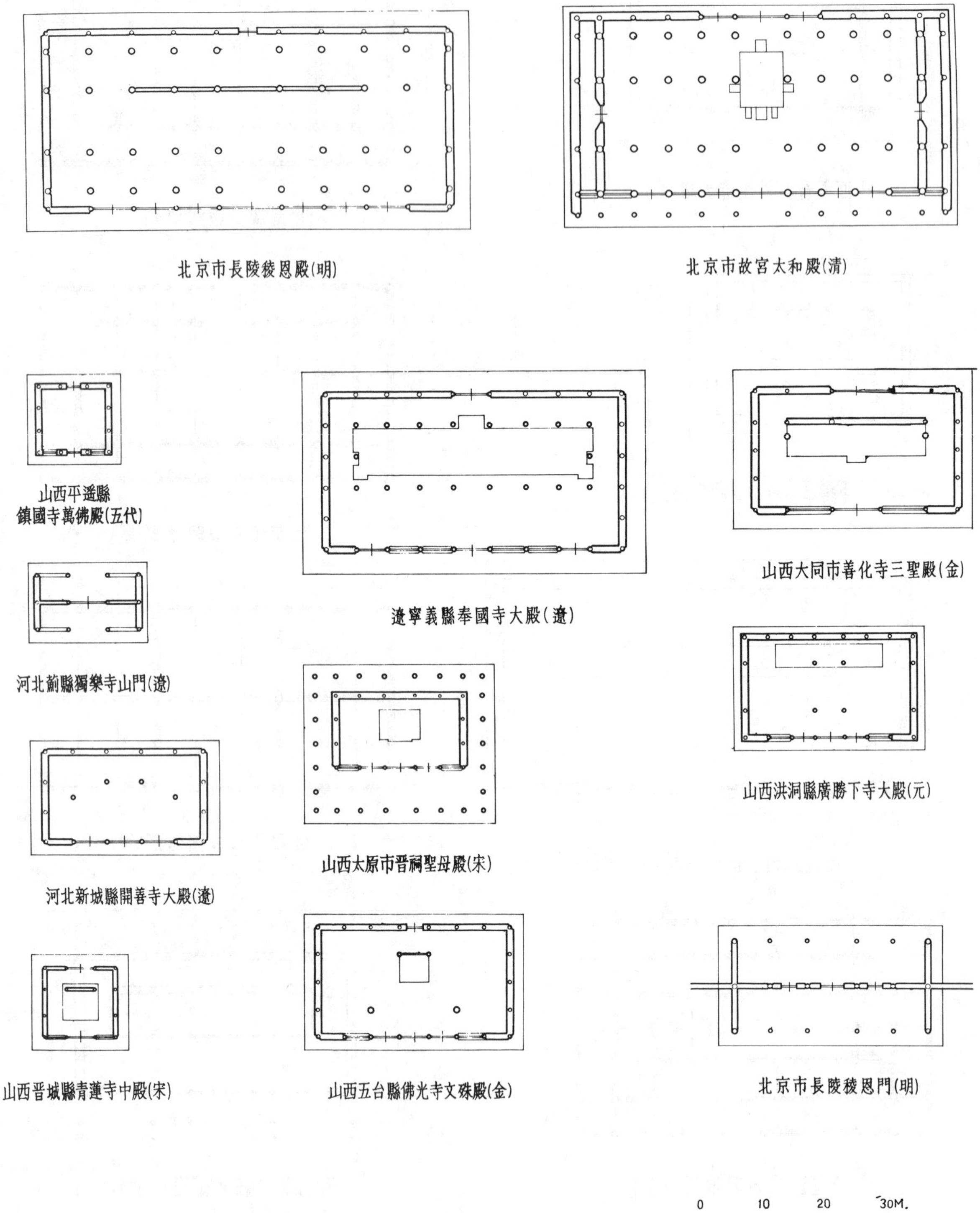

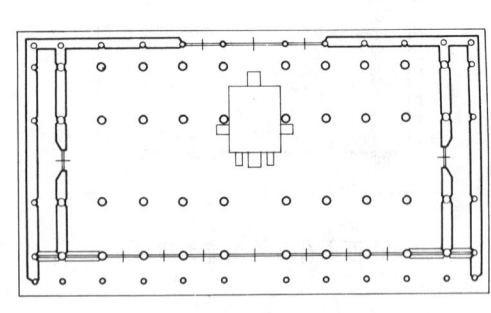

北京市長陵祾恩殿(明)　　　　　　　北京市故宫太和殿(清)

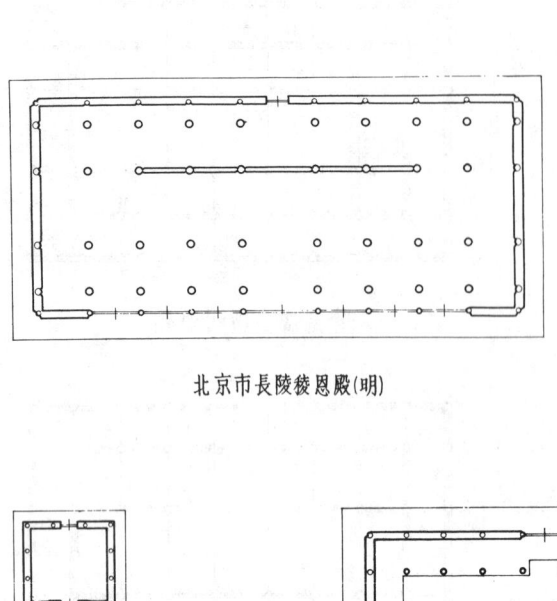

山西平遙縣
鎮國寺萬佛殿(五代)

河北薊縣獨樂寺山門(遼)

遼寧義縣奉國寺大殿(遼)

山西大同市善化寺三聖殿(金)

河北新城縣開善寺大殿(遼)

山西太原市晉祠聖母殿(宋)

山西洪洞縣廣勝下寺大殿(元)

山西晉城縣青蓮寺中殿(宋)

山西五台縣佛光寺文殊殿(金)

北京市長陵祾恩門(明)

0　　10　　20　　30M.

图 5-2　中国建筑单体平面（二）

员的住所，使尊卑、长幼、男女、主仆之间有明显的区别。同时也为了保证安全、防风、防沙，或在庭院内种植花木，造成安静舒适的生活环境。对于不同地区的气候影响，及对不同性质的建筑在功能上和艺术上的要求，只要将庭院的数量、形状、大小，与木构架建筑的体形、式样、材料、装饰、色彩等加以变化，就能够得到解决。因此，在长期的奴隶社会和封建社会中，在气候悬殊的辽阔土地上，无论宫殿、衙署、祠庙、寺观、住宅都比较广泛使用这种四合院的布局方法[14]。

　　另一种庭院布局是廊院，在纵轴线上建主要建筑及其对面的次要建筑，再在院子左右两侧，用〔形与〕形回廊将前后两座建筑连系为一，因而称为"廊院"。这种以回廊与建筑相组合的方法，可收到艺术上大小、高低与虚实、明暗的对比效果，同时回廊各间装有直棂窗，可向外眺望，扩大空间。它的使用范围，自汉至宋、金见于宫殿、祠庙、寺观和较大的住宅。其中唐宋两代大型廊院的组合相当复杂，主要建筑位于院子的后端中央，其平面有横长、纵长、工字、或横长加挟屋或在其左右加二朵殿，并在院子左右回廊间建有殿堂或楼阁（图6）；但也有在院子中央建主要建筑一、二座，左右各翼以横廊，将纵深的庭院划分为前后二院或前、中、后三院的（图6）。不过唐代后期又出现了具有廊庑的四合院，它既保留廊院的一部分特点，而使用面积较大，显然比廊院更切合实用，所以从宋朝起，宫殿、庙宇、衙署和住宅采用廊庑的逐渐增多，而廊院日少，到明清两代几乎绝迹。

　　当一个庭院建筑不能满足需要时，往往采取纵向扩展、横向扩展、或纵横双方都扩展的方式，构成各种组群建筑。第一种纵向扩展的组群，首见于商朝的宫室遗址中，具有悠久的传统，也是最广泛使用的布局方法。它的特点是沿着纵轴线，在主要庭院的前后，布置若干不同平面的庭院，构成深度很大而又富于变化的空间。但纵向庭院过多，横向交通势必不便，故又以道路或小广场将纵向庭院划为二组或二组以上，是南北朝以来宫殿和大型庙宇常用的手法[15]（图7）。第二种横向扩展的组群，在中央主要庭院的左右，再建纵向庭院各一组或二组，而在各组之间以夹道解决交通和防火问题。这种方法自唐以来常为宫殿、庙宇衙署和大型住宅所采用（图7），但不用夹道而在主要庭院的左右，以若干道横廊与两旁次要建筑相连接的方法，仅见于宋初祠庙中，以后未继续发展。第三种纵横双方扩展的组群可以北京明清故宫为典型，就是从大清门经天安门、端门、午门至外朝三殿和内廷三殿，采取院落重叠的纵向扩展，与内廷左右的横向扩展部分相配合，形成为规模巨大的组群（图153-5）。

　　上述各种布局方法以外，汉以来还有很多在纵横二轴线上都采取对称方式的组群。它和四合院建筑相反，以体形巨大的建筑为中心，周围以庭院环绕，再外用矮小的附属建筑、走廊或围墙构成方形或圆形外廊，如汉礼制建筑、历代坛庙以及宋金明池水殿等，但也有在其前部再加纵深组群，如汉宋间陵墓和清承德普乐寺等（图6、7）。此外，对于不位于同一轴线上的群组，往往以弯曲的道路、走廊、桥梁作为联系（图7）。还有配合地形，建造对称与不对称相结合的组群，如拉萨的布达拉宫，依山势自下而上，用曲折的磴道和参差错落的平顶房屋与院落，烘托中央具有轴线和覆有屋顶的主要殿堂，就是一个重要例证（图199-2）。至于中国园林虽多是不对称的平面布局，但帝王的苑囿，为了朝觐与处理政务，仍建造一部分具有轴线的组群。

## 三、艺　术　形　象

　　中国古代建筑的艺术处理，经过长期间努力和经验的累积，创造了丰富多彩的艺术形象，形成了不少特点，主要表现在以下四个方面。

　　（一）单座建筑从整个形体到各部分构件，利用木构架的组合和各构件的形状及材料本身的质感等进行艺术加工，达到建筑的功能、结构和艺术的统一，是中国古代建筑的特点之一。其中民间建筑的艺术处理比较朴素、灵活，而宫殿、庙宇、邸宅等高级建筑则往往趋向于繁琐堆砌，过于华丽。一

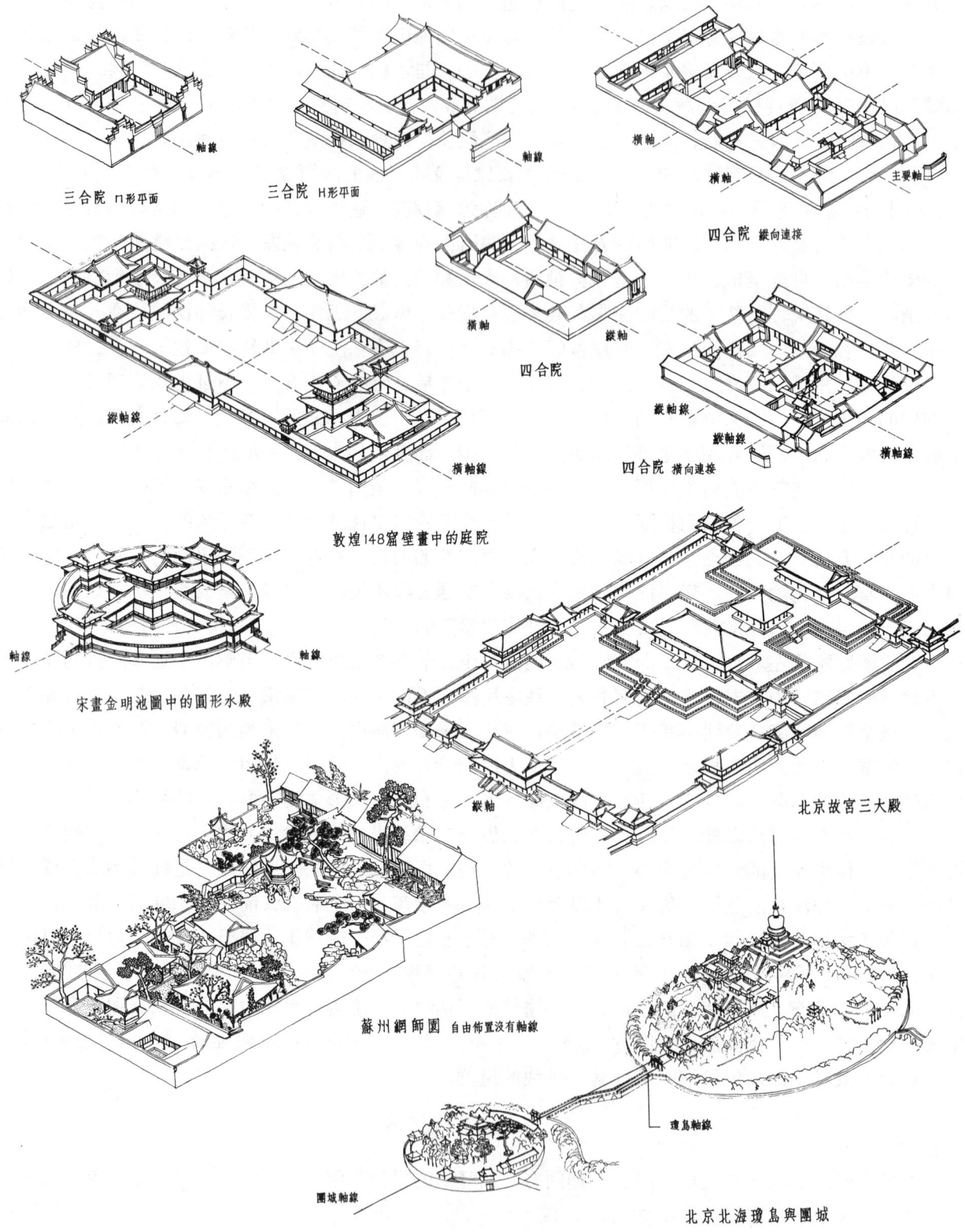

三合院 Π形平面　　三合院 H形平面　　四合院 縱向連接

四合院

四合院 橫向連接

敦煌148窟壁畫中的庭院

宋畫金明池圖中的圓形水殿

蘇州網師園 自由佈置沒有軸線

北京故宮三大殿

北京北海瓊島與團城

图 6　中国建筑庭院组合示意图

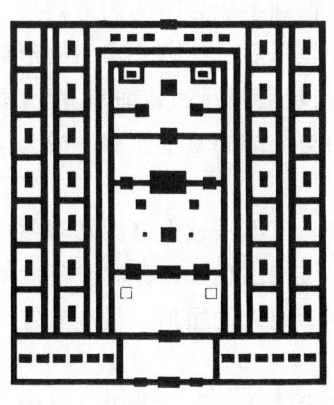

唐代律宗寺院(據〈戒壇圖經〉所繪)

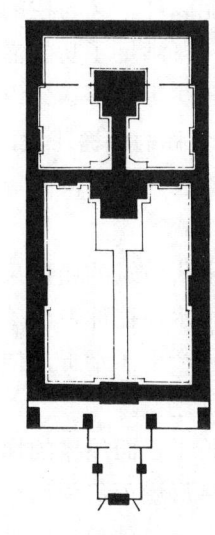

北京市東嶽廟

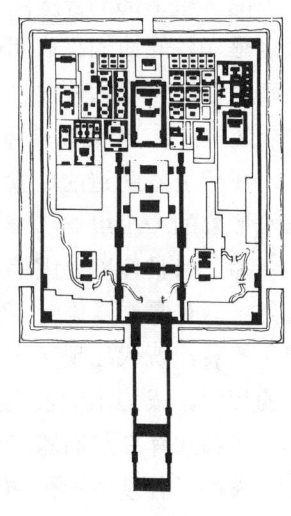

北京市故宮

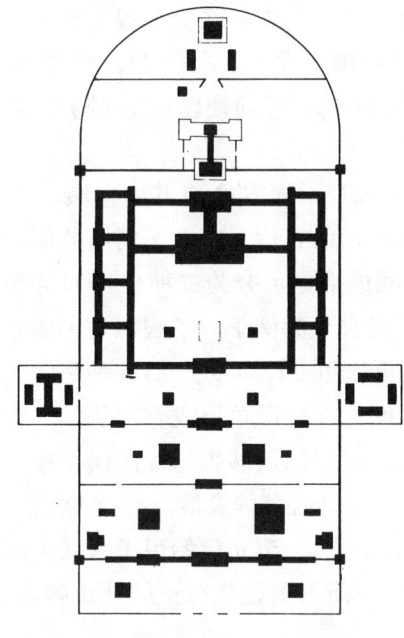

山西榮河縣后土祠(據金代碑刻所繪)

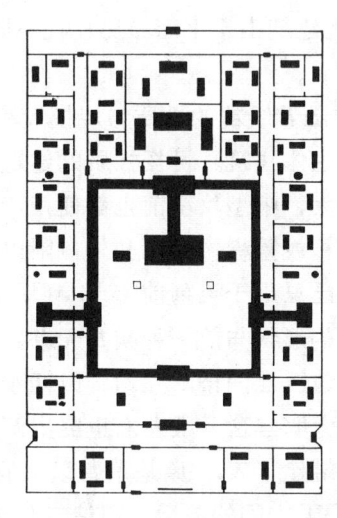

山西太原市崇善寺(據寺藏明代寺廟圖所繪)

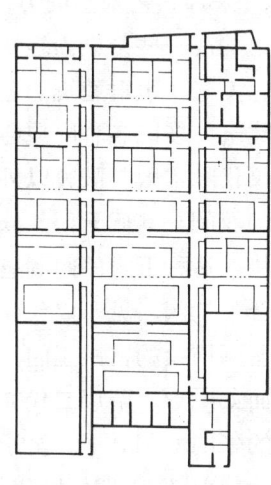

江蘇蘇州市陳宅

陝西西安市漢禮制建築

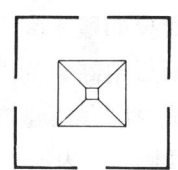

陝西興平縣漢茂陵

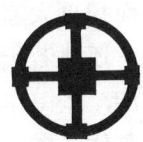

宋畫〈金明池圖〉中圓形水殿

北京市天壇圜丘

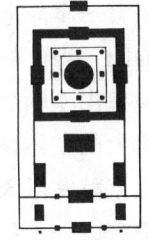

河北承德市普樂寺

**图 7 中国建筑总平面示意图**

般来说房屋下部的台基除本身的结构功能以外，又与柱的侧脚、墙的收分等相配合，增加房屋外观的稳定感。各间面阔采取明间略大的方式，既满足了功能需要，又使外观收到主次分明的艺术效果。至于高级建筑常用的梭柱、月梁、雀替、斗栱等从形状到组合经过艺术处理以后，便以艺术品的形象出现于建筑上。如元以前体形巨大和比例匀称的外檐斗栱，在建筑外观上起着很好的装饰作用，同样地，在彻上露明造的殿堂与厅堂中，梁架、斗栱、襻间等也都以其结构与装饰的双重作用，成为室内艺术形象的一个组成部分。

为了保护柱网外围的版筑墙，中国古代建筑的屋顶采用较大的出檐。但出檐过大必然妨碍室内的采光，而且夏季暴雨时，由屋顶下泄的雨水往往冲毁台基附近的地面，汉代出现了微微向上反曲的屋檐，接着，晋代出现了屋角反翘结构，并产生了举折，使建筑物上部体形庞大的屋顶，呈现着轻巧活泼的形象，成为中国古代建筑突出的特征之一。

屋顶式样在新石器时代后期有正脊长于正面屋檐的梯形屋顶。到汉代已有庑殿、歇山、悬山、囤顶、攒尖五种基本形体和重檐屋顶，而梯形屋顶仍为当时西南兄弟民族所使用。南北朝则增加了勾连搭。后来又陆续出现单坡、丁字脊、十字脊、盝顶、拱券顶、盔顶、圆顶等以及由这些屋顶组合而成的各种复杂形体（图8-1、8-2）。中国古代匠师在运用屋顶形式取得艺术效果方面经验是很丰富的，唐宋绘画中反映了很多优秀的组合形象，而北京故宫和颐和园也都以屋顶形式的主次分明、变化多样，来加强艺术感染力。南方民间建筑由于平面布局往往不限于均衡对称，屋顶处理也比较灵活自由，构成一些复杂而轻快的艺术形象。

（二）组群建筑的艺术处理，随着组群的性质与规模大小，产生各种不同方式。其中宫殿、坛庙建筑，多以各种附属建筑来衬托主体建筑。衬托性质的建筑，春秋时代已有建于宫殿正门前的阙，到汉代除宫殿与陵寝以外，祠庙和大、中型坟墓前也都使用[16]。汉阙的形制可分为二种。一种为独立的双阙，其间无门。阙身覆以单檐或重檐屋顶，其外侧附以子阙，但有少数例子，子阙似与围墙相连接。这种形式的阙到唐、宋两代已只用于陵墓前[17]、[18]，以后未再使用（图9）。另一种是门、阙合一的阙，见于汉代雕刻中，阙的形状与前一种阙并无差别，但二阙之间连以单层或重层的门。北魏壁画描绘的宫殿正门，在城垣上建三层门楼，左右辅以两观，再次，城垣向前转折与双曲阙衔接，平面如冂形，隋唐二代亦如此。唐大明宫含元殿左右也突出两阙[19]，宋以后继续发展，演为明清二代的午门（图9）。至于在桥的两端建华表，原是东晋以来的传统方法[20]，至元代始用于宫城正门承天门前[21]，明清则建于皇城正门天安门的前后。明清二代寺庙与大型衙署则往往在正门外建牌坊、照壁、石狮等，构成整个建筑组群的序幕。

在组群建筑本身，宫殿正门一般采用巨大的形体，建于高台或城垣上。正门以内，沿着纵轴线一个接着一个纵向布置若干庭院，组成有层次、有深度的空间。由于每个庭院的形状、大小和围绕着庭院的门、殿、廊庑及其组合形状各不相同，再加地平标高逐步提高，建筑物的形体逐步加大，使人们的观感由不断变化中走向高潮。主要的庭院面积更大，周围以次要的殿、阁、廊庑和四角的崇楼等拥簇高大的主体建筑——正殿，正殿之后，通常还建若干庭院，最后用高大的殿阁作整个组群的结束。如北京故宫以天安门为序幕，外朝三殿为高潮，景山作尾声，是中国宫殿建筑的一个重要范例（图7）。至于唐以来大型祠庙与寺观，虽规模视宫殿具体而微，在组合原则上，从外门至主殿，以及主殿后以台、阁重楼作结束，仍然一致。其中南北朝佛寺在主要庭院内以塔为中心，经过唐、五代到辽仍然沿用，可是唐和北宋的佛寺则又往往用二、三层的高大殿阁，依着对称原则，构成组群的中心，是这时期的主要特点（图7）。因此可以说，中国古代大组群建筑的形象，恰如一幅中国的手卷画，只有自外而内，从逐渐展开的空间变化中，方能了解它的全貌与高潮所在。很显然，这种处理手法与欧洲建筑有着根本的差别。

（三）中国古代建筑的室内装饰是随着起居习惯和装修、家具的演变而逐步发生变化的。自商、周至三国间，由于跪坐是主要的起居方式，因而席与床（又称榻）是当时室内的主要陈设。汉朝的门、窗通常施帘与帷幕，地位较高的人得在床上加帐，但几、案比较低矮，屏风多用于床上。自此以后，垂足坐的习惯逐渐增加，南北朝已有高形坐具，唐代出现了高形桌、椅和高屏风。这些新家具经五代到宋而定型化，并以屏风为背景布置厅堂的家具；同时房屋的空间加大，窗可启闭，增加室内采

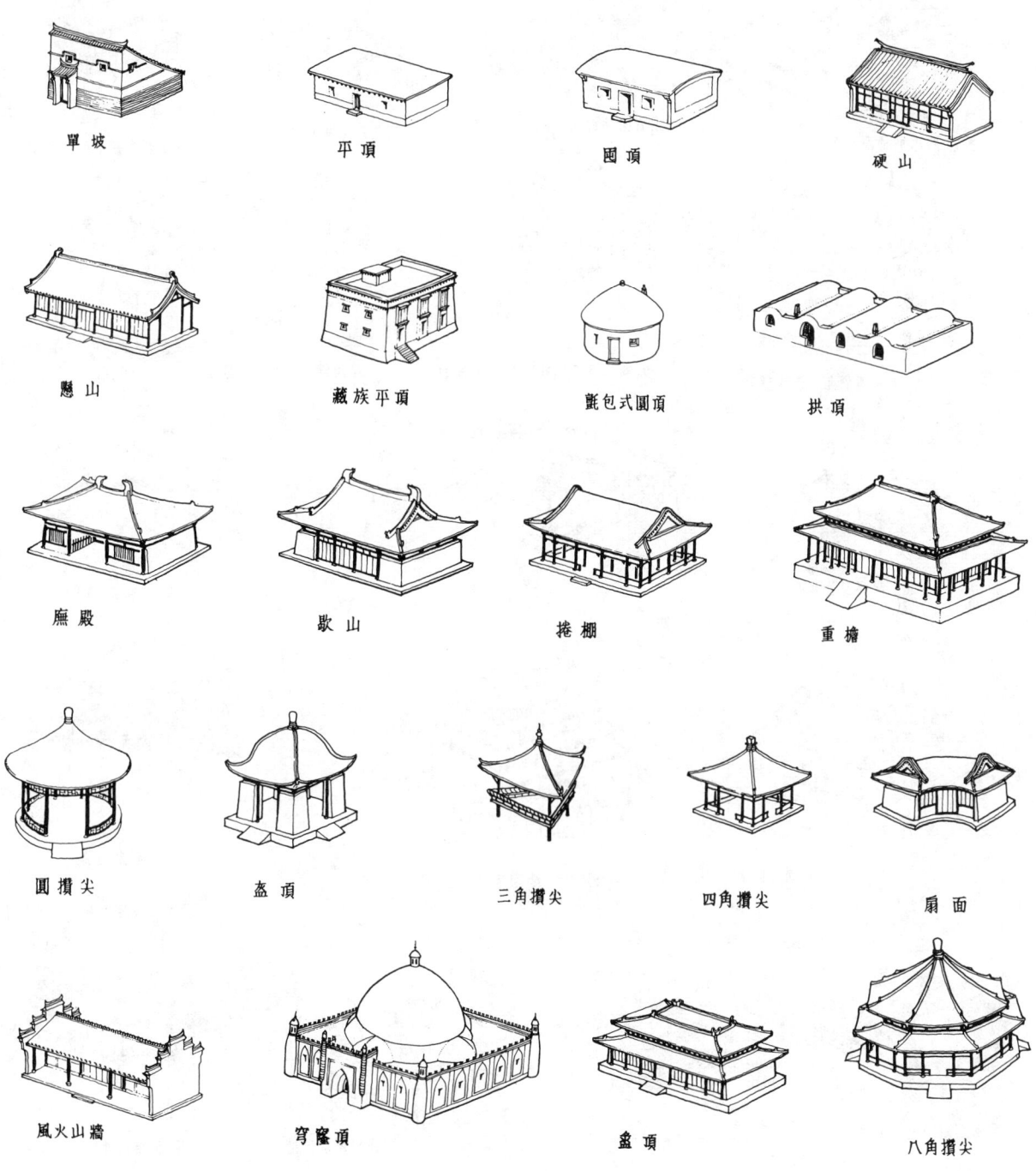

图 8-1　中国古代建筑屋顶——单体型式（一）

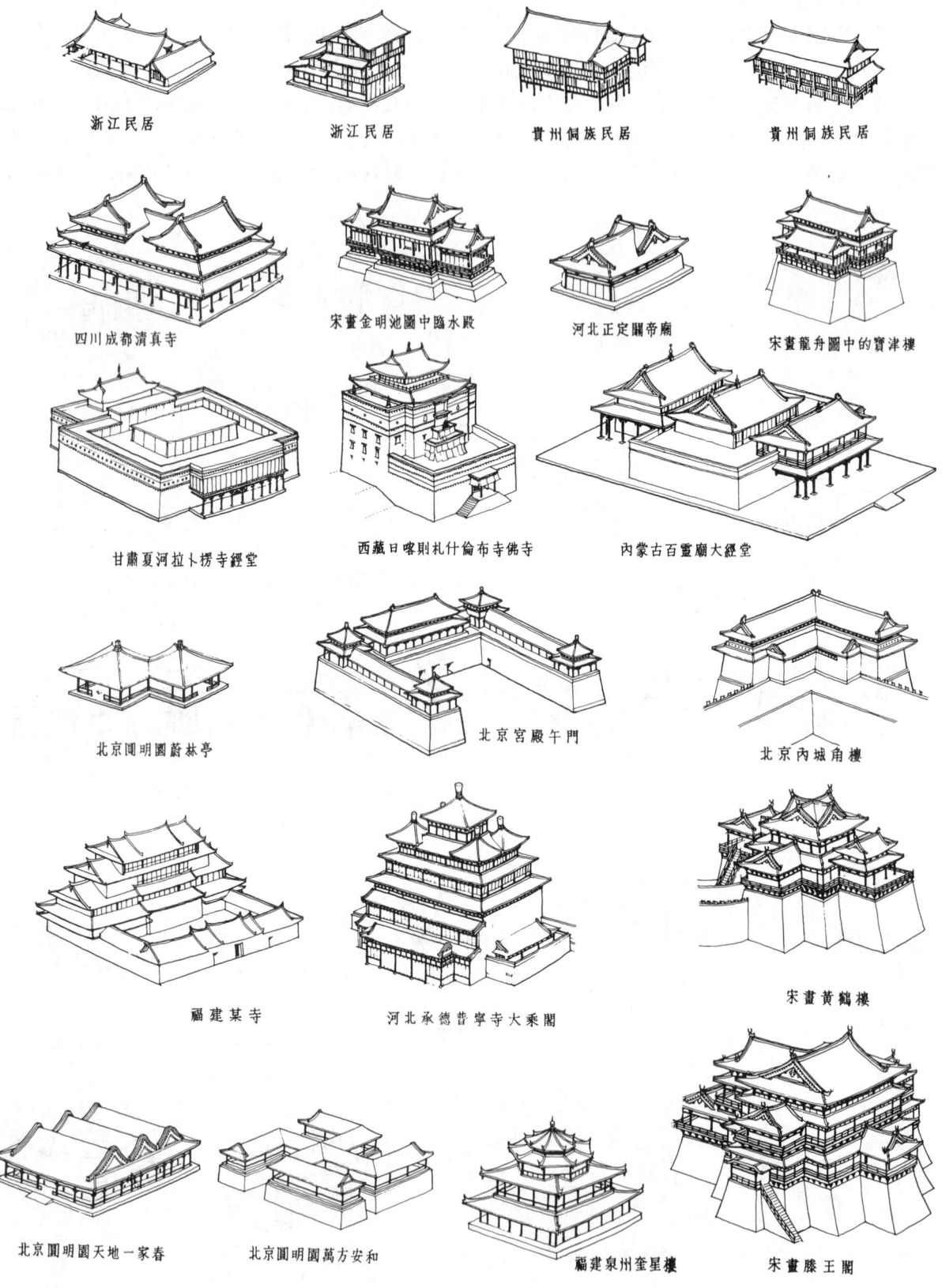

浙江民居　　　　　浙江民居　　　　　貴州侗族民居　　　　貴州侗族民居

四川成都清真寺　　宋畫金明池圖中臨水殿　　河北正定關帝廟　　宋畫龍舟圖中的寶津樓

甘肅夏河拉卜楞寺經堂　　西藏日喀則札什倫布寺佛寺　　內蒙古百靈廟大經堂

北京圓明園蔚林亭　　北京宮殿午門　　北京內城角樓

福建某寺　　河北承德普寧寺大乘閣　　宋畫黃鶴樓

北京圓明園天地一家春　　北京圓明園萬方安和　　福建泉州奎星樓　　宋畫滕王閣

图 8-2　中国古代建筑屋顶——组合形体举例（二）

光和内外空间的流通，从宋代起，室内布局及其艺术形象发生了重要变化。自明到清初，统治阶级的家具虽然有些造型简洁优美，并将房屋结构、装修、家具和字画陈设等作为一个整体来处理，但是家具和装修往往使用大量奢侈的美术工艺如玉、螺甸、珐琅、雕漆等花纹繁密堆砌，违反了原来功能上、艺术上的目的。宫殿的起居部分与其他高级住宅的内部，除固定的隔断和隔扇以外，还使用可移动的屏风和半开敞的罩、博古架等与家具相结合，对于组织室内空间起着增加层次和深度的作用。宫殿与许多重要建筑还使用天花与藻井。与此相反一般民居的室内处理与家具布置比较朴素、自由，符合实用和经济的原则。

（四）中国古代建筑的色彩，从春秋时期起，不断发展，大致到明代总结出一套完整的手法，不过随着民族和地区的不同，又有若干差别。春秋时代宫殿建筑已开始使用强烈的原色，经过长期的发展，在鲜明色彩的对比与调和方面积累了不少经验。南北朝、隋、唐间的宫殿、庙宇、邸第多用白墙，红柱，或在柱、枋、斗栱上绘有各种彩画，屋顶覆以灰瓦、黑瓦及少数琉璃瓦，而脊与瓦采取不同颜色，已开后代"剪边"屋顶的先河[22]、[23]、[24]。宋、金宫殿逐步使用白石台基，红色的墙、柱、门、窗及黄绿各色的琉璃屋顶，而在檐下用金、青、绿等色的彩画，加强阴影部分的对比[25]，这种方法在元代基本形成，到明更为制度化。在山明水秀、四季常青的南方，房屋色彩一方面为建筑等级制度所局限，另方面为了与自然环境相调和，多用白墙、灰瓦和栗、黑、墨绿等色的梁架、柱、装修，形成秀丽雅淡的格调。

## 四、园　林

中国古代园林是在统治阶级居住与游览的双重目的下发展起来的。这种园林的主要特点是因地制宜，掘池造山，布置房屋花木，并利用环境、组织借景，构成富于自然风趣的园林。所谓自然风趣是设计时将大自然的风景素材，通过概括与提炼，在园林中创造各种理想的意境，它不是单纯地模仿自然，而是自然的艺术再现。在这原则下，经过长期间的实践，逐步形成为中国独特风格的自然风景式园林。

中国古代园林的发展过程，在汉代除帝王的离宫、苑囿以外，仅少数贵族、富商营建园林，而苑囿还畜养禽兽，供狩猎之用。到两晋、南北朝时代，私家园林逐渐增加，同时因贵族们舍宅为寺，佛寺中亦盛植花木，东晋太元初慧远于庐山营东林寺，开后代寺观园林之端[26]。唐代园林更多，不仅贵族官僚在长安近郊利用自然环境营建别墅，官署中也大都有园，而曲江池与若干寺观成为当时市民的游乐地点。唐中叶以后，有不少贵族官僚在东都洛阳营造园林。经五代到宋，由于社会经济繁荣，又进一步促进园林的发展。当时除首都汴梁和陪都洛阳以外，江南地区筑山叠石之风很盛，产生以莳花、造山为专职的匠工。到明清二代，江南成为私家园林最发达的地区，并出现了论述造园艺术的著作《园治》。汉武帝迷信神仙方士之说，在建章宫太液池内建蓬莱、方丈、瀛洲三岛，影响了后代园林的山池组合。魏晋南北朝时期私家园林形成一种崇尚自然野致的风尚。接着唐宋以来有不少官僚而兼文人画家的人自建园林或参预造园工作，将他们的生活思想及传统文学和绘画所描写的意境溶贯于园林的布局与造景中，于是所谓"诗情画意"逐渐成为唐宋以来中国园林设计的主导思想。明清二代，有些画家竟成为著名的园林设计者，这种"诗情画意"不免反映当时士大夫阶级的思想情调，追求悠闲雅逸的意趣以及腐朽堕落的生活方式，使中国古代园林的布局与若干具体手法局限于山水画的意境中，得不到更多的发展。

中国古代园林的布局，由于游览观赏以外，兼供居住之用，因而在山池花木之间建造很多亭台楼阁，连以走廊，其结果房屋数量过多，与创造自然风趣的园景发生矛盾。这种现象到明清二代更为显

雙闕　樓閣形　　　　　　　　　　雙闕　單層有子闕　　　　　　　　雙闕　立於宅前及側面
四川慶符縣畫象磚、漢　　　　　河南登封縣太室闕、漢　　　　　山東沂南縣古墓石刻

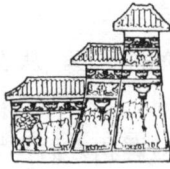

雙闕　立於門前方　　　　　　　雙闕　立於城門前方　　　　　　　雙闕　有子闕，左右連牆
四川樂山縣第41號崖墓、漢　　甘肅天水市麥積山石窟第127窟壁畫　北魏　　　唐墓出土石雕

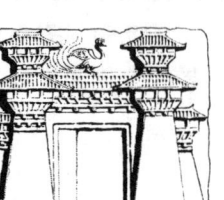

雙闕　中央有門　　　　　　　　雙闕　中央有二層門樓　　　　　　雙闕　中央有屋頂
四川成都市畫象磚、漢　　　　　山東沂南縣古墓石刻　　　　　　甘肅敦煌縣莫高窟第275窟、北魏

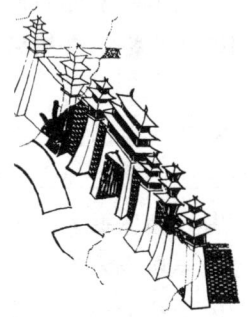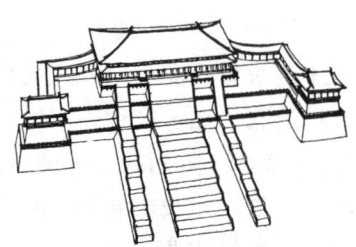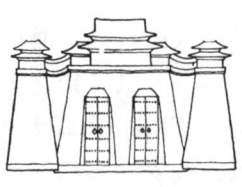

雙闕　凸出於城門前(部份復原)　　雙闕　凸出於殿前用廊與殿相連　　雙闕　凸出於城門前用廊與城樓連接
甘肅天水市麥積山石窟第127窟壁畫、北魏　　陝西西安市唐大明宮含元殿　　　　河南禹縣石幢、北宋(?)
　　　　　　　　　　　　　　　　(據文獻及發掘平面復原)

图 9　阙的演变示意图

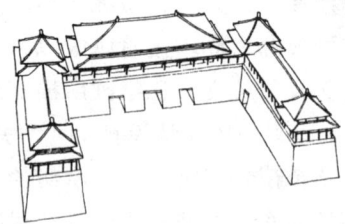

北京市故宮午門
兩側凸出用廊廡連接是闕的形式的最後殘餘

著。其中苑囿因处理政务，建造具有轴线的大批宫殿和庭院，房屋比重之大尤为突出。

中国古代园林从汉朝在池中建岛以后，到魏晋南北朝又沿着池岸布置假山花木及各种建筑。自此以后，以水池为中心处理园景成为一贯的传统方法。山、石方面，从南北朝起，开始欣赏奇石；而假山也从这时开始，陆续创造很多雄奇、峭拔、幽深和迂回不尽的意境。但也有用石过多，产生一些矫揉造作和不自然的弊病。此外无论苑囿或私家园林，除了主要山池以外，都企图在有限面积内构成更多的风景，因而在布局上划分若干景区，各景区的面积大小和配合方式，力求疏密相间，主次分明，幽曲和开朗相结合。也就是唐人所谓"奥如旷如"相结合的方法[27]。因此，园林中有些部分以封闭为主，另外一些部分用封闭和空间流通相结合的手法，使山、池、房屋和花木的部署，有开有合，互相穿插，以增加各景区的联系和风景的层次。不过实际上有不少园林存在着幽曲有余而开朗不足的毛病。在花木方面，为了与山池房屋相配合，花木的品种及配置方法要求多样化，以达到步移景异的要求，也是中国古代园林的一个特点。

园林的风景好象一幅逐步展开的画卷，风景的布置是在人们游览过程中"动"和"静"相结合的要求下设计的。对于厅堂、亭、榭、桥头、山巅和道路转折等停留时间较长的观赏点，往往根据对比与衬托的原则构成各种的对景。据北宋初期已有"值景而造"的布局，知当时园林早已注重对景的手法了。至于动的对景，则因人们在游览过程中，原来的近景随着前进而消失，中景变为近景，远景变为中景，从而风景不但要有层次，有深度，有含蓄不尽之意，同时还要既可远眺，又耐近观。这些手法在很大程度上是受了传统山水画的影响而产生的。

园林的游览路线，在小型私家园林里大都采用以山池为中心的环行方式，但中型园林和苑囿的路线则比较复杂，除了主要路线以外，还有若干辅助路线，或穿林越涧，或临池俯瞰，或登山远眺，或入谷探幽，或循廊，或入室，或登楼，使风景时而开朗，时而隐蔽，不断地发生变化。无疑地，这种方法在组织风景和满足人们动静结合的游览要求方面，起着一定的作用。但另一方面，把游人局限于一定路线上，对于大型园林是不恰当的。

此外，唐宋以来许多利用优美的自然环境而建造的名胜区和风景点，虽以自然风景为主体，但往往沿用一般园林的划分景区与组织游览路线的方法。可是这些原则和手法，原来是为少数人享乐的园林创造"静"和"雅"的意境而发展起来的，这些意境，多半只适于小面积的园林，具有很大的局限性。因而使某些面积辽阔，富于自然风景的名胜区，不能发挥它们的优点和作用。

## 五、城　　市

随着国家的产生而出现的城市，是统治阶级进行暴力统治、经济剥削和生活享受的基地。它们的布局以宫室为主体，辅以官署和生产生活有关的建筑以及城垣、濠沟等防御设施。中国历代都城都是为了适应这些需要而建造起来的。

在考古学方面，夏、商和西周的都城目前尚在探索阶段，可是文献和遗迹证明春秋战国间的都城已以宫室为主体，并且有相当整齐的布局，接着在漫长的封建社会中，陆续出现了长安、洛阳、开封、南京、北京等当时世界上规模宏大的城市。其它各地地方行政中心的省、府、州、县城也都按着行政等级，有一定的布局原则。此外，汉以来还建造了很多防守据点的城市。所有这些，显然和中国封建社会的中央集权的政治制度具有密切的关系。

从西周经过春秋到战国，以宫室为主体发展起来的城市，如周王城、齐临淄、赵邯郸、魏大梁、楚鄢郢、韩宜阳等都是面积相当大的大城市，其中临淄户口约达七万户。当时文献如《考工记》记载的王城制度虽尚待证实，可是近年来考古发掘发现侯马晋城与邯郸赵王城都有巨大的夯土台位于纵轴线上，若干战国小城市也都具有规划严整的街道，而汉长安城遗址发掘也已证明街道宽度沿用《考工记》所述以车"轨"为标准的方法；同时汉长安以闾里为单位的居住区也见于战国人补充整理的《管子》和《墨子》二书中，由此可见春秋战国的若干都城将宫室置于中轴线上，并有了较整齐的街道和控制居民的闾里制度，充分反映了当时都城的阶级本质及阶级间的尖锐矛盾。

西汉的首都长安，因先营宫殿后建城垣，城的平面成不规则形状，但主要街道仍作丁字或十字相交，并以水沟划大街为三道，两侧植树，此外还建设若干闾里和市场。自此以后，作为全国政治与文化中心的都城，大都采用规则式平面布局。东汉的首都——洛阳的宫室、苑囿自南而北位于城的纵轴线上，阻碍东西方向的交通，到汉末的邺城将宫室移于全城纵轴线的北部，城内交通才比较方便。邺城的布局方式经两晋到北魏、东魏又增加东西二市，在这基础上产生了中国历史上规模最大的隋唐长安城。长安规划的基本原则是将宫室、坛庙和重要的官署等位于南北纵轴线上的北端及其两侧。其次城内以整齐的道路网划分为若干棋盘格，每一棋盘格称为"坊"，绕以坊墙，自成一区。除城内东西两侧各有一个专供商业贸易的坊外，一般的坊主要供市民居住，并在地形较高的坊内选择若干制高点，建造官署寺观等。城中绿化根据汉以来传统，在主要大道两侧植槐，而洛阳从隋朝起以樱桃、石榴作行道树，河岸则植柳[28]，为唐长安和北宋东京所沿用。从北宋起，由于手工业和商业的发展，取消封闭性坊墙，坊制名存实亡，并取消集中市场，代以住宅和商业混合的街道形式，是中国古代都城规划的一个重要改革，可是都城布局仍力求方整和对称，并以建筑物的体量和色彩来强调宫室为主体的城市中轴线的作用。元、明的京城虽然宫室、坛庙、官署位于城的南部，但整个规划仍以对称、整齐为基本原则。至于南宋临安（今杭州市）和明南京（今南京市）等少数都城，因利用旧城与结合地形，城市平面成不规则形状，但依然将城市作为一个整体来规划与建设，其中明南京宫室和官署的布局，是成祖（朱棣）营建北京的蓝本。

另一方面，中国古代各地的城市建设，创造了很多因地制宜的布局方式。北京城市多位于平原，所以城市平面和道路系统多数方整规则。南方傍山临水的城市，因为结合地形，常常形成为不规则的布局，但道路系统仍力求整齐。就中江南地区由于依靠河流为运输线，城内除道路以外，还开凿很多河道。例如苏州，至迟在公元七世纪至九世纪之间，就有了内外两套环城的主要河道与若干水门，再在城内开掘一套与街道相辅的河道网，其中有垂直相交的干线，也有与街道平行，通至住宅前后的支线，供运输和排水之用，在绿化方面，唐宋两朝在河岸植垂柳，宋朝有定期开放的南园与城外虎丘、石湖等风景点，都是当时市民游乐的地点。

此外，从唐末到五代成都、江夏、苏州、福州等城市陆续建造砖城；成都、苏州及江南若干城市用砖铺路[29]；福州街道则有九轨、六轨、四轨、三轨、二轨五种不同宽度，路面用石块铺砌[30]，说明这时期的城市工程曾作了不少进展。元朝虽拆毁很多城垣，可是明朝的大小城市普遍修建砖城。这种现象，无疑地和火器攻具的使用及制砖手工业的发展具有于可分割的关系。

## 六、工 官 制 度

中国古代的工官制度主要是掌管统治阶级的城市和建筑设计、征工、征料与施工组织管理，同时对于总结经验、统一做法实行建筑"标准化"，也发挥一定的推进作用，如《营造法式》的编著就是工官制度的产物，它是中国古代建筑的特点之一。

"工"这一词首先见于商朝的甲骨文卜辞中，即当时管理工匠的官吏。《周官》与《左传》也都载周王和诸侯设有掌管营造工作的司空。自此以后，各个朝代都因袭这种制度，在中央政权机构内设将作监、少府或工部，管理皇家宫室、坛庙、陵墓、城堡以及水利等工程的设计、施工，成为不可缺少的政务部门之一。 由此可见在中国历代国家机构的组织形式中， 建筑 事业 与工官制度占有重要的地位。 至于主管具体工作的专职官吏， 《考工记 》 称为匠人， 唐朝则称将作大匠， 主要工匠称都料匠[31]，而后者从事设计绘图，又主持施工，后来明朝还有少数由匠工出身成为工部首脑人物的[32]。

　　工官的职务， 首先是主持建筑工程的设计。 在建筑设计中， 汉朝初期已有图样。 到公元七世纪初，隋朝使用百分之一比例尺的图样和模型，且往往将中央政府所定式样,颁送各地区按图建造[33]。一直到清朝还保持着这一优良传统，以图样和模型相结合，在三度空间内研究建筑设计。其次，工官还管理估计工料及组织施工。由于历代营建都城与宫室，都须于短时间内完成大量工程，因而采取大规模的施工组织， 除了常设的专职匠工以外， 往往征集各地匠师、 民夫和军工等， 人数自数万人至二、三十万人， 甚至个别例子竟达二百万人。这种大规模的征工往往造成工匠、军工、民工的大量死亡和流离失所，是封建剥削制度下的极端残暴行为，说明中国历史上许多巨大工程以及集中民间优秀人才、优秀手法、提高技术、总结经验等等成就是无数劳动人民的血汗和生命换来的。再次，工官还担负主要建筑材料的征调，采购和制造的职责。在营建某些重要工程时，其工作范围和动用的人力物力，都是非常巨大的。至于专业的匠师，则被封建统治者编为世袭的户籍，子孙不得转业。如清朝的雷发达一门七代，长期间主持宫廷建筑的设计[34]、[35]。从唐朝起，除了大规模征调匠师、民工以外，已有雇匠人的方式[36]，明中叶以后，雇用的方式逐渐代替了征工，并出现了私营的包工商，到清朝，政府所直接掌握的工匠已为数很少， 而包工商则大量出现。 这是 中国 建筑业生产关系的一个重要转变。

# 第一章　原始社会时期的建筑遗迹

## 第一节　原始人群的住所

中国是世界上历史悠久、文化发展最早的国家之一。在最近四十年内，发现若干旧石器时代人类的居住遗迹。距今约五十万年前的北京周口店中国猿人——北京人所居住的天然山洞，就是其中最早的一处。

中国猿人大约是几十人结成一群的原始人群，依靠狩猎和采集树籽果实为生。他们居住的洞穴在周口店附近的龙骨山东侧，东临小河。河的两岸是他们的主要猎场，河滩的砾石和山中出产的燧石、石英是他们制作石器的原料。他们在洞里躲避风雨，用火来御寒、烧熟食物和抵御野兽。根据洞内的堆集层，知原始人群曾经长期间在这里居住。

在山西垣曲、广东韶关和湖北长阳曾经发现旧石器时代中期"古人"所居住的山洞。距今约五万年以前旧石器时代晚期的"新人"居住的山洞，则有广西的柳江、来宾，北京周口店龙骨山的山顶洞等处。山顶洞的洞口向东，长约12米，宽约 8 米，内分两部：近洞口较高处是住人的地方，洞深处的低凹部分除曾作住处外，后来还埋葬死人。这时候，中国原始社会已经进入母系氏族公社时期了。

除了天然山洞以外，河南安阳和广东阳春，开封等处还发现旧石器时代晚期的洞穴遗址[37]，中国古代文献中也有若干记载，如《易·系辞》谓"上古穴居而野处"；《礼记·礼运》谓"昔者先王未有宫室，冬则居营窟，夏则居橧巢"，都反映原始人类在生产力很低的情况下可能采取的居住方式。

## 第二节　仰韶文化的建筑遗迹

经过中石器时代到新石器时代，在中国的辽阔土地上，散布着许多大大小小的氏族部落，但它们的发展是不平衡的。其中仰韶文化的氏族，在黄河中游肥沃的黄土地带，从事农业生产，逐步形成为母系氏族公社的繁荣阶段。紧接着仰韶文化的是龙山文化的父系氏族公社。在父系氏族内部，私有制由萌芽而发展，引起了阶级分化，使中国原始社会逐步走向解体。大约在公元前二十一世纪进入奴隶社会，因此，黄河中下游成为中国古代文化的先进地区，促进了邻近的氏族部落向前发展。

仰韶文化母系氏族公社由于从事农业生产，定居下来，从而出现了房屋和聚落。已发现的聚落遗址多位于河流两岸的阶梯状台地上，或者在两河交汇处比较高亢平坦的地方。这些地方因为地势高，没有泛滥之患，而且土地肥美，近河，有利于农业、牧畜、渔猎，交通也方便，所以分布于沿河地区的聚落相当密集，例如：西安附近沣河中游长约20公里的一段河岸上，就有聚落遗址十三处之多。

聚落有着与氏族公社社会结构相适应的布局，一般包括居住区、制陶窑场和公共墓地等部分。聚落的面积一般约在三万至五万平方米，最大的达数十万平方米。

在西安半坡村的一处氏族聚落，位于浐河东岸台地上，总面积约五万平方米。临河高地是居住区，已发现密集排列的住房四、五十座，布局颇有条理。这个居住区的中心部分，有一座规模相当大、平面约为12.5米×14米近于方形的房屋，可能是氏族的公共活动——氏族会议、节日庆祝、宗教活动等等的场所（图10）。居住区的周围有一条深宽各5～6米的壕沟，估计是防卫用的。居住区内和沟外分布着窖穴，是氏族的公共仓库。居住区沟外的北边是公共墓地，东边是窑场[38]。

这种聚落的布局，充分反映了氏族社会的社会结构，说明人们在生产和生活中的集体性质和成员之间的平等关系。集中的大面积的公共墓地，除了反映氏族制度以外，还表明当时存在着原始的宗教信仰，他们相信灵魂不死，企望在另一世界中团聚于一处。

当时的房屋，就构造技术来说，已经是在长期定居条件下积累了相当经验的结果。所用于木料加工的工具，有石刀、石斧、石锛、石凿等。半坡村的氏族公共大房屋的中心四个木柱直径各达45厘米，周围壁体内较小的33根木柱的直径也有20厘米左右，由此可知当时采伐木料和施工技术所达到的水平。

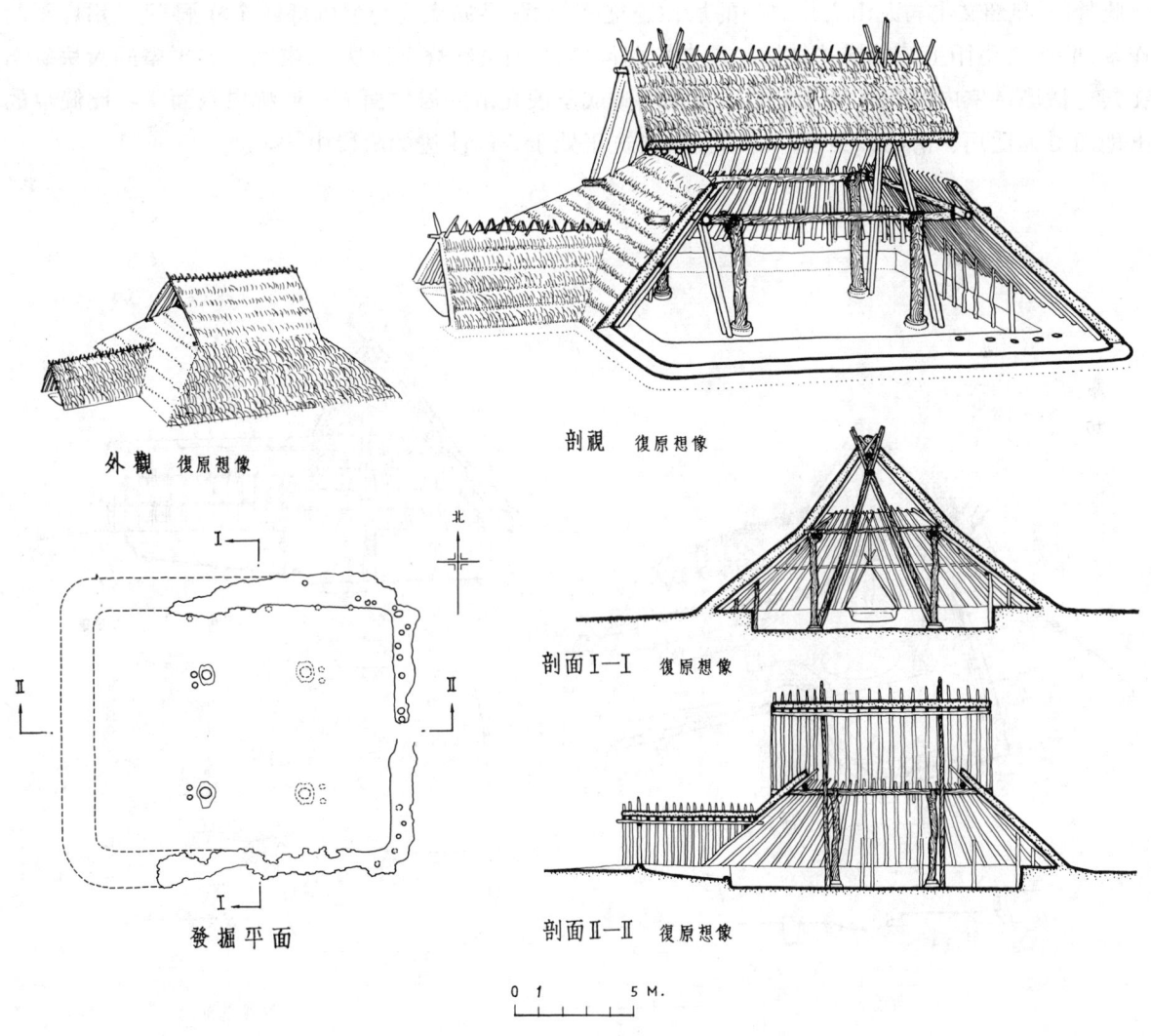

外观 復原想像

剖視 復原想像

剖面 I—I 復原想像

發掘平面

剖面 II—II 復原想像

0 1 5 M.

图 10 陕西西安市半坡村原始社会大方形房屋

半坡村仰韶文化住房有两种形式，一种是方形，一种是圆形。方形的多为浅穴，内转角一般做成弧形。这种浅穴的面积约20平方米左右，最大的可达40多平方米。通常在黄土地面上掘成50～80厘米深的浅穴。门口有斜阶通至室内地面。阶道上部可能搭有简单的人字形顶盖。浅穴四周的壁体内，紧密而整齐地排列着木柱，用编织和排扎的方法相结合，构成壁体，支承屋顶的边缘部分。住房中部又以四柱作为构架的骨干，支持着屋顶。屋顶形状可能用四角攒尖顶，也很可能在攒尖顶上部，利用内部柱子，再建采光和出烟的二面坡屋顶。至于柱穴内的土质，多数经过打实，并在周围用泥圈固定柱的下部。壁体和屋顶铺敷草泥土或草。室内地面用草泥土铺平压实（图11）。

圆形房屋一般建造在地面上，直径约4～6米。周围密排较细的木柱，柱与柱之间也用编织方法构成壁体。室内有二至六根较大的柱子。屋顶形状可能在圆锥形之上，结合内部柱子，再建造一个两面坡式的小屋顶（图12）。

房屋内部地面上，挖有弧形浅坑作火塘，供炊煮食物和取暖之用。它的位置接近门口，使流入的冷空气得到加热。有的火塘位于室中央，而门内两侧设短墙，看来有引导并限制气流以保证室内温暖的作用。

此外，仰韶文化与龙山文化之间的居住遗迹[37]如陕县庙底沟房屋内部四个柱洞下，用扁平的砾石作基础[39]。洛阳王湾的墙基结构，是先挖掘沟槽，内填红烧土碎块，或铺一层平整的大块砾石，再在其上做墙；室内则在草泥土上面用石灰质做成坚硬光滑的居住面（一般称白灰面），比简单的草泥土地面更为适用、清洁、美观，说明当时建筑正处于不断改进的阶段中[40]。

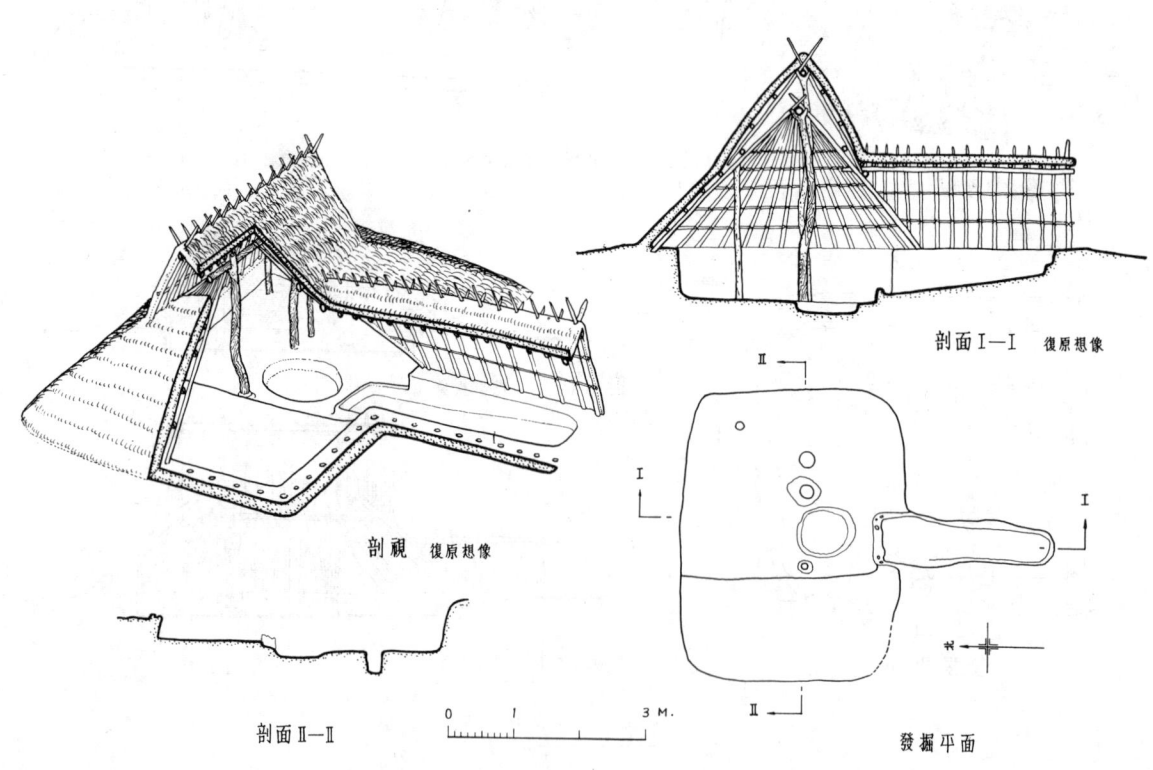

剖视  復原想像

剖面 I—I  復原想像

剖面 II—II

發掘平面

图 11  陕西西安市半坡村原始社会方形住房

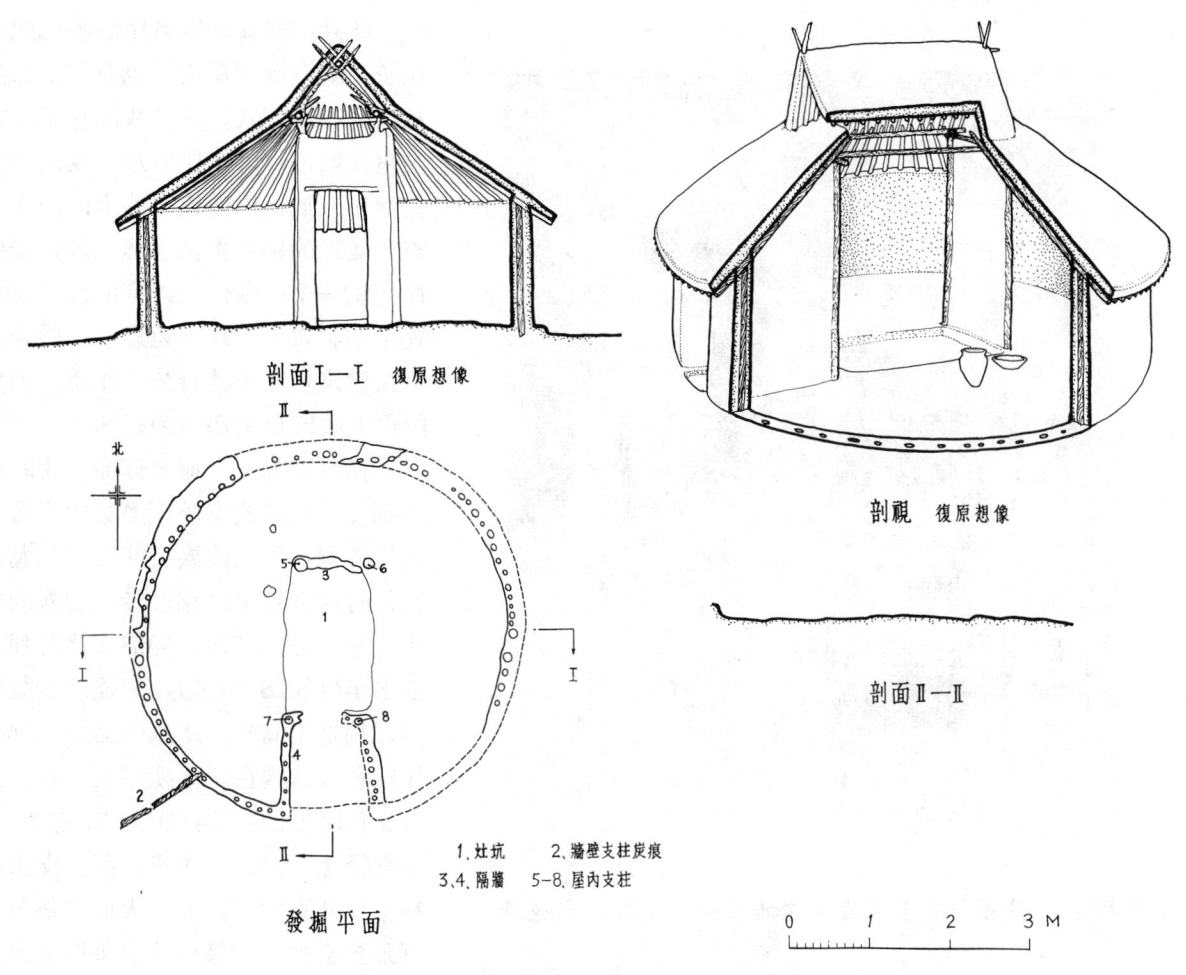

剖面 I—I　復原想像

北

I——I

II——II

5 6
3
1
7 8
4
2

II

1. 灶坑　　2. 牆壁支柱炭痕
3、4. 隔牆　　5-8. 屋內支柱

發掘平面

剖視　復原想像

剖面 II—II

0　　1　　2　　3 M

图 12　陕西西安市半坡村原始社会圆形住房

## 第三节　龙山文化的建筑遗迹

　　黄河中下游地区进入龙山文化父系氏族公社时期以后，某些墓葬的随葬品表示已有贫富的差别了[37]，这时氏族聚落在原有基础上继续发展，分布得更为广泛，更为密集，例如河南北部沿洹水长七公里的一段地区内，就发现十九处聚落遗址。

　　为了适应父权家庭生活的需要，在居住房屋的平面布置和构造上都发生了一些变化。一般来说，龙山文化的居住遗址多数为圆形平面的半地穴式房屋，室内多为白灰面的居住面。但早期遗址有大有小，平面形状并不限于圆形，如华阴县横阵村发现的方形半地穴房子，长宽各约 4 米，深 1 米[41]。陕县庙底沟则有圆形袋状半地穴式房子，径2.7米，深1.2米，周围残存着排列整齐而略向内倾的柱洞十个，室内也有柱洞一处，由此推测屋顶可能是圆锥形[39]。时间稍晚的河南安阳县后冈、浚县大赉店和永城、郑州、洛阳、渑池、陕县以及河北邯郸、安徽寿县等处的龙山文化遗址则多是圆形平面，直径在 4 米左右。室内地面稍低、在草泥土上涂白灰面，中央有一个圆形的灶，有的在南面伸出一段白灰面，显然是进门的过道。河南偃师县灰咀还发现一个略呈长方形的房屋遗址，南北方向，东西宽4.2米，南北深2.7米，房基也稍低于室内地面[42]。如与仰韶文化的住房相比较，这时多数房屋的面积有所缩小，大体上是跟一夫一妻制个体小家庭生活的需要相适应的。

图 13  陕西长安县客省庄原始社会半地穴住宅遗址

此外，长安县客省庄的半地穴式房子，既有圆形单室，也有前后二室相连的布局方式。这种双间房子，或内室作圆形，外室作方形，或内外二室都作方形，中间连以狭窄的门道，整个建筑的平面作吕字形。外室墙中往往挖一个小龛作灶，有的灶旁还设置小型窖穴（图13）无疑地，内外二室在建筑功能上具有分工作用。内室的保暖也比单室房屋为好[43]。

在制陶方面，原来仰韶文化时期烧制日用陶器的窑场，多集中于居住区的外侧，为全氏族所共有。到龙山文化时期则单个地靠近专门制陶的家族住房之旁。其次，仰韶文化时期的窑很小（径0.8～1米），只能烧少数陶器，构造也简单，所制陶器绝大部分作红色或红褐色，硬度不大。可是龙山文化时期的陶窑，扩大窑室容量（直径达1.3米），火膛加深，支火道和窑算孔眼加多，火力大而布热匀，再加封窑严实与最后阶段采取灌水方法，使陶胚中的铁质还原，制成比红陶、褐陶硬度更大的灰陶与黑而光亮的蛋壳陶。这种制陶技术为后来建筑用的陶质材料——瓦、砖、井筒和排水沟管的出现，准备了条件。至于仰韶文化时期以来长时间使用的彩陶有红彩、褐彩、黑彩和少数白衣彩陶。陶器表面绘有各种生动而美丽的鱼纹、鸟纹、人面纹和由圆点、钩叶、曲线以及各种几何形图案所组成的带状花纹，反映"美"在当时人们的精神生活中占有一定的地位（图14）。无疑地，人们的审美要求和各种手工业技术，不论直接或间接对建筑发展起着促进作用。

中国氏族公社的发展除上述黄河中下游以外，其他地区的文化发展则颇不平衡。同时由于不同的自然、地理条件的影响，各地区的建筑具有明显的地区特点。

长江下游新石器时代晚期的居住遗址，发现有两种方式。一种位于平坦的岗地上，每个聚落面积不大，但往往彼此毗邻成群。因为这些地区的土质多为粘土，排水慢，含水量大，因此多在地面上建造窝棚式住房。住址的平面有圆形和方形。墙壁和屋顶可能在用植物干茎编织的骨架上敷以泥层。另一种位于平原或湖泊与河流附近，地势低洼和地下水位较高的地点，房屋下部往往采用架空的干阑式结构，也就是在密集的木桩上建造长方形或椭圆形平面的房屋。其中浙江吴兴钱山漾发现的长方形遗址，在密桩上留有承载地板的木梁，梁上有大幅竹席，可能是地板上的敷垫物。还有芦苇、竹竿、树枝等，应是墙壁或屋顶材料，但灶位于遗址的外面[44]。此外，江西清江营盘里出土的新石器时代晚期陶器上的装饰，做成脊长檐短的梯形屋顶——即正脊长于正面屋檐的屋顶[45]（图15）。这种屋顶除见于云南晋宁出土的西汉中叶随葬铜器上的装饰[46]和日本古代明器以外，现在还盛行于马来亚半

魚紋 西安半坡村　　　　　　鳥紋 陝縣廟底溝

人面紋 西安半坡村

水鳥魚紋 寶雞北首嶺　　　彩陶盆口沿和腹部圖案展開圖 陝縣廟底溝

仰 韶 文 化 紋 樣

雷紋 黑陶片 日照兩城鎮　　　彩陶壺腹部圖案展開圖 泰安大汶口

龍 山 文 化 紋 樣

图 14　仰韶文化和龙山文化陶器上的纹样

岛及南洋群岛等处；而前述干阑式结构方法也见于西周建筑遗址、汉朝铜器和日本、越南、马来亚半岛以及南洋群岛等地的建筑中。因此，不难想象中国南部与附近地区的文化交流，远比文献所记载的时候为早。

中国巨石建筑遗迹有山东半岛北部和辽东半岛南部的海城、盖平、复、金等县的石棚，而以海城县石棚为典型范例之一[47]、[48]（图16）。石棚可能是坟墓，是新石器时代末期已经进入 金石并用时期的遗物，但社会组织仍然属于原始社会。这些石棚的绝对年代大约相当于中原的西周时期。在形式和结构上，它们和朝鲜北部的石棚，具有一定的关系。

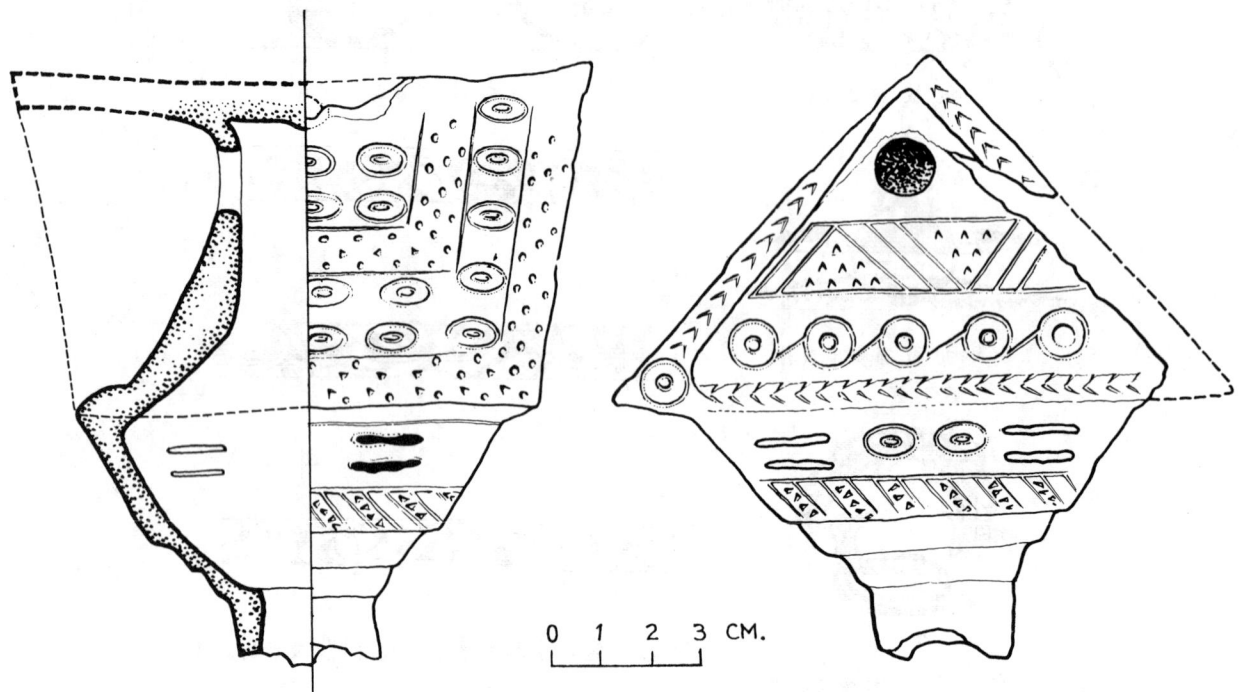

图 15  江西清江县营盘里出土陶器上的建筑形象

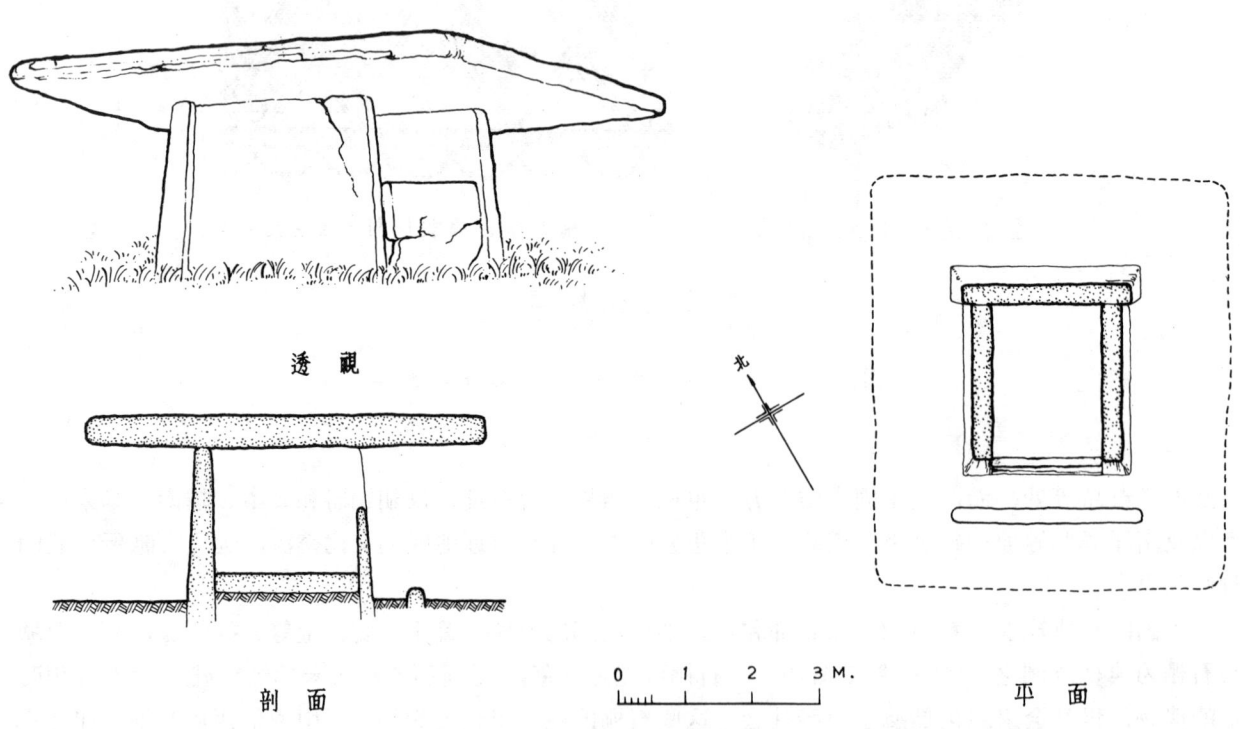

透视

剖面

平面

图 16  辽宁海城县巨石建筑

# 第二章　夏、商、西周、春秋时期的建筑

（公元前21世纪—前476年）

## 第一节　夏——中国奴隶制国家的诞生

中国黄河流域氏族社会的晚期，私有制已经萌芽。从若干龙山文化墓葬的随葬品中，可以见到贫富不均的现象，反映出氏族领袖和一般氏族成员地位的差别。随着氏族部落内部经济的发展，和对异族部落的战争掠夺，奴隶数目逐渐增多，促进了阶级分化与奴隶社会的形成。根据中国历史学家的意见，在公元前21世纪，中国历史上第一个朝代——夏朝的建立，标志着奴隶制国家的诞生。

夏朝的活动区域主要是黄河中下游一带，而中心在河南西北部与山西西南部。根据文献，夏朝已开始使用铜器，并且有规则地使用土地，天文历法知识也逐渐积累起来，人们不再消极地适应自然，而是积极地整治河道，防止洪水，挖掘沟洫，进行灌溉，以保障生命安全、农业丰收和扩大生产活动范围。夏朝的先人——禹，在中国历史上是作为率领人民与洪水搏斗获得胜利的伟大英雄而出现的。

据文献记载，夏朝曾修建了城郭沟池，建立军队，制定刑法，修造监狱，保护奴隶主贵族的利益；同时又修筑宫室台榭，奢侈享乐。因而引起奴隶的痛恨和反抗，夏朝内部离析崩溃，被较为后起但迅速强大的奴隶国家——商所复灭，结束了四百多年的统治。

今天中国的历史学家和考古学家正在探索这个中国最早建立的奴隶制国家的活动遗迹。

## 第二节　商朝的宫室和陵墓

商朝（公元前17世纪—前11世纪）进一步发展了奴隶制。它以河南中部及北部的黄河两岸一带为中心，东达山东，南达湖北，北达河北，西达陕西，建立了一个具有相当文化的奴隶制国家。

商朝使用青铜器。到商朝后期青铜手工业已很发达，留到现在有成千上万件的兵器、礼器、生活用器、工具、车马具等。这些铜器都是形制精美，花纹繁密而厚重。商朝的文字是中国已知最早的象形文字。根据数以万计的刻有贞卜记事的甲骨，文字数目已达四千以上。从一些有关建筑的字如"宅"、"宫"、"高"、"亯"、"京"、"宗"、"囷"、"贮"等，可以推测当时房屋下部有些在地面上建台基，有些使用干阑式构造（图17）。

河南郑州一带曾是商朝中期一个重要城市。经过部分发掘，发现若干居住和铜器、陶器、骨器等

图 17　甲骨文中有关建筑的一些文字

作坊遗址。其中一处炼铜作坊的面积达1000平方米以上；一处包括十四座窑的陶器作坊，总面积在1200平方米以上。在手工业作坊附近的住所，多为长方形的半地穴，地面敷有白灰面，可能是手工业奴隶的住所。另有一些建在地面上较大的房屋遗址，平面长方形，有版筑墙和夯土地基，可能是奴隶主的住所。更重要的是在郑州发现商朝的夯土高台残迹，用夯杵分层捣实而成。夯窝直径约3厘米，夯层匀平，层厚约7～10厘米，相当坚硬，可见当时夯土技术已达到成熟阶段。有了这种夯土技术，就可利用黄河流域经济而便利的黄土来做房屋的台基和墙身，后来春秋战国时代还广泛应用于筑城和堤坝工程。夯土的出现是中国古代建筑技术的一件大事[49、50、51]。

商朝的首都曾数次迁移。最后二百七十三年间建都于殷，在今河南安阳西北两公里的小屯村一带。这里洹水自西北折而向南，又转而向东流去。小屯村位于洹水南岸的河湾处，是商朝宫室的所在地。宫室的西南约300米处有一段壕沟遗迹，深约5米，宽10米，最宽处达20米，长约750米，可能是保护宫室的防御措施。洹水北岸迤西约3～4公里处是商王和贵族的陵墓区。宫室的西、南、东南以及洹河以东的大片地段，则是平民及中小贵族的居住地、墓地和炼铜、制骨器的作坊等（图18）。

宫室遗址的东面和北面接近洹水。宫室的东部，被洹水冲刷已不完整。据发掘的房屋基址、窖穴及埋葬牲人、牲畜的分布情况，大致可分为三区。

北区有大小基址十五处。其中大型基址的平面作长方形或凹字形，方向朝东；小型的作方形或长方形，朝南。此区基址的分布情况颇为分散，也没有人畜墓葬，可能是王室的居住地区。

中区南北约长200米，有大小基址二十一处，布局较北区整齐，而北端的黄土台显然是这区的主要建筑遗址。自此台往南，轴线略偏西。沿着轴线有门址三处。南端第一道门址内有一组较大的基址，夯土层互相重迭，其东端又为洹水啮去，原来形状已不明瞭。紧接着这座基址之北，西侧有南北长达80米的条状基址。基址的东侧低而窄，可能是前廊，而西侧是主屋。与此基址相对的部分，被河水冲成一个大缺口。第二道门址位于条状基址的中段稍北。第三道门址则与条状基址的北端相接。由于有些基址压于下层基址之上，可看出此区建筑经过改造与扩充。基址下埋有牲人和牲畜，而每一门址下有四、五个牲人持戈、盾和贝。推测中区应是商朝的宗庙与处理政务的地区，也是王宫的核心部

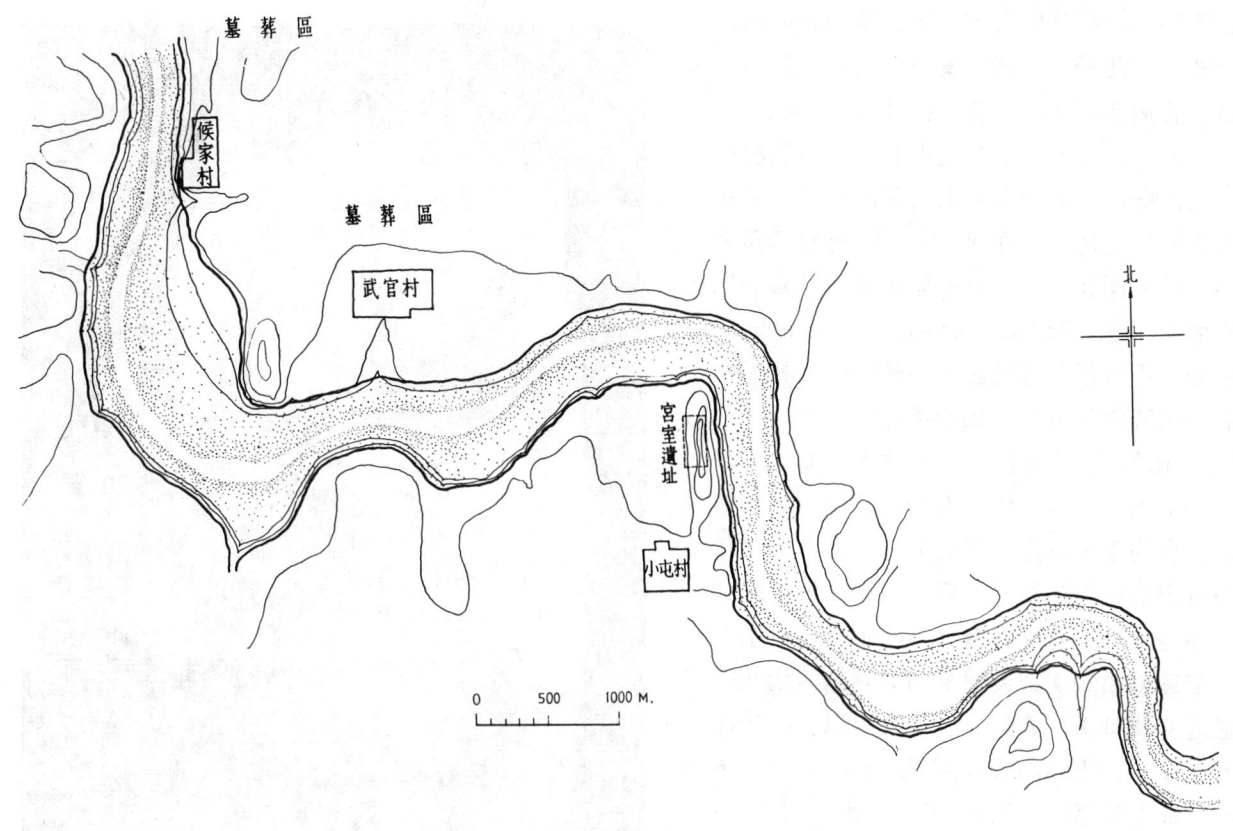

图 18　河南安阳市殷代遗迹位置图

分。

　　南区位于中区的西南，规模小，但有大小基址十七处，而以北端方形基址为全组的中心。它的前部以两个南北长、东西狭的条状基址对峙左右。其间有一座横列的基址，可能是门址。其他较小基址对称排列于两侧方形基址之上。此区内牲畜埋于东侧，牲人埋于西侧，整齐不紊，无疑地是商王的祭祀地区，但建造年代比北区和中区为晚。由此可见殷的宫室是陆续建造的，并且用单体建筑，沿着与子午线大体一致的纵轴线，有主有从地组合为较大的建筑群。后来中国封建时代的宫室常用的前殿后寝和纵深的对称式布局方法，在奴隶制的商朝后期宫室中已经略具雏形了。

　　上述五十几处基址的平面有方形、长方形、条状、凹形、凸形等。最大的基址达14.5×80米。基址全部用夯土筑成，高0.5米至1.2米不等。有很多基址上面残存着有一定间距和直线行列的石柱础。所有础石都用直径15～30厘米的天然卵石，而以其较平的一面向上。其中北区最大的条状基址的石础上，还留着若干盘状的铜盘——铜锧，其中有隐约看出盘面上具有 云雷纹饰的。这些铜锧 垫在柱脚下，起着取平、隔潮和装饰三重作用，并且在础石附近还发现木柱的烬余，可证明商朝后期已经有了相当大的木构架建筑了。根据考古发掘，当时建筑工具已有青铜制的斧、凿、钻、铲等，也许还有锯（山东发现用于锯骨料的青铜锯）。正因为有了这些工具，加上大量的奴隶劳动，才能建造这个规模相当宏大的宫室建筑群。

　　在殷宫室的附近发现若干方形、长方形、圆形和不规则平面的穴居，以土阶升降，穴内壁面有些不加修整，有些用木棒打平，有些涂有草泥。这些穴居和宫室相比较，充分说明当时阶级差别对建筑发生了深刻的影响[14]。

　　根据甲骨文"席"作"囵"，"宿"作"龛"，及现存某些青铜器物，知道当时室内铺席，人们

坐于席上，家具则有床、案、俎和置酒器的
"禁"。此外，陵墓内发现用白石雕琢的鸟
兽，背后有凹槽，可能是某种器物的座子
（图19-1）。还有在木料上雕有以虎为题材的
云纹浮雕，表面涂朱；木料虽已腐朽，花纹
和朱彩清楚地压印在泥土上，可能也是器物
的残部（图19-2）。根据原始社会以来的埋
葬习惯，这些随葬品应是死者生前用品的一
部分，不难想象当时宫室内部的陈设相当华
丽，建筑物也可能有某些雕饰。

此外，在陵墓区内还发现十几处大墓。
这些墓内有数以百计的人殉，是中国早期奴
隶社会的重要特点，墓的形状，在土层中挖
一方形深坑作为墓穴。墓穴向地面掘有斜坡
形墓道。小型墓仅有南墓道，中型墓有南北
二墓道（图20）。大型墓则具有东西南北四
墓道（图21）。穴深一般在8米以上，最深
的达13米。小墓的墓穴面积约40～50平方
米。最大的墓，面积达460平方米，墓道各
长32米。穴中央用巨大的木料砍成长方形断
面，互相重迭，构成井干式墓室——称为
椁[52]。从椁的构造来看，可以推知当时房
屋除了使用梁柱构造方法以外，应该还有井
干式构造的壁体。

图 19-1　河南安阳市殷墟出土石雕

图 19-2　河南安阳市殷墓出土棺板印痕

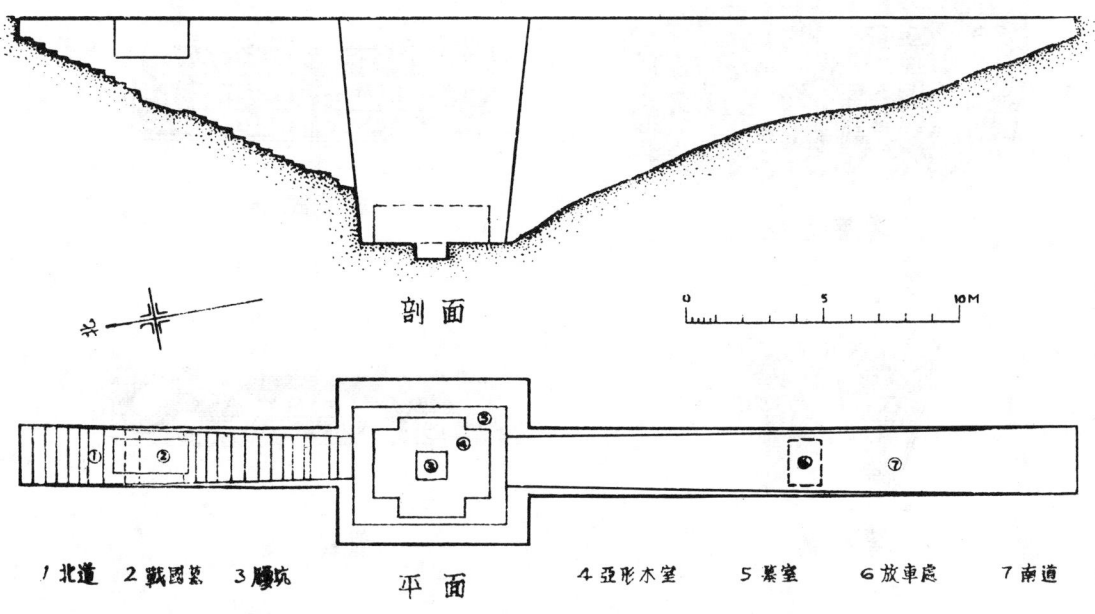

1 北道　2 戟器箱　3 腰坑　　　4 亚形木室　　5 墓室　　6 放车处　　7 南道

图 20　河南安阳市后岗殷代墓平、剖面图

图 21　河南安阳市后岗殷代四出羡道大墓

饕餮紋 殷

饕餮紋 殷

蟬紋 殷

龍紋 西周

鳳紋 西周

鳳紋 西周

雲紋 殷

雲紋 西周

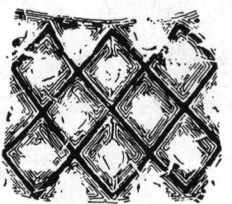

雷紋 殷

渦紋 西周

图 22-1　商、西周、春秋青铜器纹样（一）

方形紋 西周

饕餮紋 西周

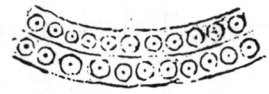

圓圈紋 殷

龍紋 西周

繩紋 春秋

波紋 西周

鳳紋 春秋

雲紋 西周

三角紋 春秋

繩紋 春秋

竊曲紋 西周

图 22-2　商、西周、春秋青铜器纹样（二）

商朝雕刻的特征，无论青铜器或石器，多用细密的花纹为地，衬托高浮雕的主要纹饰。最习见的纹饰有云纹、雷纹、饕餮纹、蝉纹、圆圈纹等。这些精巧的雕饰，给人以富丽严肃的印象。花纹的题材可能和商人的迷信思想相联系，也可能是氏族徽记的残余[53]（图22-1、图22-2）。

## 第三节  西周和春秋时代的建筑

周族原来生活在陕西、甘肃一带，农业发展水平较商为高，而手工业发展水平则较商为低，灭商以后，在经济和文化等方面继承了商朝的成就而继续发展。周初，为了控制中原的商族，除首都镐（陕西西安西南）以外，还建立了东都洛邑（河南洛阳），并分封王族和贵族到各地建立若干诸侯国来统治全国。周的疆域西至甘肃，东北至辽宁，东至山东，南至长江以南，超过了商朝。西周已有少数铁器，到春秋时代铁工具开始推广，工程技术也有很大的进步。

周朝经历了约三百余年，由于阶级矛盾的发展、国内的变乱和戎族的侵扰，被迫于周平王元年（公元前770年）迁都到洛邑。中国历史上称此以前的周为西周，以后为东周。东周的前半期自公元前770年起到前476年止则称为"春秋"时代。"春秋"是中国奴隶社会逐渐瓦解和封建制度开始萌芽的时期。

镐与洛邑的城址尚在探索中，有关建筑遗址还未发现。一般认为战国间流传的《考工记》，记载了周朝的都城制度：

"匠人营国，方九里，旁三门，国中九经九纬，经涂九轨，左祖右社，面朝后市。"这些制度虽尚待实物印证，但现存春秋战国的城市遗址例如晋侯马、燕下都、赵邯郸王城等，确有以宫室为主体的情况，若干小城遗址还有整齐规则的街道布局，因此《考工记》所记载的至少有若干事实作依据，而非完全出于臆造（图23）。汉以后有些朝代的都城为了附会古制，在这段记载的规划思想上进行建设，并作出若干新发展。

《左传》与汉初所传《礼记》曾叙述周朝宫室的外部有为防御与揭示政令的阙[54]，其次，有五层门（皋门、库门、雉门、应门、路门）和处理政务的三朝（大朝、外朝、内朝）[55]。其中，阙在汉唐间依然使用，后来逐步演变为明、清的午门。三朝和五门被后代附会、沿用，在很大程度上影响了隋朝以后历代宫室建筑的外朝布局。至于当时内廷宫室的布局虽不明瞭，但是春秋时代的鲁国已有东西二宫。鲁国的宗庙则前堂称大庙，中央有重檐的大室屋，可能后部还有建筑[56]。从汉朝起，统治阶级的祭祀建筑如太庙、社稷、明堂、辟雍等也多附会周朝流传下来的文献和

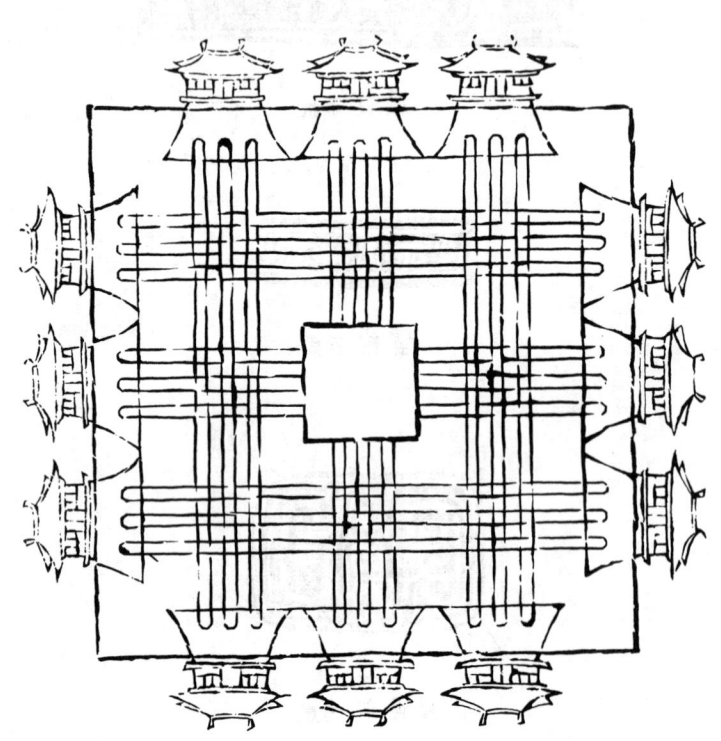

图 23　《三礼图》中的周王城图

传统进行建造。

春秋时代存在着大大小小一百多个诸侯国。各国的经济不断发展,生产水平逐步提高,能维持不断增长的城市人口的消费,而财富也集中于城市中,再加上各国之间战争频繁,用夯土筑城自然成为当时一项重要的国防工程。据《左传》所载,筑城工程是在司徒的领导下,按着周密的计划进行工作的。

"使封人虑事,以授司徒。
量功命日,分财用,平板榦,
称畚筑,程土物,议远近,略
基址,具餱粮,度有司。
……"

由此可想象当时各诸侯国都有一个或大或小的城,其中少数城址已被发现,并正在探掘中。由于筑城活动增多,逐渐形成一套筑墙的标准方法,如《考工记》所载,墙高与基宽相等,顶宽为基宽的三分之二;门墙的尺度以"版"为基数等。

宋以来许多学者,根据《仪礼》所载礼节,研究春秋时代士大夫的住宅,已大体判明住宅前部有门。门是面阔三

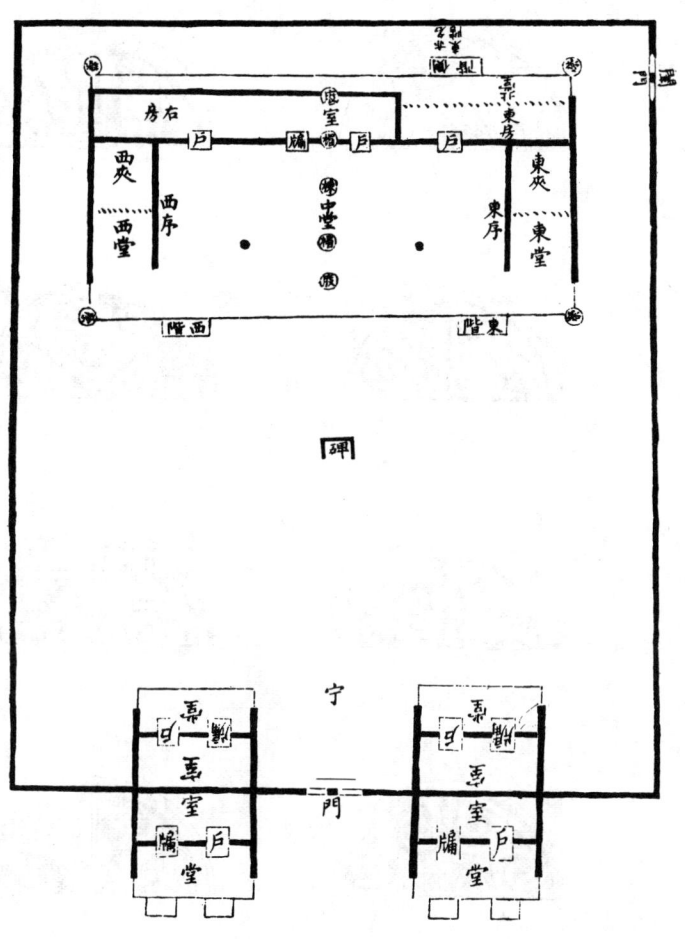

图 24 (清)张惠言《仪礼图》中的士大夫住宅图

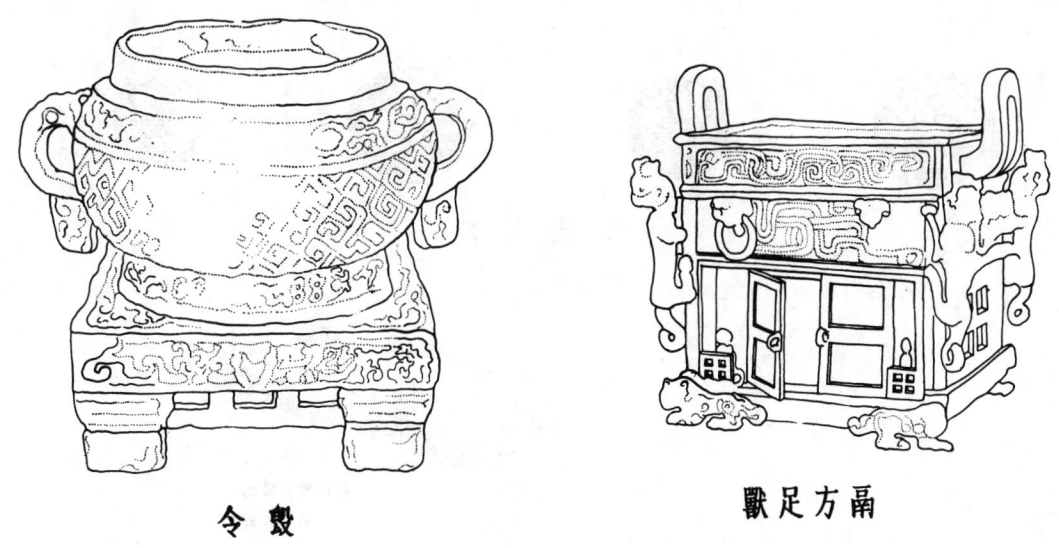

令 𣪘

獸足方甗

图 25 西周青铜器中表现的建筑构件

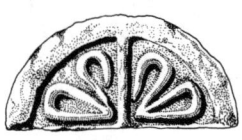

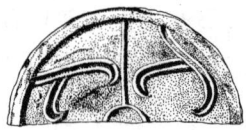

東 周 瓦 當

東 周 瓦 釘

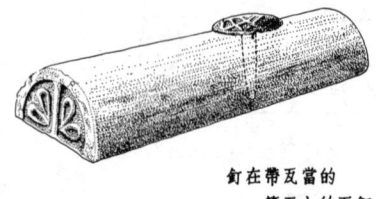

釘在帶瓦當的
筒瓦上的瓦釘

图 26  东周瓦当和瓦钉（河南洛阳出土）

间的建筑，中央明间为门，左右次间为塾。门内有院。再次为堂(图24)。堂是生活起居和接见宾客、举行各种典礼的地点，堂的左右有东西厢，堂后有寝卧的室，都包括于一座建筑内。堂与门的平面布置，沿续到汉朝初期没有多大改变[57]、[58]。

西周青铜器中往往反映当时建筑的局部形象。如"令毁"的四足做成方形短柱，柱上置栌斗，再在两柱之间，于栌斗斗口内施横枋，枋上置二方块，类似散斗，和栌斗一起承载上部版形的座子[59]。这些构件的形状和组合与后代檐柱上的构造方法大体相同。更重要的是"令毁"的制作年代，上距武王灭商仅二十多年，因此，我们有充分理由推测商朝末期柱上可能已有栌斗，不过栱的出现应在此以后。此外，西周方鬲的下部，在正面设双扇版门，门扉划分为上下二格，门的两侧各有卧棂造栏杆一段，反映建筑物入口的形状；其余三面开窗，窗中仅施简单的十字棂格[53]（图25）。屋顶式样据文献所载，春秋时代已经使用重屋[56]。

当时室内仍席地跪坐，但席下垫以筵，据《考工记》所载，筵应是宫室建筑计算面积的基本单位的一种。家具类型除商朝已有的几种以外，又有凭靠的几和屏风（扆）、衣架（楎椸）等，而几又是计算室内面积的基本单位。

这时的建筑材料，西周已出现板瓦、筒瓦、人字形断面的脊瓦和圆柱形瓦钉[60]。这种瓦嵌固在屋面泥层上，解决了屋顶防水问题，瓦的出现是中国古代建筑的一个重要进步。不过瓦的使用到东周的春秋时代才逐渐普遍，屋顶坡度由草屋顶的1:3降至瓦屋顶的1:4（见《考工记》）。这时除板瓦以外，又出现了瓦当，表面有凸起的饕餮纹、涡纹、卷云纹、铺首纹……等等美丽的纹饰（图26）。

建筑色彩有《论语》所载"山节藻棁"和《春秋穀梁傅注疏》所载"礼楹，天子丹，诸侯黝垩，大夫苍，士黈"等记述所谓楹即是柱，节是坐斗，棁是瓜柱。由此证明春秋时代已在抬梁式木构架建筑上施彩画，而且在建筑色彩方面也有严格的等级制度了。

西周青铜器上的饕餮纹、龙纹、凤纹、云纹、波纹、涡纹等花纹，由承袭商朝旧型开始向新的方向发展。高浮雕的纹饰主题，在构图上已不是丛密而是比较疏朗，线条比较柔和，高低层次的相差比较大，给人一种清新的感觉。这种趋向到春秋时代更为显著（图22）。无疑地它反映了当时人们的审美观念正在不断改变中[53]。

春秋时代出现了有名的建筑匠师鲁班[61]、[62]。传说鲁班曾造攻城云梯和九种攻城器械以及其他精巧的器物，为人们所崇敬，所以被后代奉为建筑工匠的祖师。

# 第三章 战国、秦、两汉、三国时期的建筑

（公元前475年—公元280年）

## 第一节 战国到三国时期社会的变动和建筑概况

春秋时代末期，中国奴隶社会开始向封建社会转变，到公元前475年进入战国时代，中国封建制度逐步确立，因而从春秋到战国是古代中国社会发生巨大变动的时期[4]。

春秋时代一百四十余个诸侯国互相兼并的结果，到战国时代只剩下秦、楚、齐、燕、韩、赵、魏七个大国。由于铁工具的开始普遍应用，与生产力的提高和生产关系的改变，促进了农业和手工业生产的发达，扩大了社会分工，商业与城市经济都逐步繁荣起来。这时期，士阶层的知识分子在学术上的百家争鸣，引起了文化上的空前活跃和发展。在这样的社会基础上，反映在建筑上的是大城市的出现，大规模宫室和高台建筑的兴建，以及瓦的发展和砖的出现，装饰纹样也更加丰富多彩。铁工具——斧、锯、锥、凿等的应用，对于制作复杂的榫卯和花纹雕刻，提供了有利条件，从而提高了木构建筑的艺术和加工质量，加快了施工的速度。在工程构筑物方面，七国之间因险为塞，竞筑长城。水利灌溉工程如西门豹"引漳水溉邺"[63]、[64]，秦郑国开渠三百里[64]和李冰兴修湔溯（都江堰）[65]，规模都相当巨大。秦始皇二十六年（公元前221年），秦始皇灭六国，建立了中国历史上第一个中央集权的封建大帝国。秦的历史虽然只有短短的十五年，但很多政治措施，给予后代以深远的影响。秦废封藩，置郡县，全国政令出自中央；统一了全国的文字、律令、度量衡和车辆的轨辙；修筑驰道，通行全国；开鸿沟，凿灵渠，建万里长城。他为满足穷奢极欲的生活，利用征发大量的所谓"罪人"的强制劳动，集中了全国的巧匠和良材，用很短的时间，在首都咸阳附近建造很多规模巨大的宫苑建筑。但在另方面，这些宫苑由于模仿战国时代各国的宫室建筑，使当时各种不同的建筑形式和不同的技术经验初步得到了融合和发展[66]。

经过秦末的农民起义战争，继秦而起统一中国的是西汉（公元前206年—前8年）。在公元前二世纪后期，西汉的疆域比秦朝更大，开辟了通过西域的中西贸易往来和文化交流的通道。西汉的封建经济进一步巩固和工商业不断发展，促进了城市繁荣，出现了大地主、大商人。汉武帝（刘彻）罢黜百家，尊崇儒术，确立礼制，以巩固皇权，形成了此后两千年封建社会统治阶级的主导思想。由于建筑是"威四海"的精神统治工具[67]，汉朝都城的规模更加宏阔，宫殿范围更加巨大和华美，未央、长乐两宫都是周围长达十公里左右的大建筑组群。礼制思想也深刻地影响着都城、宫殿和祭祀建筑的布局以及住宅的等级制度。儒家"慎终追远"的思想加强了商朝以来传统的厚葬制度，从而陵墓的规模更加宏大。同时，儒家与阴阳五行等迷信相结合的谶纬之说也在西汉末年流行起来，对人们生活和

建筑都发生了影响。在工程技术方面，东汉建筑的平面和外观日趋复杂，高台建筑日益减少，楼阁建筑逐步增加，并且大量使用了成组的斗栱。木建筑的结构方法有抬梁式、穿斗式和井干式三种。这时木椁墓已逐渐减少，而空心砖墓、砖券墓、石板墓和崖墓等不断增多，可以看出当时砖石结构技术正处于迅速发展的阶段。因此，汉朝是中国封建社会中政治、经济、文化以至建筑方面的第一个高潮时期。

经王莽的短期代汉和农民起义，东汉（公元25—220年）统一全国，建都洛阳。东汉末年，在农民大起义后，出现了军阀混战，中原地区遭到巨大破坏，东汉灭亡后，中国分裂为魏（公元220—265年）、蜀（公元221—263年）、吴（公元222—280年）三国。到公元280年西晋又重新统一。从东汉末到三国时代的建筑，仅公元216年曹操建设的邺城与后来魏文帝（曹丕）营建洛阳宫殿有了一些新的发展。

# 第二节　城　市　的　发　展

春秋以前的城市是周王和诸侯进行政治、经济和军事统治的核心，城市里的手工业主要为统治阶级服务，商业还没有充分发展起来，因此城市的规模都比较小。作为在经济生活上起一定作用的城市，是从春秋末期到战国中叶随着封建土地所有制的确立和手工业、商业的发展而出现的。这时城市日趋繁荣，城市的规模日益扩大，如齐的临淄，赵的邯郸，周的成周，魏的大梁，楚的鄢郢，韩的宜阳，都是当时人口多和工商麇集的大城市。《史记·苏秦列传》记载：

"临淄之中七万户，……不下户三男子，三七二十一万。……临淄甚富而实，

其民无不吹竽鼓瑟，弹琴击筑，斗鸡走狗，六博蹋鞠者。临淄之涂，车毂击，人肩摩，……"
同时由于战争频繁，各城市都筑有坚固的城墙。截至目前止，发现比较完整的大城市遗址有战国时代燕国的下都和赵国的邯郸等。

燕下都建于公元前四世纪，在今河北易县东南，位于中易水与北易水之间。城址以两个方形作不规则的结合，东西约8300米，南北约4000米。城墙用黄土版筑而成，残存遗址约宽7～10米。城内分东西两部分。东部主要是宫室、官署和手工业作坊。西部年代略晚，似陆续扩建而成。宫室位于东部的北端中央，有高大的夯土台，长130～140米，高7.6米成阶梯状，附近还发现附属建筑的遗址。这组建筑之北，散布着若干夯土台，连同城内外其他大小台址共计五十余处，说明当时燕国的宫室是建在高台上的[68]（图27）。

除此以外，近年在舞阳、万荣、淮南、焦作、武安、磁县、唐县，怀来、湘阴等地发现了韩、魏、赵、燕、楚等国的小型城址。这些城址多位于河流附近，平面作方形、长方形或依地形建造，面积约在0.25～1平方公里左右。城的四周用夯土筑城垣，每面有一、二个城门。其中武安午汲的赵城有宽约6米的大街，贯通东南二门，并有和大街垂直的若干小街。可见战国时期已有若干小城市具有整齐的规划了[69]。

秦朝的首都咸阳，创于战国时代的中期秦孝公十二年（公元前350年）。当时咸阳宫室南临渭水，北达泾水，到秦孝文王时（公元前250年），宫馆阁道相连三十余里[70]、[56]。秦始皇灭六国后又役使所谓"徒刑者"七十余万人，在渭水南岸建造大批宫室和骊山陵，并徒富豪十二万户于咸阳[66]，可以想象当时咸阳城及其附近宫苑的规模是十分宏大的。

汉朝由于手工业、商业进一步发展，出现了不少新兴城市。其中手工业城市有产盐的临邛、安邑，产刺绣的襄邑，产漆器的广汉，产铁的宛和临邛。著名的商业城市有洛阳、邯郸、宛、江陵、成都、吴、合肥、番禺等，临淄则在春秋和战国时代的基础上，以产丝绸和商业繁盛著称于当时。

长安是西汉的首都，是当时中国政治、文化和商业的中心，也是商、周以来规模最大的城市

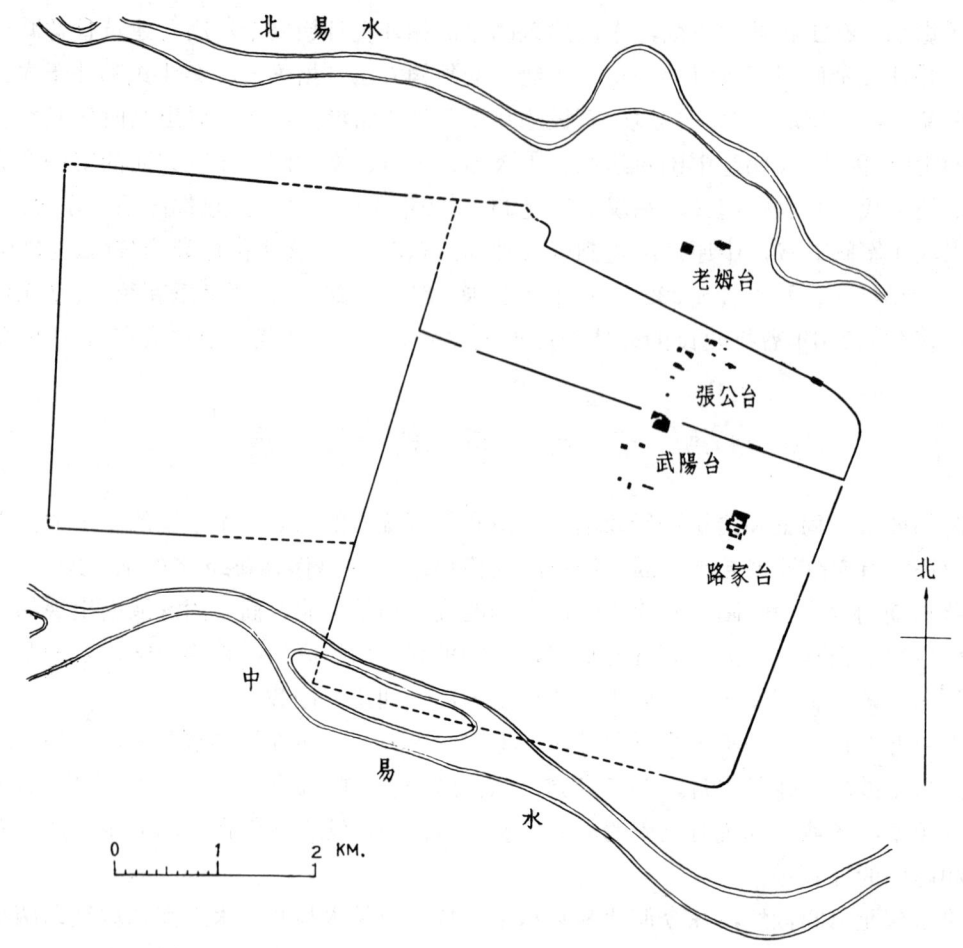

北 易 水

老姆台

張公台

武陽台

路家台

北

中

易

水

0　1　2 KM.

图 27　河北易县燕下都城遗址及建筑遗迹实测图

（图28）。

长安位于今陕西西安市渭水南岸的台地上，地势南高北低。最初就秦朝的离宫兴乐宫建造长乐宫，并建未央宫和北宫。由于先建宫殿、后建城墙以及地形的关系，城的平面成不规则形状，主要的未央宫位于城的西南角上，长乐宫位于东南角上。城周约22.5公里。城墙用黄土筑成，最厚处约16米。城的每面各有三座门，每门有三个门洞，各宽8米，可容四辆车通行，与《考工记》所载以车轨为标准来定街道宽度的原则相符合。根据文献，城门上建有重楼[71]、[72]、[69]（图29-1～2）。

城内有八条主要道路，都与城门相通，街道都是直线，方向采取正东正北，作十字形或丁字形相交。其中贯通南北的安门内大街长达五公里半。这条街宽约50米，中央是皇帝专用的驰道，宽20米，两侧有沟，沟外两侧又各有宽13米的街道（图29-2）。据文献所载，当时街道两侧都植有树木[73]。

汉武帝时，兴建城内的桂宫、明光宫和城外西南郊的建章宫、上林苑。据文献记载，这时的长安城内还有九府、三庙、九市和一百六十间里分布于城的北部及南部的未央、长乐二宫之间[75]。城的南郊还有十几个规模巨大的礼制建筑遗址。每个遗址的平面沿着纵横二条轴线采用完全对称的布局方法，外面是方形围墙，每面辟门，而在四角配以曲尺形房屋。围墙以内，在庭院中央都有高起的方形夯土台，个别台上还留下若干柱础，可推出原来台上建有形制严整和体形雄伟的木构架建筑群，其中位于东端的遗址，外凿圆形水渠，可能是西汉末年按照统治阶级的礼制要求而建造的明堂辟雍（图30-1～4）。这些建筑的布局方法是在沿着纵轴线组织纵深的建筑群以外，自成一种体系，不但见于

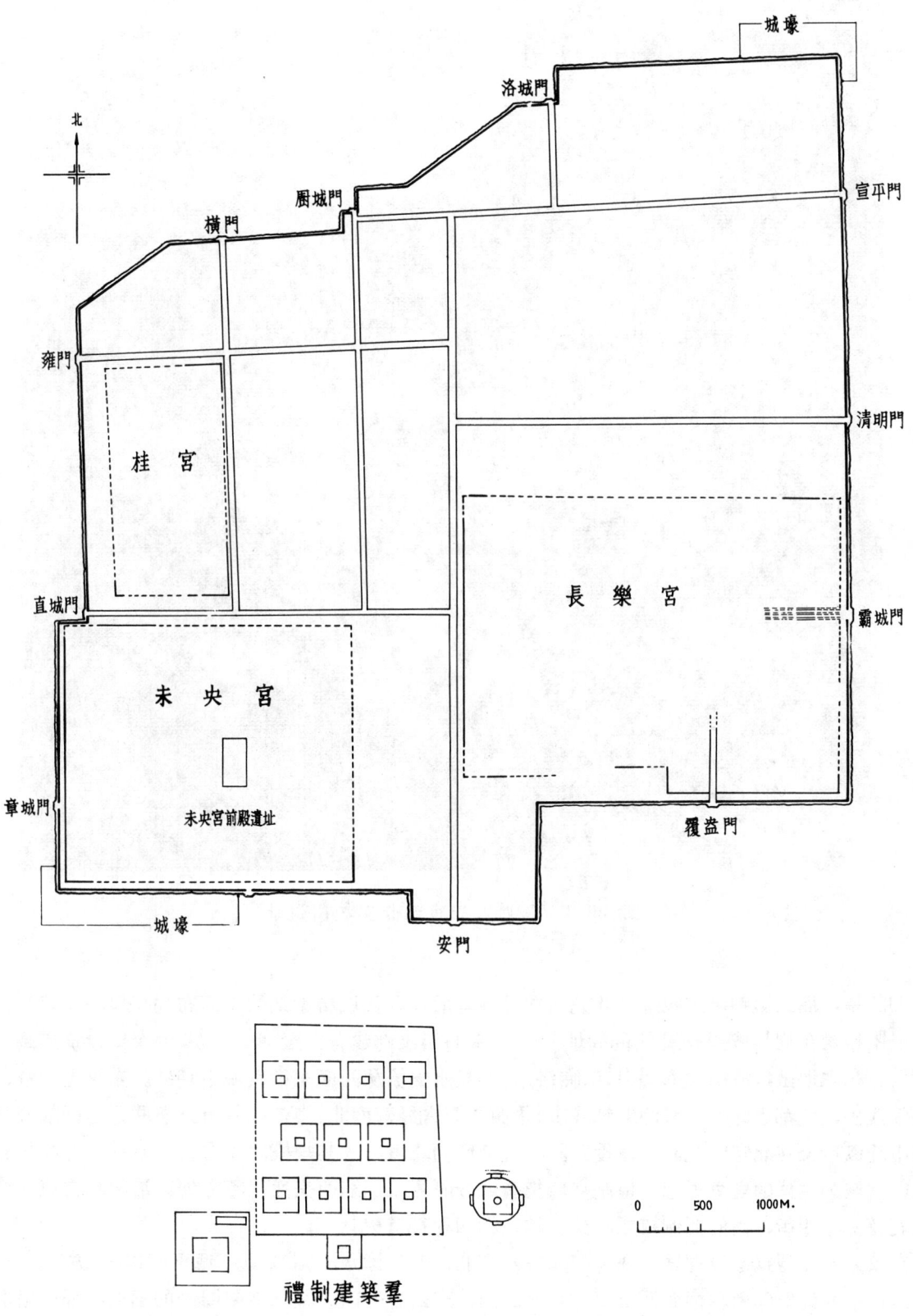

图 28　陕西西安市汉长安平面实测图

图 29-1　陕西西安市汉长安城门遗址

当时的陵墓，而且影响唐宋陵墓、北魏某些佛寺与后来各代坛庙建筑的平面布局[76]、[77]、[78]、[79]。

洛阳原是东周都城"成周"的故址[80]，秦与西汉都建有宫殿[67]，其中个别建筑还是东周遗物[81]。在地形上，洛阳北依邙山，南临洛水，而榖水支流从西而东横贯城中[82]。东汉光武帝(刘秀)因长安残破，建都于此。在城的纵轴线上，依西汉旧宫经营南北二宫，以复道三条联系这两部分[83]。东汉中叶以后又在北宫以北陆续建设苑囿，直抵城的北垣。故其规模比南宫为大[84]。这样的布局发展了以宫城为主体的规划思想，但是宫城把全城分隔为二，东西交通很不方便。洛阳除宫苑，官署外，有里闾及二十四街，街的两侧植栗、漆、梓、桐四种行道树[85]。

东汉末年，曹操建设邺城，在今河南安阳东北，北临漳水（图31）。城平面作长方形，东西约3000米，南北约2160米。南面开三门，北面二门，东西各一门。鉴于洛阳旧制的不便，邺城采取新的布局方法，以一条横贯东西的大道，把城内分为南北两部分。北部中央在南北轴线上建宫城。大朝所在的主要宫殿位于宫城的中央。大朝的东侧为处理日常政务的常朝。大朝的西侧为禁苑——铜雀园。

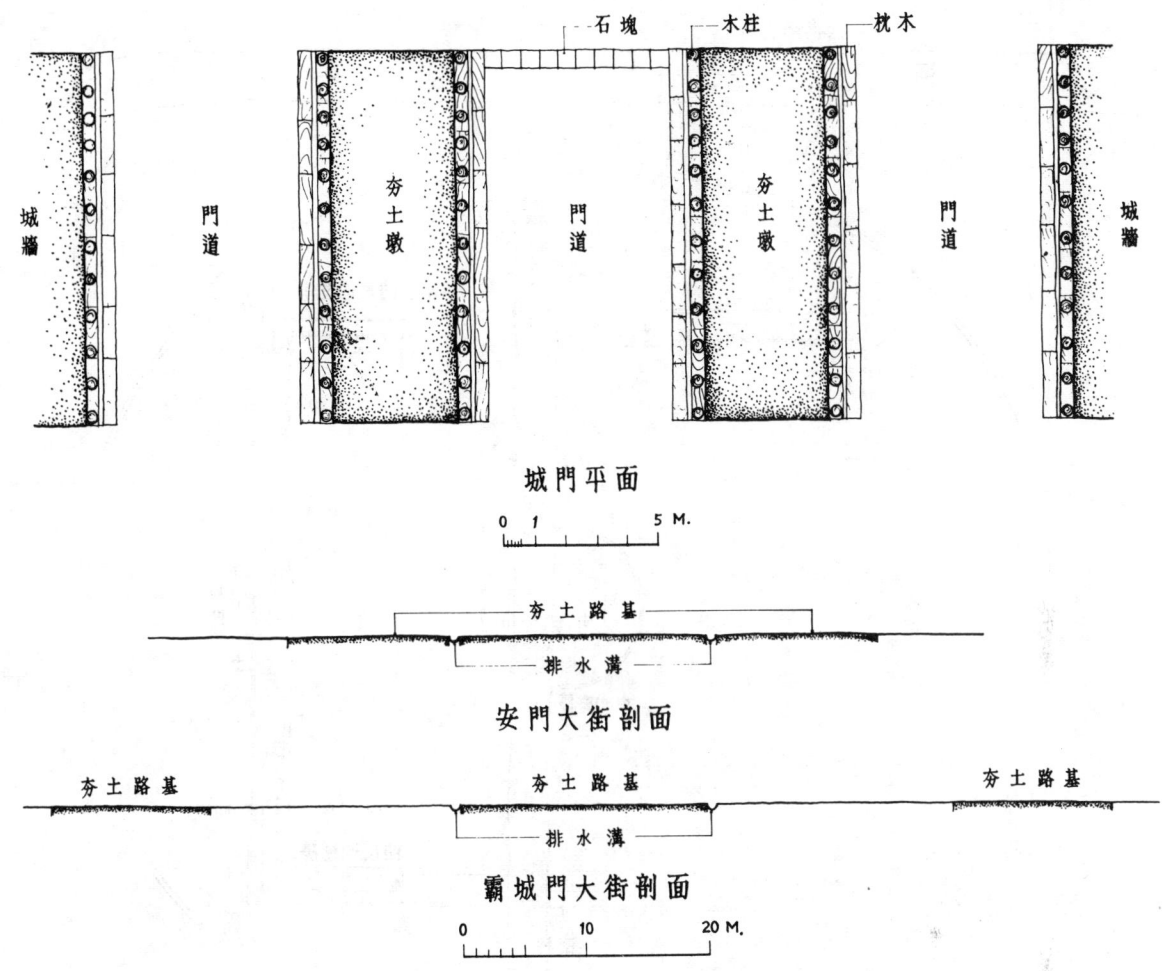

图 29-2  陕西西安市汉长安城门及街道构造示意图

禁苑西面沿城墙一带是存储粮食和物资的仓库区、武器库和宫廷专用的马厩。在这个区的西侧稍北处，凭借城墙，建铜雀三台。宫城以东是贵族居住的坊里，而其南半部为行政官署区。在东西大道以南部分亦建若干官署，其余则为居民的住宅区。在住宅区中央，也就是全城的南北中轴线的南段，又辟一条干道，与上述东西大道汇于宫城正门之前[86]、[87]、[15]。

战国到三国期间以宫室为主体的都城规划，有着下列几方面的特点。

首都的选择：秦统一六国后，由于关中东有河山阻隔，内有沃野千里，南有巴蜀的富饶物资，故以咸阳为首都，而于洛邑建宫殿，控制关东地区。西汉因秦旧规，以长安为首都，并于洛阳建宫殿与武库。由此可见，秦与西汉时统治者都以关中为根据地，洛阳为前哨据点，无非是政治、经济和军事上利用关中进可以攻，退可以守的条件来统治全国。

宫室为中心的南北轴线布局：战国时代邯郸的赵王城和燕下都已经有了在轴线上以宫室为主体的布局方法，与《考工记》所载的大体符合。后来除西汉的长安就秦旧离宫建设，因而形成不规则的平面，东汉洛阳和曹魏的邺城都继承了战国的传统。但邺城将宫室、苑囿、官署置于城的北部，住宅位于城的南部，分区明确，交通方便，克服了洛阳规划的重大缺点，后来南北朝和隋唐的都城规划都是在这基础上发展起来的。

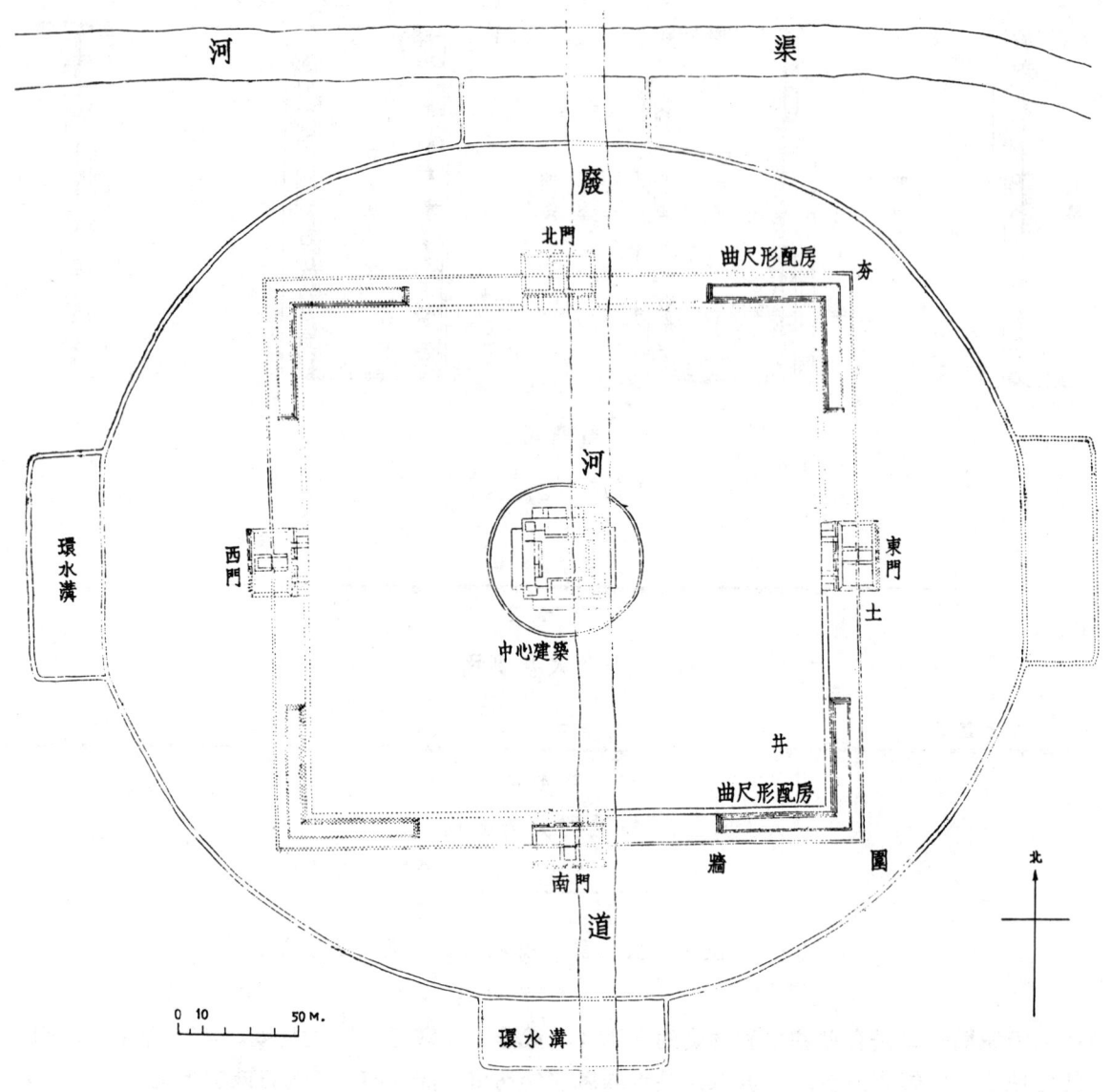

图 30-1  陕西西安市汉长安南郊礼制建筑遗址平面实测图

集中的市场：据《考工记》"面朝后市"的记载，不难推测战国时代各国都城已有集中的市场。西汉长安有九个市场分布城内。市场多建有重楼[75]，有的"列楼为道"，随着商品种类的增加形成各行聚集的街道，并置官吏管理。魏晋洛阳则在宫西有金市，城东有马市，城南有羊市[88]。这些都不同于《考工记》所载市场设在城北的布局，显然是随着手工业和商业的发展而产生的，它们是构成宋以前各代都城布局的一个重要组成部分。

闾里：根据《管子》和《墨子》所载，春秋至战国间，各国都城已有以闾里为单位的居住方式[89]、[75]。据文献所载，西汉长安有一百六十个闾里，每一闾里设"弹室"，控制居民。在都城布局方面西汉长安由于先营建宫室及迁就地形，所以闾里杂处于宫阙和官署之间，到曹魏邺城才分区明确不相混淆了。

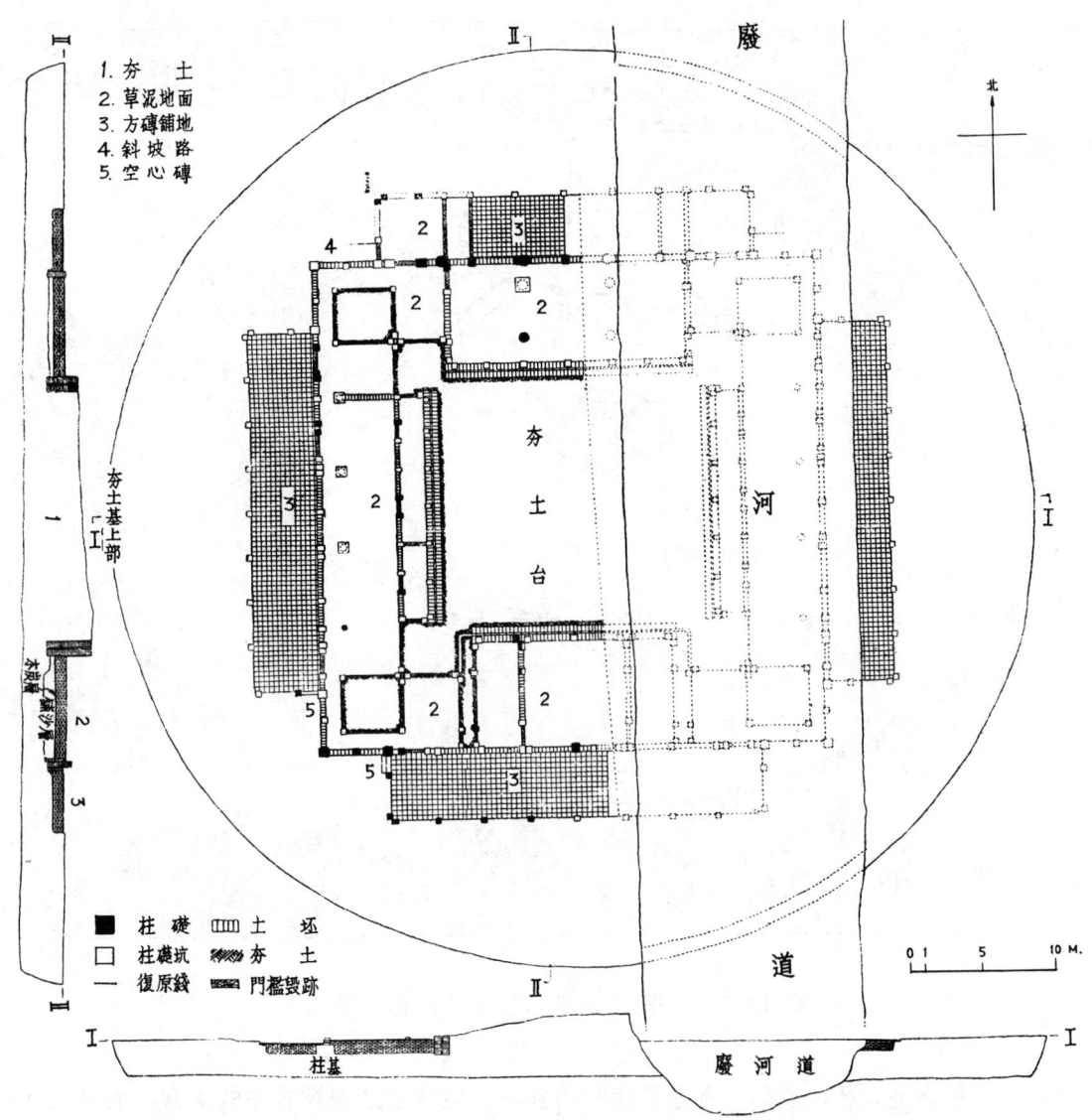

图 30-2　陕西西安市汉长安南郊礼制建筑遗址中心建筑平、剖面实测图

# 第三节　秦、汉、三国的宫室

这时期的宫室苑囿没有遗留下来，遗址的发掘工作做得还不多，但丰富的文献叙述了它们的大体面貌和成就。

秦始皇（嬴政）在统一中国的过程中，吸取各国不同的建筑风格和技术经验，于始皇二十七年（公元前220年）兴建新宫。新宫的建设程序是首先在渭水南岸建起一座信宫，作为咸阳各宫的中心；然后由信宫前开辟一条大道通骊山，建甘泉宫。继信宫和甘泉宫二组建筑之后，又在北陵高爽的地方修筑北宫[66]。

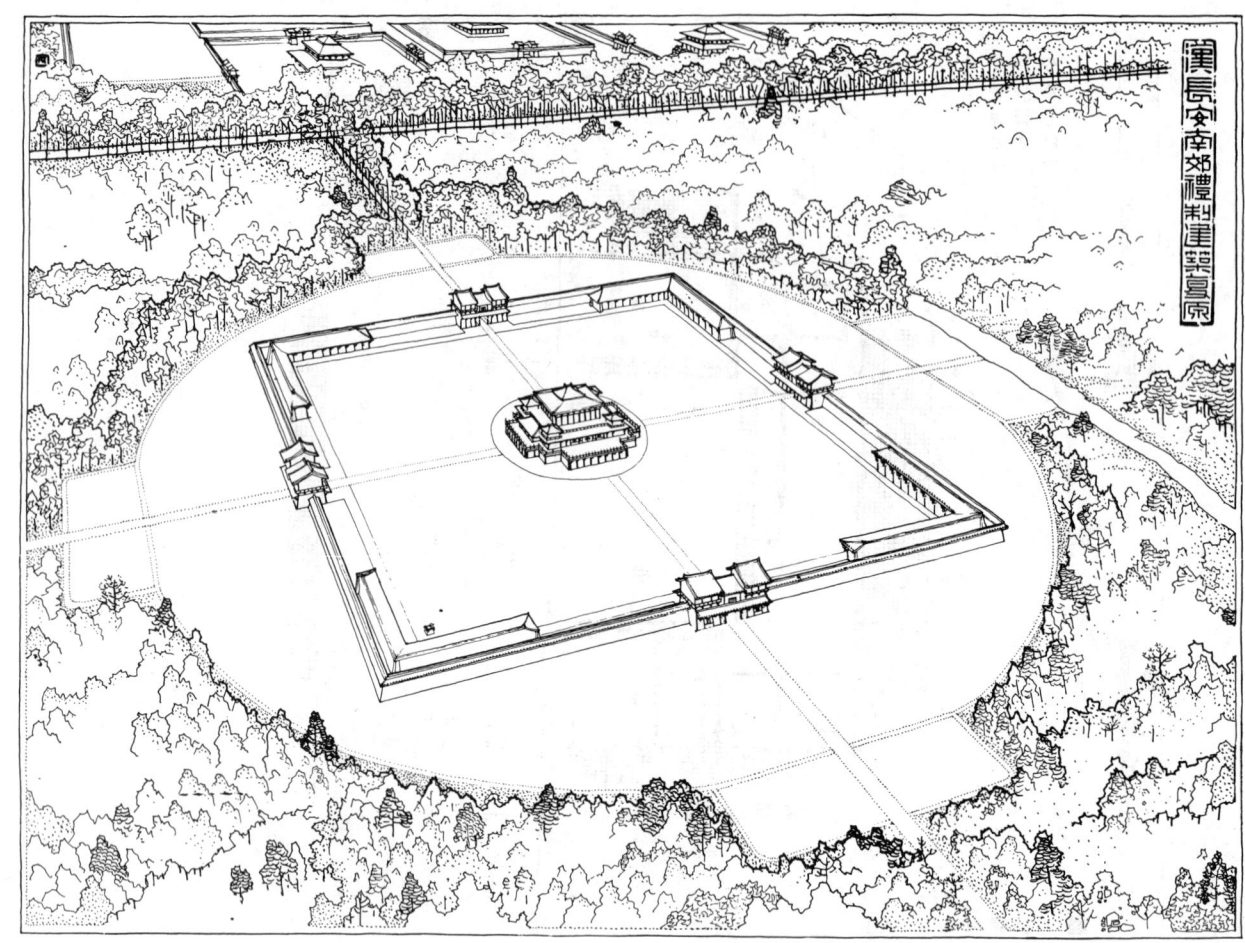

图 30-3　汉长安南郊礼制建筑总体复原图

在用途上，信宫是大朝，咸阳旧宫是正寝和后宫，其他宫室是妃嫔居住的离宫，而甘泉宫则是避暑处，并为太后所居。此外，还有兴乐宫、长杨宫、梁山宫……以及上林、甘泉等苑。这些庞大的建筑组群都是用强制劳动的方式，征调人民在十年内陆续建成的。

始皇三十五年（公元前212年），秦始皇又开始兴建更大的一组宫殿——朝宫。朝宫的前殿就是历史上有名的阿房宫。这次建宫计划，在渭南上林苑中，以阿房宫为中心，建造许多离宫别馆。根据《史记》所载：

　　"先作前殿阿房，东西五百步，南北五十丈，上可以坐万人，下可以建五丈旗。周驰为阁道，自殿下直抵南山。表南山之颠以为阙，为复道，自阿房渡渭，属之咸阳。"

秦二世（胡亥）即位后，为了集中力量修筑始皇的陵墓，把阿房宫的兴建工程停工一年；第二次开工缩小了计划范围，没有等到竣工，秦朝就被农民革命所推翻。现在阿房宫只留下长方形的夯筑土台，东西约长1公里余，南北约长0.5公里，后部残高7～8米。台上北部中央还残留不少秦瓦。

西汉之初，仅修建未央宫、长乐宫和北宫，到汉武帝才大建宫苑。

未央宫是大朝所在地，位于长安城的西南隅，利用龙首山岗地，削成高台，为宫殿的台基，可见战国时代高台建筑在西汉时期依然盛行，东汉起才逐渐减少。未央宫以前殿为其主要建筑，这殿的平

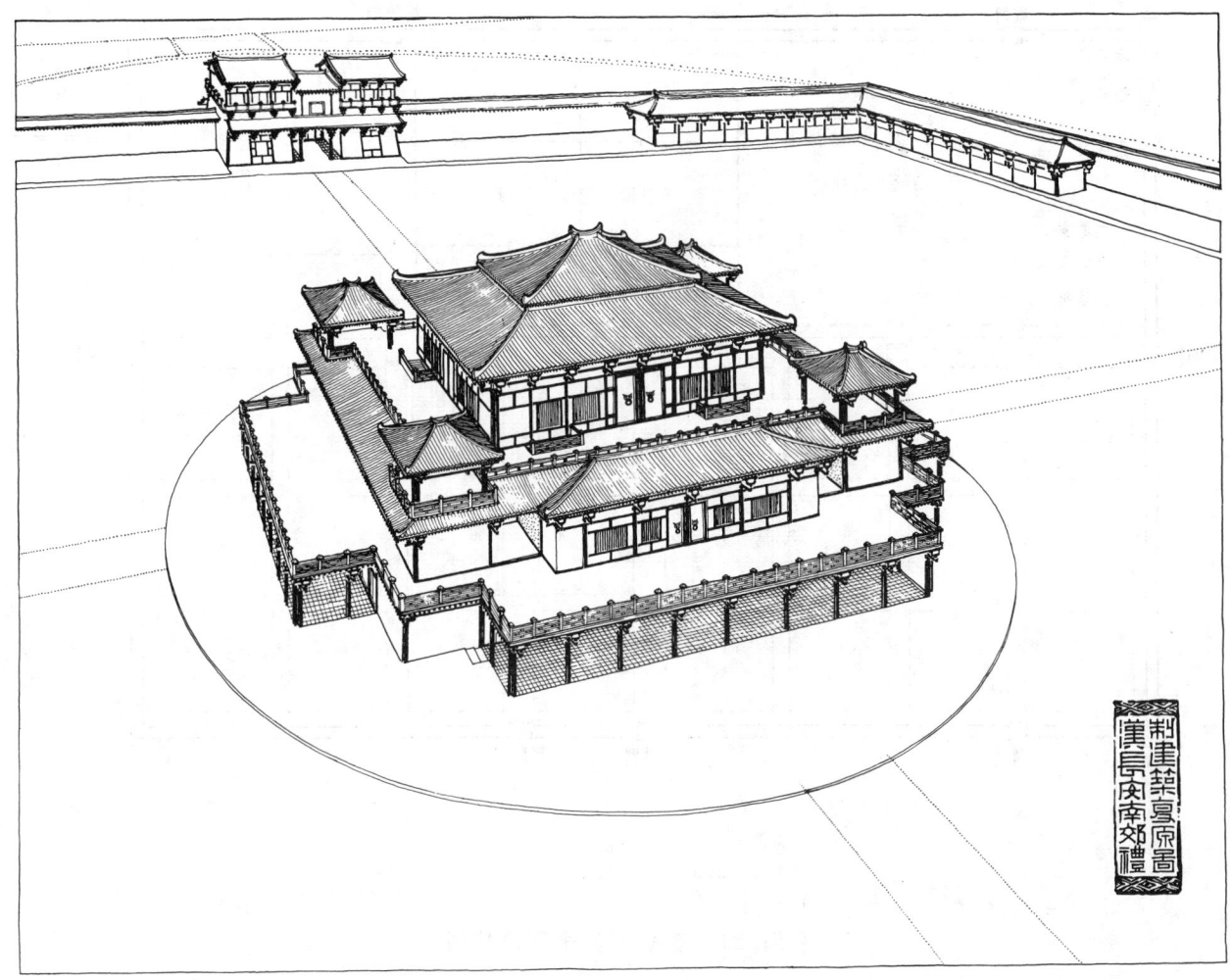

图 30-4　汉长安南郊礼制建筑中心建筑复原图

面面阔大而进深浅，呈狭长形，是这时宫室建筑的一个特点。殿内两侧有处理政务的东西厢。这种在一个殿内划分为三部分，兼大朝、日朝的方法与周朝前后排列三朝的制度有所不同[74]、[90]。这个宫城周围8900米，宫内除前殿外，还有十几组宫殿和武库、藏书处、织绣室、凌室（藏冰室）、兽园、渐池与若干官署。

太后住的长乐宫位于长安城的东南隅，北面和明光宫连属。宫城周围约10000米，内有长信、长秋、永寿和永宁四组宫殿。北宫在未央宫之北，是太子居住地点。建章宫在长安西郊，是苑囿性质的离宫。其前殿高过未央前殿。有凤阙，脊饰铜凤。又有井干楼和置仙人承露盘的神明台。宫内还有河流、山岗和辽阔的太液池，池中起蓬莱、方丈、瀛洲三岛；并在宫内豢养珍禽奇兽，种植奇花异木[75]、[91]。在建章宫前殿、神明台及太液三岛等遗址中曾发现夯土台和当时下水道所用的五角形陶管。

从长乐、未央和建章等宫的文献和遗迹。知汉代"宫"的概念是大宫中套有若干小宫，而小宫在大宫（宫城）之中各成一区，自立门户，并充分结合自然景物。这些宫殿的规模与所占面积之大，说明汉朝统治阶级的奢侈享受，其庄严的格局和宏伟的气魄，又是为了表示皇权专治的威严。

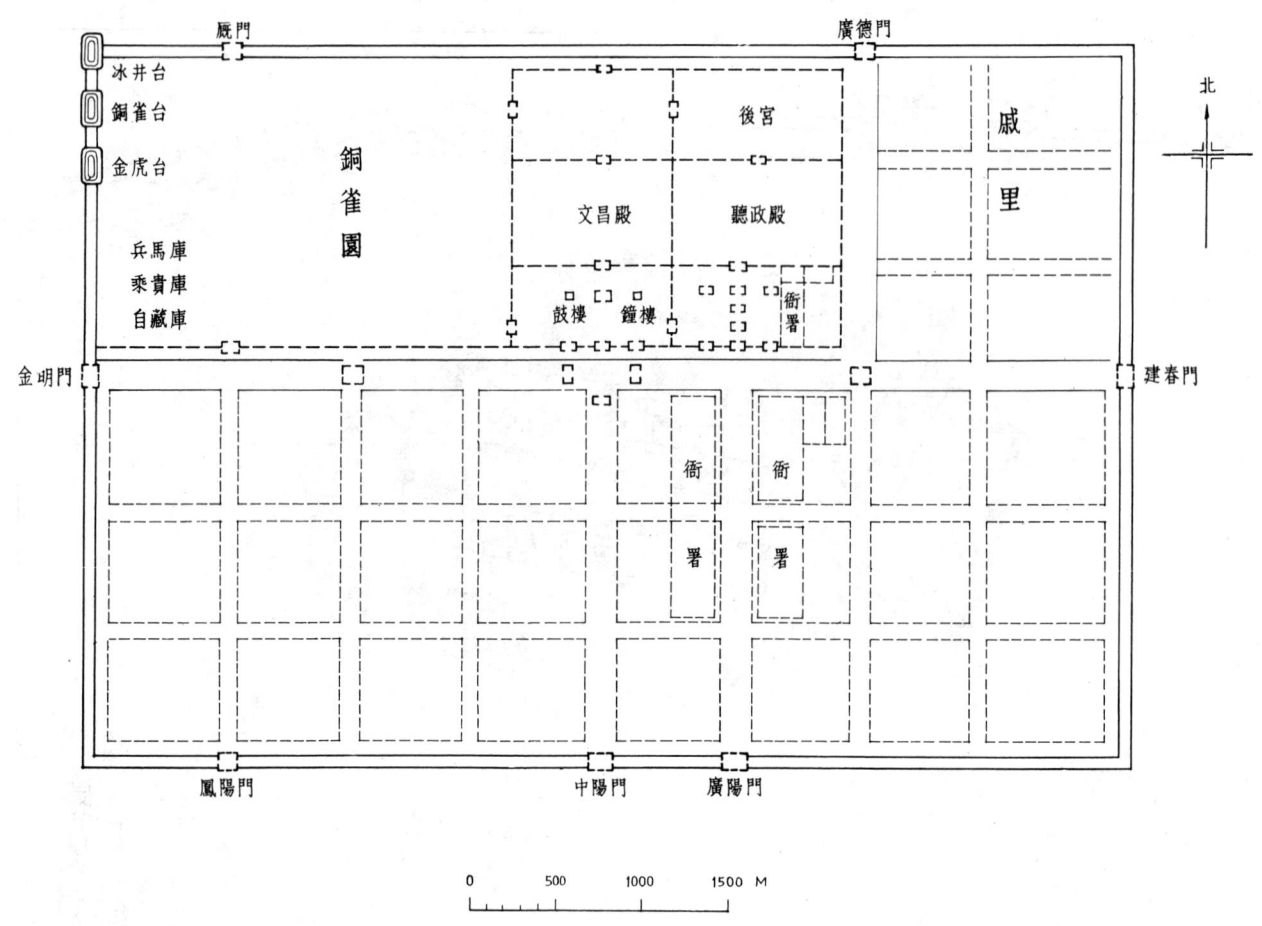

图 31　曹魏邺城平面想象图

东汉洛阳宫室根据西汉旧宫建造南北二宫，其间联以阁道，仍是西汉宫殿的布局特点。北宫主殿德阳殿，平面为1:5.3的狭长形，也与西汉未央前殿相类似。 这时期已很少建造高台建筑， 如德阳殿的台基仅高4.5米，就是一个证明。

三国时代，魏文帝自邺迁都洛阳，就原来东汉宫殿故址营建新宫。在布局上，不因袭汉代在前殿内设东西厢的方法，而在大朝太极殿左右建有处理日常政务的东西堂。这种布局方式可能从东西厢扩充而成，后来为两晋、南北朝沿用了约三百余年，到隋朝才废止[90]。

# 第四节　住　宅

汉朝的住宅建筑， 根据墓葬出土的画象石、画象砖、明器陶屋和各种文献记载， 有下列几种形式[74]（图32）。

规模较小的住宅，平面为方形或长方形。屋门开在房屋一面的当中，或偏在一旁。房屋的构造除少数用承重墙结构外,大多数采用木构架结构。墙壁用夯土筑造。窗的形式有方形、横长方形、圆形多种。屋顶多采用悬山式顶或囤顶。有的住宅规模稍大，无论平面是一字形或曲尺形，平房或楼房，都以墙垣构成一个院落。也有三合式与日字形平面的住宅。后者有前后两个院落，而中央一排房屋较高

干闌式住宅　廣東廣州漢墓明器

日字形平面住宅　廣東廣州漢墓明器

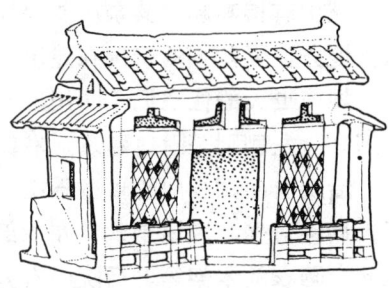

三合式住宅　廣東廣州漢墓明器

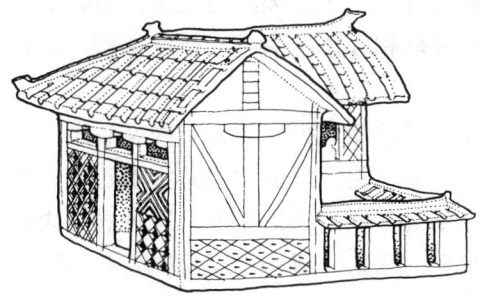

曲尺形住宅　廣東廣州漢墓明器

樓及廊廡　江蘇睢寧雙溝畫象石

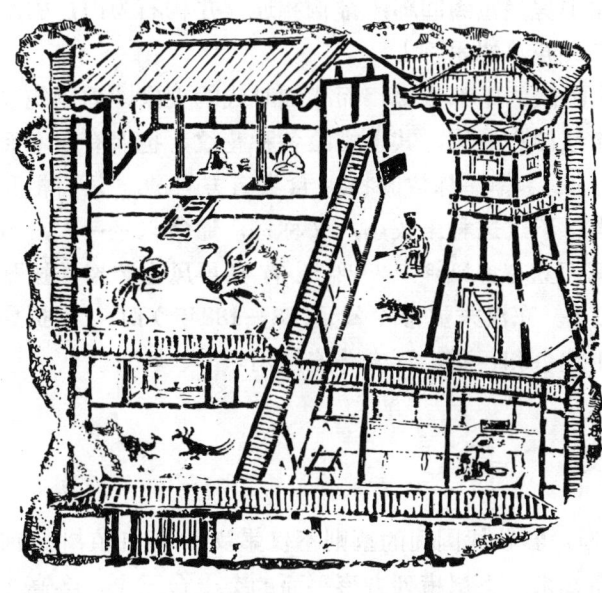

住宅　陝西綏德畫象石

庭院
四川成都畫象磚

庭院
河南鄭州空心磚

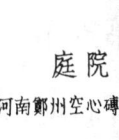

大門
四川德陽畫象磚

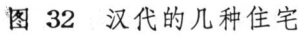

图 32　汉代的几种住宅

大，正中有楼高起，其余次要房屋都较低矮，构成主次分明的外观[92]。此外，明器中还有坞堡，是东汉地方豪强割据的情况在建筑上的反映[93]。

规模更大的住宅见于四川出土的画象砖中，其布局分为左右二部分：右侧有门、堂，是住宅的主要部分；左侧则是附属建筑。右侧外部有装置栅栏的大门，门内又分为前后两个庭院，绕以木构的回廊，后院有面阔三间的单檐悬山式房屋，用插在柱内的斗栱承托前檐，而梁架是抬梁式结构，屋内有两人席地对坐，应该是堂。左侧部分也分为前后二院，各有回廊环绕。前院进深稍浅，院内有厨房、水井、晒衣的木架等。后院中有方形高楼一座，在四注式屋顶下饰以斗栱，可能是了望或储藏贵重物品的地点[94]。又，河南郑州出土的汉墓空心砖上刻有前后两院的住宅。前院绕以围墙，右侧建门阙，面临大道。院内植花木，同时也是停放宾客车马的地点。第二道门偏于左侧，门上覆以重檐庑殿顶。门内为居住部分，院内也盛植花木。从这两所住宅所反映的规模和居住者的生活情况来看，应是当时官僚、地主或富裕商人的住宅[95]。

贵族的大型宅第，外有正门，屋顶中央高，两侧低，其旁设小门，便于出入。大门内又有中门，它和正门都可通行车马。门旁还有附属房间可以居留宾客，称为门庑。院内以前堂为其主要建筑。堂后以墙、门分隔内外，门内有居住的房屋，但也有在前堂之后再建饮食歌乐的后堂的。这种布局应自春秋时代的前堂后室扩展而成。除了这些主要房屋以外，还有车房、马厩、厨房、库房以及奴婢的住处等附属建筑[94]。

西汉时期有些贵族和豪富建有富于自然风景的园林，如文献所载茂陵富豪袁广汉，在茂陵北山下建一座花园宅第，东西约1600米，南北约2000米。园中房屋重阁回廊，徘徊相连，并构石为山，引水为池，池中积沙为洲。园内养着奇兽珍禽，培植着各种花草树木[96]。

从战国到三国，由于席地而坐，几、案、衣架和睡眠的床都很矮，而战国时代的大床，周围绕以阑干，最为特殊。几的形状不止一种：有些几和案涂红漆和黑漆，其上描绘各种花纹，也偶有在木面上施浮雕的。汉朝的案已逐步加宽加长，或重叠一、二层案，陈放器物。食案有方有圆。还有柜和箱[97]。床的用途到汉代扩大到日常起居与接见宾客。不过这种床较小，又称榻，通常只坐一人，但也有布满室内的大床，床上置几[98]。床的后面和侧面立有屏风[99]、[100]还有在屏风上装架子挂器物的。长者尊者则在榻上施帐[101]、[102]、[103]（图33）。东汉末灵帝（公元168—188年）时，可折叠的胡床虽传入中国，流行于宫廷与贵族间，但仅用于战争和行猎，还未普遍使用[104]、[105]。

# 第五节  陵  墓

商和西周的墓葬是否累土为坟已不可考[106]、[107]，春秋战国间的墓则不仅累坟，而且植树。河南辉县战国末期的坟，由两层夯土台构成。下层约高2米，上层横列方形平面的夯土台三个，各高1米左右。中、西二台上残存若干柱础，而西侧台上柱础较多，显示原为面阔和进深各五间的建筑，周围绕以石子散水，应是享堂或祭殿。这种方式很象具体而微的高台建筑。同时对秦汉两朝的陵墓制度，可能发生一些影响。

陕西临潼骊山的秦始皇陵，由三层方形夯土台累叠而成。下层台东西宽345米，南北长350米，每层台壁都向内斜收；自底至顶，三层共高43米。这陵经过二千多年风雨剥蚀，原来的体形应该更为巨大。陵的周围有内外两重墙垣，内垣周2.5公里，外垣周6.3公里（图34-1～2）。这是中国历史上体形最大的陵墓。据记载，建此陵时曾奴役大量"徒刑者"，最多时达七十余万人[109]，取名石筑墓，累土为坟，植草树以象山，并建寝殿，供祭祀，因而有"陵寝"之称[66]、[67]。

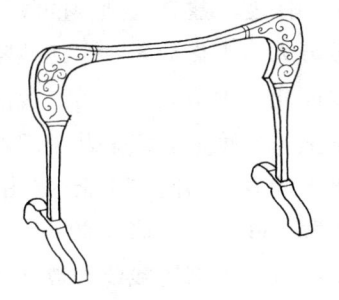

漆几 *湖南長沙出土*　　木雕花几 *河南信陽出土*　　漆俎 *河南信陽出土*

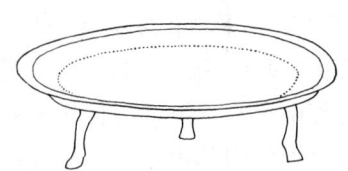

銅案 *廣東廣州出土*

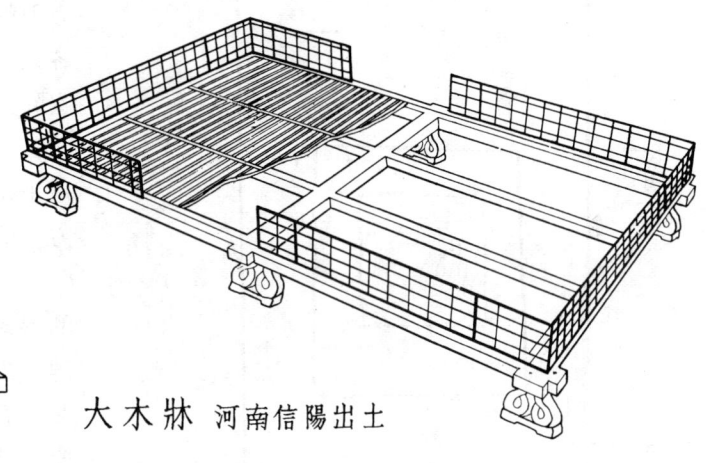

大木牀 *河南信陽出土*

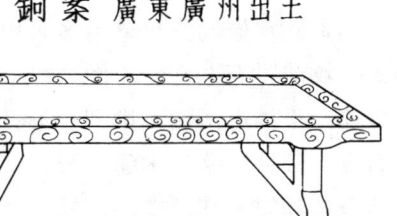

漆案 *河南信陽出土*

帶屏風的榻和案 *遼寧遼陽漢墓壁畫*

图 33　战国两汉家具

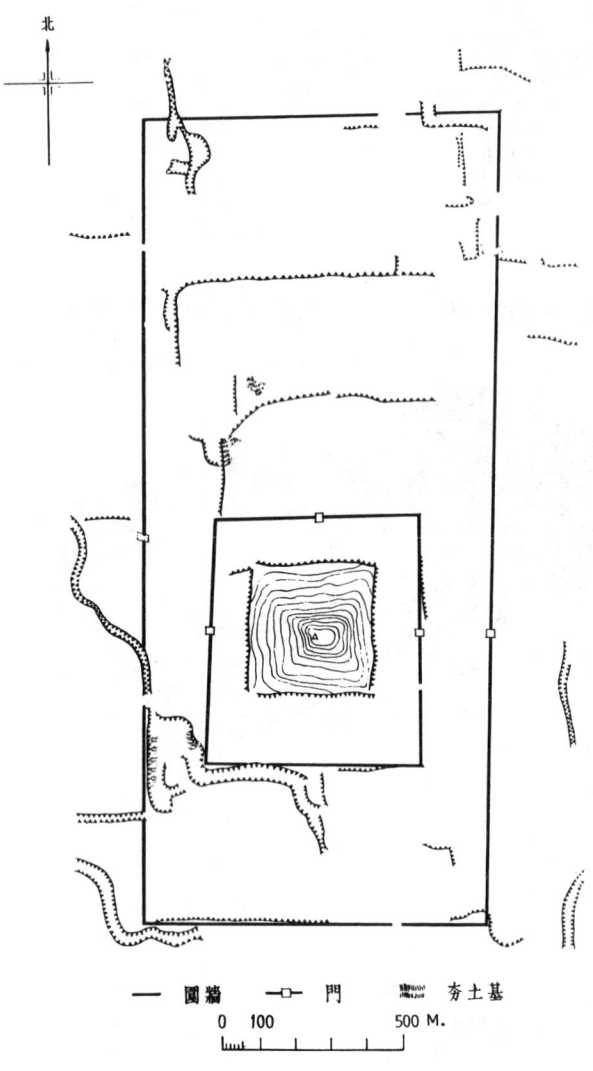

图 34-1　陕西临潼县秦始皇陵平面图

西汉继承秦朝制度，建造大规模的陵墓，往往一陵役使数万人，工作数年[56]。这些陵墓大部分位于长安西北咸阳至兴平一带。坟的形状承袭秦制，累土为方锥形而截去其上部，称为"方上"。最大的方上约高二十余米（图35-1～2）。据记载，陵上有高墙、象生及殿屋[110]，现在某些方上顶部还残留少数柱础，方上的斜面也堆积很多瓦片，可证其上确有建筑。陵内置寝殿与苑囿，周以城垣，设官署和守卫的兵营。陵旁往往有贵族陪葬的墓，并迁移各处的富豪居于附近，号称"陵邑"[111]、[112]。实际上是为了解决当时统治阶级的内部矛盾，将富豪、大地主集中于首都附近，便于控制。后来东汉帝后多葬于洛阳邙山上，废止陵邑，方上的体量也远不及西汉诸陵的宏巨。

汉朝贵族官僚们的坟墓也多采用方锥平顶的形式。坟前置石造享堂（图36）；其前立碑，再前，于神道两侧，排列石羊、石虎和附冀的石狮。最外，摹仿木建筑形式，建石阙两座，其台基和阙身都浮雕柱、枋、斗栱与各种人物花纹，上部覆以屋顶[16]。其中以四川雅安高颐阙的形制和雕刻最为精美，是汉代墓阙的典型作品（图37-1～2）。此外，东汉墓前还有建石制墓表的。下部的石础上浮雕二虎，其上立柱。柱的平面将正方形的四角雕成弧形，但不是正圆形，柱身上刻凹槽纹。上端以二虎承托矩形平板，镌刻死者的官职和姓氏[113]（图38），但也有在柱身上表面刻束竹

—— 围墙　—□— 门　夯土基

0　100　　　　　500 M.

图 34-2　陕西临潼县秦始皇陵遗迹

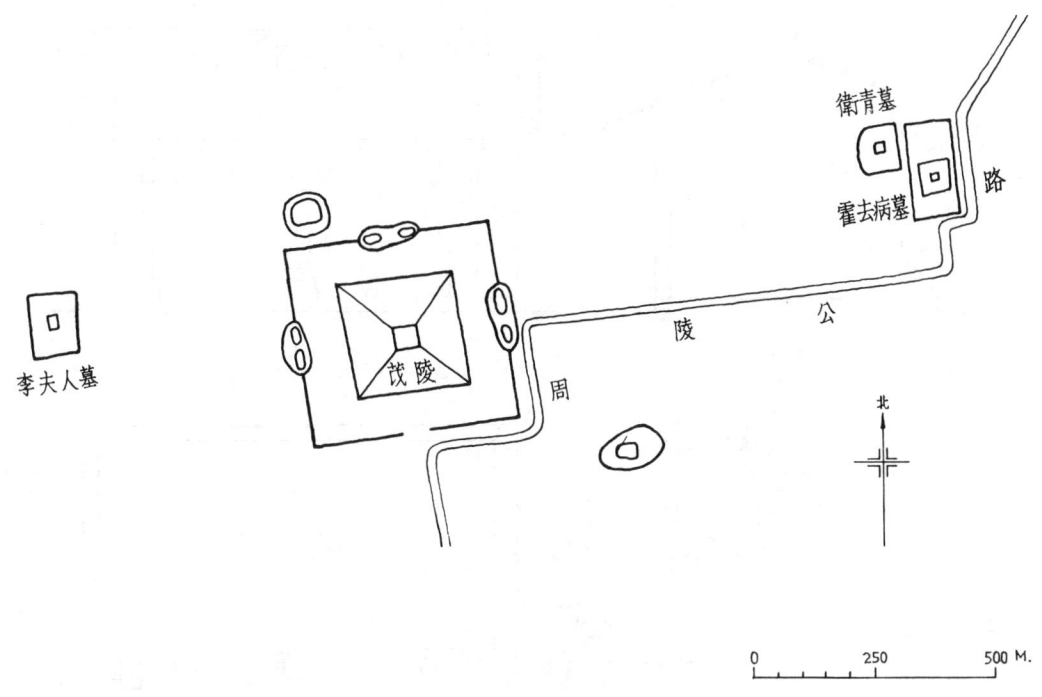

图 35-1　陕西兴平县茂陵附近陵墓分布图

图 35-2　陕西兴平县茂陵遗迹

纹的[114]。这种墓表到南北朝时代，**仍为南朝陵墓**所使用。

在结构上，战国墓仍继承商、周以来的木椁墓和深葬制度。前述河南辉县的木椁墓深入地下约18米，铺石板为基础，上建木椁，为了防盗和防水，在椁的周围与上部填以相当厚的沙层与木炭，其上用夯土筑实[115]。长沙楚墓的木椁，内外两侧都涂漆以防腐，并用白土代替沙层，其下置排水的阴沟，说明当时墓的结构技术较商朝更为进步[116]。此外，河南一带已出现少数空心砖墓[49]。一般 平

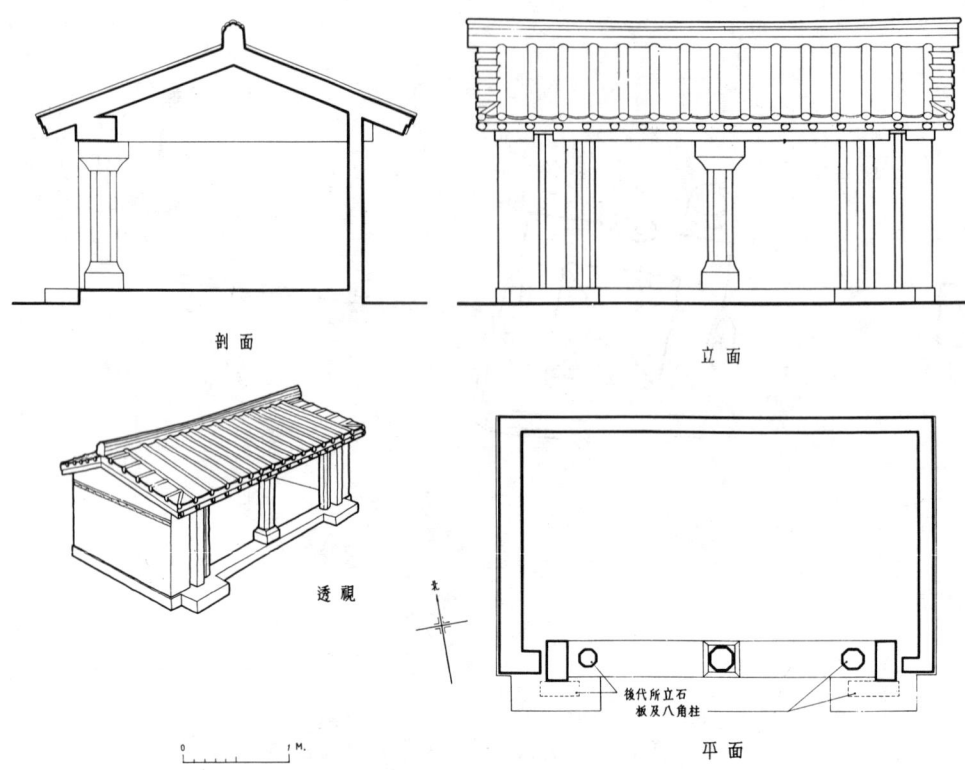

剖面

立面

透视

平面

图 36    山东肥城县孝堂山墓祠

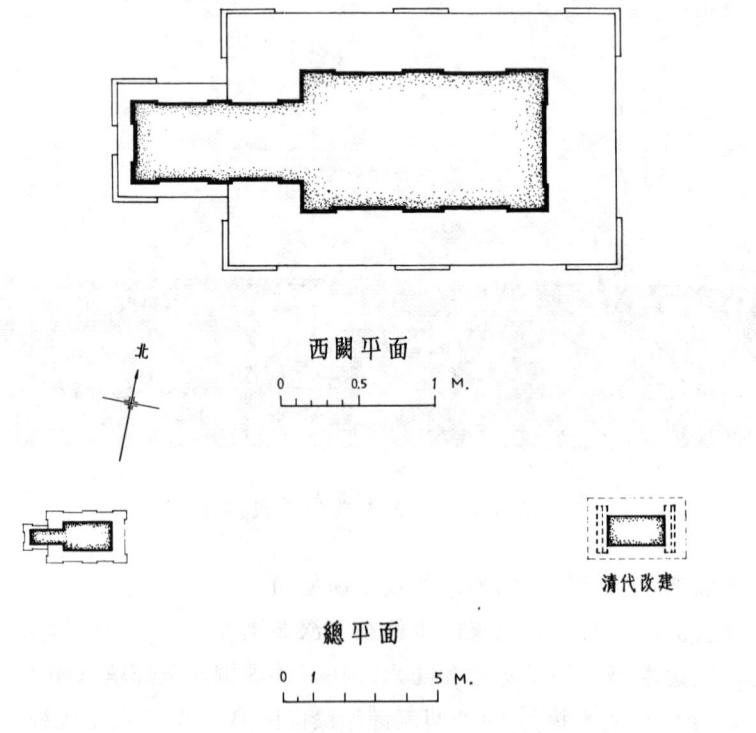

西闕平面

0    0.5    1 M.

北

清代改建

總平面

0  1    5 M.

图 37-1    四川雅安县高颐墓阙平面图

图 37-2　四川雅安县高颐墓阙立面图

民则用简单的土坑葬。

　　西汉初期仍广泛使用木椁墓[117]、[118]，据文献所载帝后陵的墓室，用坚实的柏木做主要构材；防水措施依旧以沙层与木炭为主。可是另一方面战国末年出现的空心砖逐步应用于墓葬方面。据河南洛阳一带发掘的坟墓，空心砖约长1.10米，宽0.405米，厚0.103米，砖的表面压印各种美丽的花纹，而砖的形式仅数种，每一墓室只用30块左右的空心砖，不但施工迅速，而且比木椁墓更能抗湿防腐，因而河南一带小型坟墓多采用这种预制拼装的砖墓。 接着出现长 0.25～0.378 米，宽0.125～0.188米，厚 0.04～0.0 米的普通小砖，于是墓室结构改为墓道用小砖而墓顶仍用梁式空心砖。不久墓顶改为以二块斜置的空心砖自两侧墓壁支撑中央的水平空心砖由此发展为多边形砖拱，到西汉末年改进为半圆形筒拱结构的砖墓。东汉初年砖筒拱又发展为砖穹窿[119]（图39），至此，墓的布局不但数室相连，面积扩大，并可随需要构成各种不同的平面，墓内还可绘制壁画[120]，或用各种花纹的贴面砖[121]，也有的在砖上涂黑白二色以组成几何图案，反映了这时砖结构有了很大的进展。此外，四川一带盛行的崖墓，以乐山崖墓规模最大。其中白崖崖墓在长达一公里的石崖上，共凿有五十六个墓，而以第45号墓所表现的建筑手法最为丰富。此墓外开凿三门，门上施雕刻。门内有长方形平面的祭堂， 壁面 隐 起 柱枋。北壁中央有凹入的龛，顶部加覆斗形藻井。龛的两侧各辟一门，门内为纵深的墓室，设灶、龛和石棺。这是汉朝家族合葬的一种形式（图40-1）。第41号墓入口处雕有双阙，反映了地上建筑的形制（图40-2）。至于山东、江苏、辽宁等省的石墓，在结构上虽属于梁柱系统，可是墓的平面布局复杂，如建于东汉的山东沂南画象石墓，具前室、中室和后室，左右又各有侧室二、三间，显然受住宅建筑的影响。此墓前室和中室的中央各建八角柱，上置斗栱，壁面与藻井饰以精美雕刻，为研究这时期的建筑式样提供了若干参考资料[122]（图41-1～2）。由于砖墓、崖墓和石墓的发展，商、周以来长期使用的木椁墓逐步减少，到汉末三国间几乎绝迹。

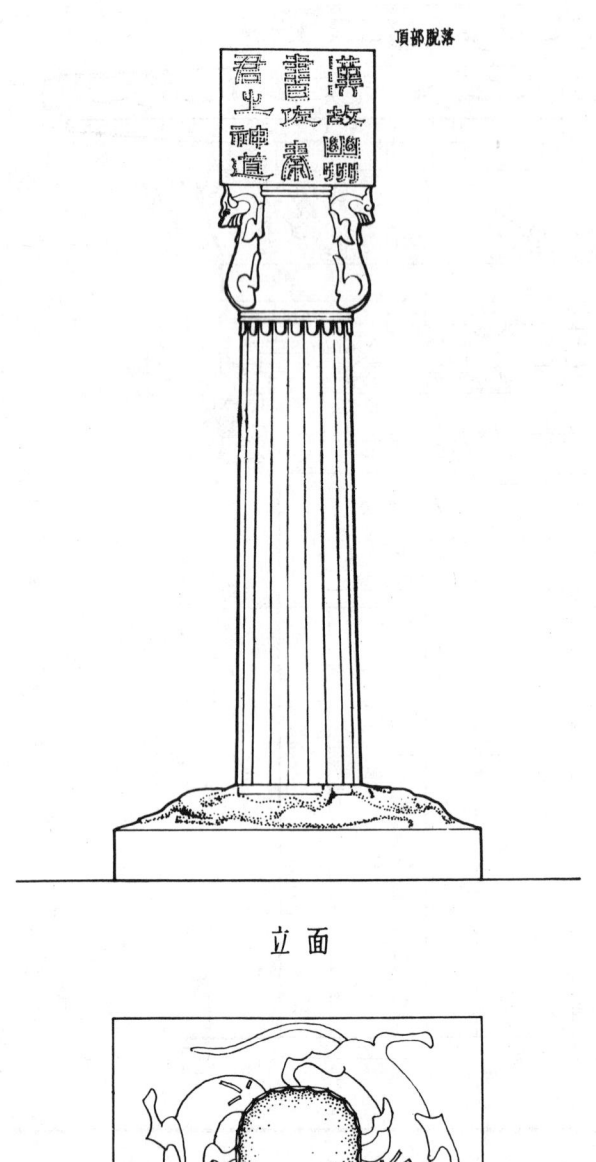

顶部脱落

立 面

平 面

0　10　　　　50 CM.

图 38　北京市西郊东汉秦君墓墓表平、立面图

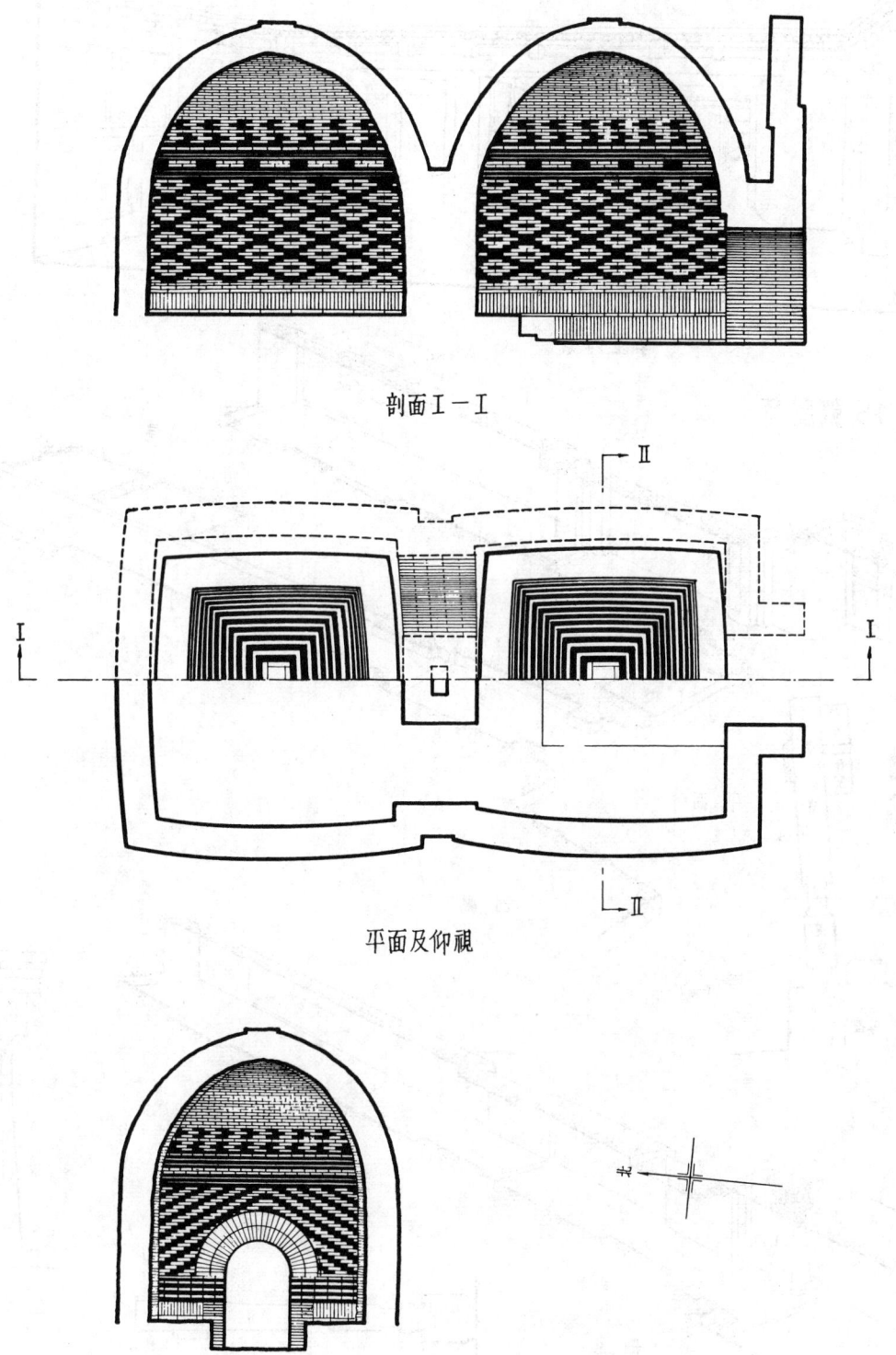

剖面Ⅰ—Ⅰ

平面及仰视

剖面Ⅱ—Ⅱ

图 39 甘肃武威县管家坡三号墓平、剖面图

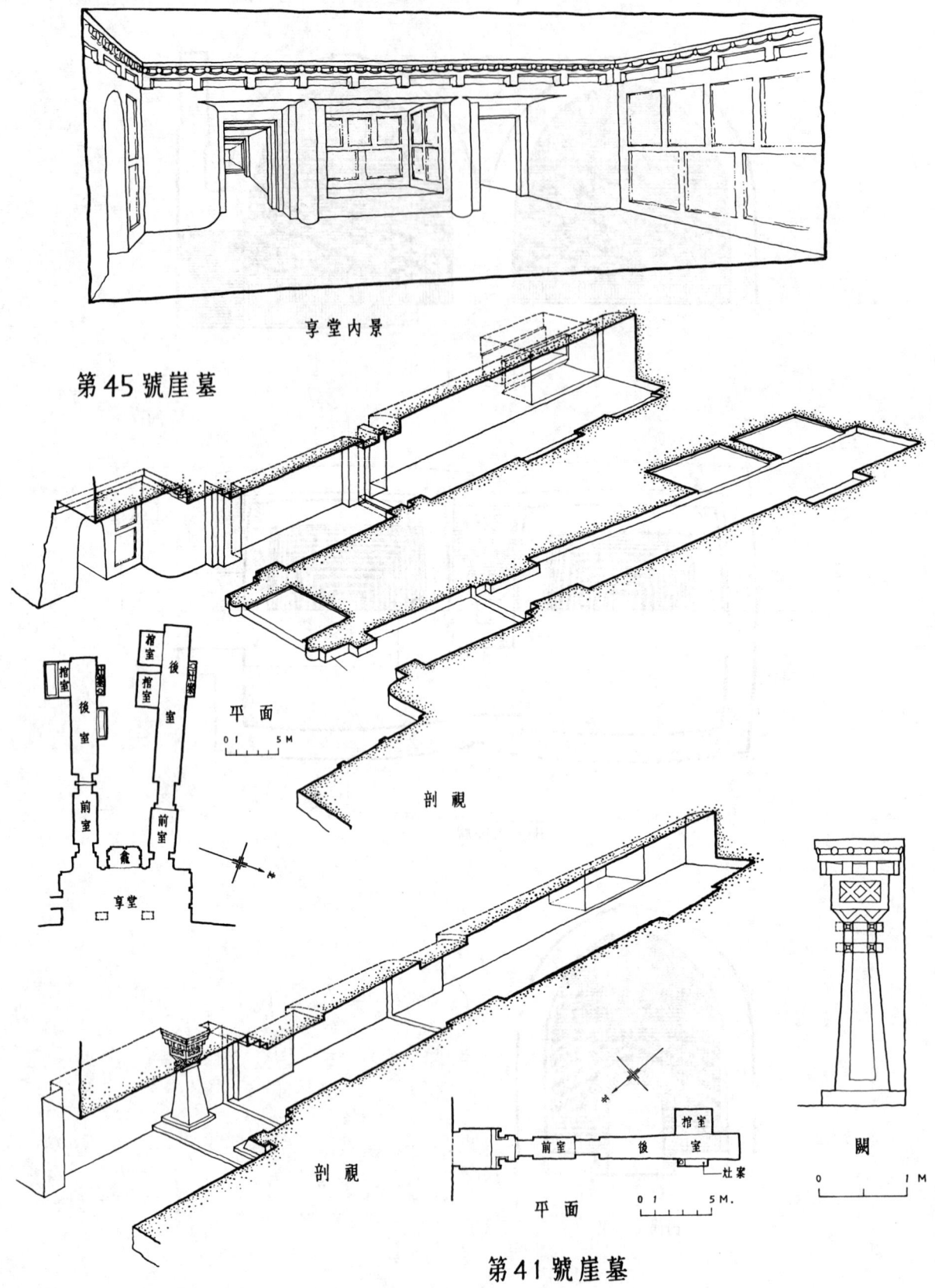

享堂内景

第45號崖墓

平面

0 1        5 M

剖視

享堂

棺室　　　後室　　　前室　　龕

剖視

前室　　後　室　　棺室

　　　　　　　　灶案

平面

0 1　　　　　 5 M.

闕

0　　　　　　 1 M

第41號崖墓

图 40-1　四川乐山县白崖崖墓第41、45号墓平、剖面图

图 40-2 四川乐山县白崖崖墓第41号墓入口

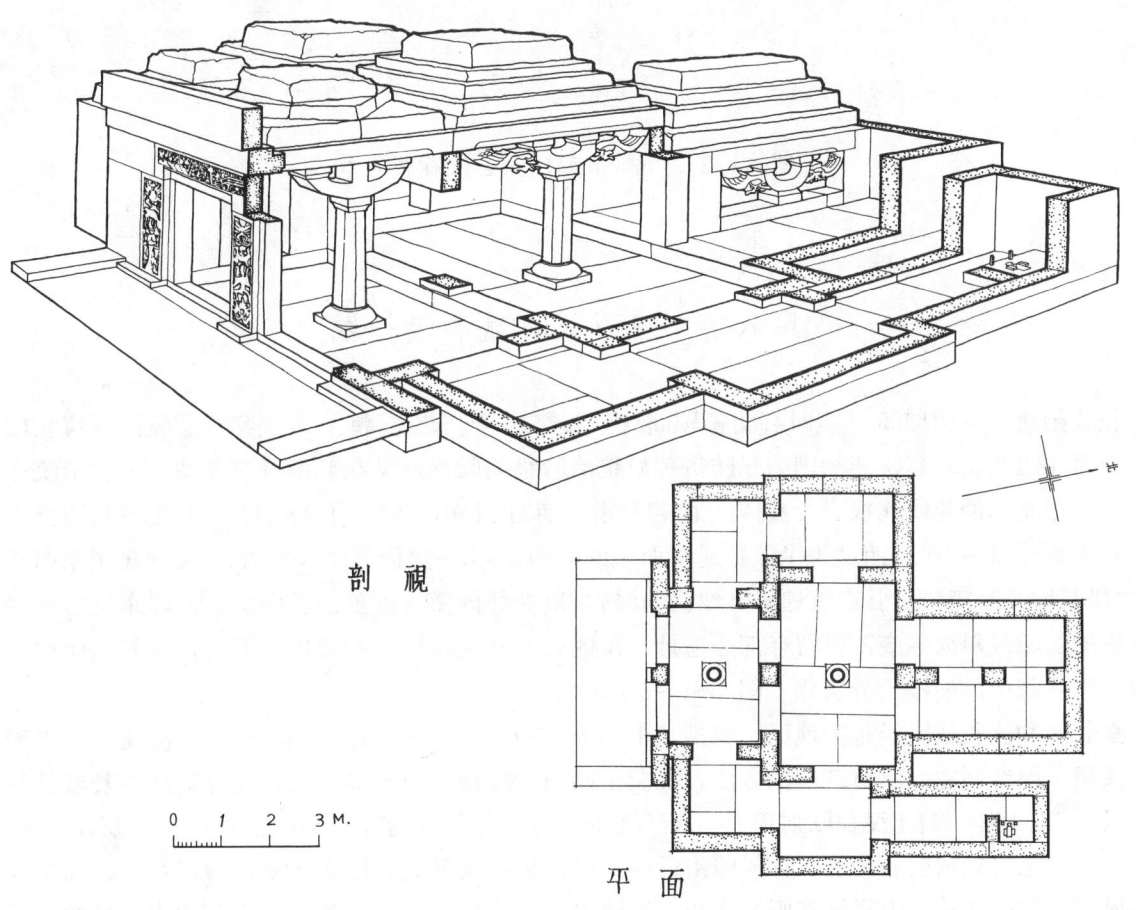

剖 视

平 面

0 1 2 3 M.

图 41-1 山东沂南县古画像石墓平面、剖面图

图 41-2　山东沂南县古画像石墓入口

## 第六节　秦万里长城和汉长城

　　长城始建于战国期间。当时各诸侯国间战争频繁，秦、赵、魏、齐、燕、楚等国各筑长城以自卫，而靠北边的秦、赵、燕三国为了防御匈奴统治阶级的骚扰，又在北部修筑长城[123]。秦统一中国后，为了把北部的长城连成一个整体，西起甘肃，东至辽东，建造了大规模的长城，长达三千余公里[124]（图42-1～2）。西汉为了保护通往西域的河西走廊，除修葺秦长城外，又加建了东西两段长城。西段长城及亭障经过甘肃敦煌一直建到新疆；东段则经内蒙古的狼山、阴山、赤峰东达吉林[125]。

　　秦的长城因年久颓废，仅留存部分遗址。汉的长城从文献记载和残迹来看，沿着长城建城堡和烽火台，连属相望，规模十分宏伟（图43-1～3）。

　　秦长城和汉长城所经过的地区，包括黄土高原、沙漠地带和无数高山峻岭与河流溪谷，因而筑城工程采用了因地制宜、就材筑造的方法。在黄土高原一般用土版筑或土墼，现存临洮秦长城就是用版筑建成。玉门关一带的汉长城则用沙砾石与红柳或芦苇层层压叠，残垣高5～6米，层次还清晰可辨[126]。无土之处则垒石为墙，如赤峰附近的一段，用石块砌成，底宽6米，残高2米，顶宽2米，并有显著的收分[125]。山岩溪谷则又杂用木石建造。这个伟大工程是用了很大劳动力，牺牲了很多生命建成的，在当时曾经起着防御的作用。

图 42-1　甘肃临洮县秦长城遗迹之一

图 42-2　甘肃临洮县秦长城遗迹之二

图 43-1    甘肃敦煌县玉门关附近汉代长城城墙遗址

图 43-2    甘肃敦煌县玉门关附近汉代长城戍所遗址（大方盘城）

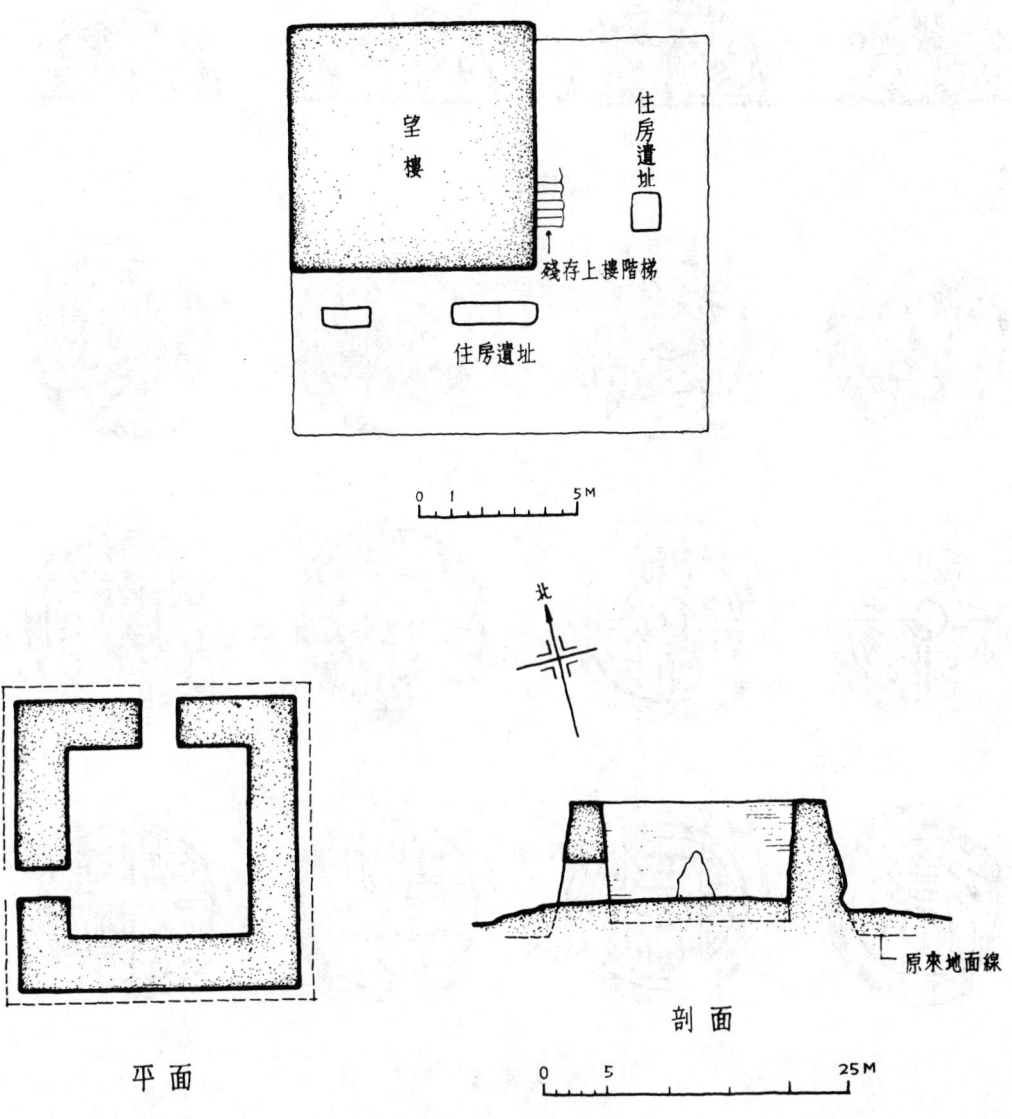

图 43-3　甘肃敦煌县汉长城玉门关烽燧及城堡遗址平、剖面图

## 第七节　建筑的材料、技术和艺术

由于经验的积累，陶质建筑材料逐步提高了质量，增加了品种，同时铁工具的广泛使用，促进了木结构和石作以及装饰雕刻的技术，从而中国古代建筑的结构体系和建筑形式的若干特点到汉朝已基本上形成。从整个中国古代建筑的发展来说，汉朝建筑是继承和发展前代成就的一个重要环节。

在材料和技术方面，战国时代的屋面已大量使用青瓦覆盖；板瓦、筒瓦的坚实度和半圆形瓦当上所饰花纹，比之西周时期都进步了(图44)。战国晚期开始出现陶制的栏杆砖和排水管(图45-1～4)。砖的种类除装饰性质的条砖外，还有方砖和空心砖。秦汉两代的圆形瓦当，花纹疏朗而富于变化(图44)。铺地方砖和空心砖有许多是模印花纹的。从战国、西汉到东汉，墓室结构由梁式的空心砖逐步发展为

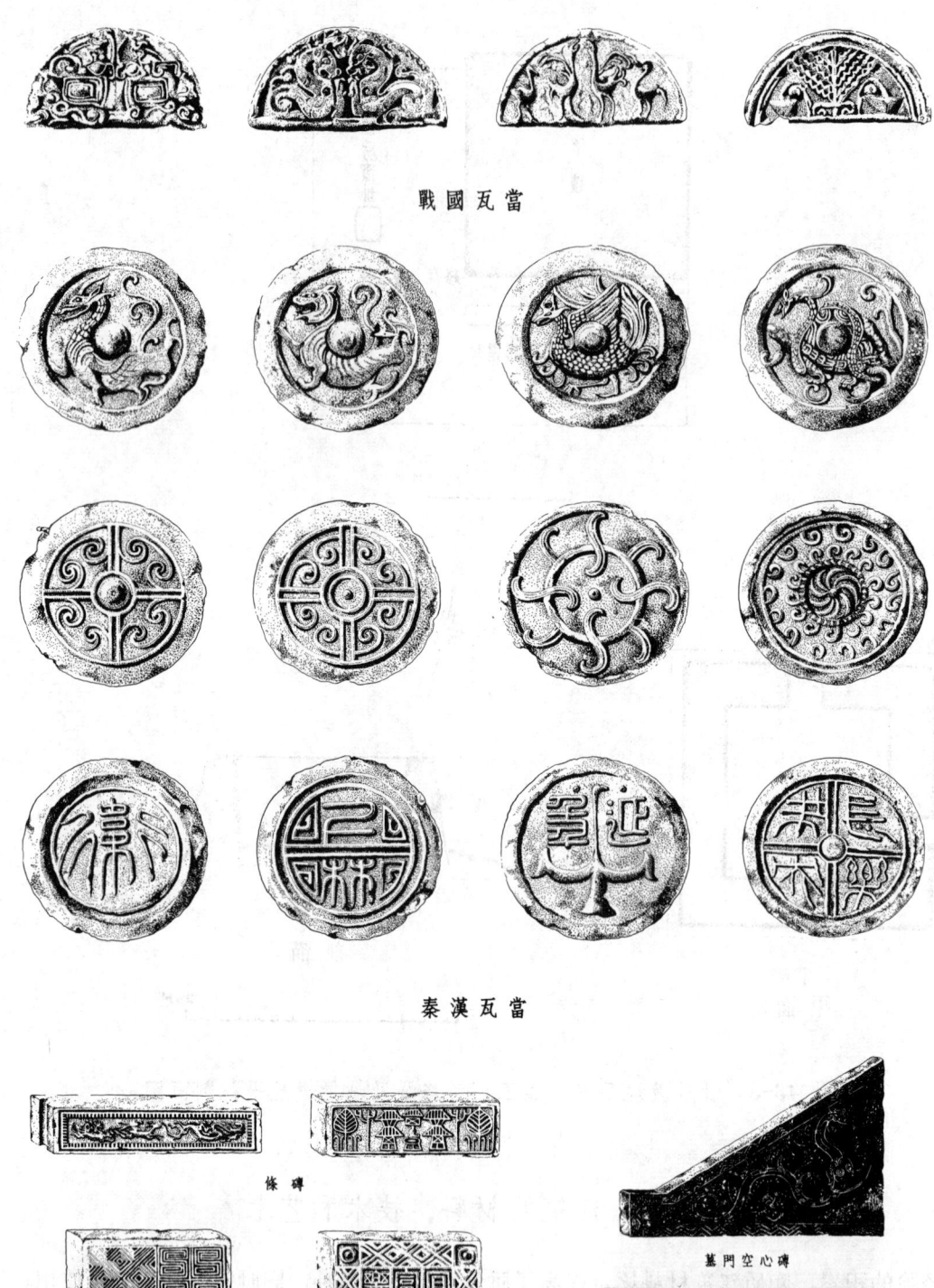

戰國瓦當

秦漢瓦當

徐磚

鋪地磚

墓門空心磚

空心磚

模印花紋的漢磚

图 44  战国、秦、汉砖瓦纹样

图 45-1　河北易县燕下都出土栏杆砖之一

图 45-2　河北易县燕下都出土栏杆砖之二

图 45-3    河北易县燕下都出土陶制排水管

图 45-4    陕西西安市汉长安出土陶制排水管

顶部用拱券和穹窿，解决了商朝以来木椁墓所不能解决的防腐和耐压问题。当时拱券除用普通条砖外，还用特制的楔形砖和企口砖（图46）。发券的方法，或用单层券，或用双层券与多层券。每层券上往往卧铺条砖一层，称为"伏"。这种券和伏相间的方法，为后来砖券与石券所普遍采用。不过这时砌砖的胶泥还未掺入石灰。在房屋建筑中，砖材多用于台基和墁地，间有用于贴墙或用于墙壁加固的。

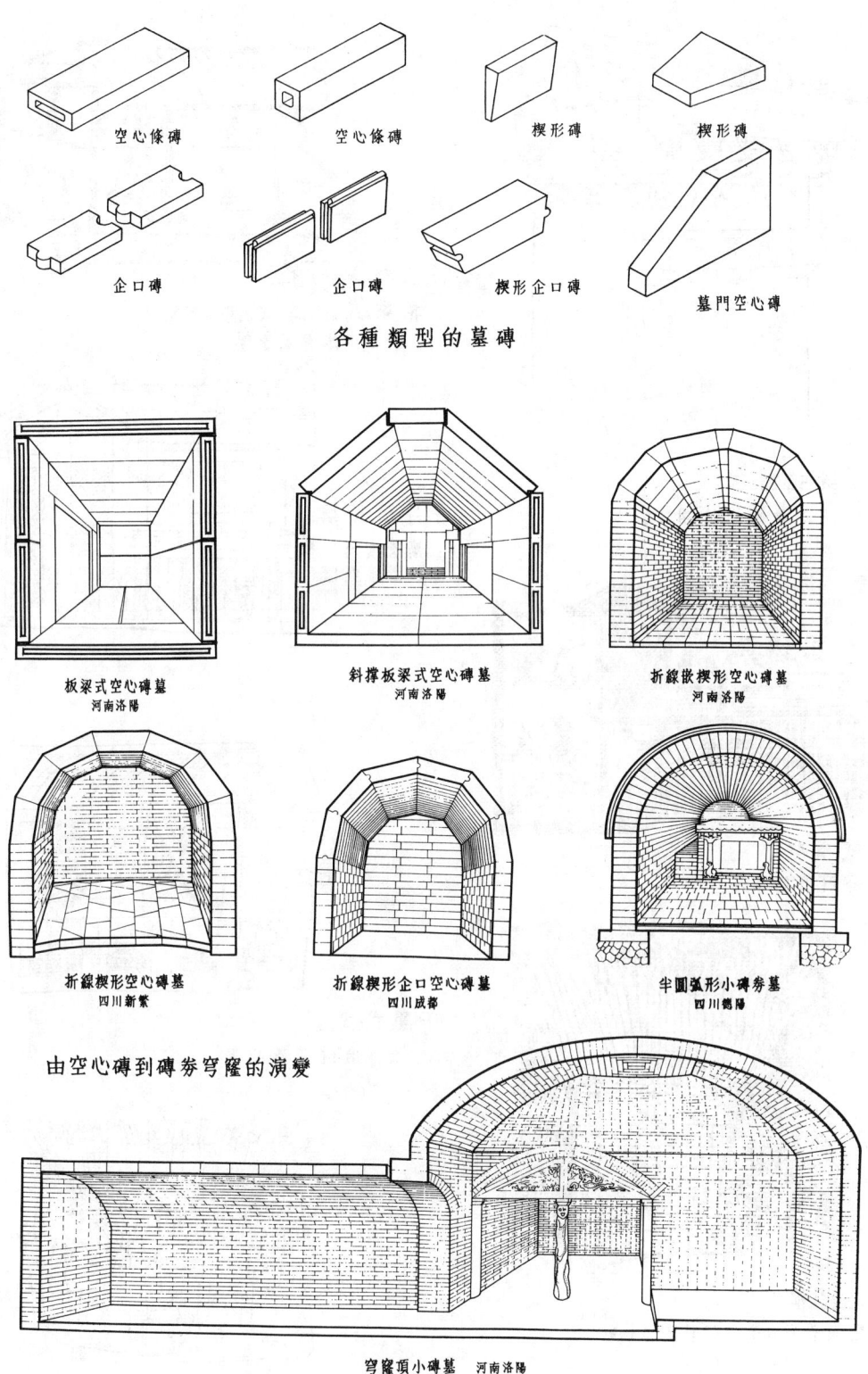

空心條磚　空心條磚　楔形磚　楔形磚

企口磚　企口磚　楔形企口磚　墓門空心磚

**各種類型的墓磚**

板梁式空心磚墓
河南洛陽

斜撐板梁式空心磚墓
河南洛陽

折線嵌楔形空心磚墓
河南洛陽

折線楔形空心磚墓
四川新繁

折線楔形企口空心磚墓
四川成都

半圓弧形小磚券墓
四川德陽

**由空心磚到磚券穹窿的演變**

穹窿頂小磚墓　河南洛陽

**图 46　战国、两汉砖墓结构**

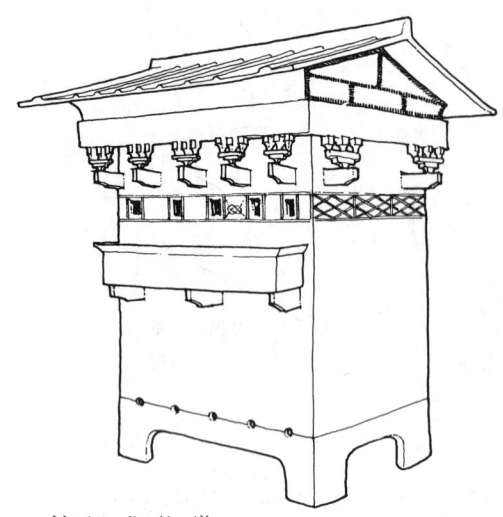

抬梁式結構

河南滎陽漢墓明器

抬梁式結構（屋簷下用插栱）

四川成都畫象磚

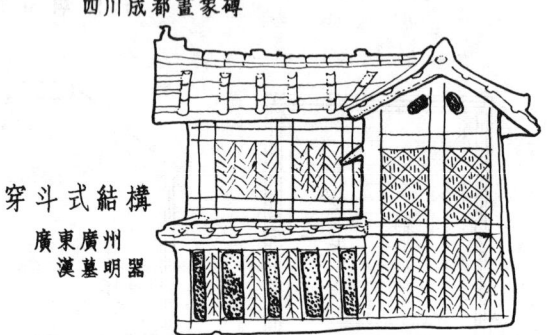

穿斗式結構

廣東廣州
漢墓明器

干闌式構造

江蘇銅山畫象石

干闌式構造

廣東廣州漢墓明器

井幹式結構

雲南晉寧石寨山貯貝器上花紋

井幹式結構　雲南晉寧石寨山銅器

图 47　汉代的几种木结构建筑

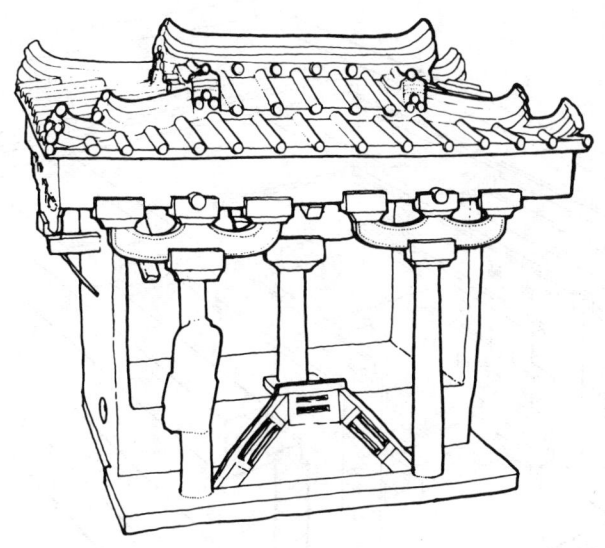

图 48　四川牧马山崖墓出土东汉明器

　　石料的使用逐渐增多。从战国到西汉已有石础、石阶等。东汉时出现了全部石造的建筑物，如石祠、石阙和完全用石结构的石墓。这些建筑上多镂刻人物故事和各种花纹。刻石的技术和艺术也逐步提高，如前述东汉末年建造的高颐墓阙和石象生、石碑等，显示当时雕刻技艺已达到很精美的水平。

　　以木构架为主要结构方式的中国建筑体系，根据文献和遗址，春秋时代已建造重屋和高台建筑，战国时代不仅进一步发展高台建筑，某些铜器上还镂刻若干二、三层的房屋。西汉时期高台建筑虽仍然流行，但由东汉起高台建筑逐渐减少，而多层楼阁大量增加。当时的楼阁建筑，每层都是一个独立的结构单元，直到宋、辽、金时期仍是中国高层建筑的基本结构方法。至于木构架的结构技术秦汉时期已日渐完善，两种主要结构方法——台梁式和穿斗式都已经发展成熟。而穿斗式结构往往在柱枋之间使用斜撑，构成三角形构架，以防止变形。此外，在中国南部，房屋下部多用架空的干阑式构造；木材丰富的地区则用井干式壁体（图47）。也有同一建筑采用这两种结构的。

　　中国建筑所特有的斗栱，从西周初年到战国时代若干铜器的装饰图案中可证明柱上已有栌斗。到了汉朝，斗栱不仅见于西汉文献，还见于东汉的石阙、崖墓和明器、画象砖上的建筑中。这时的斗栱既用以承托屋檐，也用以承托平坐。它的结构机能是多方面的，同时也是建筑形象的一个重要组成部分。

　　汉朝由木构架结构而形成的屋顶有五种基本形式——庑殿、悬山、囤顶、攒尖和歇山。不过当时的歇山顶是由中央的悬山顶和周围的单庇顶组合而成，其结构在最初结合时，自然在两者之间形成一个阶台，成为上下两叠形式[127]（图48）。此外，汉朝还出现了由庑殿顶和庇檐组合后发展而成的重檐屋顶。

　　战国时代的木椁已有各种精巧的榫卯，由此可见当时木构架建筑的施工技术达到了相当熟练的水平[115]（图49-1～2）。正是由于技术的不断提高，秦汉两朝才有可能建造大规模的宫殿和多层楼阁式建筑。

　　除了木材砖石之外，夯土也被广泛地采用。宫殿的台基、墙壁、城、城门等都是夯土筑成的。在一些大体量的夯土构筑物如宫室的墩台、城门、城墙中，为了加固，还在土中加水平方向的木骨，称为纴木。这种做法自汉长安城开始，下至南北朝、唐、宋，最晚到元代都还在使用。汉的西部长城有

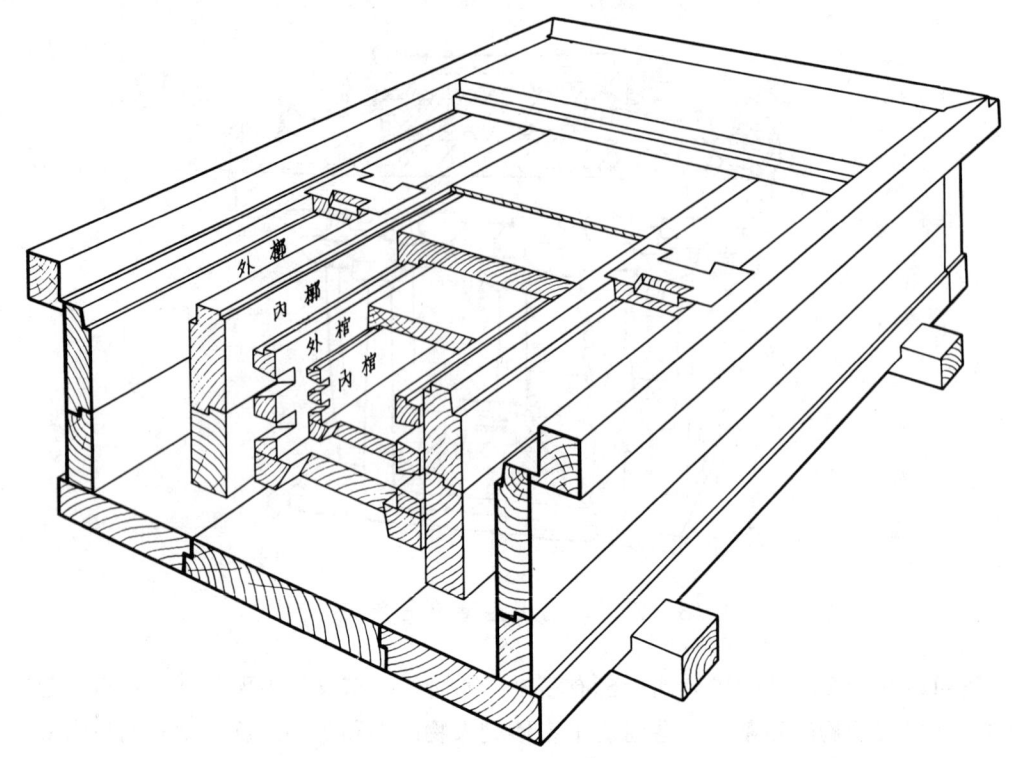

图 49-1　战国木椁墓结构（湖南长沙）

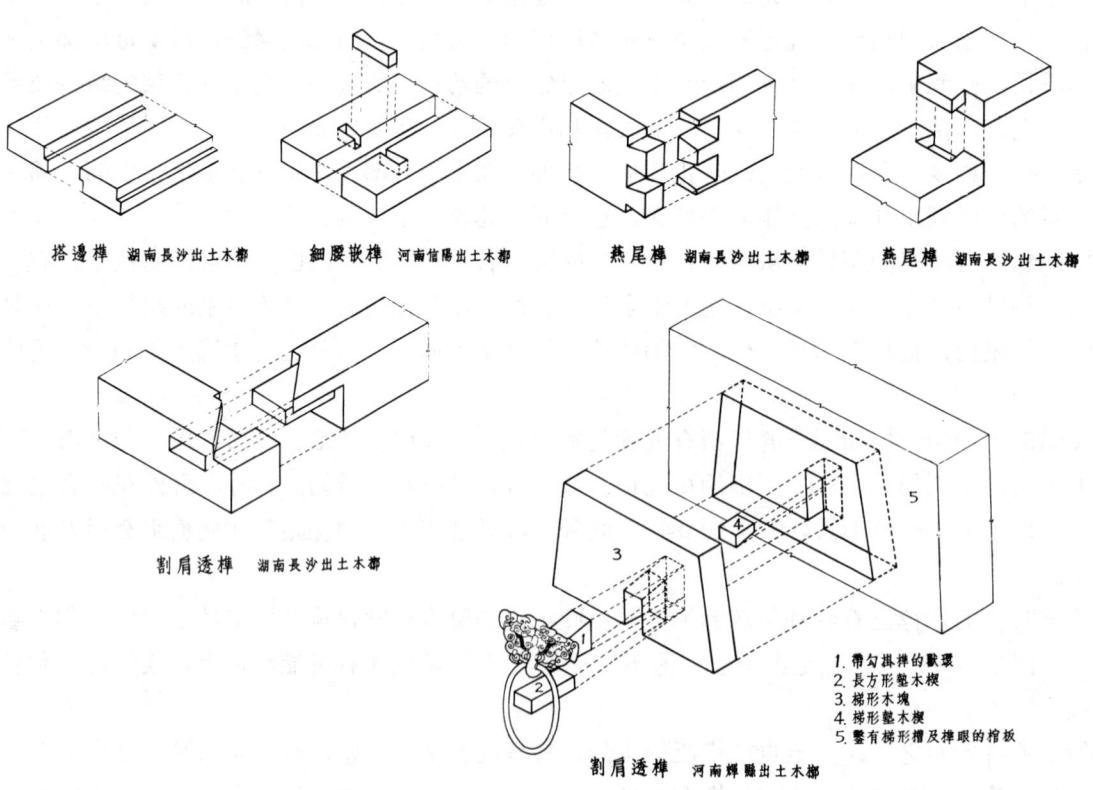

图 49-2　战国木构榫卯

山西長治出土鎏金銅匜

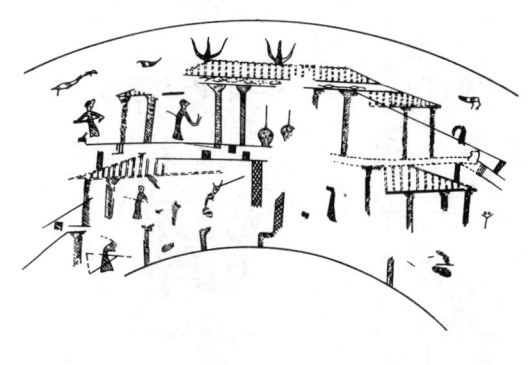

河南輝縣出土銅鑑

上海博物舘藏銅栝

故宮博物院藏銅鈁

图 50　战国铜器上的房屋

的还在版筑中加芦苇[128]，　直到今天，　一些盐碱地区，　在夯土中还加芦苇层以隔碱。　在建筑装饰方面，文献记载两汉已用铜做斗栱栏杆和屋顶上的凤凰，以及用金、玉、翡翠、明珠、锦绣等贵重材料作室内外装饰[129]、[130]、[73]。

　　在建筑艺术方面，这时期建筑，除了少数汉石阙和更少数的石祠以外，虽没有其他地面上实物遗留到今天，但从石阙、石祠、砖石墓室、明器、画象砖石和铜器等可以大致看出当时高级的和一般的建筑形象。

　　商周以来的木构架建筑早就以台基、屋身和屋顶做为一座房屋的三个主要组成部分，但战国时期出现了多层房屋及高大的台榭建筑，使这三部的组合发生很多变化（图50）。总的来说，战国、秦汉建筑的平面组合和外观，虽多数采用对称方式，以强调中轴部分的重要性，可是为了满足建筑的功能和艺术要求，形成了丰富多彩的多样化风格。第一种，商朝后期宫室已有的纵深的庭院布局方法，到汉朝，高级建筑的庭院以门与回廊相配合，衬托最后的主体建筑更显得庄严重要，可以东汉沂南画像石墓所刻祠庙为代表（图51）。这种方式到两晋、南北朝得到更大的发展。第二种，以低小的次要房屋和纵横参差的屋顶以及门、窗上的雨搭等，衬托中央的主要部分，使整个组群呈现有主有从和富于变化的轮廓，如汉明器所反映的住宅和坞堡就使用这种手法。至于战国时代的高台建筑和西汉宫殿以

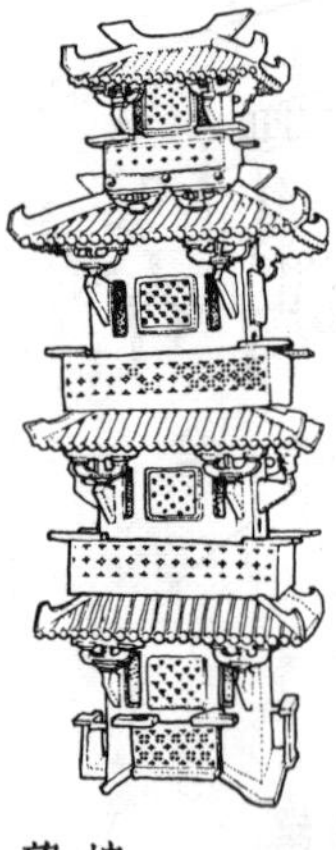

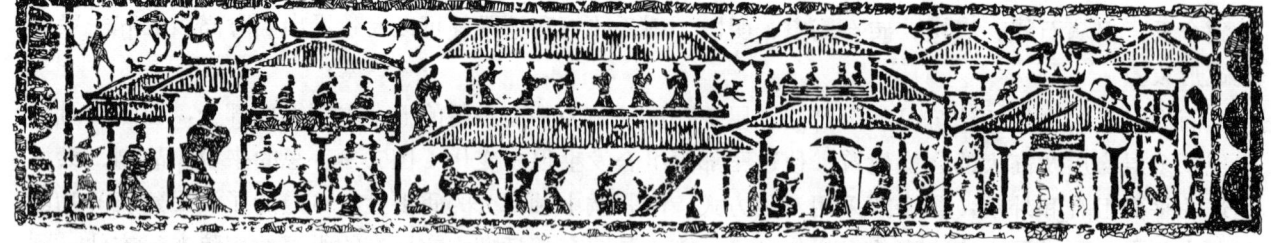

望樓　山東高唐漢墓明器 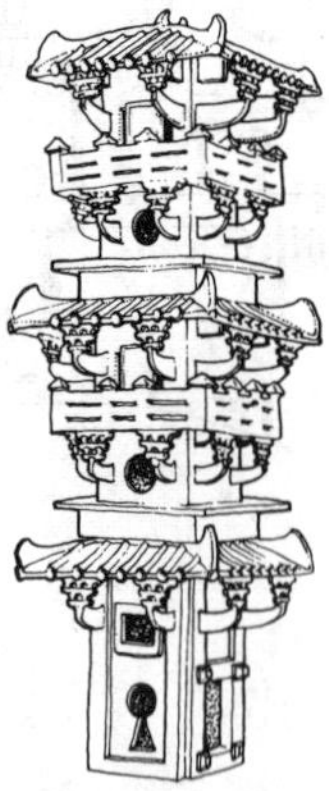　　望樓　河北望都漢墓明器 　　望樓　河南陝縣漢墓明器 　　闕　四川成都畫象磚

塢堡　廣東廣州漢墓明器　　（塢堡內的房屋）　　建築組羣　江蘇睢寧畫象石

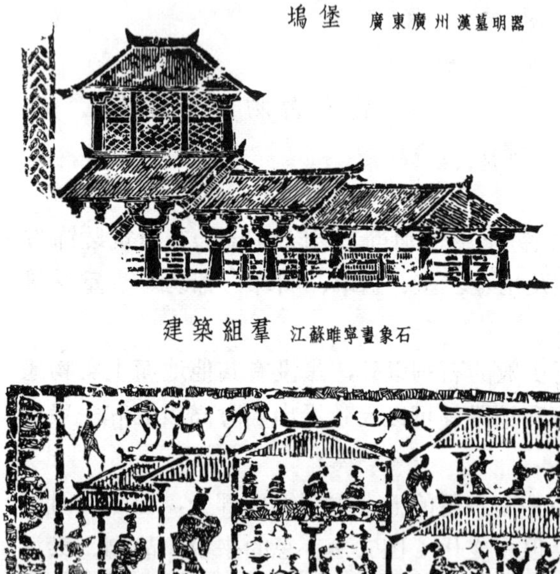

建築組羣　江蘇睢寧畫象石 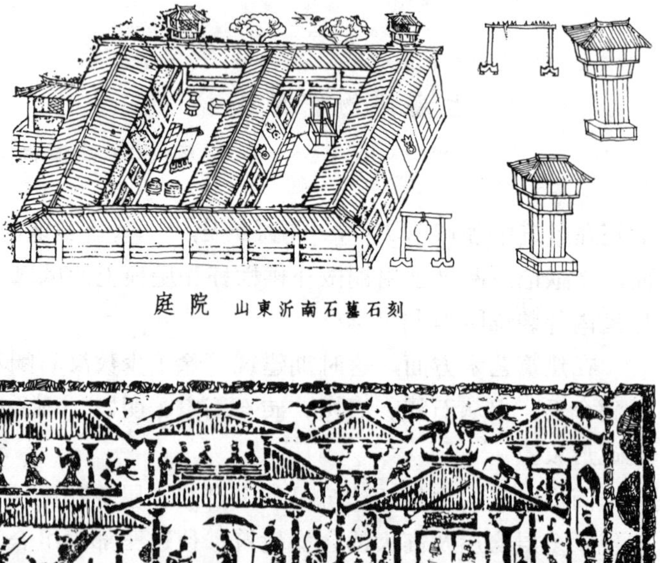　　庭院　山東沂南石墓石刻

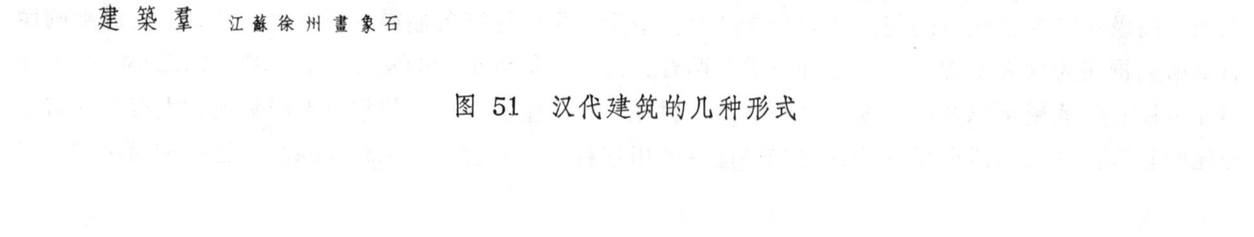

建築羣　江蘇徐州畫象石

图 51　汉代建筑的几种形式

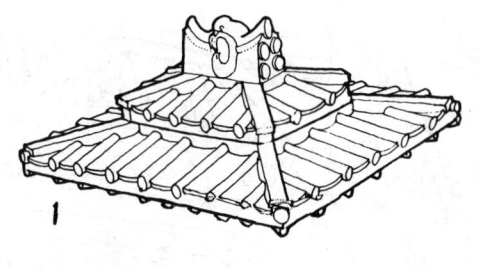

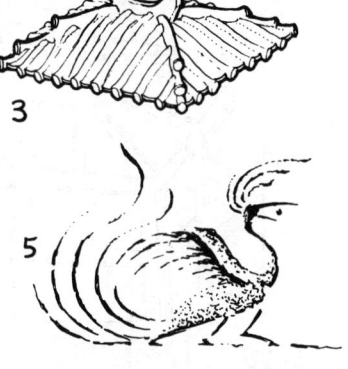

屋頂脊飾　　1、高頤闕屋脊　　4、武梁祠石刻屋頂
　　　　　　　2、兩城山石刻屋脊　5、四川成都畫象磚闕屋脊上鳳
　　　　　　　3、明器屋脊

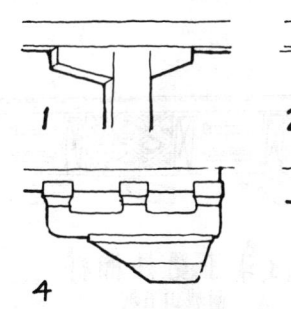

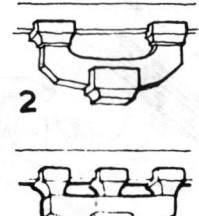

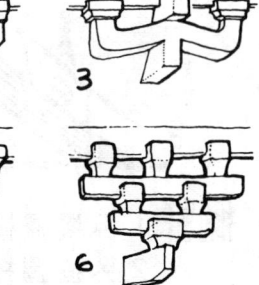

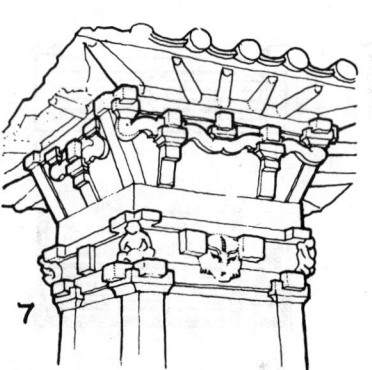

斗栱　1、實拍栱　廣州出土明器
　　　2、一斗二升斗栱　四川渠縣馮煥闕
　　　3、一斗二升斗栱　四川渠縣沈府君闕
　　　4、一斗三升斗栱　山東平邑漢闕

　　　5、一斗三升斗栱　河南三門峽漢明器
　　　6、斗栱重叠出跳　河北望都漢明器
　　　7、曲栱及其轉角做法　四川渠縣無銘闕

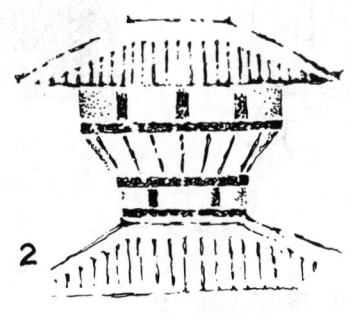

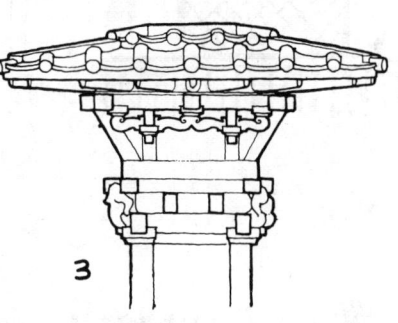

簷部　1、挑出斜面下段窗上段斗栱　四川成都畫象磚住宅
　　　2、挑出斜面下段支條　四川成都畫象磚闕
　　　3、挑出斜面及斗栱　四川渠縣沈府君闕

图 52-1　汉代建筑细部（一）

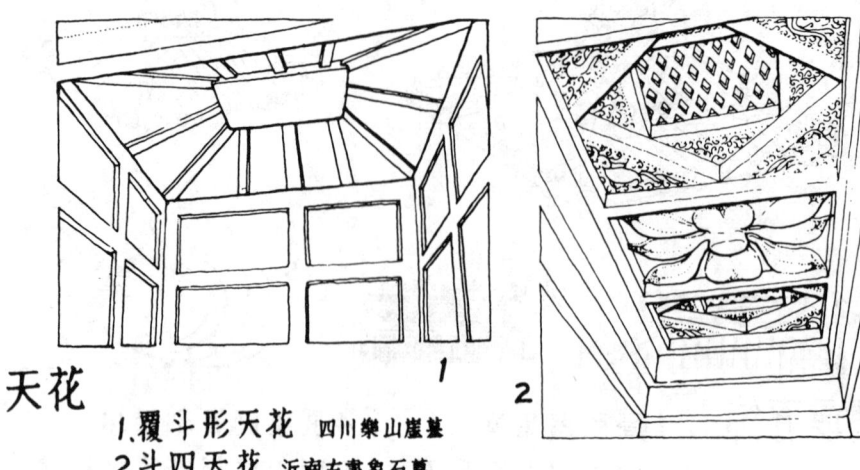

天花

1、覆斗形天花  四川樂山崖墓
2、斗四天花  沂南古畫象石墓

欄杆　1、卧櫺欄杆  漢明器　　3、斗子蜀柱欄杆
　　　 2、卧櫺欄杆  兩城山石刻　　　　兩城山石刻
　　　　　　　　　　　　　　　　4、欄杆  漢明器

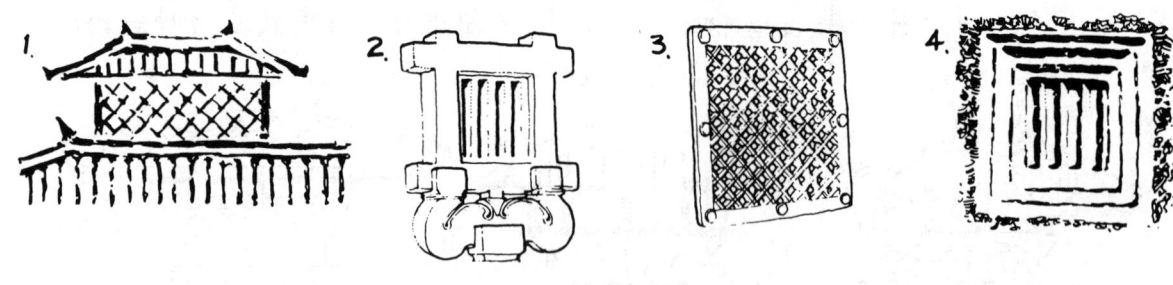

窗　1、天窗  四川彭縣畫象磚　　4、直櫺窗  徐州漢墓
　　2、直櫺窗  四川內江崖墓　　5、鎖紋窗  徐州漢墓
　　3、窗  漢明器

图 52-2  汉代建筑细部（二）

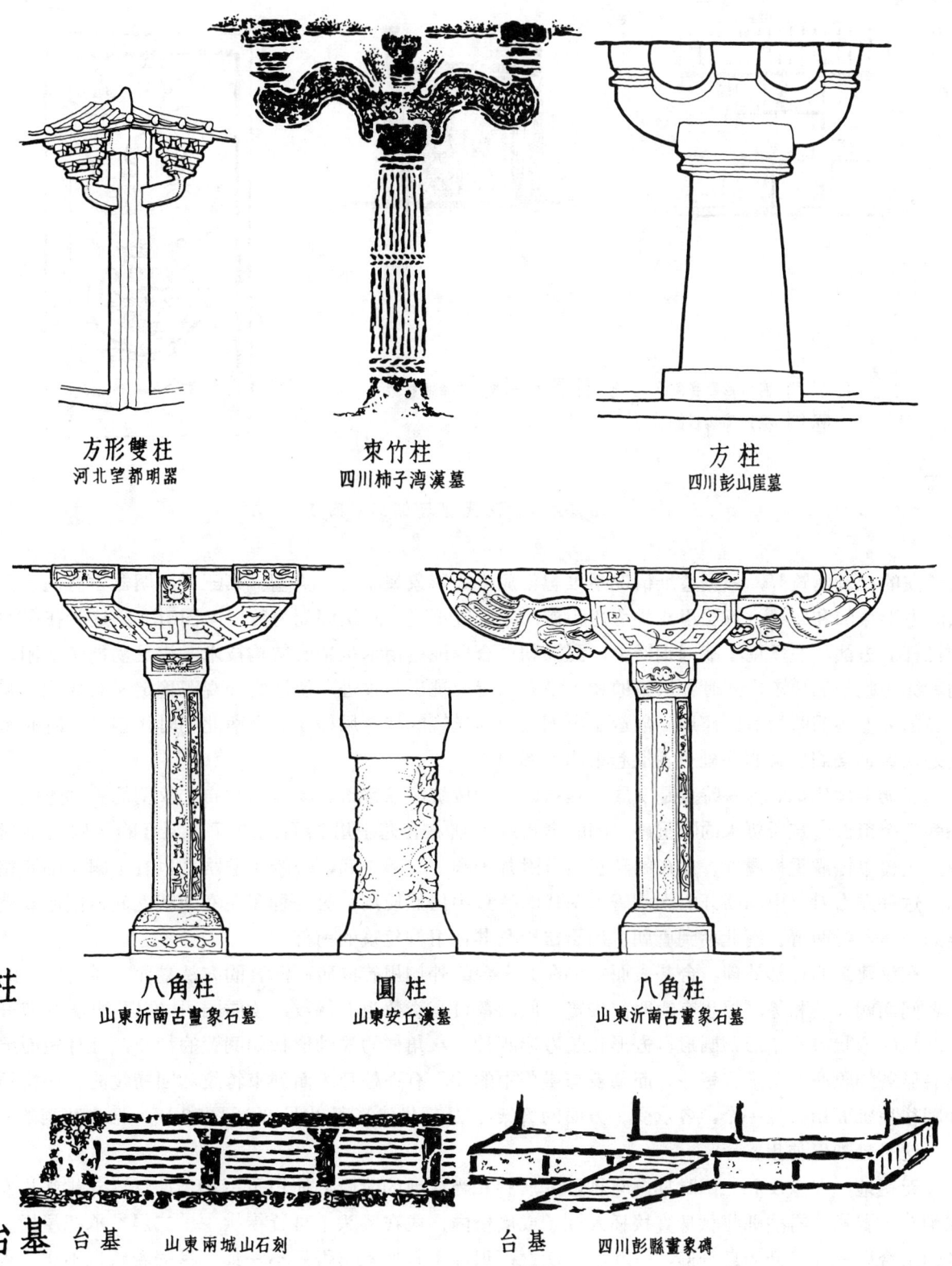

方形雙柱
河北望都明器

束竹柱
四川柿子湾漢墓

方柱
四川彭山崖墓

柱　　八角柱
山東沂南古畫象石墓

圓柱
山東安丘漢墓

八角柱
山東沂南古畫象石墓

台基　台基　山東兩城山石刻

台基　四川彭縣畫象磚

图 52-3　汉代建筑细部（三）

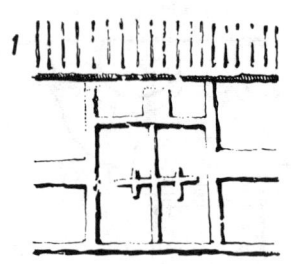  

門 1、木門 四川彭縣畫象磚    3、石墓門 陝西綏德漢墓
2、版門 徐州沛縣漢墓

图 52-4    汉代建筑细部（四）

及长安的礼制建筑等，根据遗址情况不难想象原来的形象属于这一类型。第三种，明器中有高达三四层的方形楼阁和望楼，每层用斗栱承托腰檐，其上置平坐，将楼阁划为数层（图51）。这种在屋檐上加栏杆的方法，虽已见于战国铜器中，到汉朝更合理地运用木构架的结构技术，满足功能上遮阳、避雨和凭栏眺望的要求，同时各层腰檐和平坐有节奏地挑出与收进，使楼的外观既稳定又有变化，并产生各部分虚实明暗的对比作用，创造了中国楼阁式建筑的特殊风格，后来南北朝时代盛极一时的木塔就是在这种楼阁建筑的基础上发展起来的（图51）。

汉朝组群建筑的另一特点是发展了春秋以来的传统，在宫殿、陵寝、祠庙和坟墓的外部建阙，以加强整个组群建筑所要求的隆重感。阙的形式：一种在台基上用砖石或砖石木混合的结构方法建阙身，上覆单檐或重檐屋顶，或在阙身左右再附加子阙。二阙之间，一般为道路，也有子阙与围墙相连的。这种左右对立中间断开的阙，唐宋两代的陵墓中仍然使用。另一种在左右两阙之间建门屋或楼，连为一体，经两晋、南北朝到唐朝，用于宫殿及其他组群建筑的前部。

东汉建筑的详部处理，台基表面主要在夯土台的外侧用砖或砖石混合的方法整面。台基上的房屋各间面阔大致相等，但也有的明间较宽。间的数目有奇数也有偶数，如祠庙中有以柱分为双开间的。柱的形状有八角形、圆形、方形和长方形四种。八角柱的柱础形状如倒置的栌斗；柱身短而肥，具有显著的收分，其上置栌斗，而墓表与崖墓中的柱，有在柱身表面刻束竹纹和凹槽纹的。房屋转角处则往往每面用方柱一个，各承受一方面的梁架，是后代建筑所少见的（图52）。据朱鲔祠雕刻所示，这时梁架已使用叉手了。

无疑地，在东汉和三国时期，斗栱已发展到相当成熟的阶段，使用范围相当广泛。斗栱结构有些在栌斗上置栱；有些则将栱身直接插入柱子或墙壁内；或在跳头上再置横栱一、二层，承托屋檐。斗栱的组合以一斗二升为最普遍，一斗三升次之；但斗下置皿板与否颇不一致。栱端卷杀也不止一种，其中四川一带有用复杂曲线构成∽形和P形状的，最为特殊（图52）。

屋檐下用斗栱和具有卷杀的檐椽以外，还有在檐下用一层向外挑出的斜面，使檐部挑出更长，并

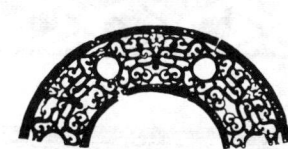

河南洛陽出土彩陶豆紋飾　　河南輝縣出土金銀錯車馬飾　　　　河南輝縣出土鏤花銀片

河南輝縣出土銅質車馬飾

河南輝縣出土木棺紋飾　　　　　　河南信陽木槨墓出土透花玉佩

河南信陽木槨墓出土大鼓彩繪鼓環紋飾

河南信陽木槨墓出土銅質鏤孔奩形器
（展開½）

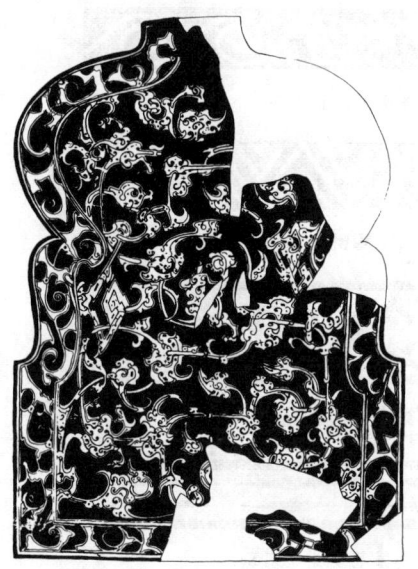

河南信陽木槨墓出土彩繪方盒紋飾

湖南長沙木槨墓出土彩繪漆盾牌　　　　河南信陽木槨墓出土彩繪木豆紋飾

河南信陽木槨墓出土彩繪棺板

图 53　战国装饰纹样

雷　紋　河南洛陽出土漢磚

繩　紋　山東嘉祥武氏祠石刻

直線紋　河南洛陽燒溝漢磚

垂幛紋　山東沂南石墓石刻

齒形紋　山東沂南石墓石刻

S　紋　陝西綏德漢墓門框石刻

三角紋　陝西綏德漢墓門框石刻

菱形編環紋　陝西綏德漢墓門楣石刻

菱形紋　江蘇徐州茅村漢墓墓室北壁石刻

連弧紋　江蘇徐州茅村漢墓墓室北壁石刻

波形紋　江蘇徐州苗山漢墓墓室前壁石刻

# 幾何紋樣

图 54-1　汉代建筑装饰纹样（一）

陝西綏德漢墓左室門框石刻

江蘇徐州芳村漢墓第三室北壁石刻

陝西綏德漢墓門楣

## 人事紋樣

蓮 花 山東沂南石墓石刻

卷 草 山東沂南石墓石刻

卷 草 山東嘉祥武氏祠石刻

卷 草 陝西綏德漢墓門框石刻

卷 草 陝西綏德漢墓門楣石刻

卷 草 陝西綏德漢墓門框石刻

## 植物紋樣

龍 四川蘆山王暉墓石棺石刻

蟠 螭 紋 四川成都出土畫象磚

## 動物紋樣

图 54-2 汉代建筑装饰纹样（二）

将檐部显著地提高。斜面上有些浮雕斗栱，在转角处以斜柱支载挑檐枋；有些仅浮雕垂直的支条；有些则浮雕人物，但这些做法仅见于阙与望楼，一般建筑很少看到（图52）。

利用屋顶形式和各种瓦件所产生的装饰作用，成为中国古代建筑的一个突出特征，可以从东汉和三国的各种遗物中得到证实。在各种屋顶中，以悬山和庑殿的数量为最多，而后者的正脊很短，有些屋面做成上下两迭形式，是汉代庑殿式屋顶的重要特点。这时期文献虽有"反宇"的记载[131]、[86]、[132]，广州出土的明器也有屋檐反翘的例子[92]，但汉阙与绝大多数明器、画像石所表示的屋面和檐口都是平直的，还没有反宇与翘曲的屋角。不过正脊和戗脊的尽端微微翘起，用筒瓦与瓦当予以强调，并在脊上用凤凰及其他动物作装饰。这是汉朝建筑和后代建筑在形象方面一个重要的差别（图52）。

门和窗都被利用为装饰部分而加以艺术处理。门的上槛上显示出门簪；门扇上有兽首含环，称为"铺首"。窗子通常装直棂，也有斜格和琐文等较复杂的花纹，或在窗外另加笼形格子，或在门窗内悬挂帷幕。栏杆的形制以卧棂为最多，但已出现在寻杖下用蜀柱及几何形花纹的栏板。据四川乐山崖墓内雕刻和沂南墓的结构，这时室内的藻井至少已有"覆斗形"和"斗四"两种形式了（图52）。

在装饰方面，已发现的战国时代燕下都的瓦当有二十余种不同的花纹。其中有用文字作装饰图案的。楚国墓葬出土的雕花板和其他纹样的构图相当秀丽，线条也趋于流畅。这种倾向到汉朝更为显著（图53）。汉朝建筑所用的花纹题材大量增加，大致可分为人物纹样、几何纹样和植物、动物纹样四类（图54）。人物纹样包括历史事迹、神话和社会生活等。几何纹样有绳纹、齿纹、三角、菱形、波形等。植物纹样以卷草、莲花较普遍。动物纹样有龙、凤、蟠螭等。这些纹样以彩绘与雕、铸等方式应用于地砖、梁、柱、斗栱、门窗、墙壁、天花和屋顶等处。雕刻手法也较丰富：西汉霍去病墓的石马、石虎等是先雕出简单生动的圆雕轮廓，再以浅浮雕和线刻表现细部；野人抱熊等雕刻中，把形象轮廓四周凿去一圈，形成斜面，造成浮雕效果，和后代的"压地隐起"的手法近似。在一般石墓雕刻中，有的只在光滑表面上留出所表现的形象，其余空隙部分凿低一层，或凿成几何形粗糙纹路，以增强衬地的效果；也有把上述二种手法结合使用，在留出的形象上再加线刻、压地隐起等手法的。色彩方面，继承春秋战国以来的传统加以发展，如宫殿的柱涂丹色；斗栱、梁架、天花施彩绘[132]、[102]；墙壁界以青紫或绘有壁画[133]；官署则用黄色；雕花的地砖和屋顶瓦件等也都因材施色。总之，汉朝建筑已经综合运用绘画、雕刻、文字等作各种构件的装饰，达到结构与装饰的有机组合，成为以后中国古代建筑的传统手法之一。

# 第四章　两晋、南北朝时期的建筑

（公元265—589年）

## 第一节　两晋、南北朝时期社会的变动和建筑概况

两晋和南北朝是中国历史上一次民族大融合的时期。公元280年，西晋灭吴，统一了中国，政权还没有巩固，统治阶级内部就爆发了争权夺位的混战，使西晋皇朝很快地瓦解了。当时匈奴、鲜卑、羯、氐、羌等西北民族的上层分子，乘机展开了争夺地盘，建立割据政权的斗争。从公元304年到439年先后在中原和西北建立了十几个国家，这就是历史上所称的十六国时期。这时北方的民族矛盾和阶级矛盾呈现出错综复杂的形势，直到公元460年北魏灭掉北凉在新疆的残余政权才统一了中原和北方。在中国南部，公元317年即西晋灭亡的次年，晋元帝（司马睿）建立了东晋。公元420年，宋武帝（刘裕）夺取了东晋的政权，建立宋朝。这就开始了中国南部的宋、齐、梁、陈与北部的北魏、东魏和西魏、北齐和北周相对峙的南北朝时代。

十六国时期，中原地区的生产遭受到严重破坏，人口大量减少。北魏统一中原后，社会开始趋于稳定，经济逐渐恢复起来。江南一带，由于中原人口大量南迁以及战争较少，农业与手工业随之繁荣发展。从东晋建立到陈灭亡的三百年间，南方经济和文化的发展水平始终超过北方。

在意识形态方面，魏、晋以来，士大夫阶级纵情享受、腐化堕落，玄学思想得以发展起来。同时政治动荡、战争频繁，人民生活痛苦，宣扬天堂乐趣的佛教得以广泛流传；道教也在这时形成并得到发展。由于宗教能麻痹劳动群众的斗争性，因而统治者利用儒学之外，更着重地提倡宗教。在思想领域里，出现了一个儒、道、佛互相斗争和互相交融的局面。思想领域的活跃，大大推进了文学和艺术的发展。

十六国和北朝的统治者，大多是中国西北部的游牧民族。他们进入中原以后，极力吸取汉族的文化，尤以北魏孝文帝（拓跋宏）励行汉化政策，产生相当大的影响。在城市建设和建筑方面，他们按照汉族的城市规划、结构体系和建筑形象，在洛阳、邺城的旧址上修建都城和宫殿。西北和北方地区也建造了龙城（今辽宁朝阳县）、统万城（今陕西靖边县）并扩建了盛乐城（今内蒙古和林格尔县）、平城（今山西大同市）。这些城市的建设促进了各民族建筑形式的融合。

东晋定都建康（今江苏南京市），在三国时代吴的旧都建业的故址上，沿用汉魏以来中原建筑的形式建造宫殿，后来南朝又继续改建和扩建。

由于长期战乱，南北朝的各个地方的乡镇都建造了大量的坞堡。一般都住有几十户到几百户人家，最大的多至万户。

这时期的建筑，除宫殿、住宅、园林等继续发展以外，又出现了一种新的建筑类型，就是佛教和道教建筑。而各朝的统治者多半提倡佛教。如十六国时期，后赵石勒和前秦苻坚大兴佛教，建立寺塔；北魏和南朝的齐、梁，尤为崇佛，广建寺塔，遍及全国。这个时期还开凿了若干规模巨大和雕刻精美的石窟，成为存留至今的一份极为宝贵的艺术遗产。总之，两晋、南北朝时期的匠工在继承秦汉建筑成就的基础上，吸收了印度、犍陀罗和西域的佛教艺术的若干因素，丰富了中国建筑，为后来隋唐建筑的发展奠定了基础。

## 第二节　都城及宫殿

西晋、十六国和北朝前后分别兴建了很多都城和宫殿。其中规模较大，使用时间较长的，是邺城和洛阳（今河南洛阳市）。东晋和南朝则始终建都于建康。

### 邺

十六国时期的后赵，在公元四世纪初沿用曹魏旧城的布局，把邺城重新建造起来。城墙的外面用砖建造，城墙上每隔百步建一楼，城墙的转角处建有角楼。宫殿也是沿用曹魏洛阳宫殿的布局，在大朝左右建处理日常政务的东西堂。此外，又建华林园及台观四十余所。工役死者数万人[134]。但是这些宫殿、台观，只经过十几年就被战火所毁[135]。后来前燕慕容儁也建都于此，但时间很短，没有很多建设。

天平元年（公元534年），东魏自洛阳迁都于邺，在旧城的南侧增建新城。新旧二城的总平面略如丁形。新城东西6里（约3240米），南北8里60步（约4428米），一般称为邺南城。它的布局大体继承北魏洛阳的形式，并自洛阳迁移大批宫殿于此。宫城位于城的南北轴线上，大朝太极殿的左右虽建东西堂，但在这组宫殿的两侧又并列含元殿和凉风殿，而太极殿后面还有朱华门和常朝昭阳殿，可以看出东魏宫殿的布局除沿用曹魏洛阳宫殿的旧制以外，同时又附会了《礼记》所载的"三朝"布局思想。它对于隋唐两朝废止东西堂、完全采取"三朝"制度，起着承前启后的作用[90]。宫城北面为苑囿。宫城以南建官署及居住用的里坊。城外东西郊又建有东市和西市。公元550年北齐灭东魏，仍以邺为都城，增建了不少宫殿，并在旧城西部建造大规模的苑囿，又重建铜雀等三台改称金凤、圣应、崇光。旧城东部则从东魏起作为贵族的居住地区。公元577年北周灭北齐，这座宏丽的都城受到破坏，后来成为废墟[15]。

### 洛阳

三国时代曹魏的都城洛阳，依东汉旧规建南北二宫，并在城北部大营苑囿[136]、[137]。西晋续有兴建，但永嘉乱后这座都城次第被毁。公元494年北魏孝文帝由平城迁都洛阳，曾先派蒋少游调查汉魏洛阳宫殿基础，并赴建康了解南齐宫殿的情况，然后在西晋洛阳的故址上进行建造[12]（图55）。北魏洛阳有宫城与都城两重城垣、都城即汉魏洛阳的故城，东西7里（约3100米），南北9里（约4000米），南西各开四门，东三门，北面二门。宫城在都城的中央偏北一带，基本上是曹魏时期的北宫地位；宫北的苑囿也是曹魏芳林园故处。

宫城之前有一条贯通南北的大干道——铜驼街，两侧分布着官署和寺院。有名的永宁寺就在这条干道北端的西侧。太庙和太社则建于干道南端的东西两侧。其余部分是居住的里坊。各坊之间有方格形的道路网。

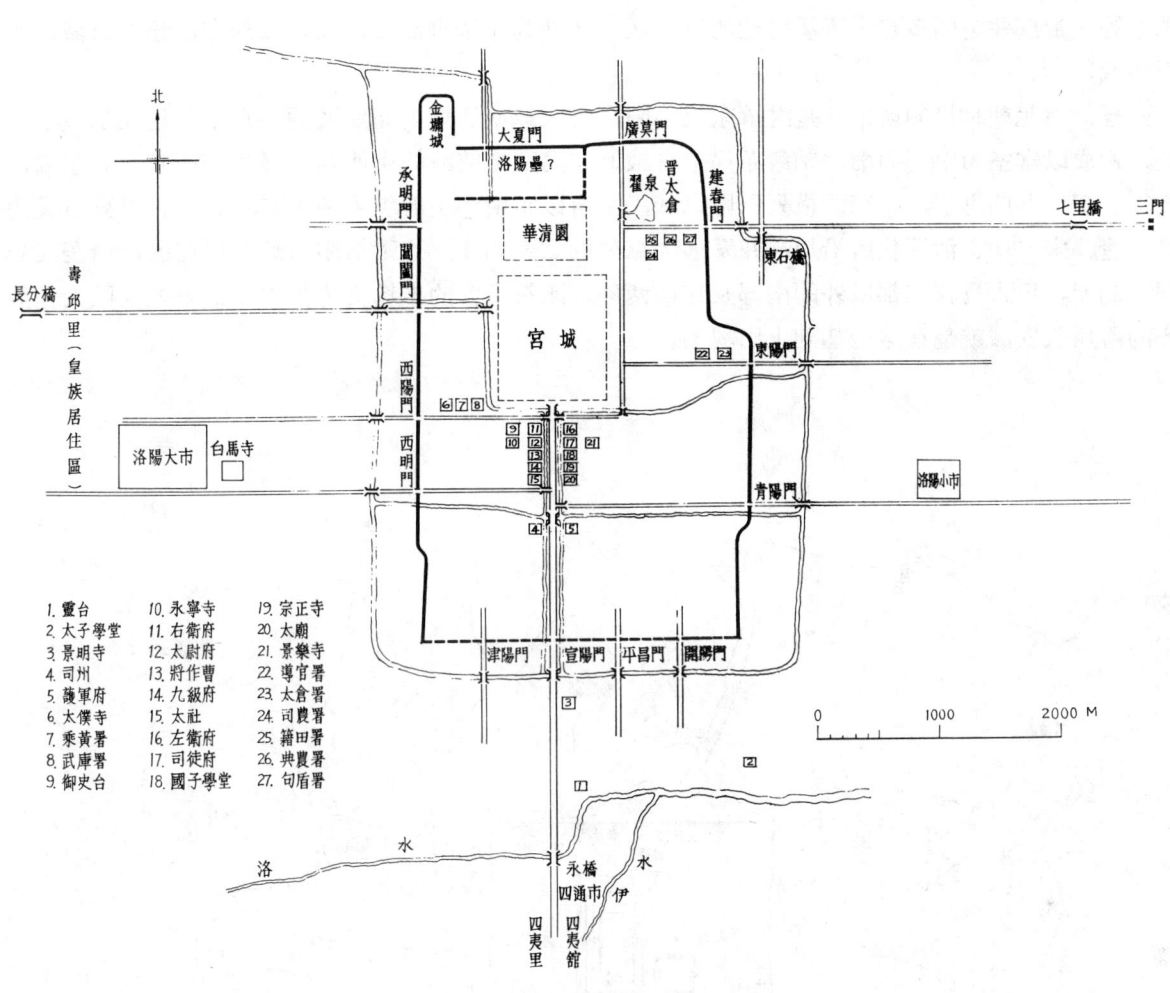

图 55 北魏洛阳城平面想象图

都城西面的西阳门外，有著名的商业区洛阳大市。附近是商人和手工业工人的居住区。西市的西面。北至邙山一带都是北魏贵族的居住地点。都城南面正门宣阳门外，有交易贵重货物的四通市和外国商人聚居的区域。交易农产品和牲畜的小市则位于都城外东侧。至于都城的外郭，虽见于记载，但其遗址尚未证实[82]、[137]、[138]。

## 建　康

自公元317年东晋奠都起，至公元589年陈亡止，建康一直是中国南部各朝代的都城。建康位于长江的东南岸，北接玄武湖，东北依钟山，西侧是丘陵起伏，东侧有湖泊和青溪萦回其间，而秦淮河环绕城外南、西两面。东晋经营建康，是就三国时代吴建业的旧址逐步发展的。后来宋、齐、梁、陈各朝陆续有所营建（图56）。建康城南北长，东西略狭，周围20里（约8900米）。南面设有三座城门，东、西、北各二门。宫城在城的北部，略偏东，平面也是长方形，南面有二门，东、西、北各一门。宫殿的布局大体依仿魏晋旧制。正中的太极殿是朝会的正殿，正殿的两侧建有皇帝听政和宴会的东西二堂，殿前又建有东西两阁。宫城外的西南有永安宫。苑囿位于城外东北一带。

　　城的南北轴线上，有大道向南延伸，跨秦淮河，建浮桥，直达南郊。大道东西散布着民居、商店和佛寺等，贵族住宅则多建于青溪附近的风景区。此外为了军事需要，又在城外东南建东府城，西北建石头城[139]。

　　两晋、南北朝时代的城市，是继承东汉洛阳和汉末邺城的规划而发展的。宫室都建在都城中心偏北处，构成以宫室为中心的南北轴线布局。宫殿的布局，把前殿的东西厢扩展为东西堂。到东魏，又附会"三朝"制的思想，在东西横列三殿以外，又有以正殿为主的纵列两组宫殿。这种纵列方式为后来隋、唐、宋、明、清等代所沿用，并发展为纵列的三朝制度。这时洛阳与邺的居住区，沿袭汉长安的闾里制度，但市场移到都城外的南部及东西两侧，比汉长安的市场更为集中。后来规模巨大、规划整齐的隋唐长安城就是在这些基础上出现的。

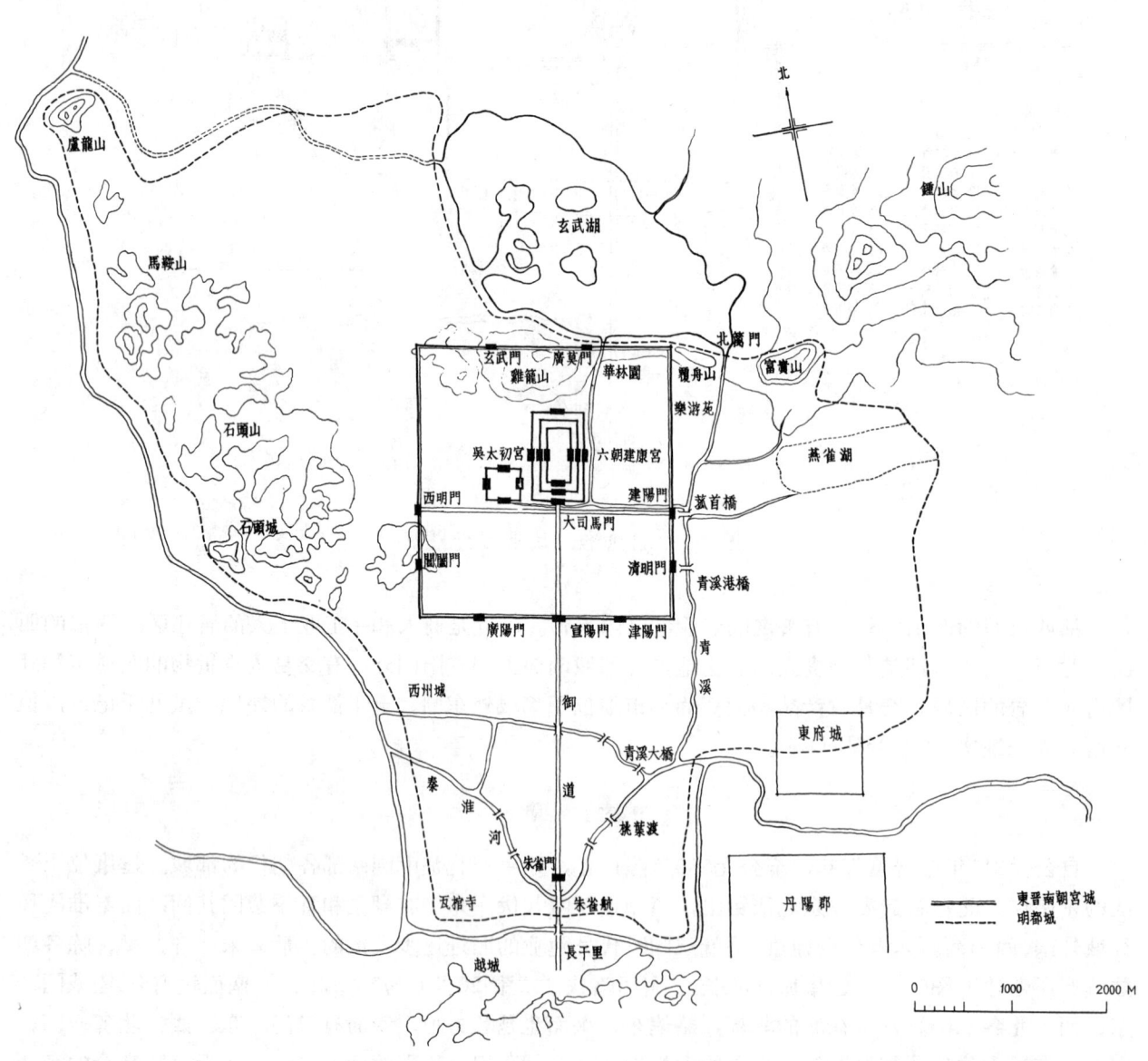

图 56　东晋南朝建康平面想象图

# 第三节　住　　宅

北魏和东魏时期贵族住宅的正门，据雕刻所示往往用庑殿式屋顶和鸱尾，围墙上有成排的直棂窗，可能墙内建有围绕着庭院的走廊。当时有不少贵族官僚舍宅为寺，不难想象这些住宅是由若干大型厅堂和庭院回廊等所组成的。不过当时鸱尾原仅用于宫殿，对住宅来说，不是特许便不可以使用[140]。又雕刻中有些房屋在室内地面布席而坐，也有在台基上施短柱与枋，很象用此两者构成木架，再在其上铺板与席的。墙上多数装设直棂窗，悬挂竹帘与帷幕（图57）。

中国自然风景式园林在这时期曾有若干新发展。北魏末期贵族们的住宅后部往往建有园林，园中有土山、钓台、曲沼、飞梁、重阁等。同时，叠石造山的技术也有所提高，如北魏洛阳华林园、张伦宅[138]、及梁江陵湘东苑[141]，或重岩复岭，石路崎岖，或深溪洞壑，有若自然，都是显著的例子。魏晋以来，一些士大夫标榜旷达风流，爱好自然野致，在造园方面，聚石引泉，植林开涧，企图创造一种比较朴素自然的意境。无疑地这种新风尚对当时园林和苑囿产生一定的影响。

这时期由于民族大融合的结果，室内家具发生了若干变化（图58）。一方面，席坐的习惯仍然未改，传统家具有了不少新发展。如睡眠的床已增高，上部还加床顶，周围施以可拆卸的矮屏；起居用的床（榻）加高加大，下部以壸门作装饰，人们既可以坐于床上，又可垂足坐于床沿；床上出现了倚靠用的长几、隐囊和半圆形凭几（又称曲几）；两摺四牒可以移动的屏风发展为多摺多牒式。可是另一方面，西北民族进入中原地区以后，不仅东汉末年传入的胡床逐渐普及到民间，还输入了各种形式的高坐具，如椅子、方凳、圆凳、束腰形圆凳等。这些新家具对当时人们的起居习惯与室内的空间处理发生了一定影响，成为唐以后逐步废止床榻和席地而坐的前奏。

# 第四节　寺　和　塔

佛教传入中国可能始于西汉后期，但最早见于记载的佛寺是东汉永平十年（公元67年）的洛阳白马寺，它是利用原来接待宾客的官署鸿胪寺改建而成的[142]。文献中虽载东汉时曾建有印度式样的浮图祠[143]但缺乏实物。公元二世纪末，笮融在徐州建浮屠祠，下为重楼，上累金盘，应是中国楼阁式木塔的萌芽[144]。经三国到两晋、南北朝时期，随着统治阶级的提倡，兴建佛寺逐渐成为当时社会的重要建筑活动之一。南朝首都建康有五百多所佛寺[145]；北魏统治范围内，在正光（公元520—524年）以后有佛寺三万多所，而北魏首都洛阳就有一千三百六十七所佛寺[143]。不仅在城市中，广大的乡村也建造很多寺、塔。当时主要的寺、塔和石窟多数由国家主持修建，耗费了无数的人力物力，当时就有建寺"皆是百姓卖儿贴妇钱"的记载[146]。这一时期的佛教建筑活动，对以后中国建筑的发展是有较大影响的。

北魏的著作《洛阳伽蓝记》记述了当时洛阳的四十多所重要佛寺，而以永宁寺为最大。这寺平面采取在中轴线上布置主要建筑的布局：前有寺门，门内建塔，塔后建佛殿。据记载早期中国佛寺的平面布局大致和印度的相同，以塔藏舍利（佛的遗骨），是教徒崇拜的对象，所以塔位于寺的中央，成为寺的主体。以后建佛殿供奉佛像，供信徒膜拜，于是塔与殿并重，而塔仍在佛殿之前。永宁寺正是这个时期佛寺布局的典型。可是东晋初期已出现双塔的形式[147]，南北朝到唐数目渐多，供奉佛像的佛殿也逐渐成为寺院的主体，因而唐代佛寺在传统的两种布局方法以外，又有的在寺旁建塔，另成塔院，到宋又出现了将塔建于佛殿之后的方法。不过这些都是就规模宏大的佛寺而言，小寺似乎不一定建塔。

永宁寺是北魏熙平元年（公元516年）胡灵太后所建。《洛阳伽蓝记》载，这寺平面方形，周围

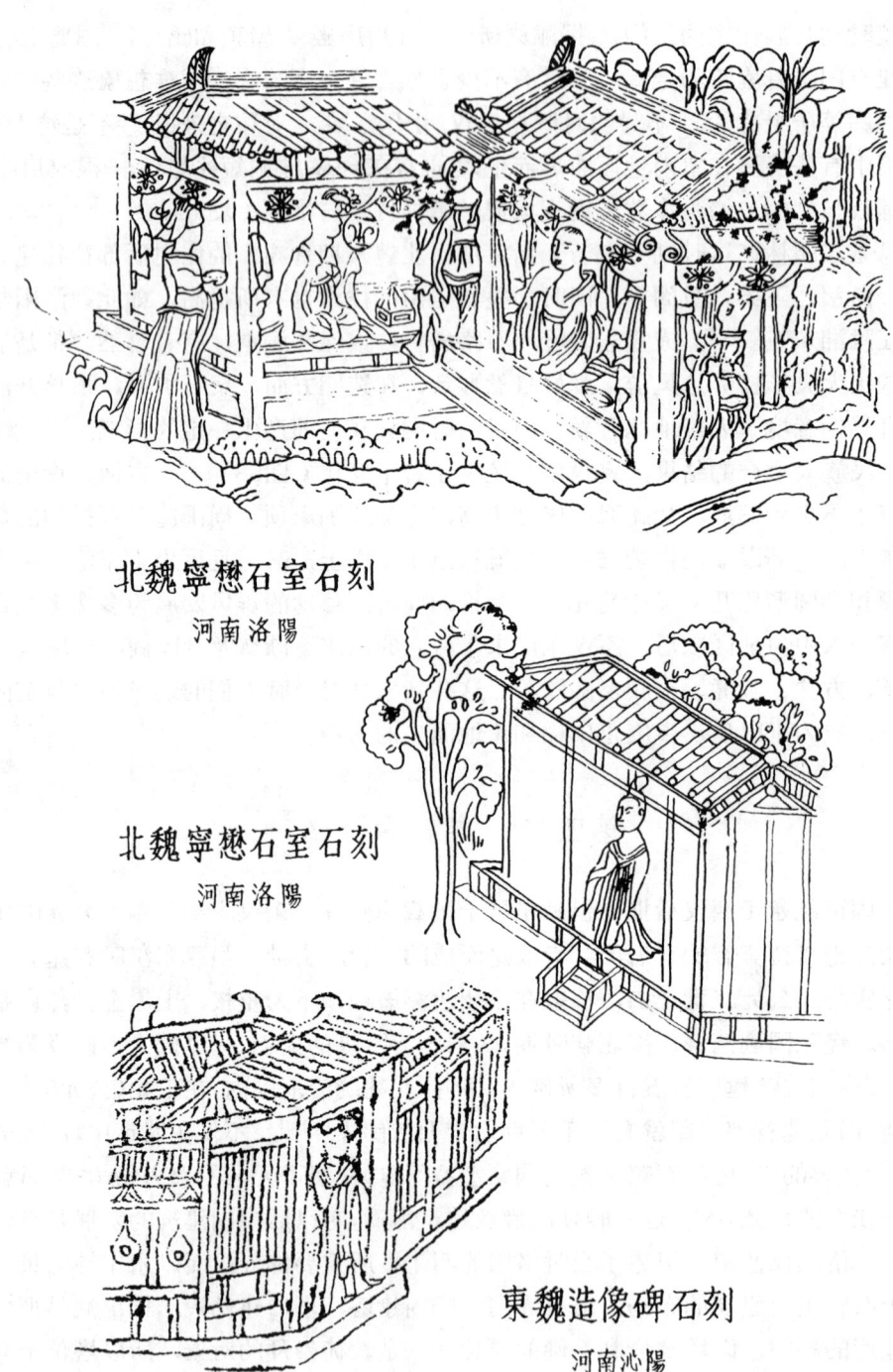

北魏寧懋石室石刻
河南洛陽

北魏寧懋石室石刻
河南洛陽

東魏造像碑石刻
河南沁陽

图 57　南北朝住宅

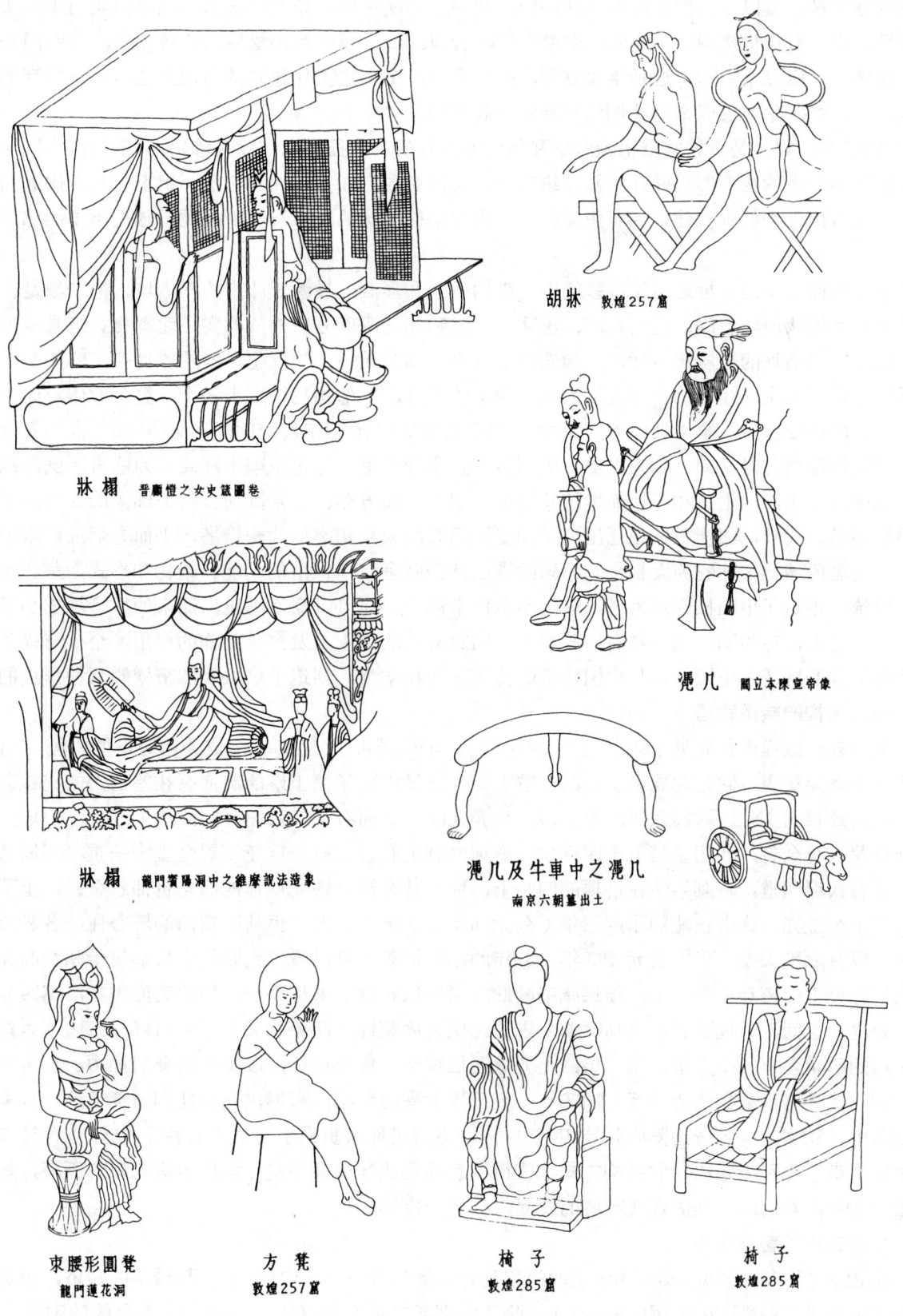

胡牀　敦煌257窟

牀榻　晋顾愷之女史箴圖卷

憑几　閻立本陳宣帝像

牀榻　龍門賓陽洞中之維摩說法造象

憑几及牛車中之憑几
南京六朝墓出土

束腰形圓凳
龍門蓮花洞

方凳
敦煌257窟

椅子
敦煌285窟

椅子
敦煌285窟

图 58　两晋南北朝家具

墙上皆施短椽，复以瓦，围墙四面各开一门，其中南门楼三层，东西门楼各二层，但北门用乌头门。围绕塔、殿，有僧房楼观一千余间，雕梁粉壁，青璅绮疏，……栝柏松椿，扶疏檐霤，其四门外，皆树以青槐，亘以绿水[148]。这种平面方形，四面开门，中央建主体建筑的布局方法，是从印度的佛寺得到启示，同时结合汉以来的礼制建筑而发展起来的。

其他佛寺，很多是贵族官僚捐献府第和住宅所改建的。往往"以前厅为佛殿，后堂为讲室"[149]。这些府第和住宅的建筑形式融合到佛寺建筑中，使佛寺内有许多楼阁和花木。由上述两种佛寺的布局方法，可看出外来的佛教建筑到了中国以后，很快地被传统的民族形式所融化，创造出中国佛教建筑的形式。

这个时间，全国各地建造了很多的塔。塔的概念和形制，导源于印度的窣堵坡。窣堵坡是为藏置佛的舍利和遗物而建造的；是由台座、覆钵、宝匣和相轮四部分所构成的实心建筑物。但是从公元前二世纪起，窣堵坡的台座逐步增高，相轮加至三个。到公元一、二世纪，犍陀罗贵霜王朝的窣堵坡下部承以方台，原来覆钵下的台座发展为三、四层的塔身，上部相轮增至十一个，整个形体瘦而高，是一个巨大的改变。除了窣堵坡以外，印度早期佛教建筑中有利用传统的圆形小祠庙，内部安置窣堵坡，作礼拜和供养对象的，称为支提（或制多）。这种支提在孔雀王朝末期发展为前方后圆的纵长平面，或前后二室，以走道相连。而犍陀罗遗迹中则有平面方形、上加圆顶、内提佛像的支提，形状很象单屋小塔。此外，印度三世纪还出现了和婆罗门教的天祠相类似的密檐塔，平面方形或亞字形，玄奘的《大唐西域记》称它为大精舍。中国的塔虽然仍藏舍利，但塔的功能、结构和形式，结合中国建筑的传统，创造了中国楼阁式木塔，塔内不但供奉佛像，还可以登临远眺。原来的窣堵坡缩小了，安置于塔顶之上，称为刹。刹既具有宗教意义，同时对塔的形象又发挥了装饰的作用。至于支提和大精舍两种形式的塔传入中国后，与中国建筑的传统手法相结合，创造了单层的和密檐的两种形式的塔。

## 一、木构的楼阁式塔

据记载，这样塔首先见于东汉末年[144]、[150]，南北朝时数量最多，成为当时塔的主流，可以洛阳永宁寺塔为代表。它是北魏最宏伟的建筑之一。文献中除了关于塔的高度有相差很大的记载以外，其余都大致相同[151]。塔高九层，正方形，每面九间。每面有三门六窗，门漆成朱红色，门扉上有金环铺首及五行金钉，共用金钉五千四百枚。塔顶的刹上有金宝瓶，宝瓶下置金盘十一重，四周悬挂金铎。又有铁璅四道，将刹系住在塔顶的四角上，璅上悬金铎；塔九层檐的四角也都悬金铎；上下共有一百二十个金铎。这塔在北魏永熙三年（公元534年）被火焚毁，但从石窟内的塔心柱，各种浮雕和壁画，以及北魏天安二年（公元467年）制作的小石塔等，可以看出当时的木塔都建于相当高大的台基或须弥座上；塔身自下往上，逐层减窄减低，但各层腰檐上未施平坐；刹的高度约在塔高四分之一至三分之一之间，与现存日本飞鸟时期木塔的比例大体相近。此外，天安二年石塔与云冈第六窟塔柱第一层的四角各有一个方墩，第二层以上方墩逐层缩小，成为倚柱，以抵抗塔身的推力，这可能与汉朝礼制建筑具有因袭相承的关系（图59）。至于这种塔的结构，根据汉长安礼制建筑遗址、日本飞鸟时期木塔，和文献所载唐洛阳明堂等[152]、[153]，塔内可能有贯通上下的中心柱，但如塔身过高，柱材供应困难，也可能采取其它结构方式。值得注意的是北魏中期出现了模仿木塔式样的石塔，规模相当宏大[143]，对唐以后楼阁式砖石塔的发展，给予一定影响。

## 二、砖造的密檐式塔

北魏正光四年（公元523年）建造的河南登封县嵩岳寺塔是中国现存年代最早的砖塔，也是唯一的十二边形平面的塔[154]（图60-1～4）。除了塔刹部分用石雕以外，全部用灰黄色的砖砌成。这塔高约39.5米。底层直径约10.6米，内部空间直径约5米，壁体厚2.5米。塔身建于简朴的台基上。在

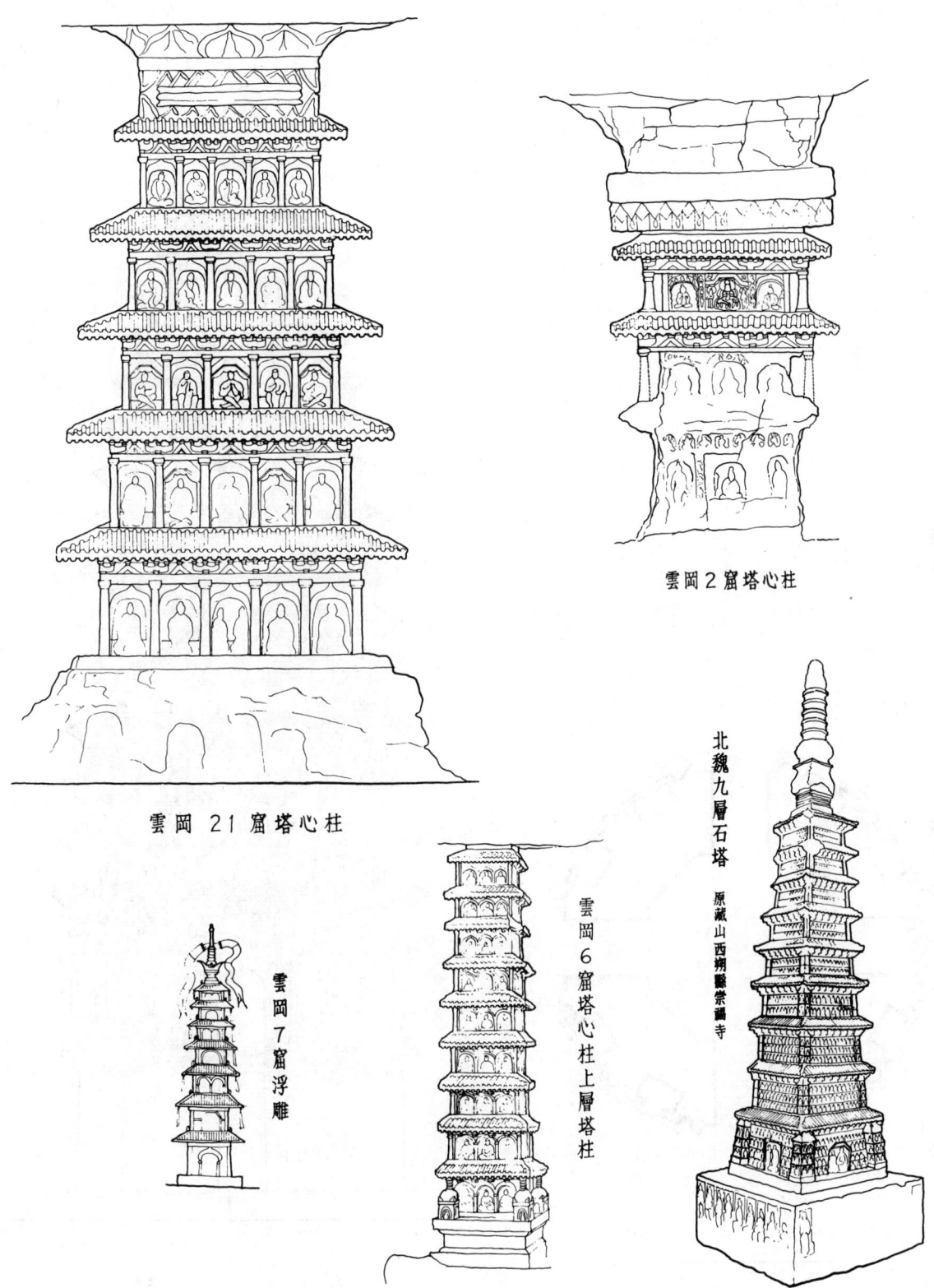

雲岡 2 窟塔心柱

雲岡 21 窟塔心柱

雲岡 7 窟浮雕

雲岡 6 窟塔心柱上層塔柱

北魏九層石塔 原藏山西朔縣崇福寺

图 59 北魏楼阁式木塔形象

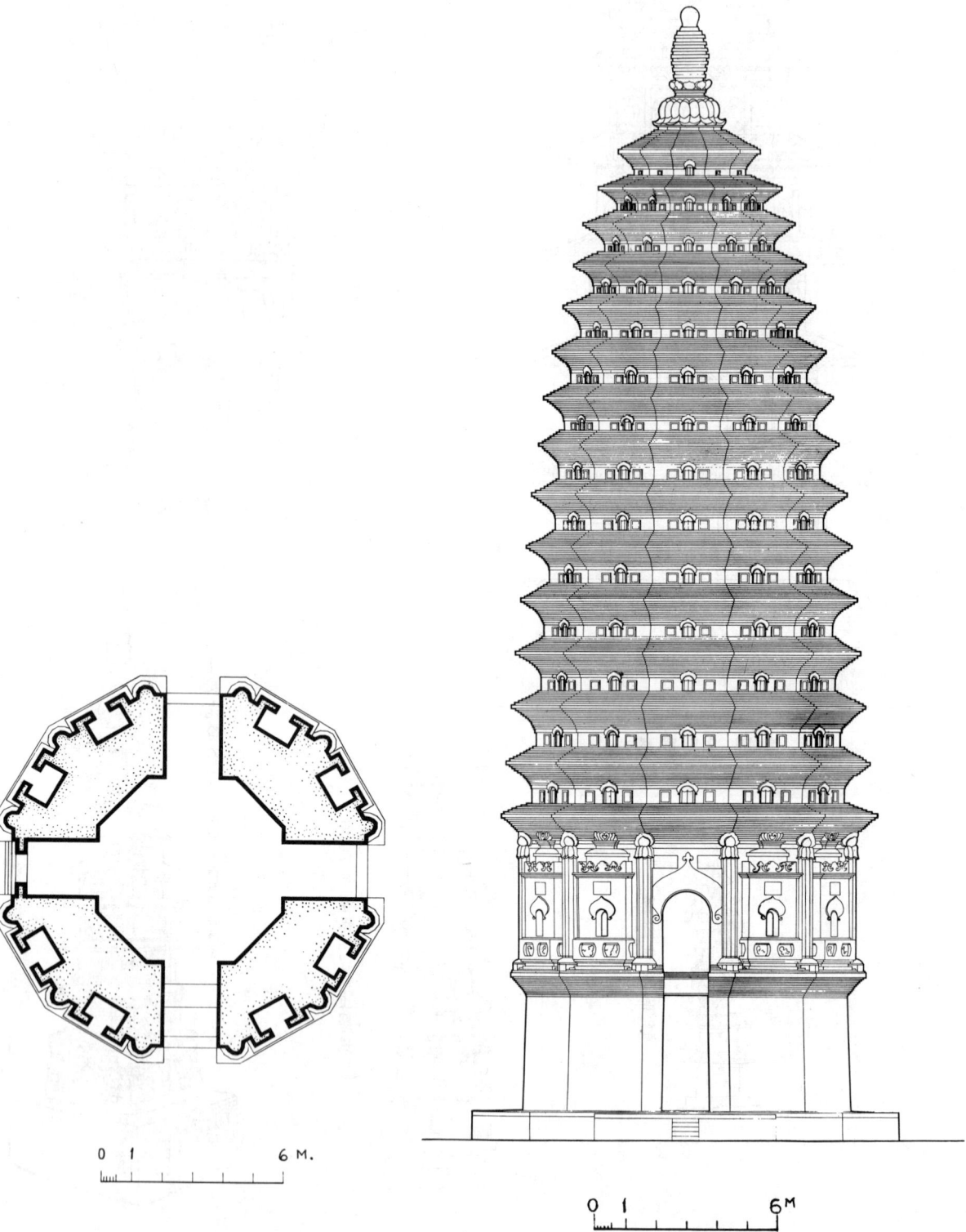

图 60-1  河南登封县嵩岳
寺塔平面图

图 60-2  河南登封县嵩岳寺塔立面图

图 60-3　河南登封县嵩岳寺塔全景

图 60-4  嵩岳寺塔详部

塔身中部。用挑出的砖叠涩将塔身划分为上下两段，而上段建于叠涩上，比下段稍大。在四个正面有贯通上下两段的门，门上在半圆形拱券上做成尖形券面装饰。下段其余八面都是光素的砖面，可是上段塔身的这八个面上，各砌出一个单层方塔形的壁龛，龛座隐起壶门和狮子作装饰。同时又在上段塔身的角上砌出角柱。柱下有雕砖的莲瓣形柱础，柱头饰以砖雕的火焰和垂莲。塔身以上，用叠涩做成十五层密接的塔檐。每层檐之间只有短短的一段塔身，每面各有一个小窗，但多数仅具窗形，并不采纳光线。根据各层塔身残存的石灰面，可知此塔外部色彩原为白色，这是当时砖塔的一个特点，并一直流传到宋代。塔顶的刹，在壮硕的复莲上，以仰莲承受相轮，形制雄健，全部用石造。而塔的整体轮廓用和缓的曲线所组成，十分秀丽。塔内做成直通顶部的空筒，有挑出的叠涩八层。塔内平面最下层也是十二边形，至塔身上段以上则改成正八角形。

总之，佛教传入中国以后，到了这个时期，有了很大的发展。正如同佛教的教义和中国的传统哲学相结合而创造出中国的佛教教义一样，佛教建筑也在中国传统建筑的基础上，创造出中国特有的佛教建筑。不独寺和塔是这样，在下节所叙述的石窟建筑中，也可以看出吸收、融合和创造的明显过程。

## 第五节  石窟的建筑和雕刻

石窟寺是这时期佛教建筑的一个重要类型。它是在山崖陡壁上开凿出来的洞窟形的佛寺建筑。虽

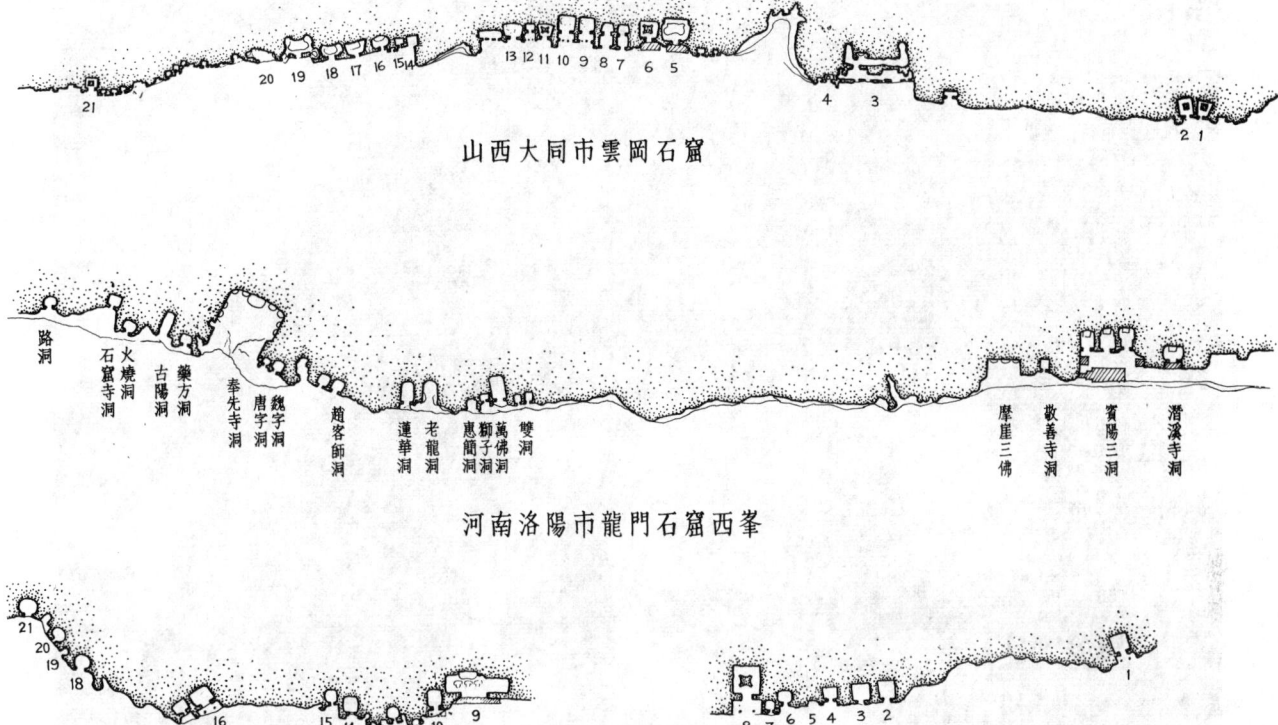

山西大同市雲岡石窟

河南洛陽市龍門石窟西峯

西峯

山西太原市天龍山石窟

图 61　云冈、龙门、天龙山石窟总平面示意图

　　然石窟寺的概念肇源于印度,随同佛教的传入而出现,但在中国开凿山崖并予以建筑手法的处理,从汉代的崖墓开始已具有悠久的传统。所不同的, 崖墓是封闭的墓室,而石窟寺则是供僧侣的宗教生活之用。

　　南北朝时代,凿崖造寺之风遍及全国,如云冈西部五大窟与龙门三窟是为 北魏 皇帝 祈功德而建的[148],北响堂山石窟则是北齐高欢的灵庙[155],其他大小统治阶级也凿崖造寺,因而西起新疆,东至山东,南至浙江,北至辽宁,都有这时期留存至今的石窟。这些石窟寺的建筑和精美的雕刻、壁画等是中国古代文化的一份宝贵遗产。

　　南北朝时期最重要的石窟有山西大同市的云冈石窟,甘肃敦煌县的莫高窟,甘肃天水县的麦积山石窟,河南洛阳市的龙门石窟,山西太原市的天龙山石窟,河北峰峰市的南北响堂山石窟等。除了敦煌莫高窟和洛阳龙门石窟在隋、唐以后相继大量开凿外,其余各处的主要石窟多是公元五世纪中叶到六世纪后半期约一百二十年的期间内所开凿的(图61)。

　　石窟的布局与外观虽具若干地区性,可是从发展方面来看,大致可分为三个类型。

　　一、初期的石窟,如云冈第16至20窟五个大窟,都是开凿成椭圆形平面的大山洞,洞顶雕成穹窿形(图62)。它的前方有一个门,门上有一个窗,后壁中央雕刻一座巨大的佛像,而以高达15.6米的第17窟的雕像为最大,其左右有侍立的肋侍菩萨,左右壁又雕刻许多小佛像。这些佛像几乎充满整个洞窟,显得相当局促。这类石窟的主要特点是:窟内主像特大,洞顶及壁面没有建筑处理,而窟外可

图 62　山西大同市云冈石窟第20窟佛像

能有木构的殿廊，同时在数量上也是最少的一种。

　　二、晚于五大窟的云冈第5至第8窟与莫高窟中的北魏各窟多采用方形平面；或规模稍大，具有前后二室；或在窟中央设一巨大的中心柱，柱上有的雕刻佛像，有的刻成塔的形式；窟顶则做成复斗形，穹窿形或方形、长方形平綦。这类窟的壁面都满布精湛的雕像或壁画，除了佛像外，还有佛教故事及建筑、装饰花纹等（图63）。在布局上，由于窟内主像不过分高大，与其他佛像相配合，宾主分明达到恰当的地步，因而内部空间显得广阔。窟的外部多雕有火焰形券面装饰的门，门以上有一个方形小窗。

　　这种类型的石窟，内部已有建筑处理，雕像的分布也创造新的方式，有些石窟外部可能建有木构的殿廊[156]、[157]。

　　三、公元五世纪末，开凿的云冈第9窟和第10窟，石窟的外部前室正面雕有两个大柱，如三开间房屋形式，令人联想到四川宜宾黄伞溪的一个汉代末期崖墓具有宽大的祭堂及祭堂入口上的横列斗栱及装饰雕刻的处理手法（图64）。接着六世纪前期开凿的麦积山石窟和略后于麦积山石窟的南北响堂山石窟与天龙山石窟等，虽有个别石窟在洞门外雕刻门罩，或在石壁上浮雕柱廊形式，可是另有若干石窟在洞的前部开凿具有列柱的前廊，使整个石窟的外貌呈现着木构殿廊的形式；同时窟内使用复斗

图 63　山西大同市云冈石窟第10窟前室雕刻

图 64　四川宜宾县黄伞溪崖墓

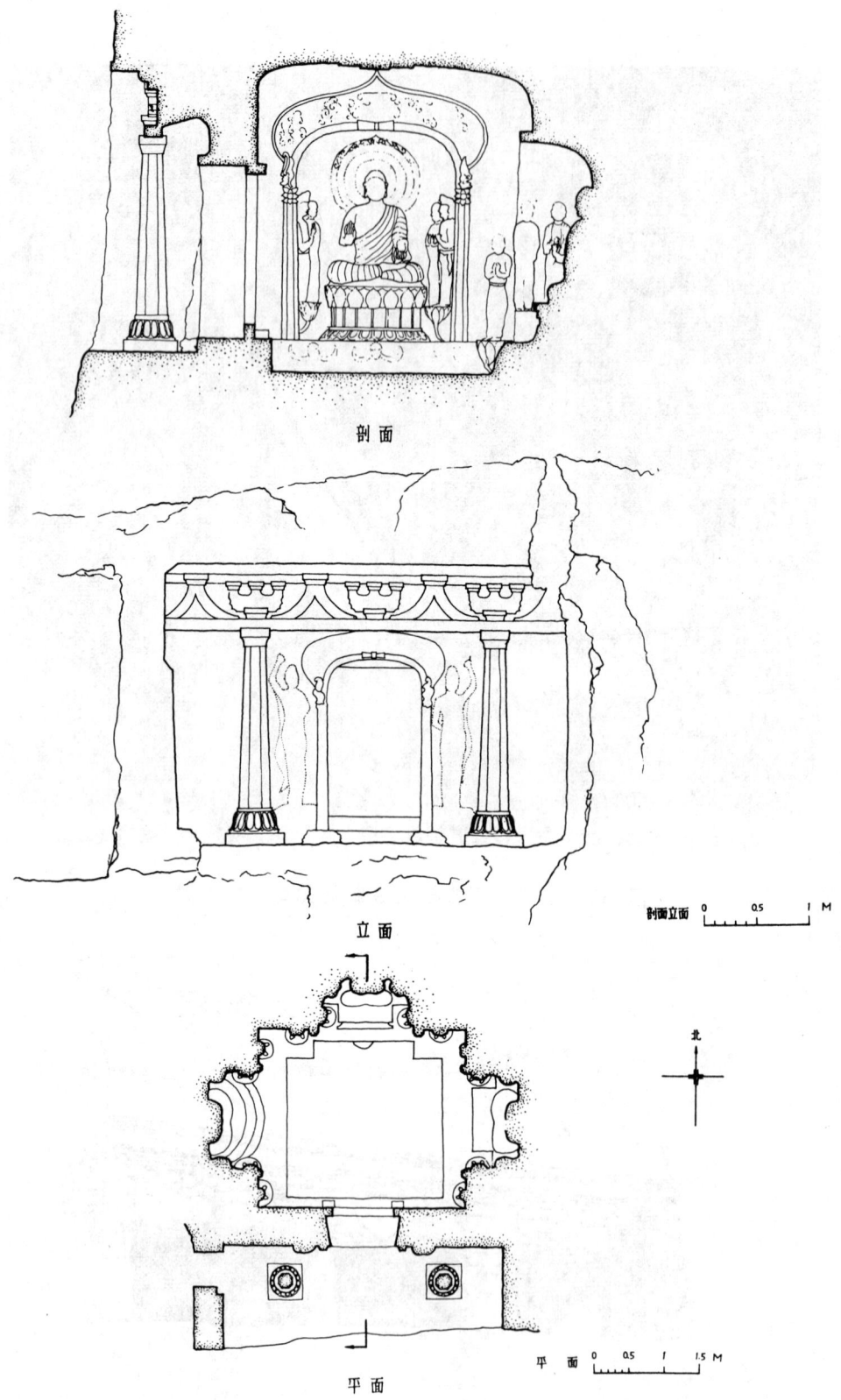

剖面

立面

剖面立面 0 0.5 1 M

平面

北

平 面 0 0.5 1 1.5 M

图 65-1  山西太原市天龙山石窟第16窟平、立、剖面图

图 65-2　山西太原市天龙山石窟第16窟外观

形天花，壁面上的雕像不十分丛密，并且多数在像外加各种形式的龛，是这类石窟的主要特点（图65-1～2）。从以上这些演变情况，我们可清楚地看到石窟——这一外来宗教建筑的中国化过程。

上述麦积山石窟的第四窟俗称上七佛阁，前廊面阔七间，长31.5米。方形列柱高8.87米，上置栌斗，承受檐额，而栌斗口内有梁头伸出。其上部虽已残缺不全，仍可看出原来刻有庑殿式屋顶，正脊两端各置有鸱尾。前廊深约4米，上部雕长方形平綦；廊后排列七个佛龛；不但规模巨大，而且忠实地表现了木建筑的式样（图66-1）。至于麦积山、南北响堂山和天龙山等处的石窟虽都开凿若干具有前廊的窟洞（图66-2），但其中以天龙山第16窟的形式最为精美[158]。

天龙山16窟完成于公元560年，是这个时期的最后阶段的作品。它的前廊面阔三间。八角形列柱在雕刻莲瓣的柱础上，柱子比例瘦长，且有显著的收分，柱上的栌斗，阑额和额上的斗栱的比例与卷杀都做得十分准确。廊子的高度和宽度以及廊子和后面的窟门的比例，都恰到好处。到这时，石窟形象的"民族化"已达到了相当完善的程度。

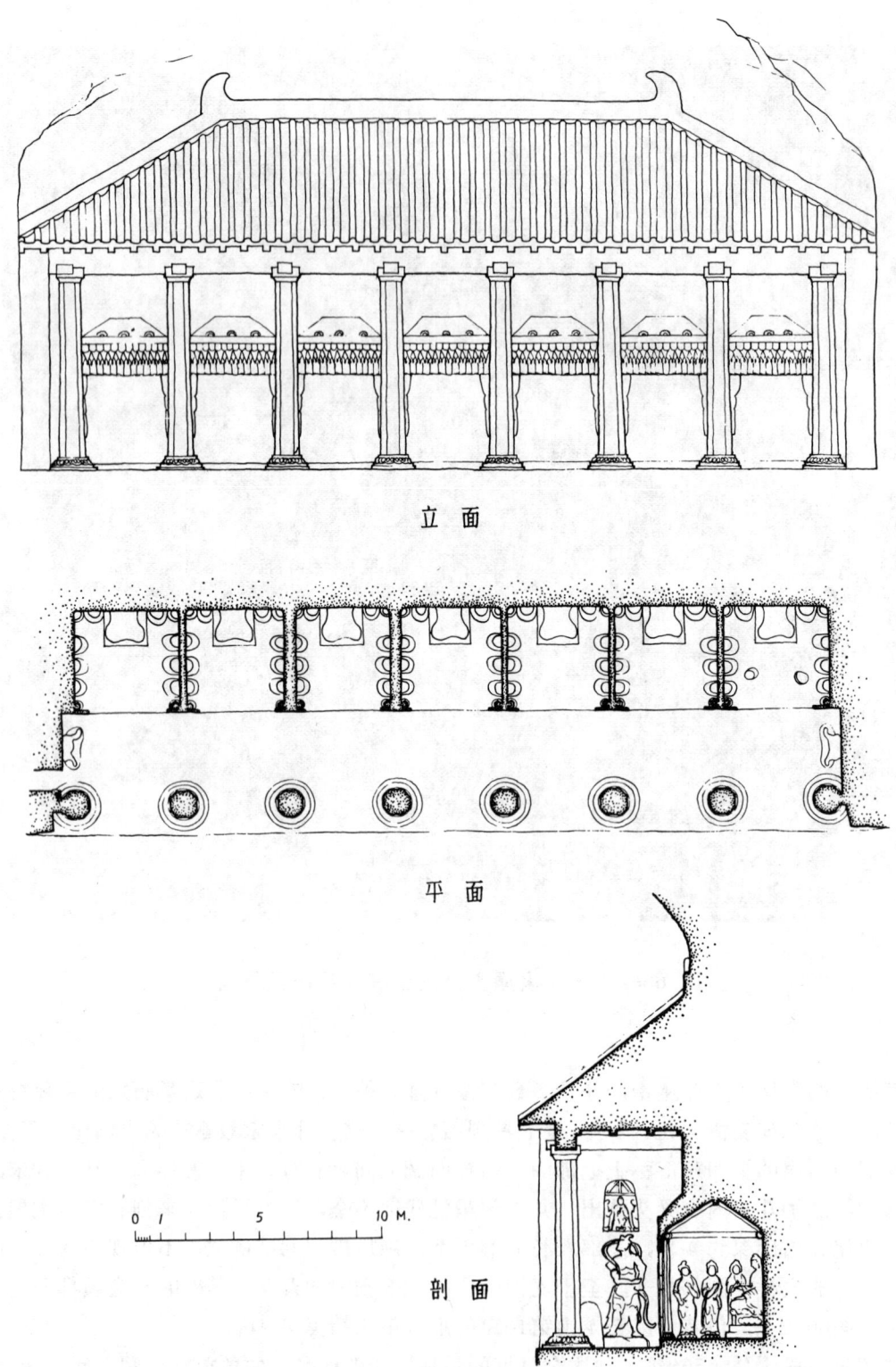

立　面

平　面

0　1　　　5　　　10 M.

剖　面

图 66-1　甘肃天水县麦积山石窟第 4 窟原状想象图

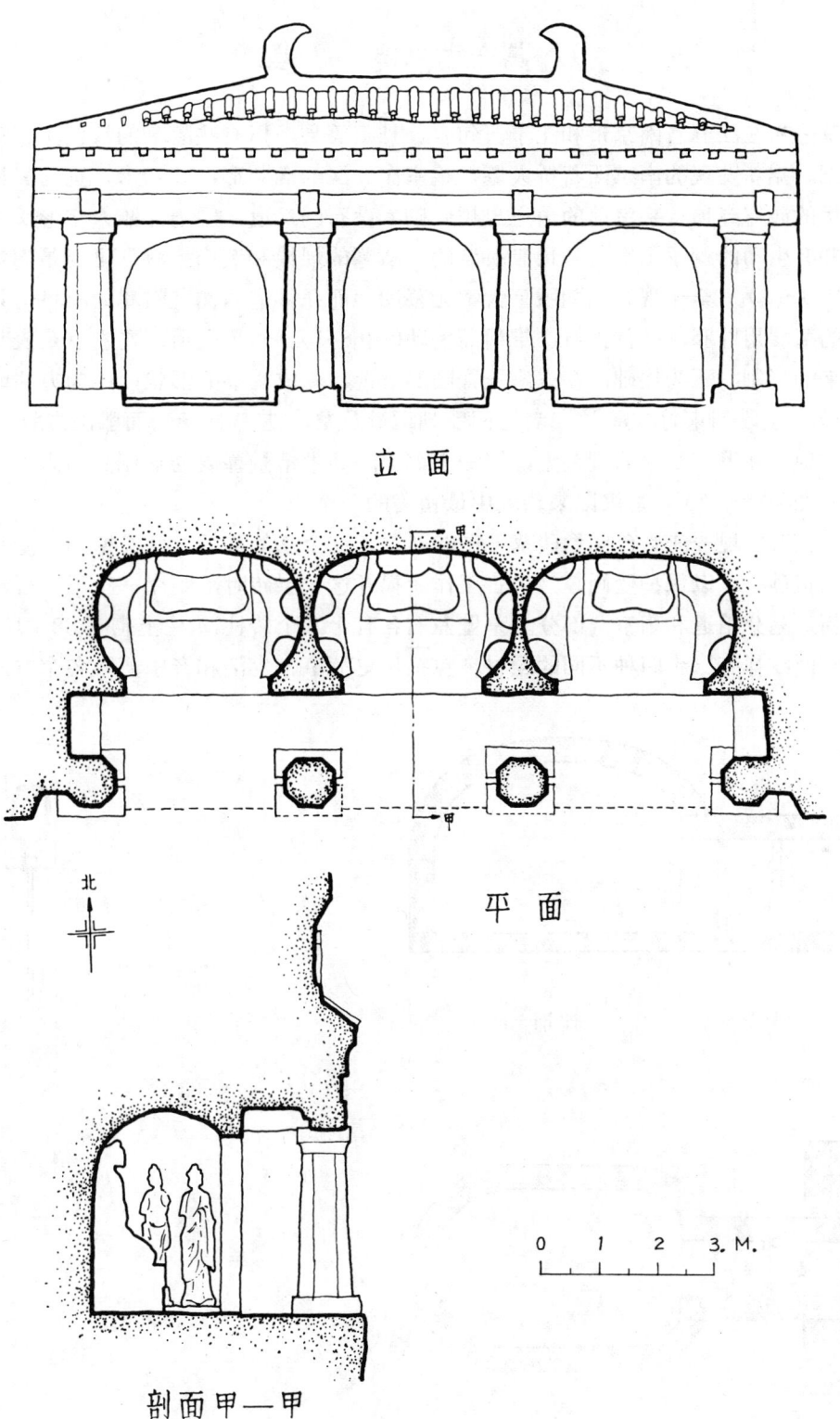

立　面

平　面

北

剖面甲—甲

0　1　2　3. M.

图 66-2　甘肃天水县麦积山石窟第30窟平、立、剖面图

## 第六节  陵  墓

南朝陵墓分布在江苏省南京市和江宁、句容、丹阳等县，但有些陵墓的坟已不存在，有些陵墓还未经考古发掘。据新发现的南京西善桥大墓，墓室作纵深的椭圆形，长10米，宽与高都是6.7米，上部复以二券二伏的砖穹窿顶。墓室前的甬道也用砖砌，设石门二道，门上浮雕人字形叉手。甬道墙上满用花纹砖，并有生动的狮子图案，是预制拼装的。从墓的规模和装饰推测，可能是南朝晚期贵族的坟墓[159]（图67-1～2）。至于现存南朝陵墓大都无墓阙，而在神道两侧置附翼的石兽；其中皇帝的陵用麒麟，贵族的墓葬用辟邪，扬首张口，雄猛而生动（图68-1）。石兽之后，左右有墓表及碑。墓表直接继承汉晋以来的形制：下为柱础，在方座上置圆形鼓盘，刻成双螭的形状；中为方柱而四角微圆，柱身下段雕凹槽，上段刻束竹纹，这二者之间雕刻绳辫及龙，并从柱身一面雕出方版，上刻死者的职衔；最上为柱顶，在雕有复莲的圆盖上，置一小辟邪。其中萧景墓表的形制简洁秀美，雕饰虽多而无繁琐的弊病（图68-2～3），是汉以来墓表中最精美的一个。

在河南邓县曾发现一座彩色画像砖墓（图69-1）。这个墓的券门上画有壁画。壁画之外砌了一层砖，中间灌以粗砂土，以保护壁画。当考古工作者揭开这一层砖时，距今一千三四百年前的壁画依然色彩鲜艳如新。墓分甬道和墓室两部分。墓壁左右各有十二个砖柱，柱上砌有38×19×6.5厘米的画像贴面砖。砖面纹样有三十四种不同的题材，包括历史故事、生活和音乐舞蹈各个方面。构图紧凑，

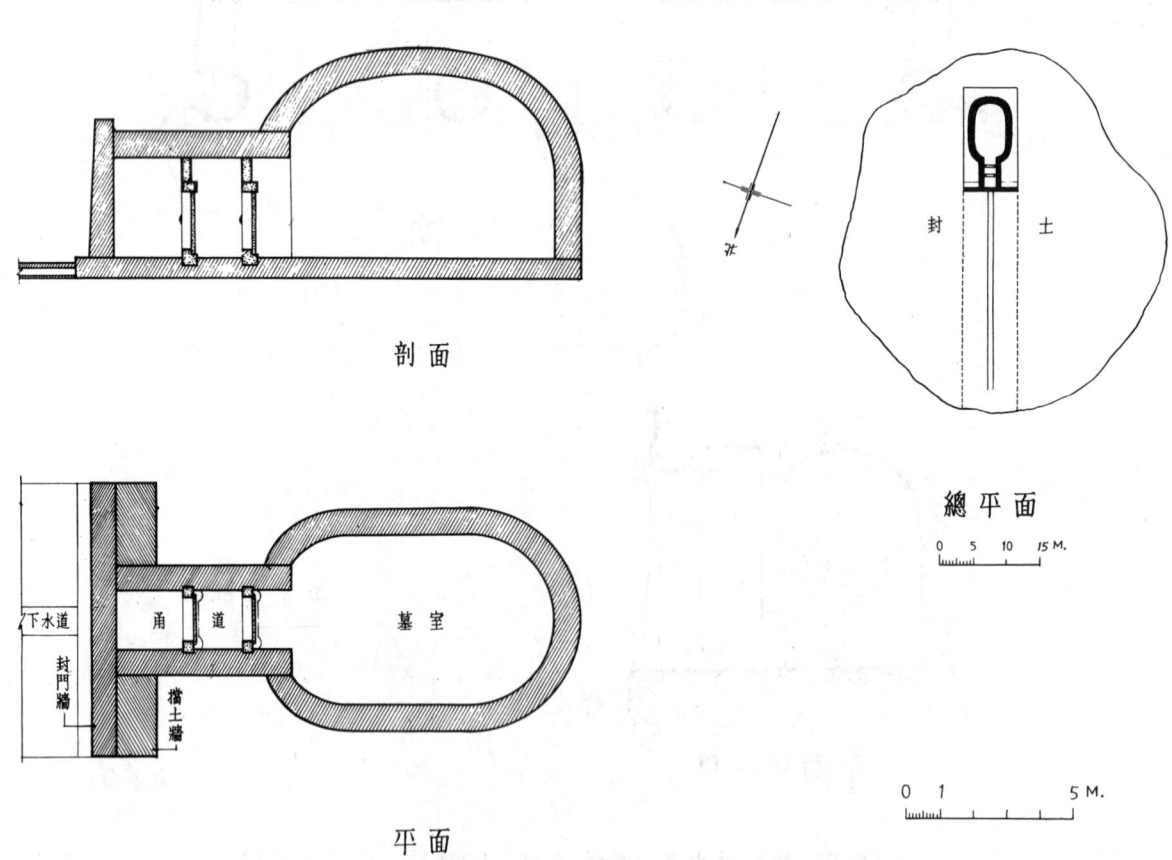

剖 面

總 平 面

0  5  10   15 M.

下水道   甬 道   墓 室

封門牆   擋土牆

平 面

0  1      5 M.

图 67-1  江苏南京市西善桥南朝大墓平、剖面图

图 67-2 江苏南京市西善桥南朝大墓室内花砖

图 68-1 江苏南京市梁萧景墓墓前石辟邪

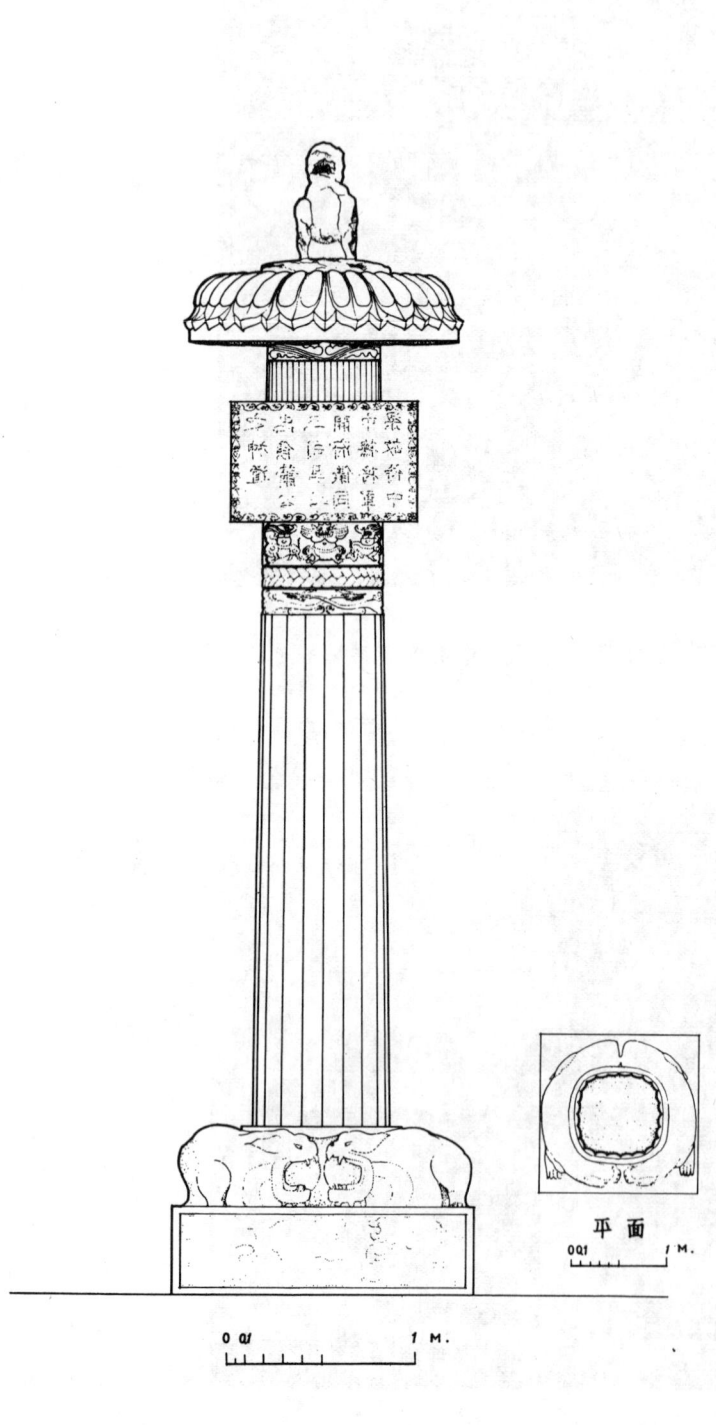

图 68-3　江苏南京市梁萧景墓
　　　　墓表外观

平　面

图 68-2　江苏南京市梁萧景墓墓表立面图

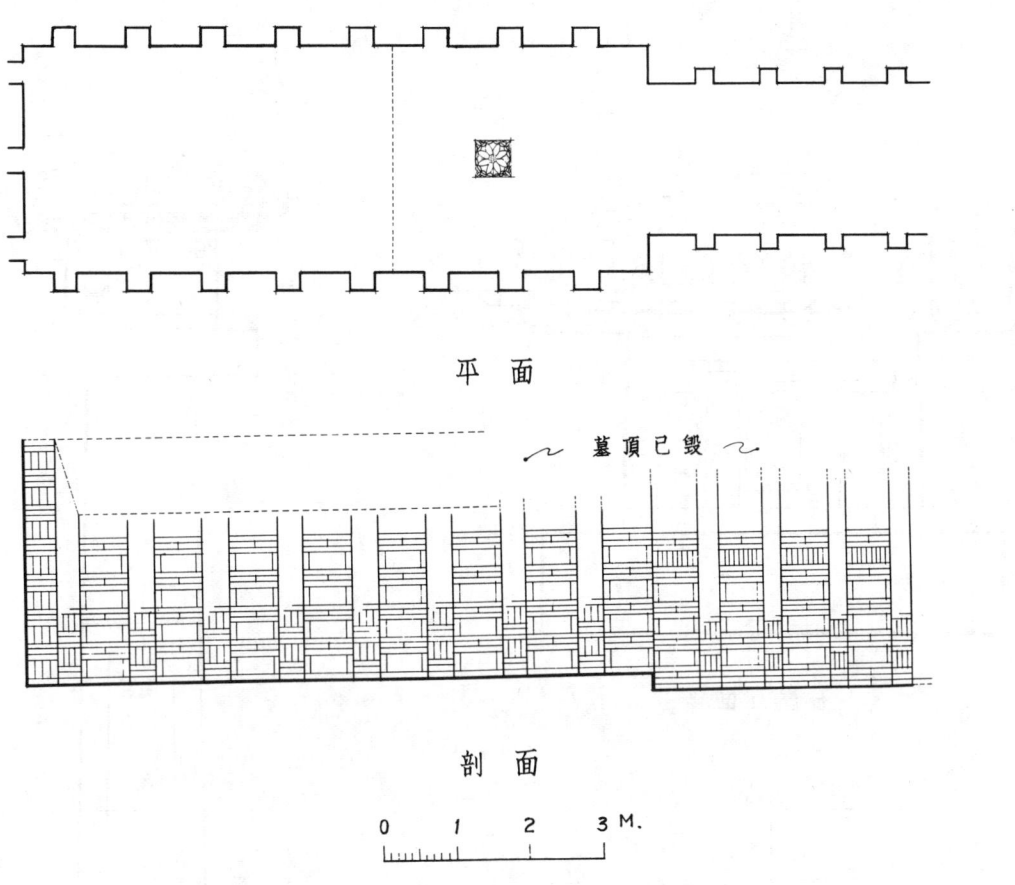

平 面

墓頂已毀

剖 面

0 1 2 3 M.

图 69-1 河南邓县画像砖墓平、剖面图

图 69-2～5 河南邓县画像砖墓内画像砖四

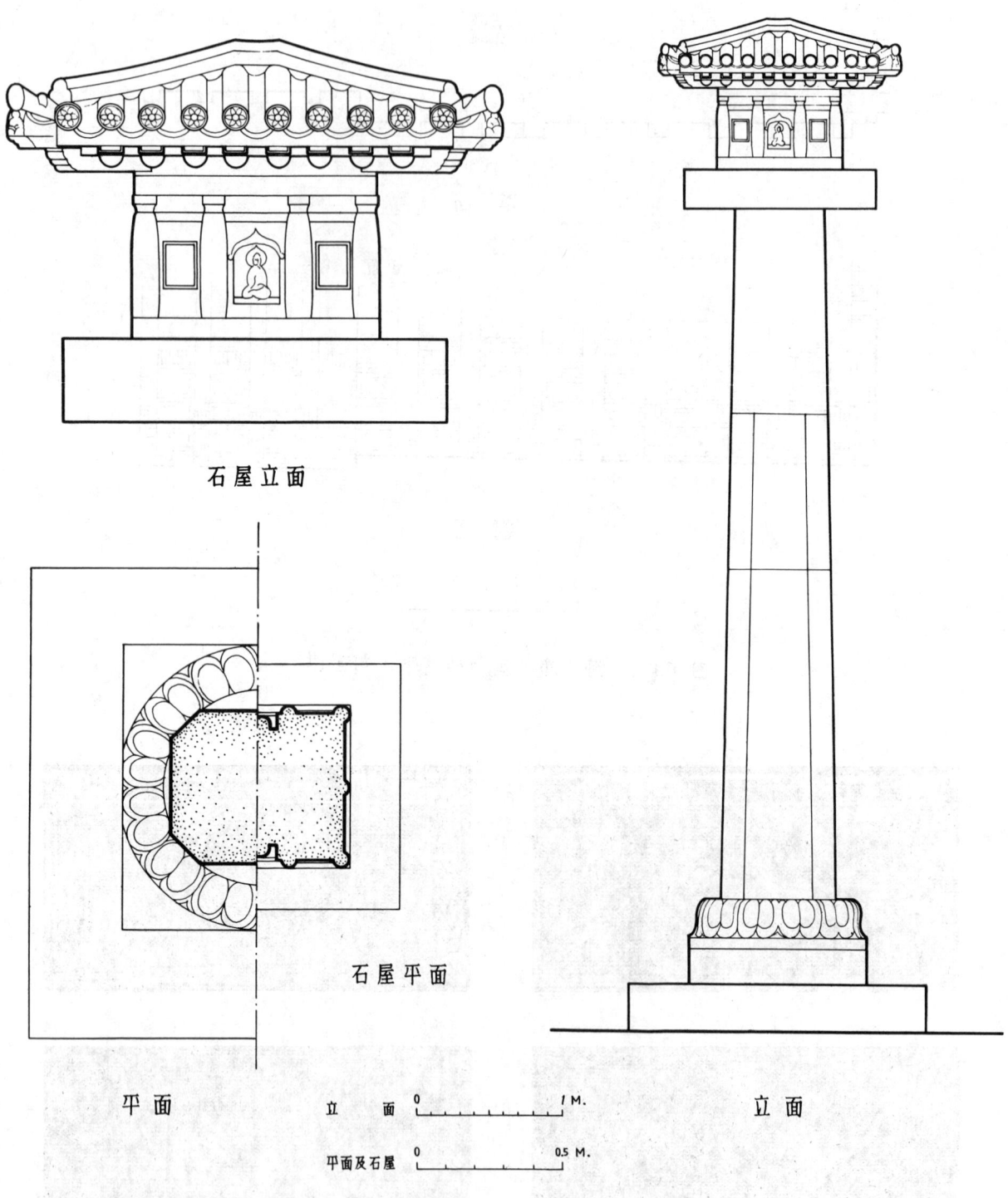

石屋立面

石屋平面

平　面　　　　　立　面 　0 ⌴⌴⌴⌴⌴⌴⌴⌴⌴⌴ 1 M.

平面及石屋　　　0 ⌴⌴⌴⌴⌴⌴⌴⌴⌴⌴ 0.5 M.

图 70　河北定兴县义慈惠石柱平、立面图

线条流畅有力，用七种颜色重点地涂饰（图69-2～5）。从这座墓里我们可以看到这时期 墓 室内部色颜处理的手法和效果[160]。

还应该介绍一件雕刻精巧的纪念性石柱。石柱在河北省定兴县，建于北齐天统五年（公元569年）（图70）。在莲瓣柱础上建立八角形的柱子，柱顶置平板，其上置一座面阔三间的小石殿。柱身上段的前面作成长方形，其上刻铭文，柱的形体耸秀。基本上保存汉以来墓表的形制，而雕刻精致的小殿是当时建筑形象的一个可贵的模型[114]。

## 第七节　建筑的材料、技术和艺术

两晋、南北朝时期建筑材料的发展主要在砖瓦的产量和质量的提高与金属材料的运用等方面。其中金属材料主要用作装饰，如塔刹上的铁练、金盘、檐角和练上的金铎、门上的金钉等[148]。

在技术方面，大量木塔（其中突出的如永宁寺木塔）的建造，显示了木结构技术所达到的水平。根据文献记载和日本飞鸟时期的木塔来推测，当时木塔都采用方形平面，而中小型木塔，可能用中心柱贯通上下，以保证其整体的牢固。这时斗栱的结构性能得到进一步发挥，已经用两跳的华栱承托出檐。

砖结构在汉朝多用于地下墓室，到北魏时期已大规模地运用到地面上了。河南登封嵩岳寺塔标志着砖结构技术的巨大进步。但另一方面，嵩岳寺塔并未运用汉朝已创造的发券和穹窿结构来解决塔内的楼层问题，而这时期的墓葬也很少使用这两种结构，可见在封建制度下， 即使有了先进的 建 筑 技

图 71　甘肃天水县麦积山石窟第127窟西魏壁画中表现的城堡

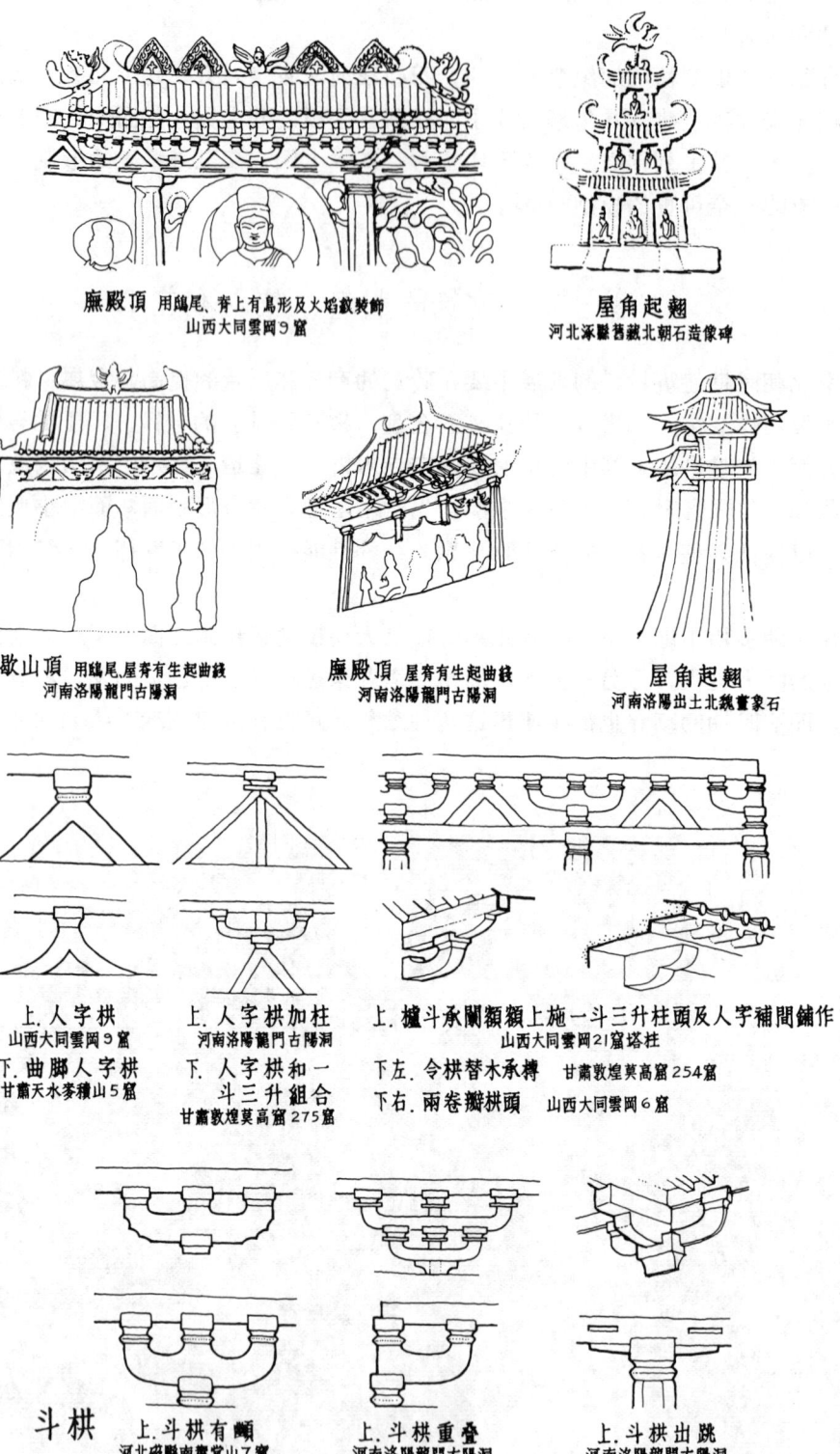

**廡殿頂** 用鴟尾、脊上有鳥形及火焰紋裝飾
山西大同雲岡9窟

**屋角起翹**
河北深縣舊藏北朝石造像碑

**屋頂** **歇山頂** 用鴟尾.屋脊有生起曲綫
河南洛陽龍門古陽洞

**廡殿頂** 屋脊有生起曲綫
河南洛陽龍門古陽洞

**屋角起翹**
河南洛陽出土北魏畫象石

上.人字栱
山西大同雲岡9窟

下.曲腳人字栱
甘肅天水麥積山5窟

上.人字栱加柱
河南洛陽龍門古陽洞

下.人字栱和一
斗三升組合
甘肅敦煌莫高窟275窟

上.櫨斗承闌額額上施一斗三升柱頭及人字補間鋪作
山西大同雲岡21窟塔柱

下左.令栱替木承槫　甘肅敦煌莫高窟254窟

下右.兩卷瓣栱頭　　山西大同雲岡6窟

**斗栱**

上.斗栱有顣
河北磁縣南響堂山7窟

下.栱端卷殺
山西大同雲岡9窟

上.斗栱重叠
河南洛陽龍門古陽洞

下.斗栱轉角
山西大同雲岡1窟

上.斗栱出跳
河南洛陽龍門古陽洞

下.櫨斗替木承闌額
山西大同雲岡9窟

图 72-1　南北朝建筑细部(一)

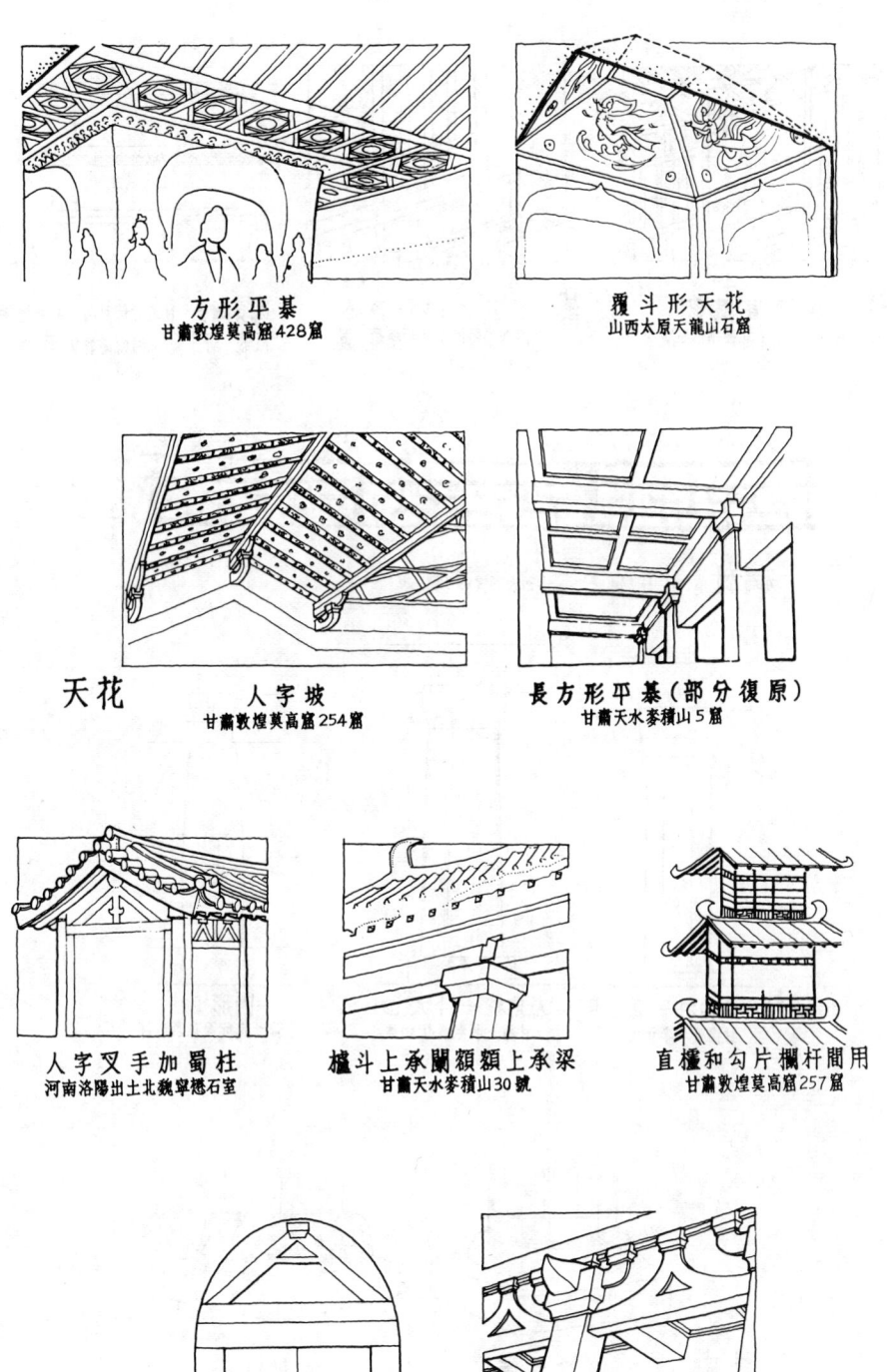

方形平棊
甘肃敦煌莫高窟428窟

覆斗形天花
山西太原天龙山石窟

天花　　人字坡
甘肃敦煌莫高窟254窟

長方形平棊（部分復原）
甘肃天水麦积山5窟

人字叉手加蜀柱
河南洛阳出土北魏寧懋石室

櫨斗上承闌額額上承梁
甘肃天水麦积山30號

直櫺和勾片欄杆間用
甘肃敦煌莫高窟257窟

梁枋　人字叉手
江蘇南京西善橋六朝墓

櫨斗上承梁尖
甘肃天水麦积山5窟

图 72-2　南北朝建筑细部(二)

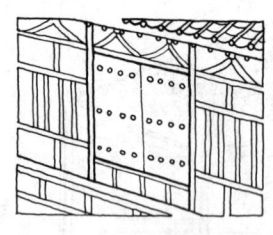 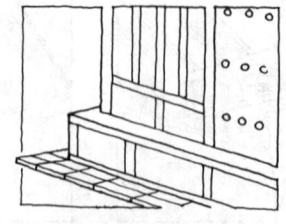 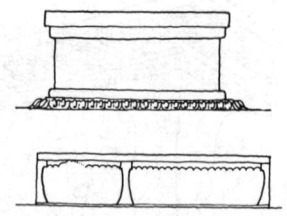

**門窗**　版門.直櫺窗
河南洛陽出土北魏寧懋石室

**台基**　台基和磚舗散水
河南洛陽出土北魏寧懋石室

上.須彌座　甘肅敦煌莫高窟428窟佛座
下.壺　門　河北磁縣南響堂山6窟佛座

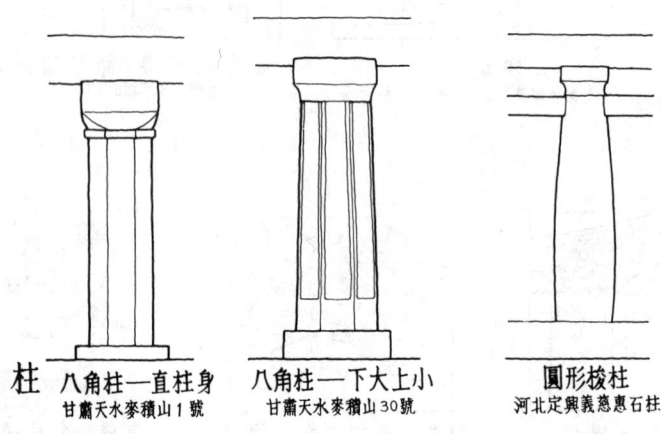

**欄杆**　勾片欄杆　山西大同雲岡9窟

**柱**　八角柱—直柱身　　　八角柱—下大上小　　　圓形梭柱
甘肅天水麥積山1號　　　甘肅天水麥積山30號　　　河北定興義慈惠石柱

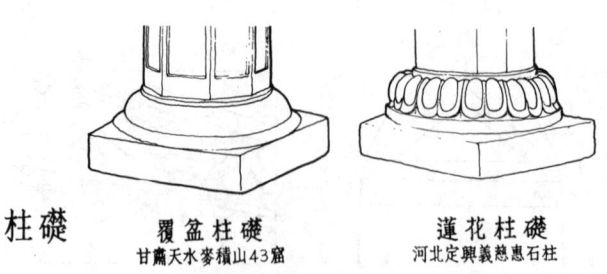

**柱礎**　覆盆柱礎　　　　蓮花柱礎
甘肅天水麥積山43窟　　河北定興義慈惠石柱

图 72-3　南北朝建筑细部(三)

术，也不容易得到发展和提高。

　　石工的技术，到南北朝时期，无论在大规模的石窟开凿上或在精雕细琢的手法上，都达到很高的水平。云冈全部主要洞窟都在约三十五年的短期间内所凿造；北齐晚期开凿天龙山大像窟时，曾日夜施工。这些历史事实反映了当时技术和施工组织的情况[143]。在麦积山、南北响堂山和天龙山的石窟外廊上，石工们不但以极其准确而细致的手法雕造了模仿木结构的建筑形式，而且体现了当时木结构的艺术风格。正是这种种丰富经验的积累，才给公元七世纪初隋朝的安济桥那样伟大的桥梁工程打下了技术基础。

　　这时期的木结构构件仅敦煌石窟保存着几个单栱[24]，完整的木构架建筑已经荡然无存，因而宫殿、寺庙和住宅的布局缺乏充分证物，但从文献、雕刻和壁画，我们还是可以领会当时高大的台榭建筑已经很少，这时的阙用于宫城正门外的，在两观左右，城墙向前略突出与阙相连，平面如冂形。宫殿的侧门外，则建独立的双阙（图71）。宫殿以外，阙的使用范围，已不及两汉时期那样广泛；相反地，在宫殿、寺庙和大型住宅的组合中，回廊却盛行一时，成为一个重要特点。至于木结构形成的风格，大致说来，建筑构件在两汉的传统上更为多样化，不但创造若干新构件，它们的形象也朝着比较柔和精丽的方向发展（图72）。如台基外侧已有砖砌的散水。柱础出现复盆和莲瓣二种新形式。八角

图 73-1　山西太原市天龙山第三窟天花及飞天雕刻示意图

柱和方柱多数具有收分；此外还出现了梭柱，使圆柱的柔和效果更多地发挥了，如定兴石柱上小殿檐柱的卷杀就是以前未曾见过的梭柱形式。栏干式样多为勾片造，但也有勾片和直棂相结合的方法。柱上的栌斗除了承载斗栱以外，还承载内部的梁。斗栱有单栱也有重栱，除用以支承出檐以外，又用以承载室内的天花下的枋。斗栱的形制、卷杀及其艺术效果，在许多石窟中表现得明确而突出。从壁画和雕刻中看到不出跳的人字形补间铺作，或单独使用，或与一斗三升相组合，或在斗下加短柱，用以填补两柱头铺作之间的空档，而人字形补间铺作的形式也由直线逐步改为曲线。同时出现了替木，置于栌斗上承托阑额，或用于令栱上承托上部的枋。

　　梁架上往往用人字叉手承载脊枋。叉手的结构有在中央加蜀柱，或加水平横木防止人字架的分离。歇山式的屋顶更多地出现了，同时屋顶的组合也增加了勾连搭及悬山式屋顶加左右庇的两种形式。更重要的是，东晋的壁画和碑刻中出现了屋角起翘的新式样[161]，并且有了举折，使体量巨大的屋顶显得轻盈活泼（图71、72）。可是根据文献，似乎北魏末期还只有宫殿和少数王族府邸才许用反宇飞檐[162]。一般屋脊用瓦迭砌。鸱尾的使用，使正脊的形象进一步强调起来。公元五世纪中叶，北魏平城宫殿虽开始用琉璃瓦，到公元六世纪中期，北齐宫殿仍只有少数黄、绿琉璃瓦。其正殿则在青瓦上涂核桃油，光彩夺目[15]，瓦当纹样以莲瓣为最多。

图　73-2 甘肃敦煌莫高窟北魏石窟藻井

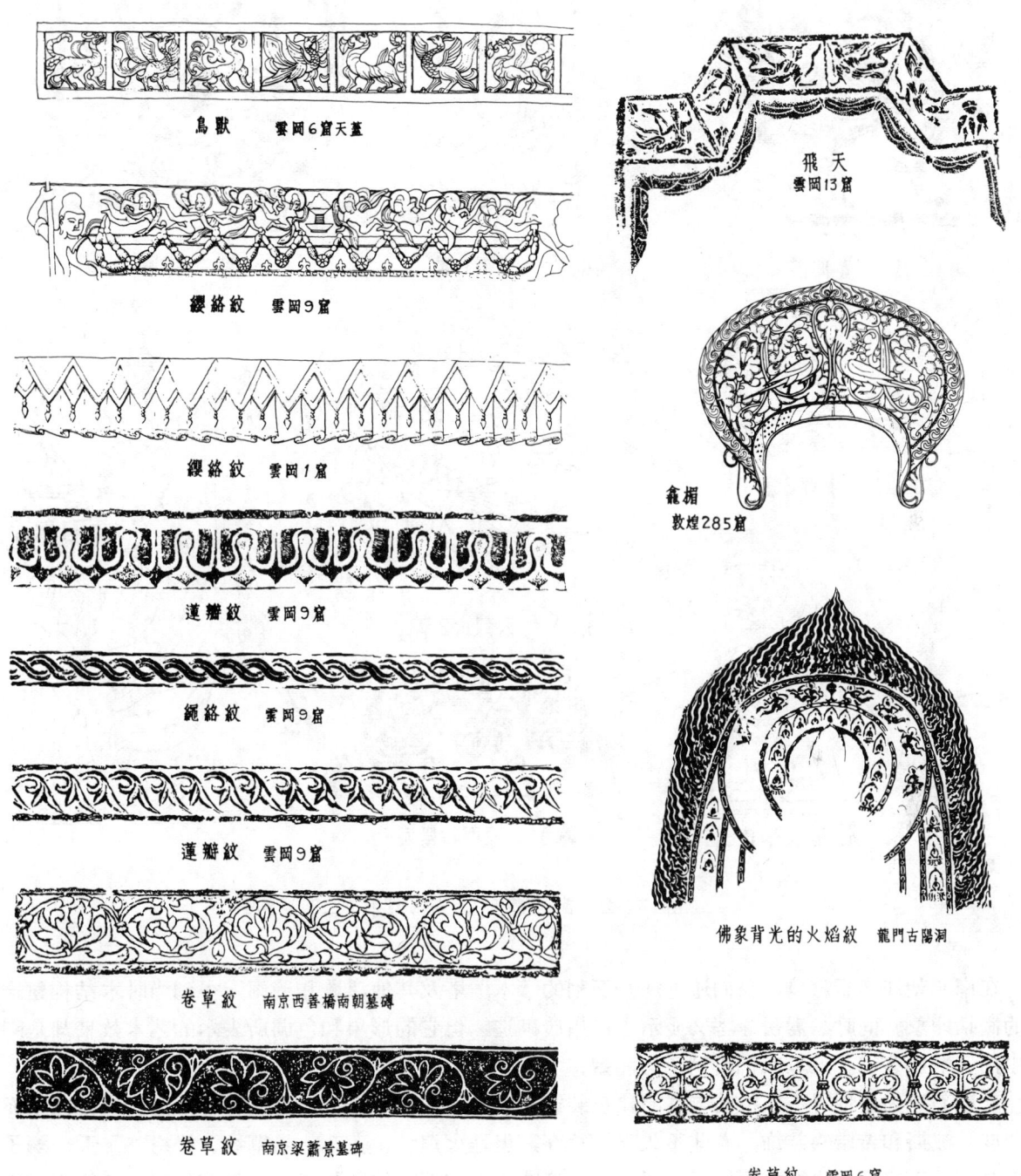

图 74-1　南北朝建筑装饰纹样(一)

　　室内多数用复斗形藻井（图73-1）。斗八藻井见于敦煌彩画中，推测当时可能有实物（图73-2）。天花除方格与长方格平棊外。还有用长方形平棊构成人字形顶棚的。根据敦煌石窟，当时建筑物的天花和藻井绘有五彩缤纷的彩画。

鳥　雲岡

飛天　雲岡6窟

蓮花紋　雲岡15窟

金翅鳥　雲岡8窟

飛天　天龍山2窟

飛天　麥積山11號造象碑

石獅　麥積山

獅子　龍門古陽洞

图 74-2　南北朝建筑装饰纹样(二)

　　在南北朝许多石窟里，我们通过那些石刻的"木"塔及其他浮雕和壁画，得到当时木结构建筑风格的概括印象。同时，嵩岳寺塔又显示了虽用砖砌造，但它的形象和色调所表示的艺术效果却是刚劲之中而又婀娜多姿。这里我们看到了与北魏、北齐的造像、绘画所表现的风格大体相同。

　　北朝石窟为后世留下了极其丰富的建筑装饰花纹。除秦汉以来传统的纹样外，随同佛教艺术而来的印度、波斯和希腊的装饰，有些不久就被放弃，但是火焰纹、莲花、卷草纹、缨络、飞天、狮子、金翅鸟等，不仅用于建筑方面，后代还应用于工艺美术方面，特别是莲花、卷草纹和火焰纹的应用范围最为广泛。

　　莲花是南北朝佛教建筑上最常见的装饰题材之一。盛开的莲花用作藻井的"圆光"，莲瓣用作柱础和柱头的装饰，柱身中段也用莲花作成"束莲柱"。须弥座的形式也是随同佛教传入，但多半用于室内的佛座。火焰纹往往用作各种券面的雕饰。

　　连续不断的枝条两侧岔出弯卷的枝叶的卷草纹，从汉朝到南北朝继续使用，但如云冈石窟雕刻所示，在构图上又加入若干外来新手法，如在卷草纹内加动物，或以二组卷草相对并列等就是波斯传入的。在这基础上发展为唐朝盛行的卷草（图74）。

从南北朝的石窟雕刻和壁画中，可以看到各种装饰的处理手法和风格不断在发展。例如同样以卷草纹为主题的边饰，云冈的浮雕比较生硬，线条感较强，可是在响堂山的门框上就处理得流畅而饱满，加强了浅浮雕的体积感（图75-1～2）。

概括地说来，现存北朝建筑和装饰的风格，最初是茁壮、粗犷，微带稚气。到北魏末年以后，呈现着雄浑而带巧丽、刚劲而带柔和的倾向。可是南朝遗物在公元六世纪已具有秀丽柔和的特征。总之，这是中国建筑风格在逐步形成的历史过程中一个生气蓬勃的发展阶段。

图 75-1　山西大同市云冈
石窟卷草纹雕刻

图 75-2　河北峰峰市响堂山
石窟卷草纹雕饰

# 第五章　隋、唐、五代时期的建筑

（公元581-960年）

## 第一节　隋、唐、五代时期社会的变动和建筑概况

隋唐时期是中国封建社会前期发展的高峰，也是中国古代建筑发展成熟的时期。这时期的建筑，在继承两汉以来的成就的基础上，吸收、融化了外来建筑的影响，形成一个完整的建筑体系。

隋文帝（杨坚）于公元581年代北周建立隋朝，589年灭陈，结束了自西晋以来长期的民族混战和割据对峙的局面，重新统一了中国。但是由于他的儿子炀帝（杨广）奢侈淫逸和穷兵黩武，隋朝很快地就被农民革命所复亡。

在建筑方面，隋文帝代周的次年，就建造规划严整的大兴城（今陕西西安市）。大业元年（公元605年）又营东都洛阳。为了沟通南北，在过去历代片段开掘的基础上，开凿大运河，南起杭州，北到涿郡（今北京市），跨过长江、黄河，约长二千五百公里。这条大运河，从隋朝开始到清朝，虽经过若干次修改，始终是中国南北交通的大动脉，对于沟通南北地区的经济、文化、推动社会繁荣，起了重大作用。隋炀帝大业间（公元605-618年）名匠李春修建的世界上最早的敞肩券大石桥——安济桥是隋朝的一个突出的建筑成就。

公元618年李渊代隋，建立了唐朝。在这个朝代的初期，实行均田制和租、庸、调法，使农民获得一定土地；兴修水利，扩大农田，促进了农业生产，手工业和商业随之日益发展；并打破魏晋以来的门阀制度，以考试取士，任用庶族地主，唐朝的国势很快地强盛起来。在手工业方面，有官办的和民间的各行各业及家庭副业；工匠由刑工、徒工、工奴等转为轮番服役与和雇等方法。商业方面，有官商、豪商、番商等，贸易远通日本、南洋、印度和中亚、波斯、欧洲等地。由于政治和经济的发展，国际文化交流与思想的活跃、文艺的繁荣等，使唐朝成为中国古代文化的灿烂时期，同时也推动了建筑的发展，达到中国古代建筑史上的一个高潮。

唐朝在隋朝的基础上，营建了首都长安和东都洛阳。这两座都城建有大批规模巨大的宫殿、官署和寺观。其他著名的手工业、商业城市有成都、幽州（今北京）、南昌、江陵、扬州、丹徒、绍兴、杭州、泉州、广州等。从唐末开始某些商业繁荣的城市，出现了夜市及草市[163]、[164]，五代洛阳已允许临街设店[165]，这些都影响宋朝城市结构的变化。

唐朝的佛教得到了很大发展，兴建大量佛教的寺、塔、石窟。留存至今的有山西五台的佛光寺和南禅寺的佛殿，西安的香积寺塔、荐福寺小雁塔、兴教寺玄奘塔和大理崇圣寺千寻塔等。石窟除了继续在敦煌、龙门等地开凿以外，并在四川、新疆开凿了大量石窟寺。唐朝的皇室与被后世推崇为道教

始祖的李耳（老子）同姓，因而统治者提倡道教。所以各地也广建道观。伊斯兰、景、祆和摩尼等宗教都在唐朝传入中国，如伊斯兰教的广州怀圣寺即创始于此时。

唐朝的陵墓在布局方面作了若干新发展。这些陵墓位于陕西渭北一带，多已毁坏，唯乾陵保留较为完整。

唐朝的住宅，由于经济发展，社会财力雄厚，统治阶级建造华美的宅第和园林，但根据不同的等级，自王公官吏以至庶人的住宅，门、厅的大小，间数、架数以及装饰、色彩等都有严格的规定，充分体现了中国封建社会严格的等级制度[166]。

由于手工业的进步，唐朝的建筑技术也较前代有显著的进展。木构架的作法已经相当正确地运用了材料性能，至迟在唐朝初期已经以"材"为木构架设计的标准，从而使构件的比例形式逐渐趋向定型化。并出现了专门掌握绳墨绘制图样和施工的都料匠。建筑材料方面除了木、土、石、竹、砖、瓦等大量应用外，琉璃的烧制比南北朝进步，使用范围也更为广泛。

唐朝建筑的这些成就，对日本产生了不少影响，日本的平城京、平安京规划，唐招提寺等建筑，就是由日本派遣的使臣、留学生以及中国高僧鉴真等仿照唐朝都城、宫殿、寺院建造的[153]。

唐朝中叶爆发了"安史之乱"，中国北方经济受到严重破坏，以后唐朝就日益衰落了。公元907年朱温灭唐，中国历史进入了五代十国时期。黄河流域的梁、唐、晋、汉、周五个朝代，和长江、珠江流域先后建立的九个政权，使中国又陷入分裂战乱的局面，前后约半个世纪。不过长江下游的南唐、吴越二国和四川地区的前蜀、后蜀等战争较少，建筑仍继续发展，后来对北宋初期建筑发生了不少影响。

## 第二节 隋、唐的都城与宫殿

### 长 安

长安是隋唐两代的首都，也是经济和文化的中心。它的规模宏大，规划整齐，是当时世界上最大的城市之一。

公元582年隋文帝因汉长安城规模狭小，水质咸卤，且宫殿、官署和闾里相间杂，分区不整齐，命宇文恺在汉长安的东南兴建新都，命名大兴城；以后唐朝又陆续进行建设，改称长安（图76）。城北有渭水，东依灞、浐二水，运输相当方便。城内地形南高北低，而南部冈原起伏，有龙首渠、黄渠、清明渠、永安渠等水，自南而北流贯城中，供城市用水。城东西长9721米，南北宽8651.7米。城墙厚约12米，每面三门，每门三道，但正南的明德门五道。根据文献记载，这些城门上当时都建有高大的城楼[167]、[168]、[169]。

长安城的规划总结了汉末邺城、北魏洛阳城和东魏邺城的经验[170]，在方整对称的原则下，沿着南北轴线，将宫城和皇城置于全城的主要地位，并以纵横相交的棋盘形道路，将其余部分划为108个里坊，分区明确，街道整齐，充分体现了封建统治者的理想和要求。

宫城位于全城最北的中部。宫城以南是皇城。在皇城左右稍南，建东西二市。其余里坊则是住宅及寺观和少数官署，但南部若干里坊的建筑密度比较小。唐朝建立后不久，又在城外东北兴建了大明宫与禁苑。后来又在城东建兴庆宫，城东南角就风景区建造芙蓉苑，并于城的东北部与东侧建夹道，使芙蓉苑与大明宫相连接[171]。

1. 皇城、宫城和宫殿

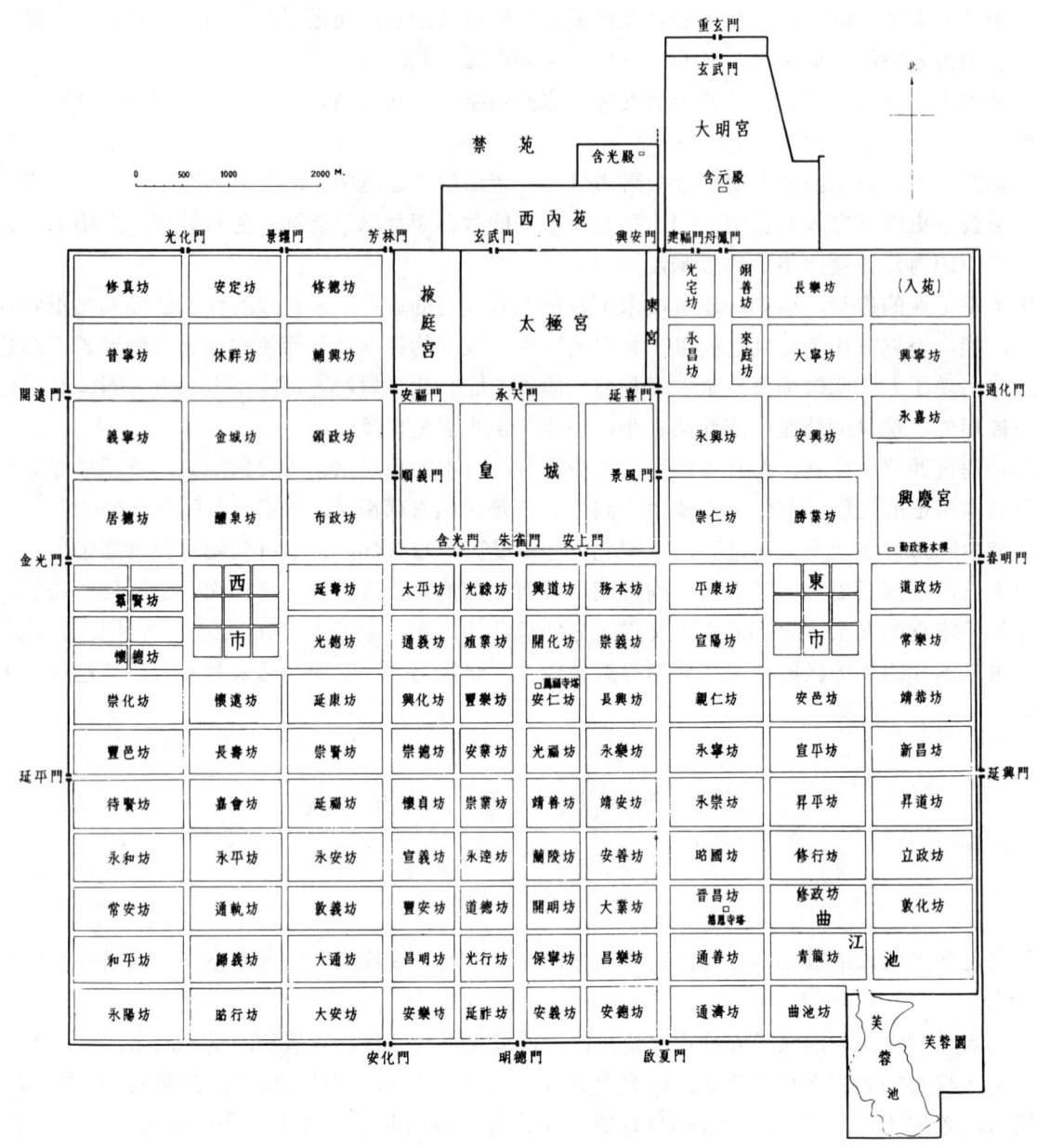

图 76 唐长安城复原图

皇城是隋唐二朝的军政机构和宗庙的所在地，东西长2820.3米，南北宽1843.6米，南北各三门，东西各二门。城里的主要建筑包括有太庙、太社和六省、九寺、一台、四监、十八卫等官署[168]。

宫城在皇城之北，东西长与皇城一样，南北宽1492.1米。南面五门，北、西各二门，东一门。它的前面隔一条宽220米的大街与皇城相接。北出玄武门就是禁苑。宫城的中间是太极宫，西部是掖庭宫，东部是太子居住的东宫[168]。

太极宫是皇帝听政和居住的宫室，位于全城中轴线的北端，其中心部分的布局，依据轴线与左右对称的规划原则，并附会了《周礼》的三朝制度，沿着轴线建门殿十数座，而以宫城正门承天门为大朝，太极、两仪二殿为日朝和常朝[168]，两侧又以大吉，百福等若干殿和门组成左右对称的布局。

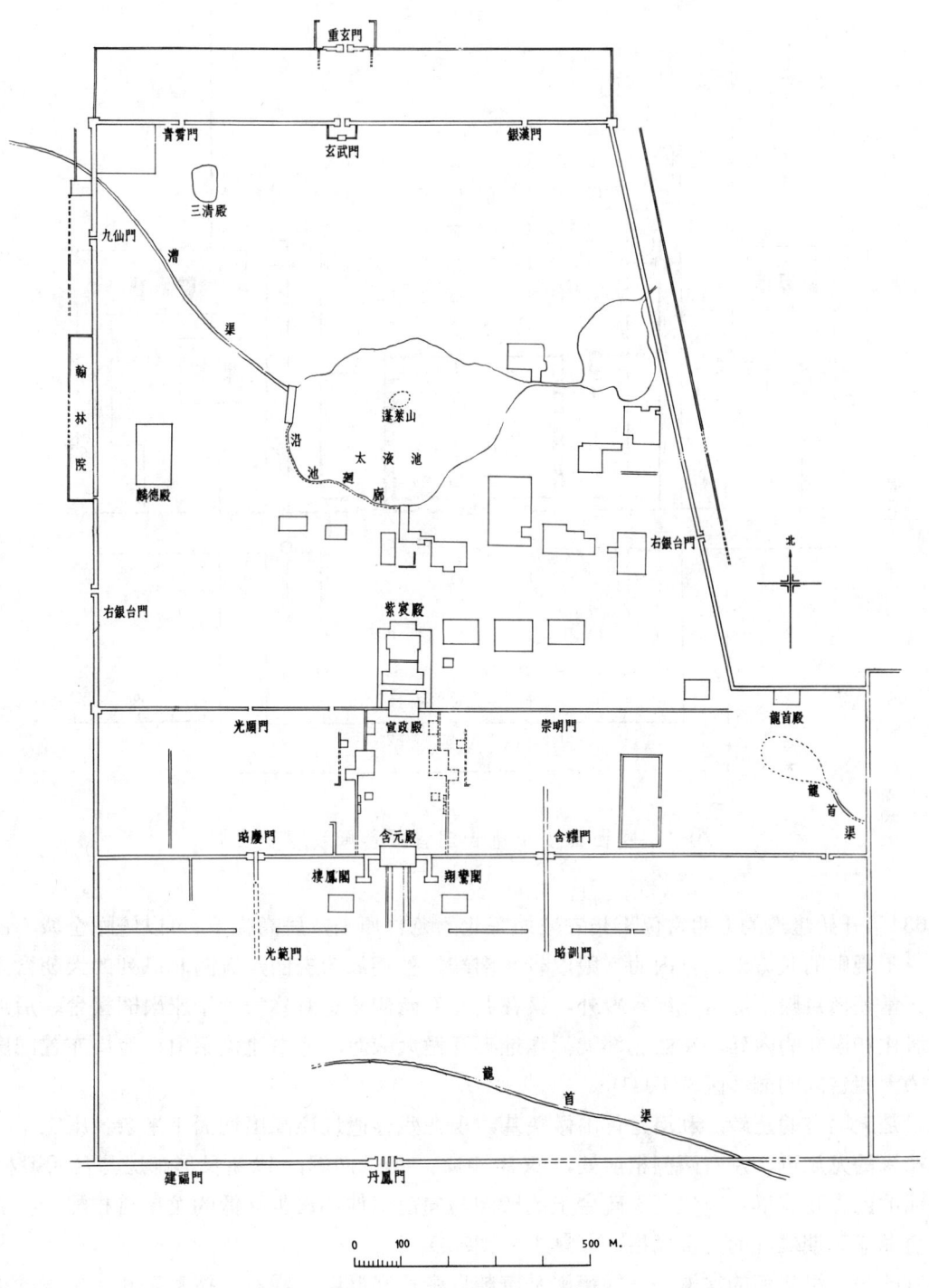

图 77　陕西西安市唐大明宫重要建筑遗址实测图

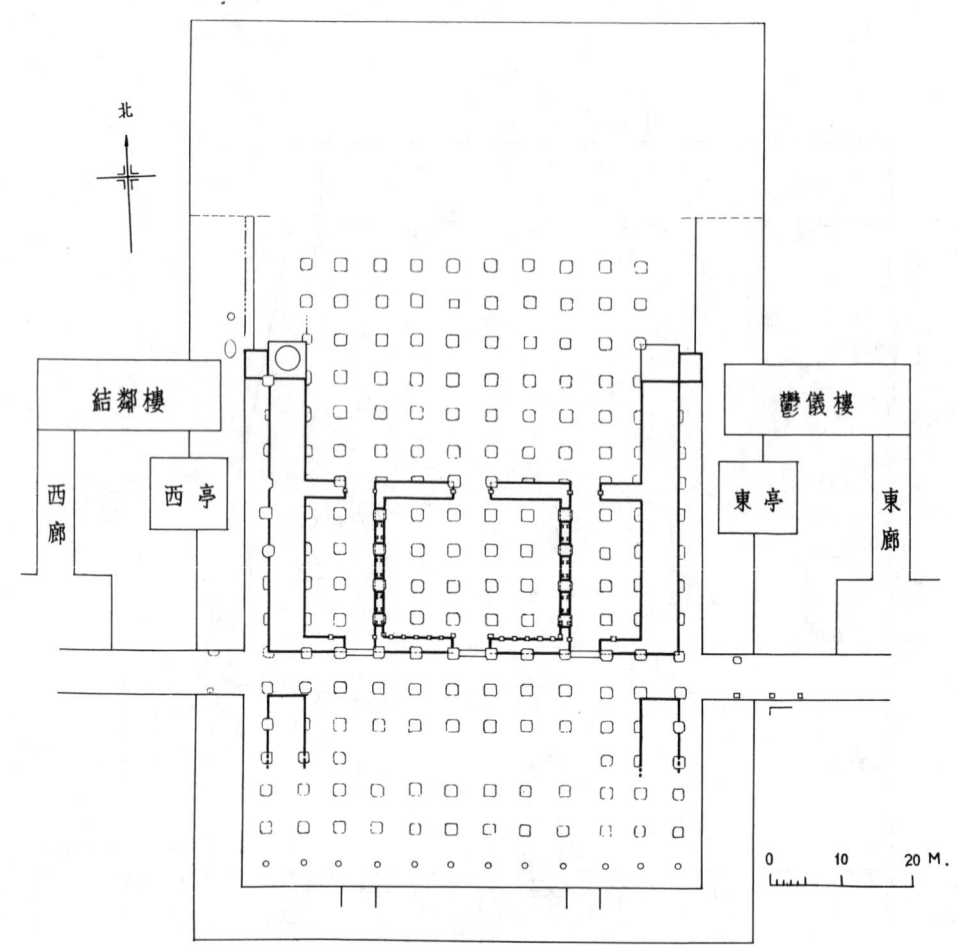

图 79-1 陕西西安市唐大明宫麟德殿发掘平面图

公元634年开始建造的大明宫位于长安城外东北的龙首原上，居高临下，可以俯瞰全城（图77）。宫城平面成不规则的长方形。宫内的宫殿以轴线南端的外朝最为宏丽，有南北纵列的大朝含元殿、日朝宣政殿、常朝紫宸殿。除这三组宫殿外，又在其左右两侧建造对称的若干座殿阁楼台。后部诸殿是皇帝后妃居住和游宴的内廷。宫的北部就低洼地形开凿太液池，池中建蓬莱山，池周布置回廊和楼阁亭台，成为大明宫内的园林区[23]、[171]。

含元殿是大明宫的正殿，利用龙首山做殿基，现在残存遗址还高出地面十米余。殿宽十一间，其前有长达75米的龙尾道，左右两侧稍前处，又建翔鸾、栖凤两阁，以曲尺形廊庑与含元殿相连。这个冂形平面的巨大建筑群，以屹立于砖台上的殿阁与向前引伸和逐步降低的龙尾道相配合，表现了中国封建社会鼎盛时期雄浑的建筑风格[19]、[172]（图78）。

大明宫的另一组华丽的宫殿——麟德殿是唐朝皇帝饮宴群臣、观看杂技舞乐和作佛事的地点（图79-1～2）。这殿位于大明宫西北部的高地上。它是由前、中、后三座殿阁所组成，面宽十一间，进深十七间，面积约等于明清故宫太和殿的三倍。这殿的后侧东西各有一楼，楼前有亭，衬托中央的大殿[23]、[173]。这种组合方法又见于敦煌唐代壁画中，在一定程度上反映了唐朝大型建筑的组合情况（图84-2）。

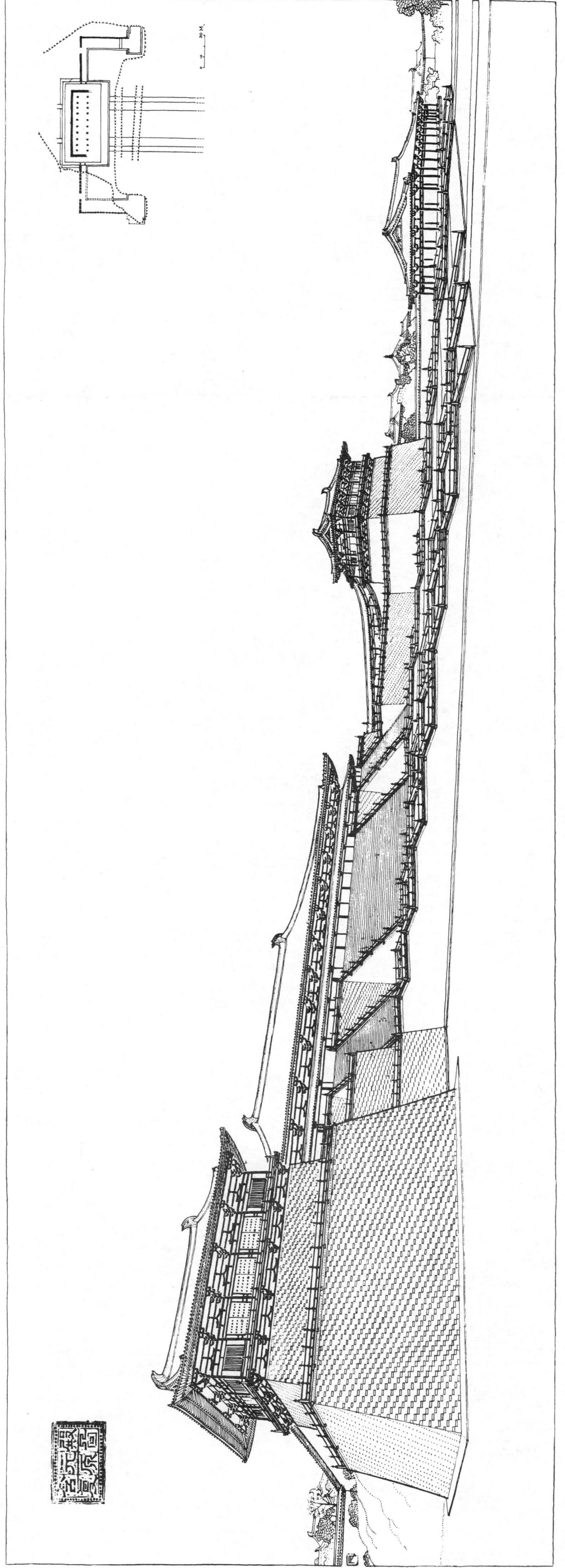

图 78 唐大明官含元殿复原图

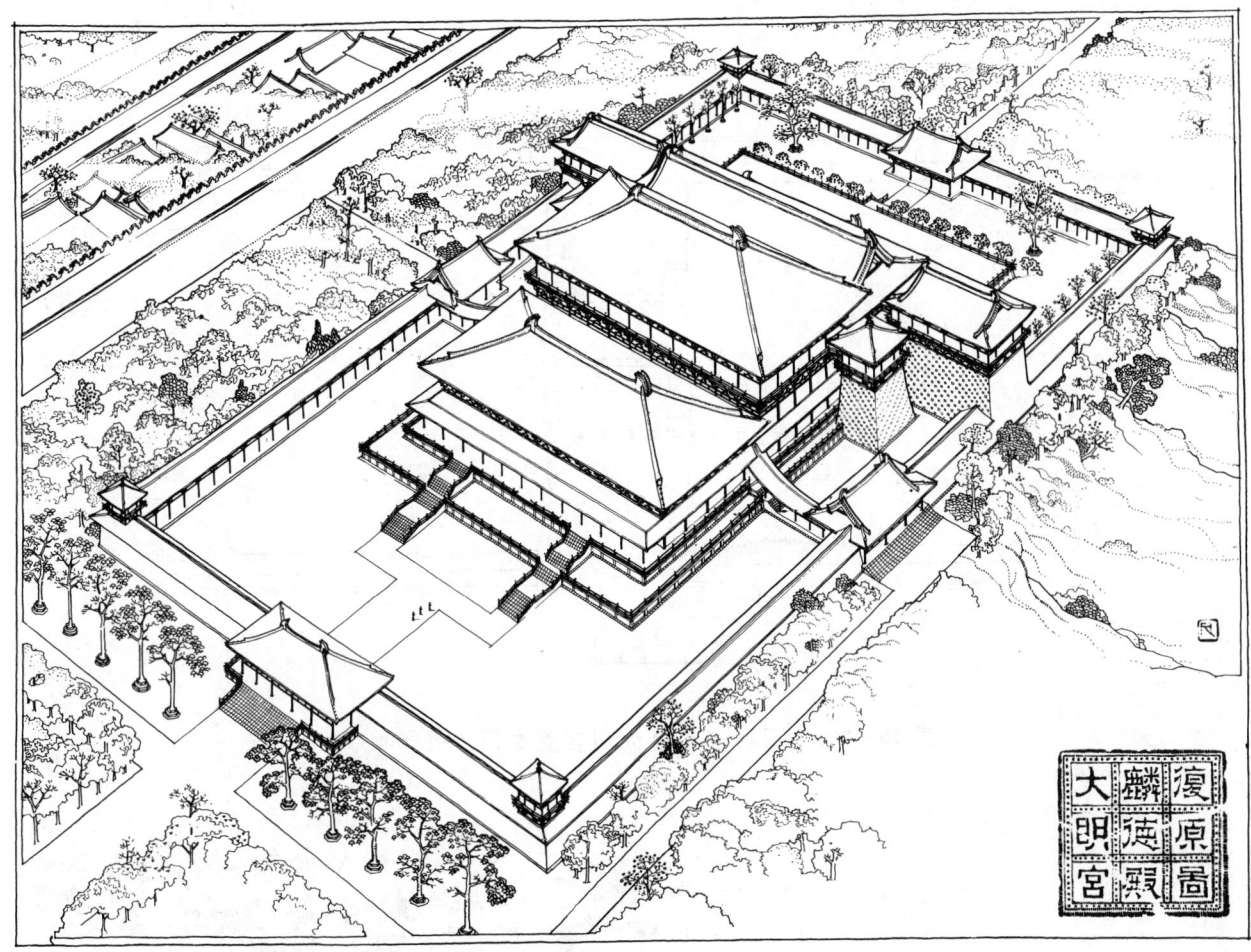

图 79-2　唐大明宫麟德殿复原图

　　为了便于处理政务，大明宫内附有若干官署。如含元殿与宣政殿之间，左右置中书、门下二省与弘文馆、史馆；麟德殿西南有翰林院等。

　　根据发掘，大明宫的宫墙用夯土筑成，底宽10.5米，只有宫门和宫墙转角等少数地区在表面砌砖。这座宫城的东、北、西三面还有夹城，也是夯土筑成，底宽3.5米。玄武门是宫城北面的正门，墩台宽33.6米，深16.4米，中间开一个5.2米宽的门道，内设三重版门。门道内侧立木柱，上承梁架，在其上建城楼。玄武门以南有面阔三间的内重门，以北是夹城通入禁苑的重玄门，规模和玄武门相同，重玄门以北可能还有重门。在短短一百多米长的一条轴线上设了三四座门，防卫严密，反映出阶级矛盾和统治阶级内部的矛盾都是非常尖锐的（图80-1～3）。

　　2.街道

　　长安城有南北并列的十四条大街和东西平行的十一条大街。用这些街道将全城划分为108个里坊。长安道路系统的特点是交通方便，整齐有序。一般通向城门的大街都很宽，如中轴线上的朱雀大街宽150米，安上门大街宽134米，通往春明门和金光门的东西大街宽120米，其他不通城门的街道，则宽42～68米不等。沿城墙内侧的街道宽20米。但这些街道只是土的路面，雨雪时交通不便，为了排水，路面都是中间较高，两侧有宽、深各两米多的水沟。可是由于城内地形起伏过大，排水仍有困难。街

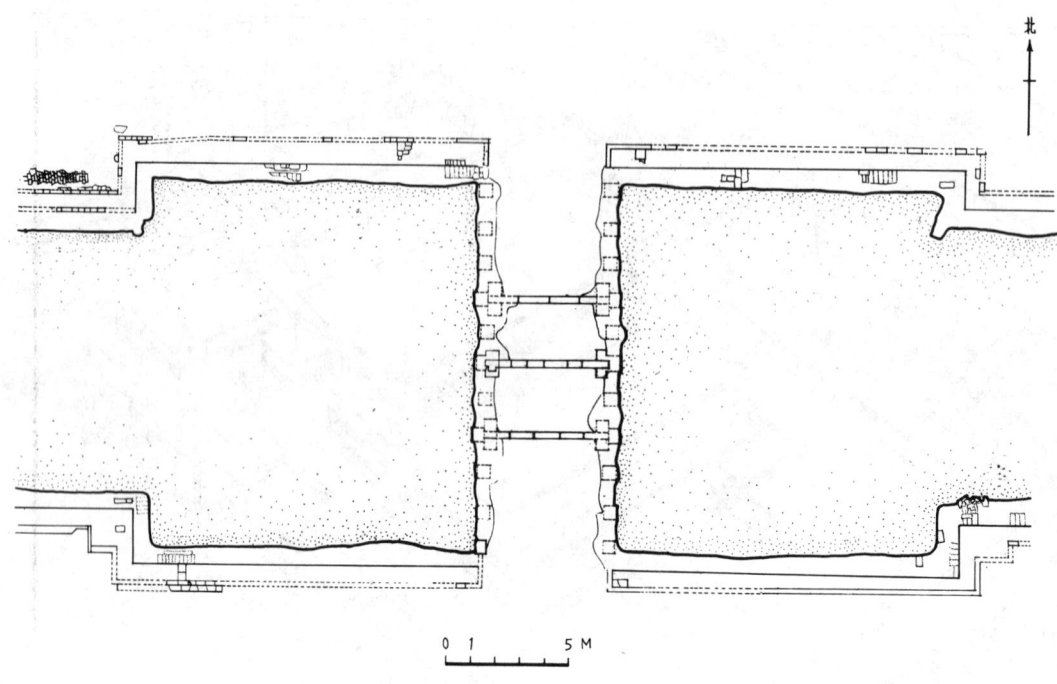

图 80-1    陕西西安市唐大明宫重玄门发掘平面图

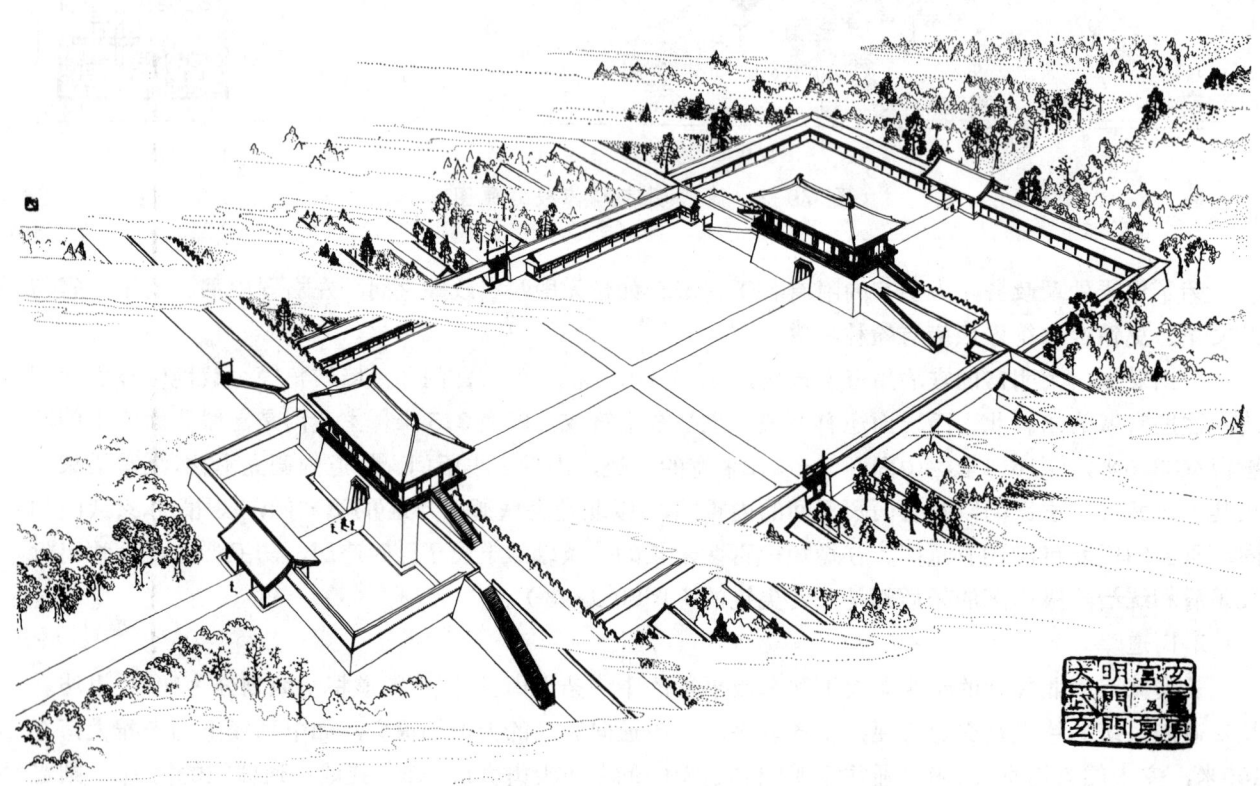

图 80-2    唐大明宫玄武门及重玄门复原图

图 80-3　唐玄武门复原图

道两旁种有成行的槐树，称为"槐衙[167]。

3. 里坊

隋唐的统治者为了控制都城居民，承袭汉朝以来的闾里建筑并施行夜禁制度。里坊的平面有些近于方形，东西520米，南北510～560米；有些稍大，平面为长方形，东西600多米及1100多米，面积都超过汉魏的里坊。里坊的周围用高大的夯土墙包围。大坊四面开门，中辟十字街。小坊只有东西二门和一条横街。这些街道的宽度大多在15～20米左右。此外，坊内还有较窄的巷曲。坊的外侧和沿街部分主要是权贵、官吏的府第和寺院，直接向坊外开门，不受夜禁制度的限制[174]。一般居民住宅则建在这些宅第、寺院之间或其后面，与坊内巷曲相通。长安虽设置东西二市，但各里坊内仍有若干商店[167]、[171]、[175]。

4. 市场

将手工业、商业店肆等集中在固定市场内，是中国古代都城规划的特点之一。它的优点是便于管理与平准物价。隋唐长安城的建设，继承并发展了这一特点，在长安城内建造东西二市。市的面积约为1.1平方公里，周围用墙垣围绕，四向开门。市的中央是市署和平准局。西市内有井字形干道，道宽16米，两侧各有水沟，再外为一米多宽的人行道。店铺之间还有很多窄狭的小巷。据记载，西市有不少外国商店，是当时国外贸易聚集的地点。东市内也有一百二十行的各种商店。

总之，隋唐长安城虽有不少优点，但地形选择不够恰当，工程技术又不能适应大城市的各种具体要求，都是重大的缺点。

### 洛　阳

隋唐二朝继汉以来东西二京的制度，以洛阳为东都。洛阳的地位比长安更适中，在政治和经济上便于控制东南地区，尤以运河开通后，江南物资北运，洛阳供应便利，逐步繁荣起来。公元九世纪末，唐朝的首都终于自长安迁到洛阳。

隋唐洛阳城规划是由公元七世纪初隋宇文恺、封德彝和牛弘等所主持（图81）。这城位于汉魏洛阳城之西约十公里，北依邙山，南对龙门。城南北最长处7312米，东西最宽处7290米，平面近于方形。洛水由西往东穿城而过，把洛阳分为南北二区。城的南、东两面各有三座门，北二门，西面则有宫城与皇城的各二门。城中洛水上建有四道桥梁，连接南区和北区。洛水以外，还引导伊水和瀍水入城，并开凿几道漕渠，所以洛阳的水路运输比长安方便。但是另一方面，为了适应地形，洛阳不象长安那样强调南北轴线和完全对称的布局方式。当时为了完成这个巨大工程，每月役使工丁二百万人，而督役严急，死者竟达十之四五。

洛阳和长安城不同的是将皇城和宫城置于北区的西部，但整个规划力求方正、整齐，仍和长安相似。皇城南临洛水，中有三条纵贯南北的干道，建有省、府、寺、卫、社、庙等建筑。宫城在皇城之北，位于同一轴线上。宫城内建有含元、贞观、徽猷等几十座殿、阁、堂、院。宫城和皇城的东侧还建造若干官署。后来唐朝又在宫城外西南一带建筑上阳宫和西苑[176]、[177]、[178]。

应天门是宫城的正门，根据发掘，在门左右突出巨大的双阙。阙身宽30米，突出在门前45米左

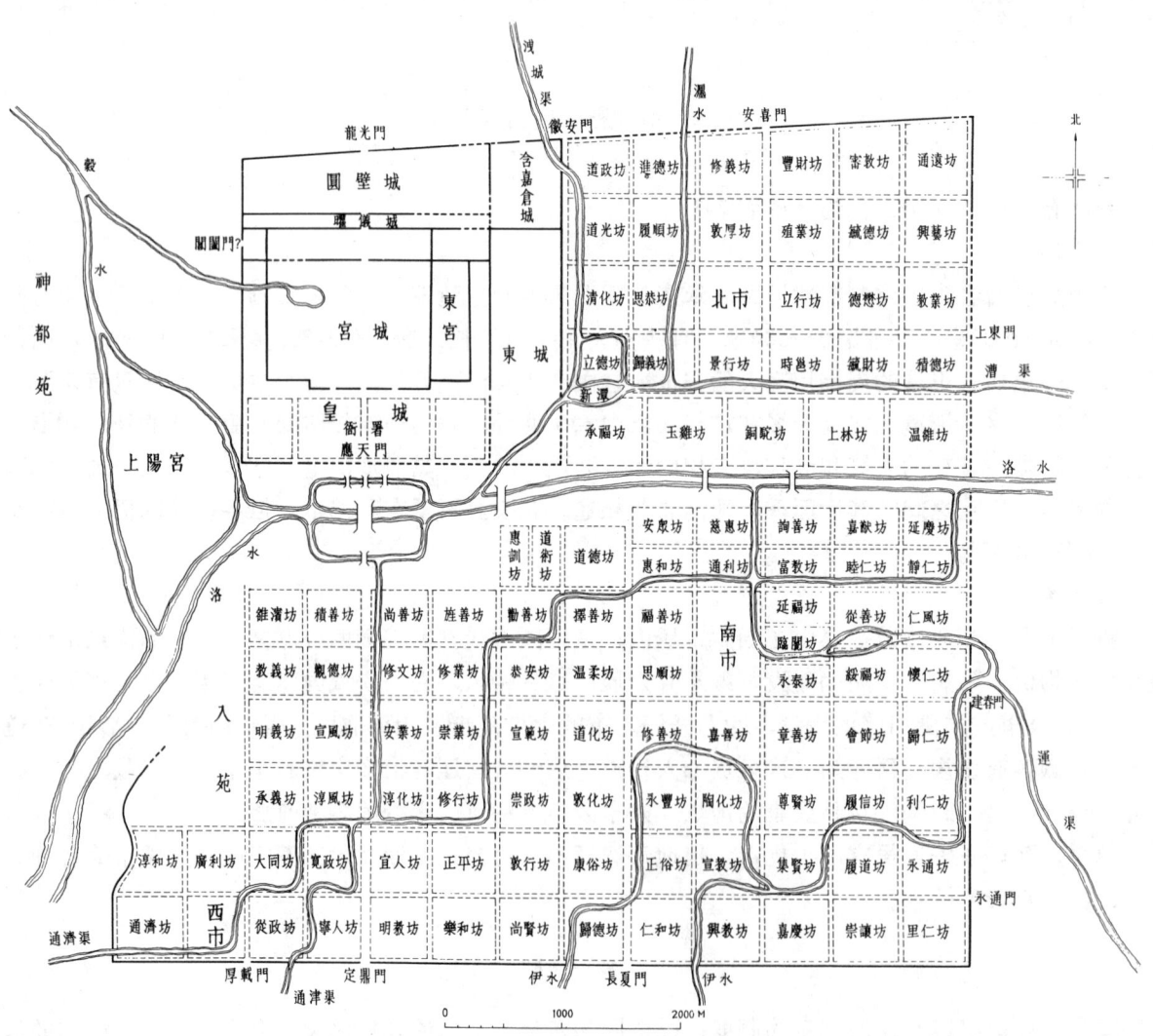

图 81　隋唐洛阳城平面想象图

右，两阙东西相距83米，阙与城门之间有厚16.5米、南北向的城墙相接，相接之处加宽到21米，整个平面呈门形。这种形制和文献上记载的"……门有二重观，……左右连阙……"的情况是一致的，其形象可能和麦积山127窟西魏壁画中的城门相去不远。后来北宋东京的端门，明清北京的午门就是由这种形式演变而来的[176]。

洛阳共有103个里坊，分布在北区的东部和整个南区。其中南区的里坊与街道最整齐。里坊平面作方形或长方形，面积比长安的里坊略小。坊内辟十字形街道。坊外的街道，一般只宽41米，也比长安的街道为窄。由于里坊小街道窄，临街开门的住宅随之增多，这样就使城内各部分的关系显得比较紧凑[178]。

洛阳的市场因洛水运输频繁，故南北二市偏于南区和北区的东部，还有位于南区西南角上的西市。由于交通和物资供应都很方便，中唐以后到北宋，很多贵族官僚在南区营建住宅园林，因而洛阳既是陪都，同时又是以园林著名的城市[179]、[180]。

# 第三节 住 宅

隋、唐、五代的住宅没有实物遗留下来。当时文献所述的贵族宅第，只能从敦煌壁画和其他绘画中得到一些旁证。贵族宅第的大门有些采用乌头门形式[181]。宅内有在两座主要房屋之间用具有直棂窗的回廊连接为四合院，但也有房屋位置不完全对称的，可是用回廊组成庭院则仍然一致（图82-1）。至于乡村住宅见于《展子虔游春图》中，不用回廊而以房屋围绕，构成平面狭长的四合院（图82-2）；此外，还有木篱茅屋的简单三合院（图82-3），布局比较紧凑，与上述廊院式住宅形成鲜明的对比。值得注意的是这些图画所描写的住宅多数具有明显的中轴线和左右对称的平面布局，无疑地，这是当时住宅建筑中比较普遍的布局方法。

这时期贵族官僚，不仅继承南北朝传统，在住宅后部或宅旁掘池造山，建造山池院或较大的园林，还在风景优美的郊外营建别墅。这些私家园林的布局，虽以山池为主，可是唐朝士大夫阶级中的文人、画家，往往将其思想情调寄托于"诗情画意"中，同时也影响到造园手法。以官僚而兼诗人的白居易暮年因洛阳杨氏旧宅营建宅园，宅广十七亩，房屋约占面积三分之一，水占面积五分之一，竹占面积九分之一，而园中以岛、树、桥、道相间；池中有三岛，中岛建亭，以桥相通；环池开路，置西溪、小滩、石泉及东楼、池西楼、书楼、台、琴亭、涧亭等，并引水至小院卧室阶下；又于西墙上构小楼，墙外街渠内叠石植荷，整个园的布局以水竹为主，并使用划分景区和借景的方法[182]。至于上层阶级欣赏奇石的风气，从南北朝到唐朝，逐渐普遍起来，尤以出产太湖石的苏州为甚，园林中往往用怪石夹廊[183]或叠石为山，形成咫尺山岩的意境[184]。五代卫贤所绘《高士图》中的山间住宅，在一定程度上反映了当时房屋、山石、花木相结合的情况（图82-4）。

在家具方面，从隋、唐到五代，席地而坐与使用床（榻）的习惯依然广泛存在。床（榻）下部，有些还用壶门作装饰，有些则改为简单的托脚。嵌钿及各种装饰工艺已进一步运用到家具上。但另一方面，垂足而坐的习惯，在隋唐时期从上层阶级起逐步普及全国[185]。据敦煌壁画和五代《韩熙载夜宴图》所示，已有长桌、方桌、长凳、腰圆橙、扶手椅、靠背椅、圆椅和冂形平面的床。在大型宴会的场合，出现了多人列坐的长桌及长凳。可见后代的家具类型，在唐末五代之间已经基本具备。家具的式样简明、朴素大方，桌椅的构件有些做成圆形断面，既切合实用，线条也柔和流利。五代王齐翰《勘书图》中的三折大屏风附有木座，置于室内后部中央，成为人们起居活动和家具布置的背景，使室内空间处理和各种装饰开始发生变化，与席地而坐的建筑已迥然不同了（图83）。

图 82-1　甘肃敦煌县莫高窟唐代壁画中的住宅

图 82-2　隋《展子虔游春图》中住宅之一

图 82-3　隋《展子虔游春图》中住宅之二

图 82-4　五代卫贤绘《高士图》中的住宅

# 第四节　寺、塔、石窟

　　佛教建筑是隋、唐、五代建筑活动中一个重要方面。国家和民间都以大量财力、物力、人力投入寺、塔、石窟的营造中，因而佛教建筑的数量很多，分布面也很广。其中若干佛寺拥有大量庄园和水碾，并在城市里进行商业活动；而贵族官僚为了逃避国税，往往把庄园寄托于寺内。在这种雄厚的经济基础上，寺院建筑和附属艺术得以继续不断地发展和提高。

　　隋唐佛寺继承了两晋、南北朝以来的传统，平面布局同样以殿堂门廊等组成以庭院为单元的组群形式。据《关中创立戒坛图经》所载，大寺可多至十数院，且以二、三层楼阁为全寺的中心。这种以楼阁为中心的布局方法，又见于敦煌壁画中。可是这样的大建筑组群都已不存在，现在只能从文献记载和雕刻、绘画中了解当时殿阁回廊等组合的大体情况。当然，画中所见都是概括、简化了的，但也可能是典型的（图84-1～4）。

　　唐代佛寺在建筑和雕刻、塑像、绘画相结合的方面作了很大发展。本来在南北朝时代已经开始在殿堂和回廊的壁面上绘制各种以经变为题材的壁画，到公元七世纪，随着净土宗的发展和佛教进一步世俗化，各种壁画更为盛行。壁塑则在北魏的基础上作了进一步发展。公元八世纪前期有名的画家吴道子和壁塑家杨惠之以及其他雕塑家对佛教艺术作了不少贡献[186]、[187]。留存到今天的唐朝佛教殿堂中较为完整的只有两处，即山西五台山的南禅寺正殿和佛光寺正殿。

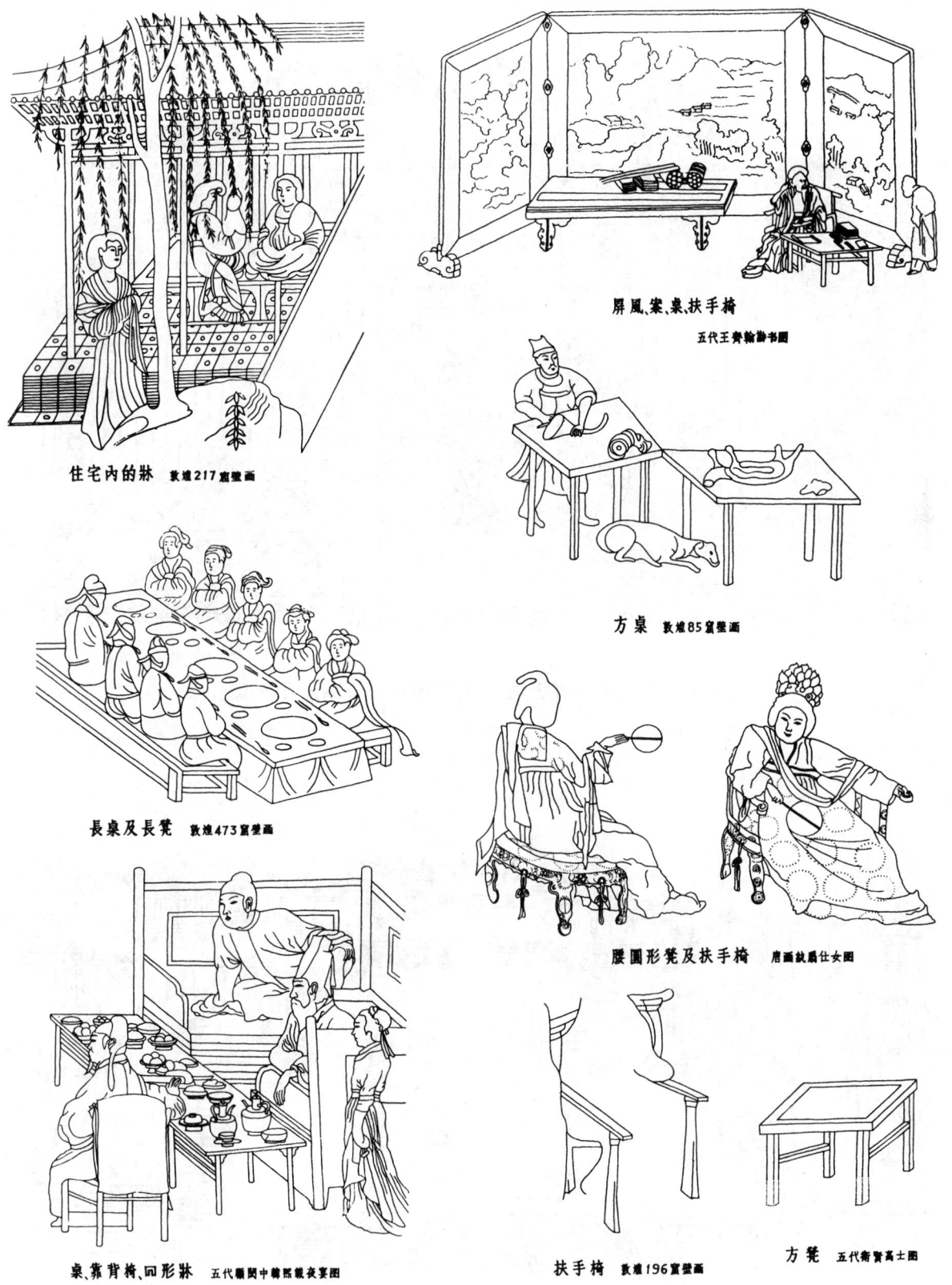

住宅内的牀　敦煌217窟壁画

屏风、案、桌、扶手椅
五代王齐翰勘书图

方桌　敦煌85窟壁画

长桌及长凳　敦煌473窟壁画

腰圆形凳及扶手椅　唐画纨扇仕女图

桌、靠背椅、回形牀　五代顾闳中韩熙载夜宴图

扶手椅　敦煌196窟壁画

方凳　五代卫贤高士图

**图 83　隋唐五代家具**

图 84-1　陕西西安市慈恩寺大雁塔门楣石刻所示唐代佛殿

图 84-2　甘肃敦煌县莫高窟第148窟壁画所示唐代佛寺

图 84-3 甘肃敦煌县莫高窟第172窟壁画所示唐代佛寺

图 84-4 甘肃敦煌县莫高窟第217窟壁画所示唐代佛寺

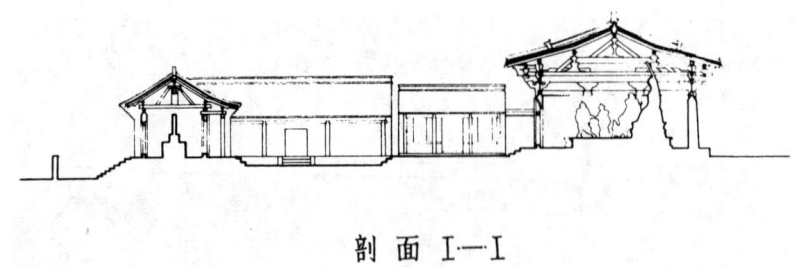

剖　面 I—I

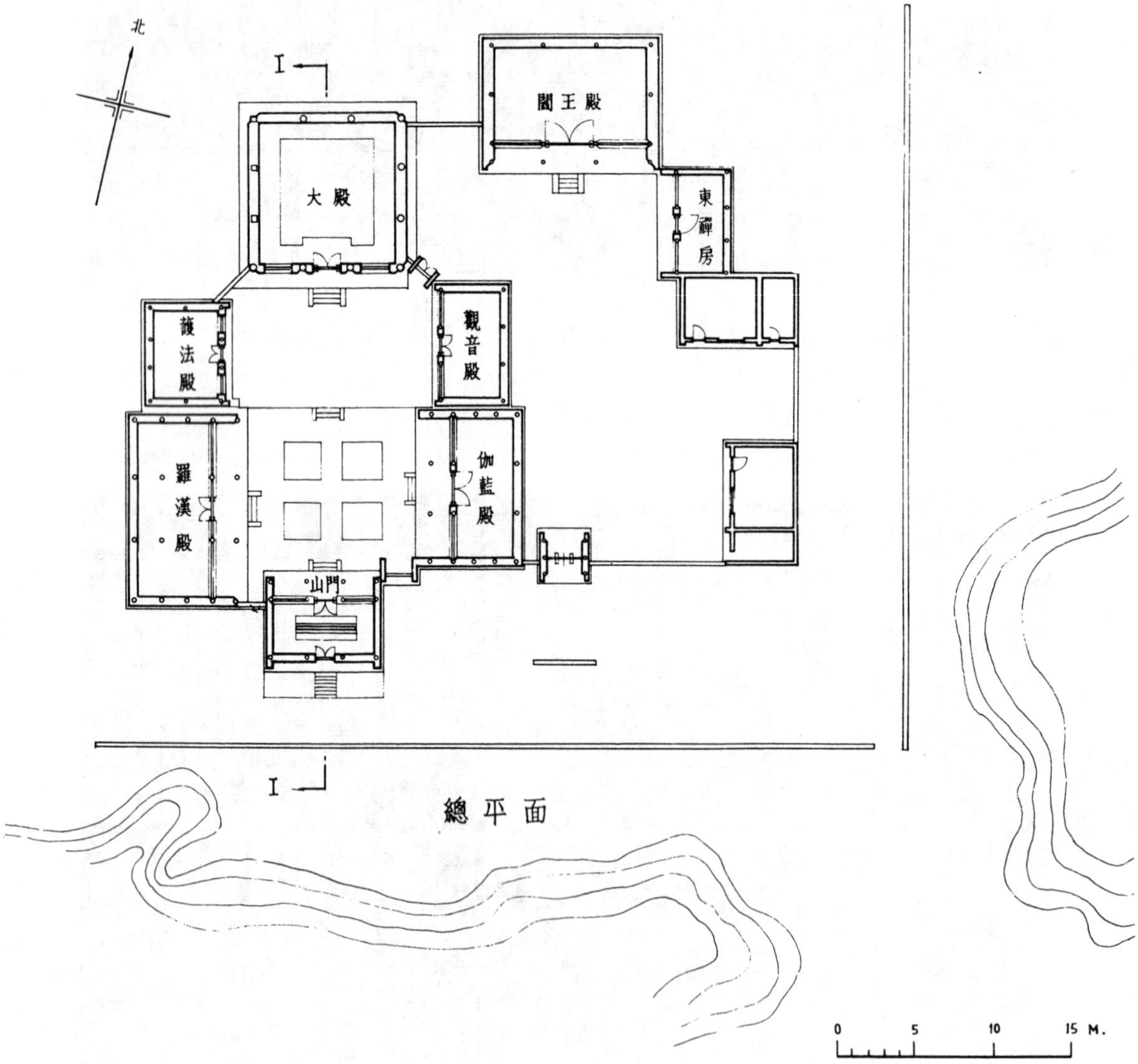

總　平　面

图 85-1　山西五台县南禅寺总平面、剖面图

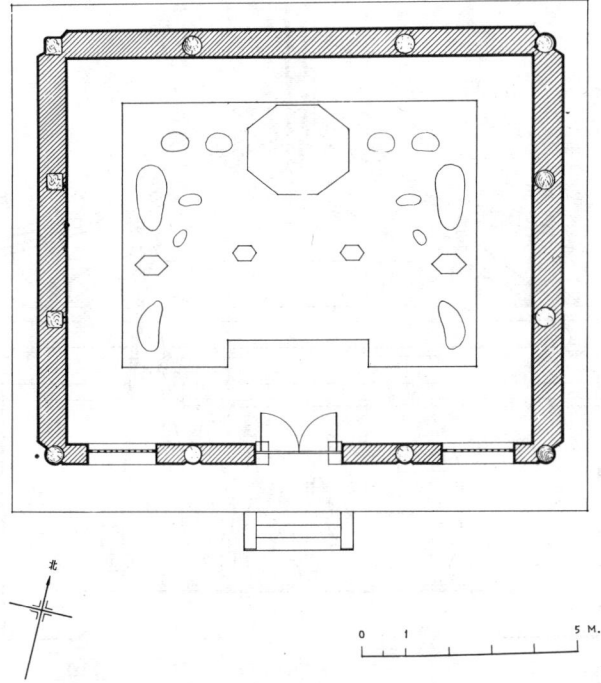

图 85-2　山西五台县南禅寺大殿平面图

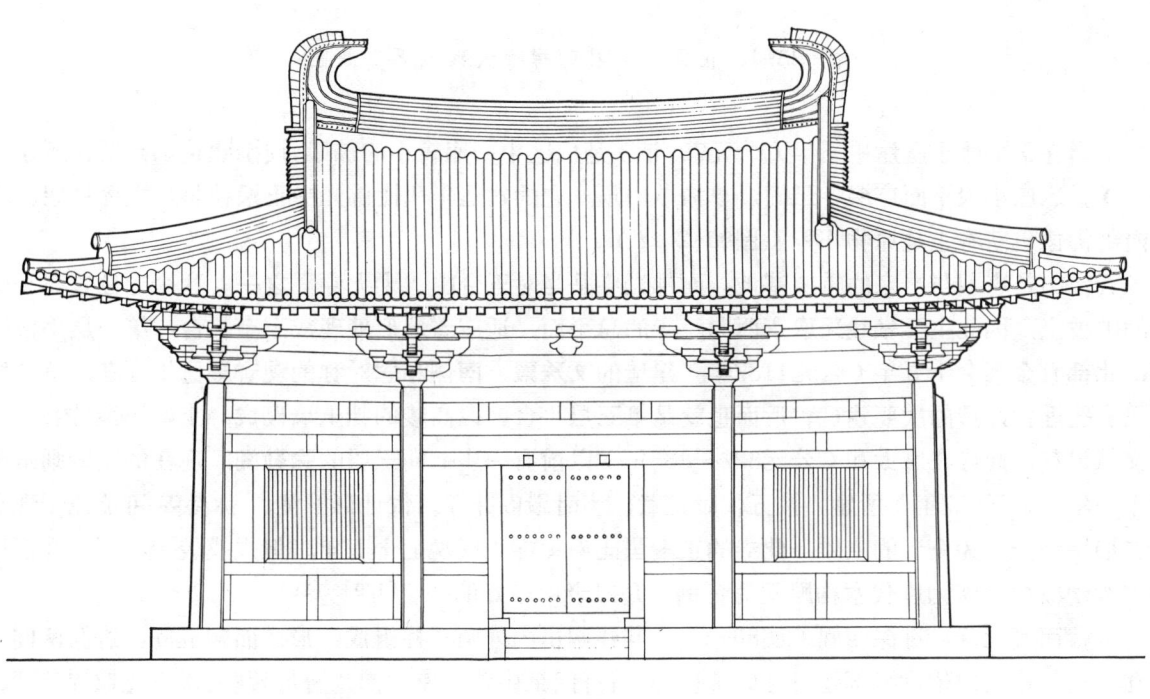

图 85-3　山西五台县南禅寺大殿立面复原图

0　1　2　3 M.

图 85-4　山西五台县南禅寺大殿剖面复原图

南禅寺正殿建于唐建中三年（公元782年）是山区中一座较小的佛殿，周围建筑都是后代所建（图85-1）。这座小殿平面广深各三间，单檐歇山顶。它的建造年代比佛光寺正殿稍早，主要构架、斗栱和内部佛像也基本上是原物[188]（图85-2～4）。

五台山是唐朝华严宗的重要基地，而佛光寺是当时五台山"十大寺"之一。这个寺位置在一个向西的山坡上，因此主要轴线采取东西向。寺的总平面，适应着地形处理成三个平台，第一层平台较宽阔，北部有金天会十五年（公元1137年）建造的文殊殿，南侧和它对称的观音殿已不存在。第二层台上只有些近代建造的次要建筑。后面也就是第三层平台，以高峻的挡土墙砌成，上建正殿（图86-1）。据文献记载，此寺在唐太和（公元827～835年）以前有一座七间三层的弥勒阁。现在的正殿则是唐大中十一年（公元857年）所建。按五代时记载，当时殿阁并存。依地形推测，弥勒阁可能建于现在的第二层平台上，为全寺的主体，此寺的正殿虽比南禅寺正殿晚七十五年，但规模较大，而且在后世修葺中改动极少。作为唐代木构殿堂的范例，是二者中较好的一个[189]、[190]。

正殿面阔七间，进深四间（图86-2）。其柱网由内外两周柱组成，形成面阔五间，进深两间的内槽和一周外槽。内槽后半部建一巨大佛坛，对着开间正中置三座主佛及胁侍菩萨，坛上还散置菩萨、力神等二十余尊，都是唐代的作品（图86-4）；但沿山墙和后壁列置的罗汉像是后代增添。殿前面中央五间设板门，二尽端开窗；其余三面围以厚墙，仅山墙后部开小窗。

佛光寺大殿在创造佛殿建筑艺术方面，表现了结构和艺术的统一，也表现在简单的平面里创造丰富的空间艺术的高度水平。这是中国古代建筑的优秀传统之一。这殿为了适应内外槽平面布局，在结

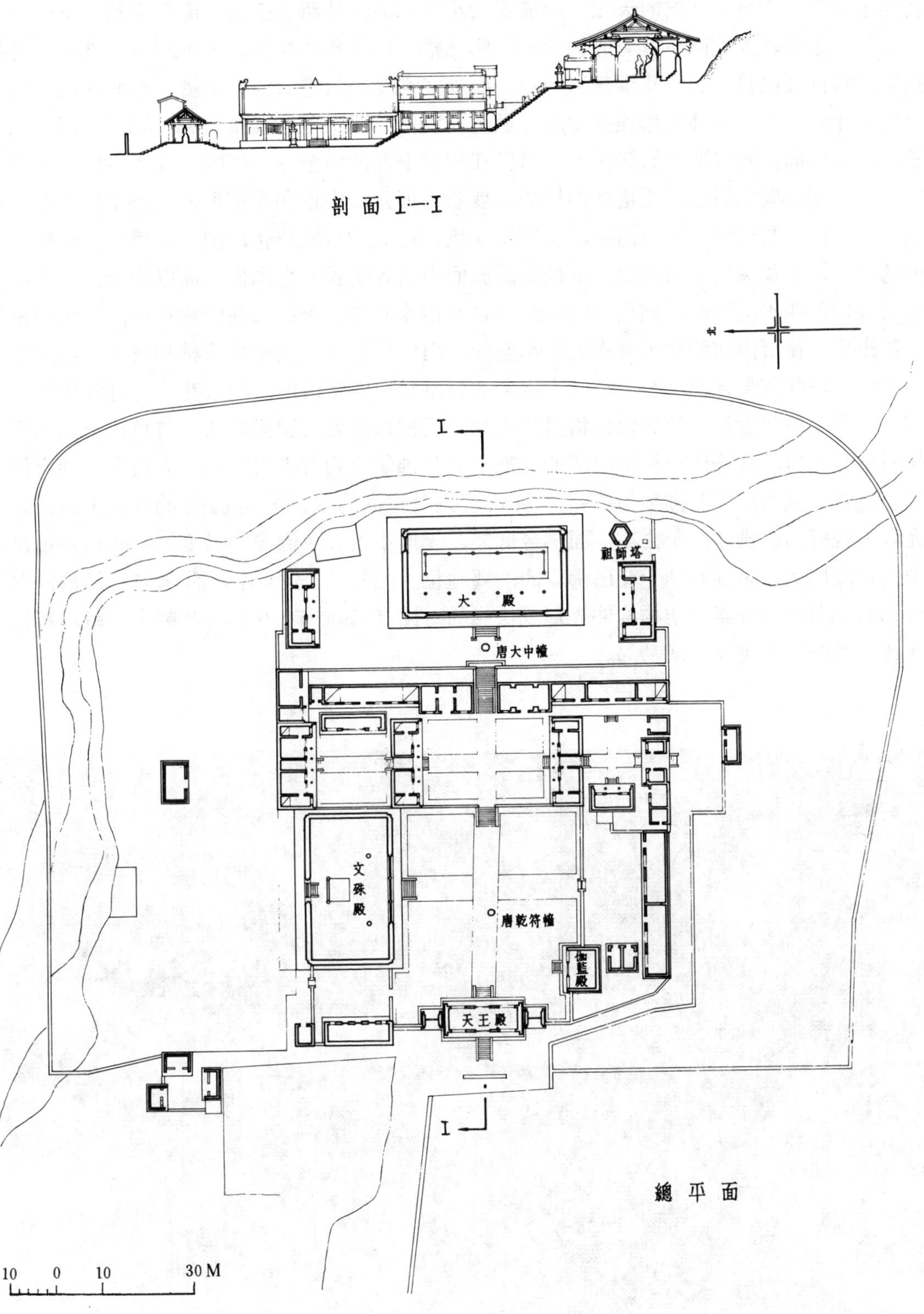

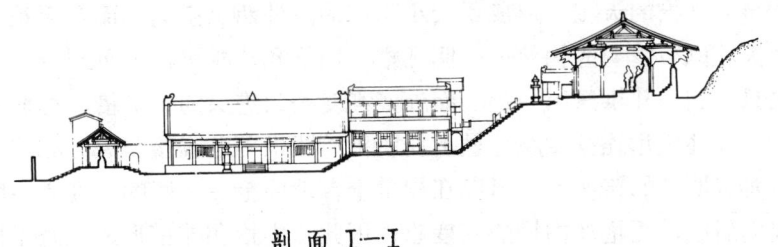

剖面 I—I

総平面

10　0　10　　30 M

图 86-1　山西五台县佛光寺总平面、剖面图

构上以列柱和柱上的阑额构成内外两圈的柱架，再在柱上用斗栱，明乳栿、明栿和柱头枋等将这两圈柱架紧密连系起来，支持内外槽的天花，形成了大小不同的内外两个空间，而在天花以上部分还有另一套承重结构。这样，天花以下露明的构件——明乳栿、明栿和斗栱等，就可充分地被用来进行空间组织。外槽的前部进深只一间，斗栱只出一跳，而外槽高度约为进深的1.7倍，构成狭而高的空间。可是内槽结构比较复杂，在柱上用连续四跳斗栱承托明栿；明栿不是直接与天花相连，而在栿上以斗栱构成透空的小空间，加以明栿的跨度大，所以在视觉上自地面至明栿底的高度比实际高度为大；再加以天花与柱交接处向内斜收，更增加内槽的高度感；因此，内槽和外槽形成完全不同的两个空间。在左、右、后三面，与这种处理的同时，还利用斗栱、柱头枋与墙结合，把内外槽完全隔绝，使内槽构成封闭的空间，更加突出了内槽的重要地位。五间内槽各安置一组佛像，而以中部三间为主。为了突出佛像与各间的明确关系，各间柱上的四跳斗栱全用偷心造，没有横向的栱和枋，同时明栿又比天花下降一段距离，使得内槽明确地分成五个小空间，而中部三间柱上四排斗栱和月梁，构成和谐的韵律，增加了这三间的重要地位。至于每间高度的实际感觉，则是由地面到天花，与进深成为一个正方形的空间；在这个空间的后部放置比例恰当的佛像，而佛像的背光微微弯曲，与后柱上面的栱的出跳和天花抹斜部分平行，这些处理使得内槽的建筑空间与佛像成为有机的整体。大殿内外槽空间的结构构件的尺度处理，也考虑到与佛像的关系，例如，内外槽间的柱、枋与佛像的视线关系，恰能使佛像、背光收入视野内；佛像高于柱高，而佛台低矮，无形中增大了佛像的尺度。同时内外槽尺度及内槽与佛像的尺度比例，也都有助于突出佛像的主要地位。此外，内槽繁密的天花与简洁的月梁、斗栱，精致的背光与全部朴素的结构构件等形成恰当的对比（图86-5～6）。在整个大殿内部的艺术处理中，对比手法的运用是相当成功的。

图 86-2　山西五台县佛光寺全景

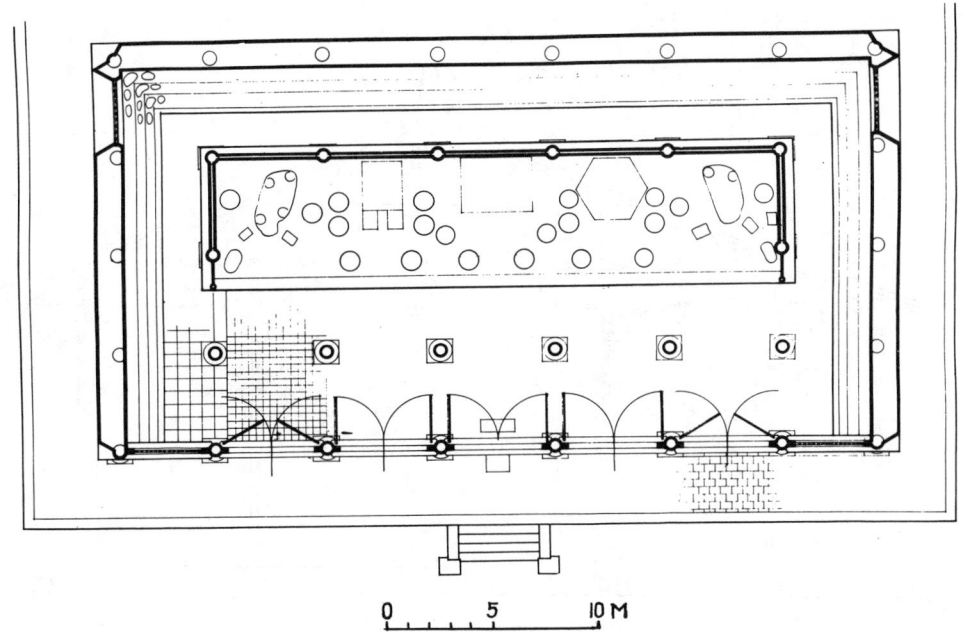

图 86-3 山西五台县佛光寺大殿平面图

图 86-4 山西五台县佛光寺大殿内部

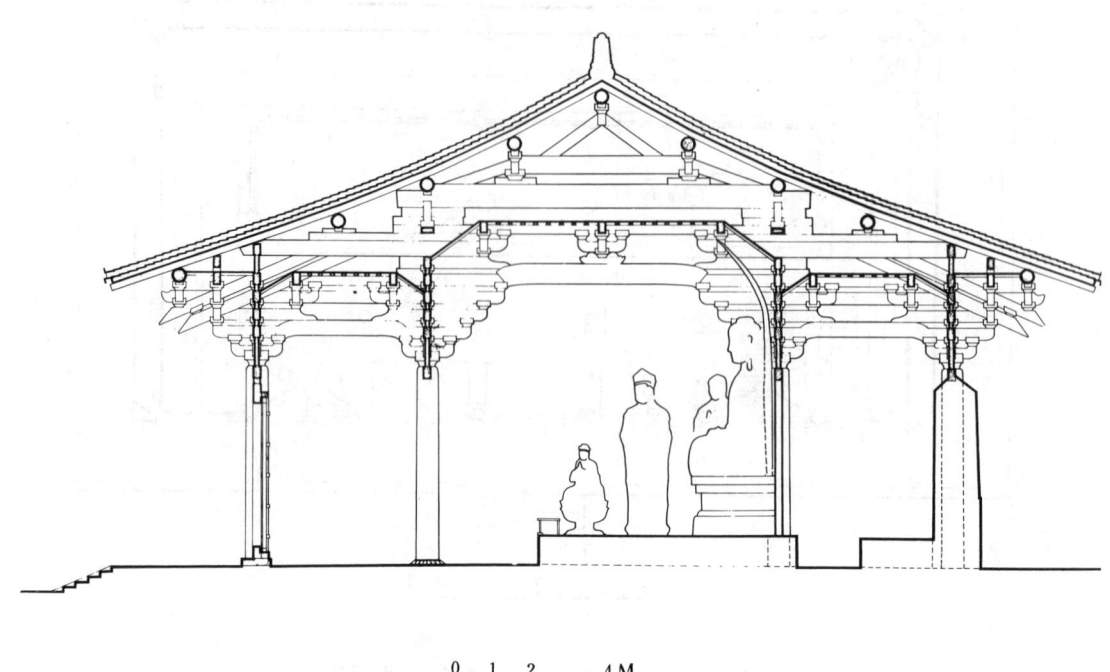

0  1  2      4 M

图 86-5    山西五台县佛光寺大殿剖面图

大殿的外貌，下面用低矮的台基，立面每间比例近于方形。柱有生起及侧脚。各柱头上直接放置硕大的斗栱，屋顶的正脊长三间，鸱尾恰好位于左右第二缝梁架上，使梁架直接负载鸱尾的重量；同时在外观构图上，也使正脊、屋顶、鸱尾和殿身各间构成和谐的比例。这些，再加上屋檐和缓的起翘以及造型遒劲的鸱尾，使整个立面呈现出庄重稳定的形象。斗栱与柱高的比例为 1：2，但因为出跳达四跳，整个屋檐挑出约近 4 米（相当于檐口至台基面高度的二分之一），所以在感觉上斗栱的尺度比实际大得多。由于屋顶采用 1：2 的和缓坡度，站在殿前看不到屋面，这样就更突出了斗栱在整个立面构图上的重要地位，使斗栱在结构和艺术形象上发挥了重要作用，这种比例关系，表现出唐代建筑的稳健雄丽的风格。宋代以后，虽不乏大体量的建筑，斗栱用材很大，柱高也仍然与明间面阔相等，但由于柱身加高使每间面阔和斗栱的比例相对地减小，由此所形成的外观也就与唐朝建筑具有显著的差别（图86-7～8）。

大殿所有结构构件都紧密地结合到一起，互为连系而分工明确；构件虽多但没有多余的。为了缩减梁的跨度，明栿下用四跳斗栱支承，草栿也尽量避免了长跨度，而斗栱和襻间则有着结构机能，因此虽然整个大殿用料较多，但主要构件的断面也有着一定比例，避免使用过大的大料和截锯小料，在一定程度上防止了材料的浪费。

在南北朝时期，塔是佛寺组群中的主要建筑，但到了唐朝，塔已经不位于组群的中心了。尽管如此，它毕竟还是佛寺的一个重要组成部分。它的挺拔高耸的姿态，对佛寺组群和城市轮廓面貌都起着一定的作用。

隋、唐两代许多木塔都不存在。现在保存的砖塔，就外形方面来说，大致可分为楼阁式塔、密檐塔和单层塔三个类型。塔的平面，除了极少数的例外，全部都是正方形。

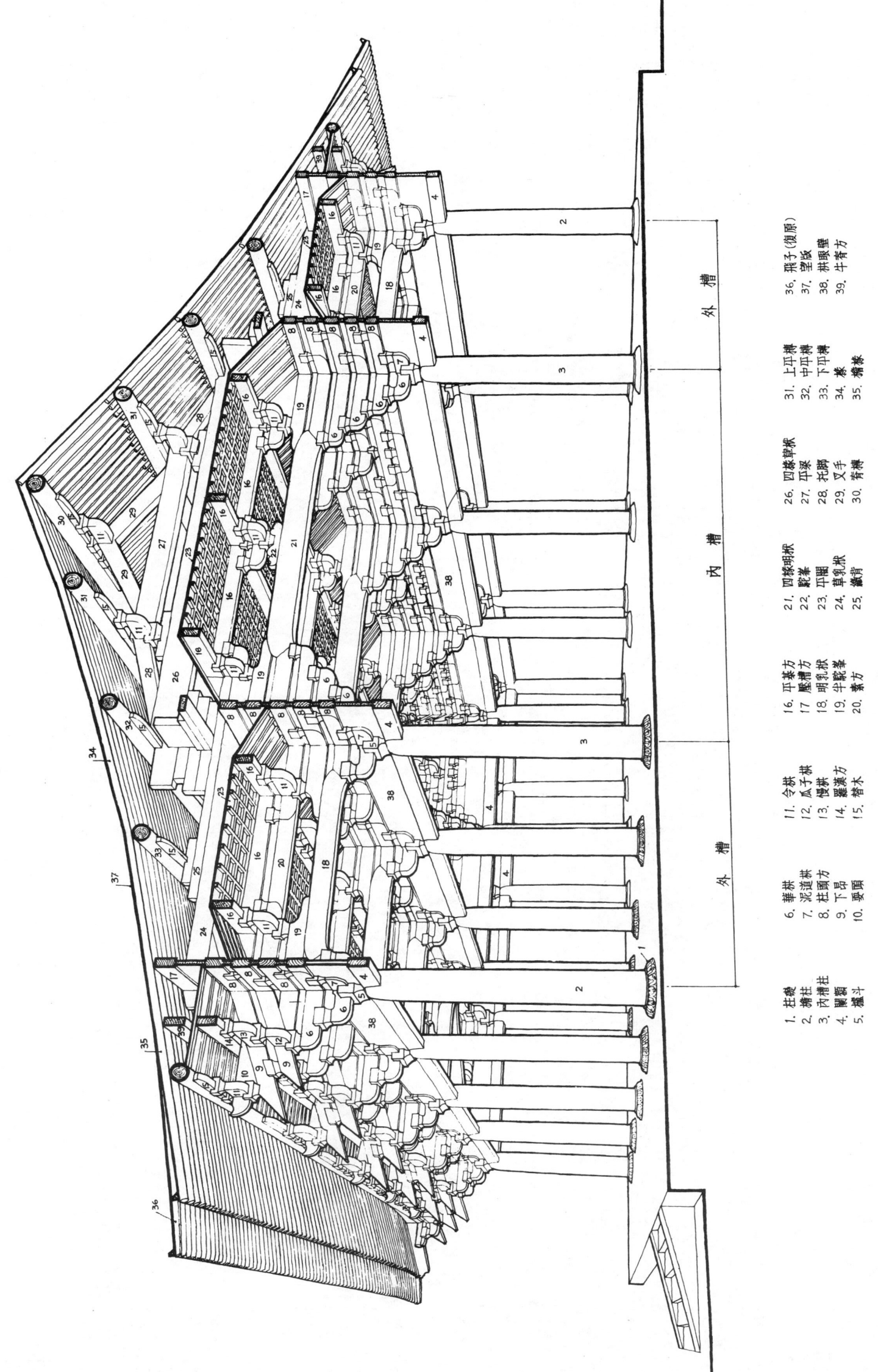

图 86-6　山西五台县佛光寺大殿梁架结构示意图

1. 柱础
2. 檐柱
3. 内槽柱
4. 阑额
5. 栌斗

6. 华栱
7. 泥道栱
8. 柱头方
9. 下昂
10. 耍头

11. 令栱
12. 瓜子栱
13. 慢栱
14. 罗汉方
15. 替木

16. 平棊方
17. 压槽方
18. 明乳栿
19. 半驼峰
20. 素方

21. 四椽明栿
22. 驼峰
23. 平闇
24. 草乳栿
25. 襻间

26. 四椽草栿
27. 平梁
28. 托脚
29. 叉手
30. 脊槫

31. 上平槫
32. 中平槫
33. 下平槫
34. 槫
35. 檐槫

36. 飞子(复原)
37. 望版
38. 栱眼壁
39. 牛脊方

图 86-7　山西五台县佛光寺大殿外观

0 1　　　5 M.

图 86-8　山西五台县佛光寺大殿正立面图

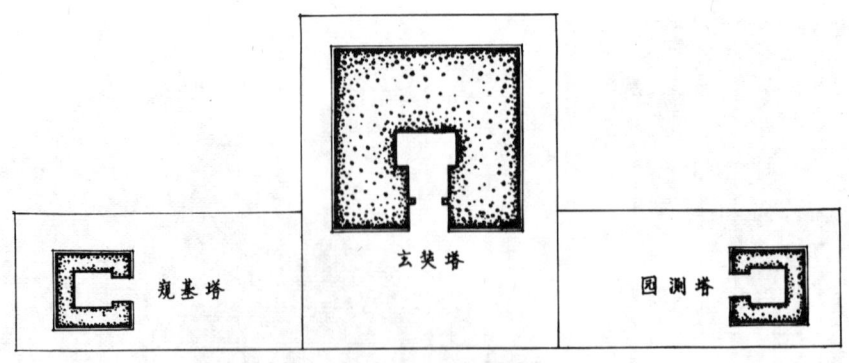

图 87-1　陕西西安市兴教寺玄奘法师墓塔平面图

图 87-2　陕西西安市兴教寺玄奘法师墓塔外观

当砖的产量和用砖的结构技术达到一定水平的时候，用砖来代替木材建塔是一种必然的途径。在形式上模仿木塔的形式也是极自然的趋势。这种塔从北魏中期开始，到唐代陆续发展，各层外壁逐层收进，并隐起柱枋、斗栱，覆以腰檐，只是没有平坐。在结构方面，凡是内部可以上去的砖塔，多将塔的壁体砌成上下贯通的空筒，向上逐渐缩小，最上覆盖起来；内部往往用木楼板划分为数层，不是整体都用砖结构。

唐朝留下来的楼阁式砖塔中，唐总章二年（公元669年）建造的西安兴教寺玄奘塔是一个重要的范例。此外还有唐开耀元年（公元681年）建造的西安香积寺塔和建于公元八世纪初期的有名的大雁塔。但大雁塔经过明代重修，已不是原来的形象了。

玄奘塔是中国佛教史上有名的高僧玄奘和尚的墓塔（图87-1～2）。这塔平面方形，高五层，高度约21米。每层檐下都用砖做成简单的斗栱。斗栱上面，用斜角砌成的"牙子"，其上再加叠涩出檐。应该指出的是，第一层塔身经过后代修理已是平素的砖墙，没有倚柱，而以上四层则用砖砌成八角柱

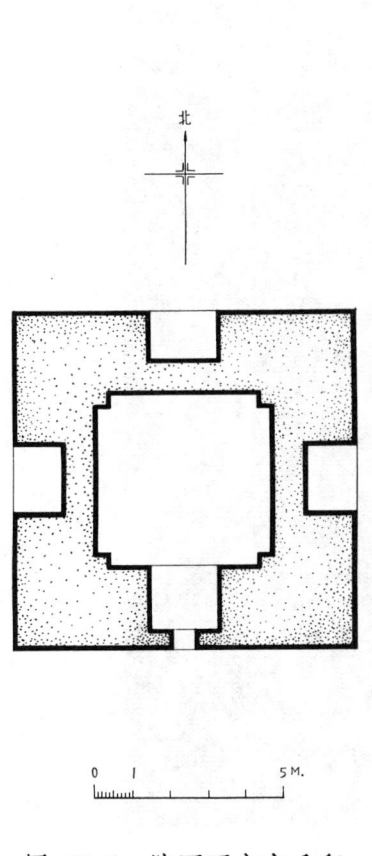

北

0 1 5 M.

图 88-1 陕西西安市香积
寺塔平面图

图 88-2 陕西西安市香积寺塔外观

图 89-1　河南登封县法王寺塔

图 89-2　云南大理县崇圣寺三塔

的一半的倚柱，再在倚柱上隐起额枋、斗栱。这座塔是中国现存楼阁式砖塔中年代最早和形制简练的代表作品。

香积寺塔平面方形。底层边长9.5米，用平素砖墙砌筑，东、西、北三面各有券形龛一个。南面辟门，内为方室（图88-1）。塔原为13层，现存10层。底层特高，其上各层骤然变低矮。宽度亦由下至上递减，每层四面皆有砖砌凸起的方形倚柱四根，划分为三开间，柱上施阑额一道，柱头及补间皆承栌斗一，其上为间有二道棱角牙子的叠涩出檐。各层当心间设券形龛，梢间有砖砌槏柱，中为朱绘的直棂窗。凸起的柱、槏柱、阑额亦施朱色，阑额中心部分留有一段段的空白，似宋营造法式中所述七朱八白彩画。这些装饰处理显示了模拟木建筑楼阁的特征（图88-2）。

唐朝密檐塔的典型有云南大理崇圣寺的千寻塔、河南嵩山的永泰寺塔和法王寺塔等[154]（图89-1）。这些塔和公元六世纪初建造的登封嵩岳寺塔相比，除了塔的平面采用正方形这一重要差别外，在唐代的所有密檐塔中，多数只有朴素无饰但具有显著收分的塔身从扁矮的台基上建立起来，塔身以上是层层密叠的叠涩檐；相对地上面的出檐比较长，而且整座塔的卷杀在中段比较凸出而顶部收杀比较缓和，这就使得唐朝的密檐塔的外形比北魏的嵩岳寺塔更加挺拔。

千寻塔建于南诏国后期，是现存唐代最高的砖塔之一（图89-2）。方形平面，密檐十六层，位置在崇圣寺的前部，和位于稍后的左右两座宋朝（大理国）的小塔合成一组，在点苍山的衬托下，显得格外秀丽[191]。

南京栖霞寺塔建于五代的南唐时期（公元937～975年）， 是一座八角五层， 高约18米的小 石 塔（图90-1～3）。塔的整体构图，创造了中国密檐塔的一种新形式，就是它的基座部分绕以栏杆，其上以覆莲、须弥座和仰莲承受塔身，而基座和须弥座被特别强调出来予以华丽的雕饰，是它以前的密檐塔所没有的。本来盛唐时期已开始在小型塔的下面用覆莲作须弥座的装饰（如开元间所建山西阳城县北留村石塔等），唐大历八年（公元773年）所建山西长子县法兴寺石灯， 则在须弥座上再用仰 覆莲承托八角石灯[192]。 唐代后期的墓塔如唐乾宁二年（公元895年）建造的山西晋城青莲寺慧峰 塔和唐末的许多经幢也作这样的处理（图91-1～2），不过应用于密檐塔下应以栖霞寺塔为最早。

建于隋大业七年（公元611年）的神通寺四门塔在山东历城县的柳埠镇， 是一个全部用青石块 砌成的单层塔（图92-1～2）。塔的平面作正方形，每边长7.38米，每面当中开一较小的拱门。塔高约13米。塔内中央有一个石块砌成的方形大石柱，柱前每面各有一个圆雕的佛像。塔的上部在挑出的石叠涩上，向内收成截头方锥形。顶部有方形须弥座，四角置山华蕉叶，中央安置一座雕刻精巧的刹。全塔除刹略带装饰性外，都是朴素的石块所构成。

唐朝留存下来的单层塔绝大多数是僧尼的墓塔。它们之中有石造的也有砖造的。平面一般都是正方形，但也有少数六角、八角或圆形的。墓塔的体积都不大。一般高度在3～4米以内（图93）。其中河南登封县嵩山会善寺的净藏禅师塔与山西平顺县明惠大师塔都是重要 例证。 净藏禅 师塔单层，砖建，建于唐天宝五年（公元746年）（图94-1～2）。它的八角形平面是现存砖塔最古的一例。塔下的

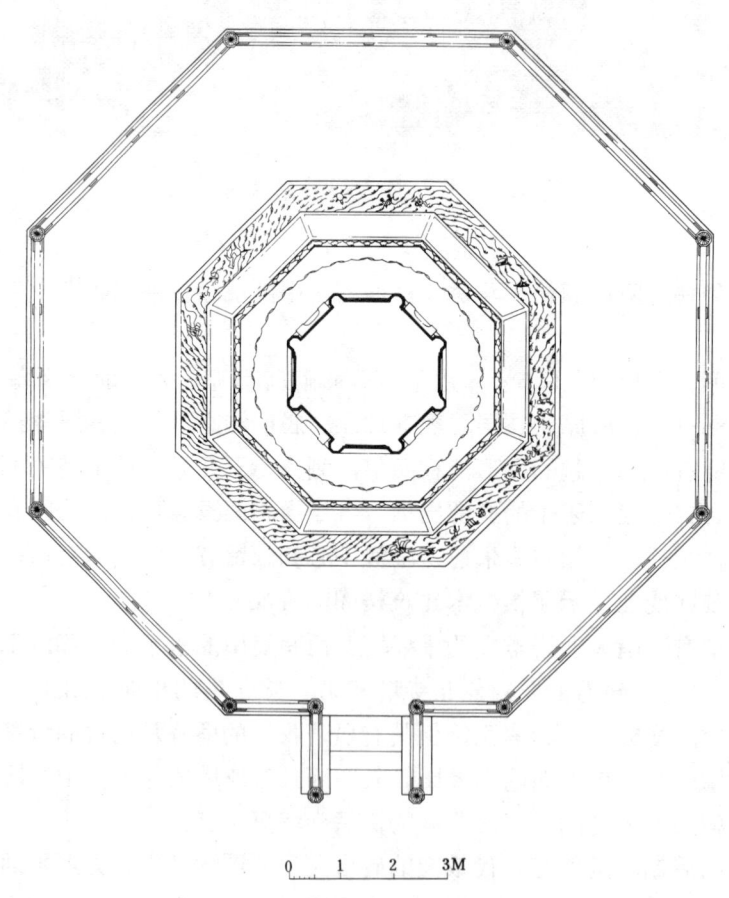

0　　1　　2　　3M

图 90-1　江苏南京市栖霞寺舍利塔平面图

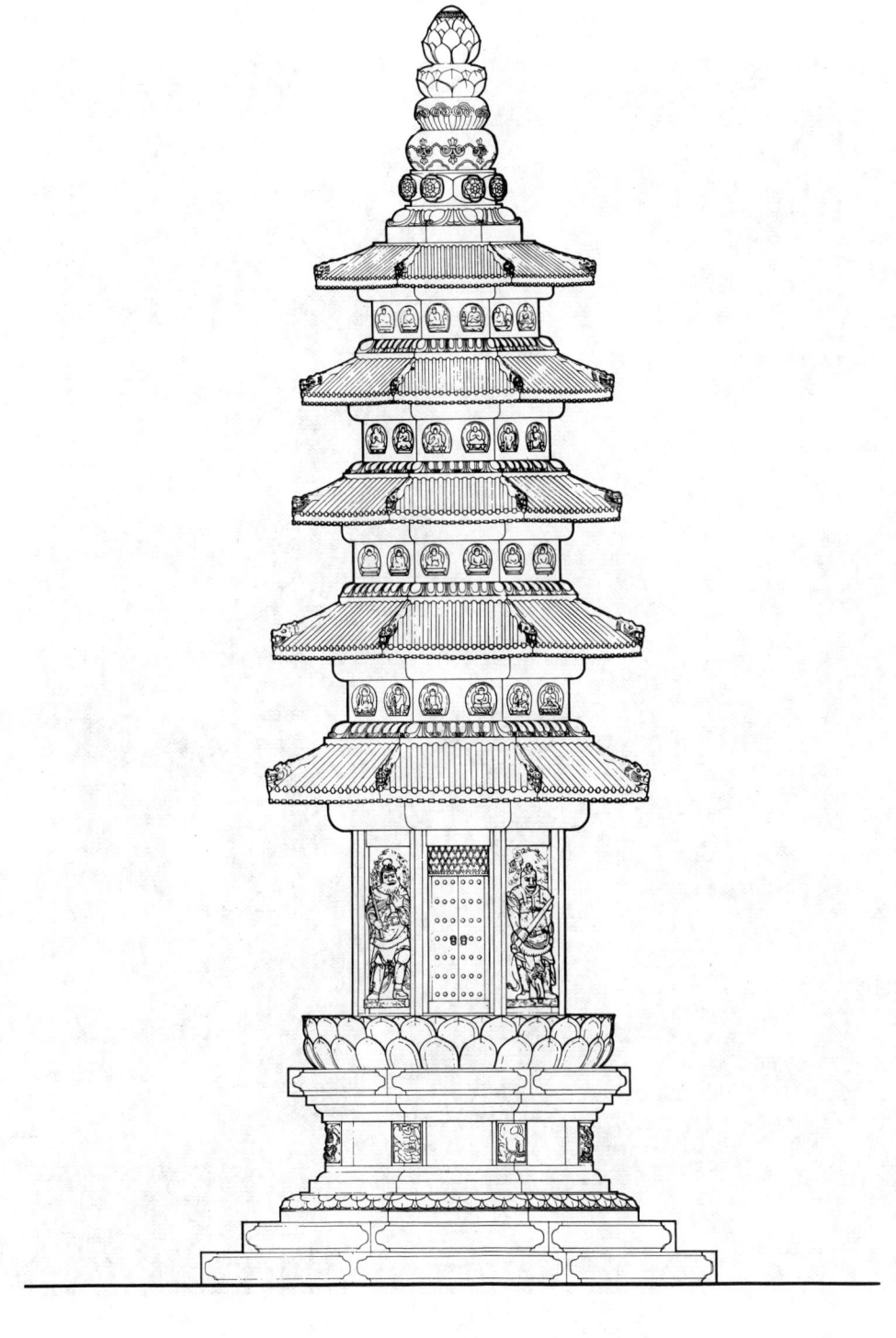

图 90-2　江苏南京市栖霞寺舍利塔南立面图

图 90-3  江苏南京市栖霞寺舍利塔外观

基座已经崩毁，难辨原形，推测可能在塔身下有一个矮的台基。塔身仿木构形式，每角有露出五面的八角形倚柱，柱上砌出额枋和斗栱及人字形补间铺作；墙上还隐起门和直棂窗（图94-3）。在佛塔普遍采用正方形平面的唐朝，这座八角形墓塔无异凤毛麟角，可是两个世纪以后，八角形就成为最普遍的塔的平面形式，正方形塔反而少见了[154]。

　　明惠大师塔建于唐乾符四年（公元877年），是一座精美的唐代单层方形石塔（图95-1～2）。塔下为基座，上置须弥座以承塔身，塔身上雕刻天神及门窗，内部有平阇天花；塔身上覆以石雕的屋顶，顶上为四层雕刻组成的塔顶。全塔雕刻精致，比例适当，而不陷于繁琐，反映了唐朝建筑与雕刻相结合的高度水平[193]。

图 91-1　山西晋城县青莲寺
慧峰石塔平面图

图 91-2　山西晋城县青莲寺慧峰石塔外观

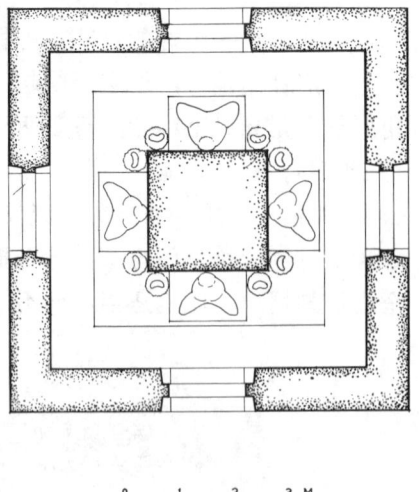

图 92-1　山东历城县神通寺四门塔平面图

图 92-2　山东历城县神通寺四门塔外观

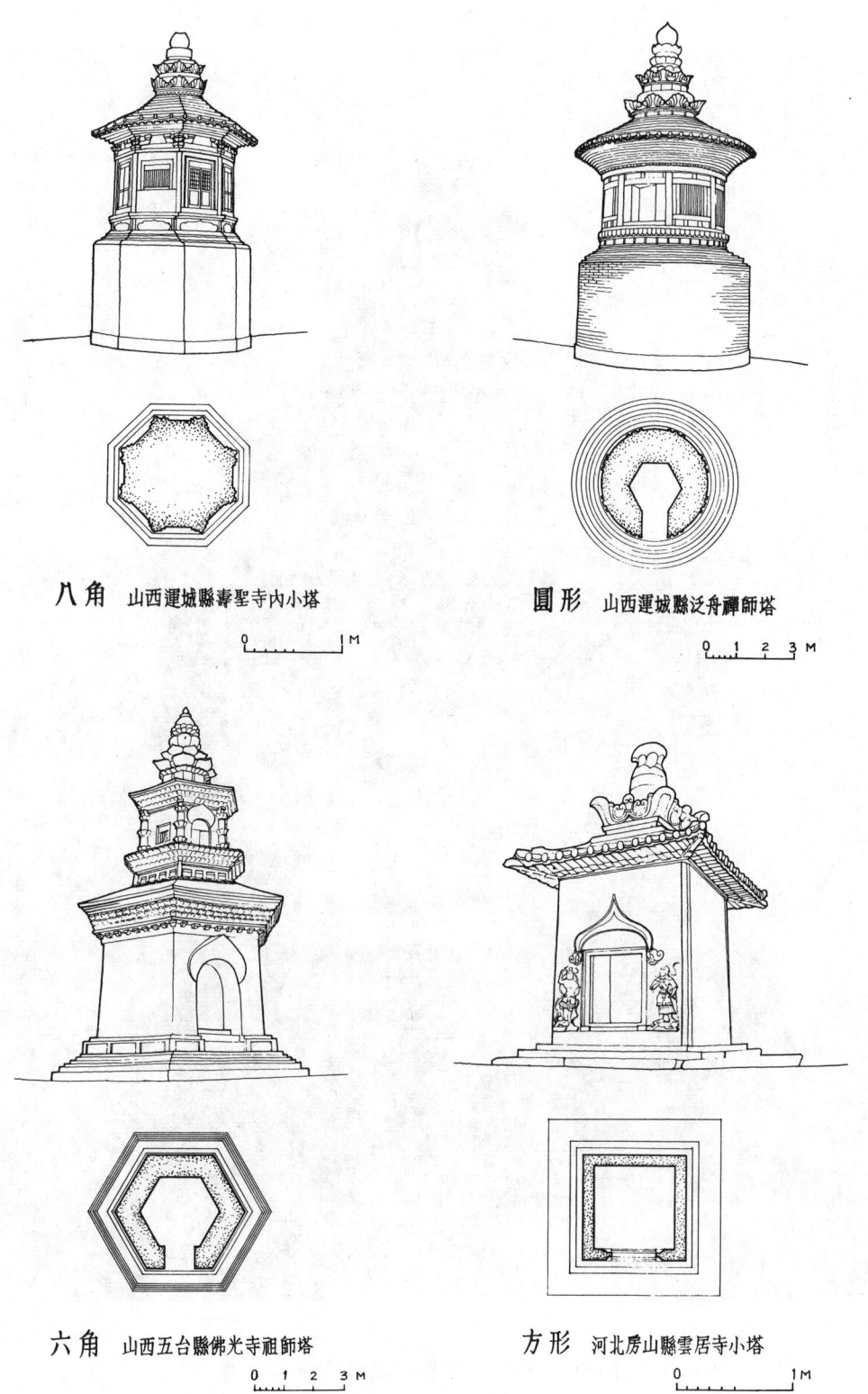

八角 山西運城縣壽聖寺内小塔

圓形 山西運城縣泛舟禪師塔

六角 山西五台縣佛光寺祖師塔

方形 河北房山縣雲居寺小塔

图 93 唐代单层塔

图 94-1    河南登封县净藏禅师墓塔外观

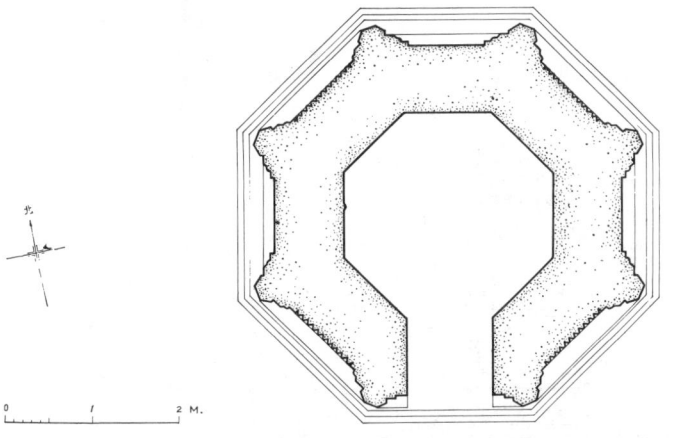

图 94-2　河南登封县净藏禅师墓塔平面图

图 94-3　河南登封县净藏禅师墓塔细部

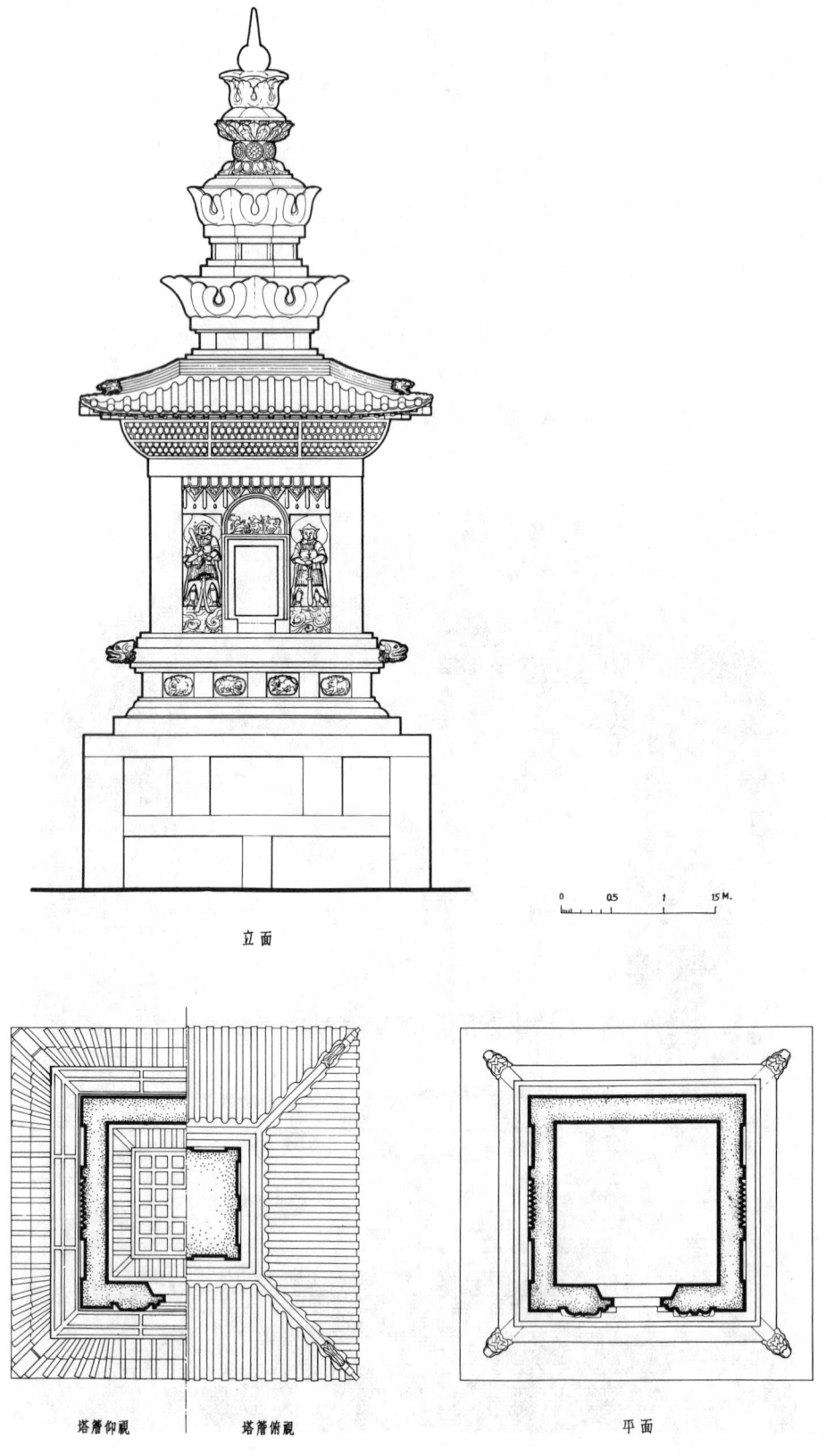

立面

塔檐仰观　　　塔檐俯观　　　　　　平面

图 95-1　山西平顺县海会院明惠大师塔平、立面图

图 95-2 山西平顺县海会院明惠大师塔外观

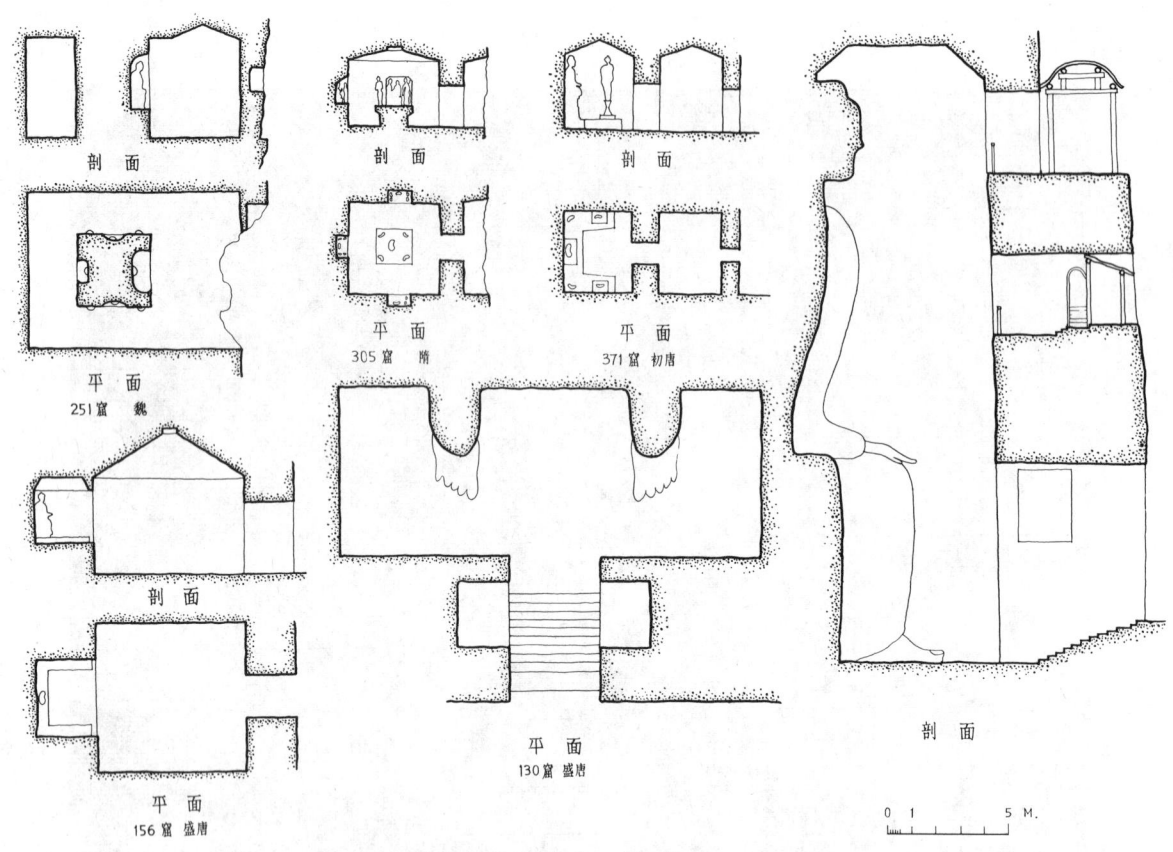

图 96  甘肃敦煌县莫高窟窟型比较

　　凿造石窟寺的风气，经过南北朝到了隋唐，特别是在唐朝，达到了最高峰。凿造石窟的地区，由南北朝的华北范围扩展到四川盆地和新疆。凿造石窟的功德主由帝王贵族到一般平民。凿造的形式和规模由容纳高达17米余大像的大窟到高仅30乃至20厘米的小浮雕壁像。在这两极端之间，有无数大小不等的窟室和佛龛。在巨大的窟室与细小的造像之间，建筑和雕刻的界线很难明确地划分。虽然这些窟室中的雕塑、绘画和彩画装饰是中国古代文化的珍贵遗产，可是除了山西太原天龙山的少数隋代石窟还凿有外廊以外，唐代石窟外部已无前廊，所以从外观来看，建筑的成分已经减少了。

　　唐代所凿的主要石窟分布在敦煌和龙门。龙门仅有少数窟洞的顶部雕作天花形状，窟外已不开凿前廊，予以建筑的处理。敦煌现存隋唐石窟虽仅由天花可看出一定的建筑处理；但是内墙的壁画反映了唐朝内地佛寺的情况，也可以从这些石窟看到很多唐代建筑彩画的范例。至于石窟在窟型上的演变过程，隋窟基本上和北朝的相同，多数有中心柱，但有些窟洞已经将中心柱改为佛座。唐窟则绝大多数不用中心柱。初唐盛行前后二室的制度，前室供人活动，后室供佛像，盛唐以后则改为单座的大厅堂，只有后壁凿佛龛容纳佛像，更加接近于一般寺院大殿的平面（图96）。龙门的奉先寺，也和这种窟型接近（图97）。敦煌许多窟门外曾建有木廊，但保存完整的都是宋初遗物[194]。此外，敦煌、龙门和陕西邠县、河南浚县、四川乐山等处开凿的摩崖大像是唐以前所未有的，这些大像都覆以倚崖建造的多层楼阁，但唐朝原构已不存在，现存的都是后代所建。

图 97　河南洛阳市龙门石窟奉先寺

## 第五节    陵    墓

不同于前朝制度的唐朝帝王陵墓主要在于利用地形，因山为坟。在唐朝十八处陵墓中，仅献陵、庄陵、端陵三处位于平原，其余都是利用山丘建造的。平面布局是在山陵四周筑方形陵墙围绕，四面辟门，门外设石狮，四角建角楼，陵前神道一般顺着坡势向南展延、神道上的门阙和两侧的人、兽雕像较前代增多。

唐朝第三代皇帝高宗（李治，650～683年在位)和皇后武则天合葬于陕西乾县的乾陵（图98-1）。这座陵利用梁山的天然地形营建陵墓。梁山原分三峰，而北峰最高，南侧二峰较低，对峙左右，乾陵的地宫即位于北峰下。神道从南二峰之前开始，有东西二阙遗址，残高约8米，为乾陵的第一道门。南二峰各高约40米，上有高15米的土阙遗址。上部还保留一段砖墙，应是楼阁建筑的遗迹。二阙之间留有瓦砾，是第二道门的遗址。自此沿神道向北，有华表、飞马、朱雀各一对及石马五对、石人十对、碑一对。碑以北又有东西二阙遗址，是第三道门，从下部残存的条石基础来看，阙身皆附有二重子阙[195]。门内左右排列当时臣服于唐朝的外国君王石像六十座，像的背部刻有国名和人名，据残存基址，知原来覆以房屋。再北就是陵墙的南门——朱雀门（图98-2）。门外石狮、石人各一对，门内有祭祀用的主要建筑——献殿的遗址。献殿之北就是地宫。从第一道门到地宫墓门约长4公里。

围绕地宫和主峰的陵墙界近方形，四面有门址，门外都有石狮（图98-3），陵墙的四角有角楼。北门在阙址和石狮之外还有石马（图98-4）。陵内原有房屋约二百间，现在已不存在[196]。

乾陵由于还没有进行发掘，地宫内部情况不明。陵前有皇帝的近亲、功臣等死后陪葬的墓十七座。其中之一即高宗的孙女永泰公主夫妇的墓，曾于1960～1962年进行了发掘。

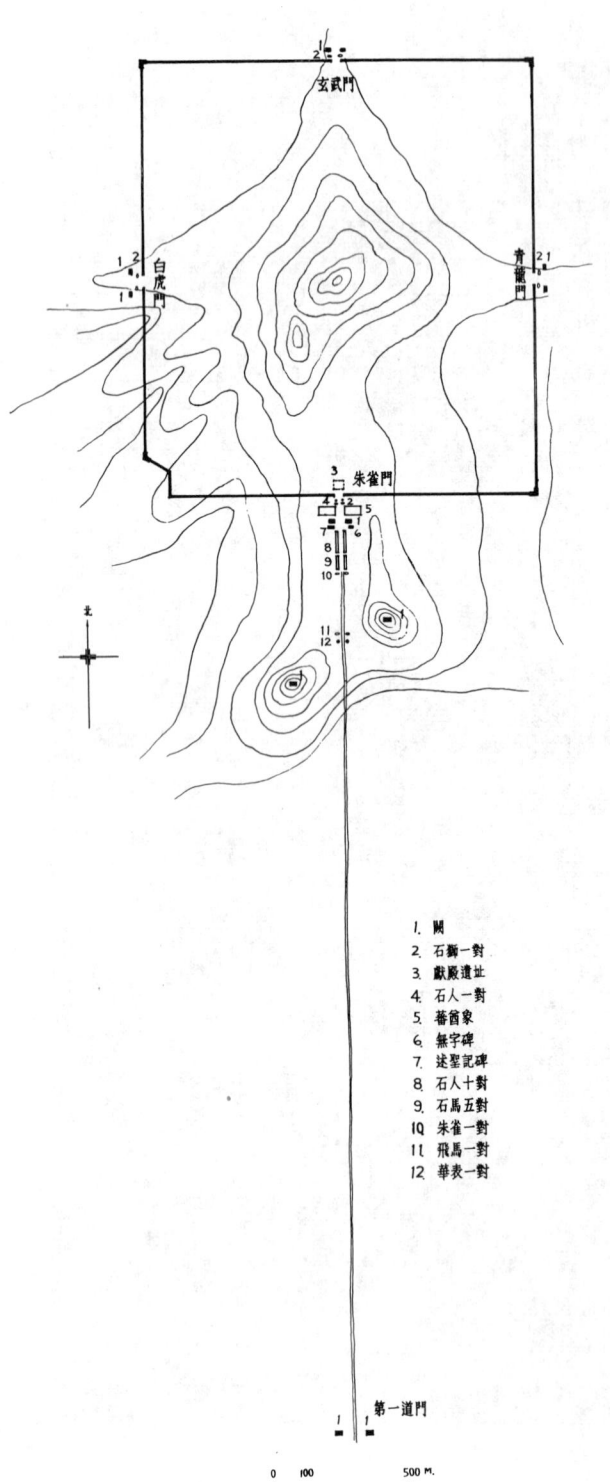

1. 阙
2. 石狮一對
3. 献殿遺址
4. 石人一對
5. 番酋像
6. 無字碑
7. 述聖記碑
8. 石人十對
9. 石馬五對
10. 朱雀一對
11. 飛馬一對
12. 華表一對

图 98-1    陕西乾县唐乾陵平面示意图

图 98-2　陕西乾县唐乾陵神道及遗迹

图 98-3　陕西乾县唐乾陵石狮

图 98-4　陕西乾县唐乾陵翼马

　　永泰公主墓在乾陵东南2.5里，现存地上部分为底边55×55米、高11.3米的梯形夯土台。夯土台四周有围墙遗址，围墙长214米，南北长267米，四角有角楼遗址，正南有夯土残阙一对。阙前依次列石狮一对，石人二对，华表一对（图99-1）。

　　墓的地下部分总长87.5米，纵贯南北的轴线较地上轴线偏东8.65米。轴线上依次为斜坡向下的墓道、砖砌的甬道和前后两个墓室。主要墓室（后室）位于夯土台正下方，深16米，墓道两壁绘有龙、虎、阙楼和两列仪仗队；甬道的顶部绘宝相花平綦图案及云鹤图。前后墓室绘有极精美的人物题材的壁画，而墓室穹窿顶上绘天象图是秦始皇陵以来的传统方法[197]（图99-2~4）。

　　五代时期的陵墓曾经发掘过的有南京附近的南唐李昇的钦陵、李璟的顺陵及成都前蜀王建的永陵。

　　南唐钦陵和顺陵都遵守唐制，依山为坟。在平面上都分为前、中、后三个主室，每室左右又附有侧室。其中以李昇的钦陵规模较大（图100），全长22米，前、中二室用砖造，后室用石造。墓内四壁模仿木结构式样，做出柱、枋、斗栱，并绘有彩画，而中室石门上还有浮雕。后室地面铺青石板，石上凿江河之形；壁面涂深红色；室顶用石灰粉刷，上绘天象图，室顶的构造，前室和中室都用砖砌的攒尖穹窿。而中室在穹窿下加对角拱肋，后室则从东西壁上挑出石叠涩，其上再密排石梁[198]。

　　前蜀永陵（公元918年）的外形为半球形土堆，高14米，直径80米，陵台四周下部砌以四层条石。

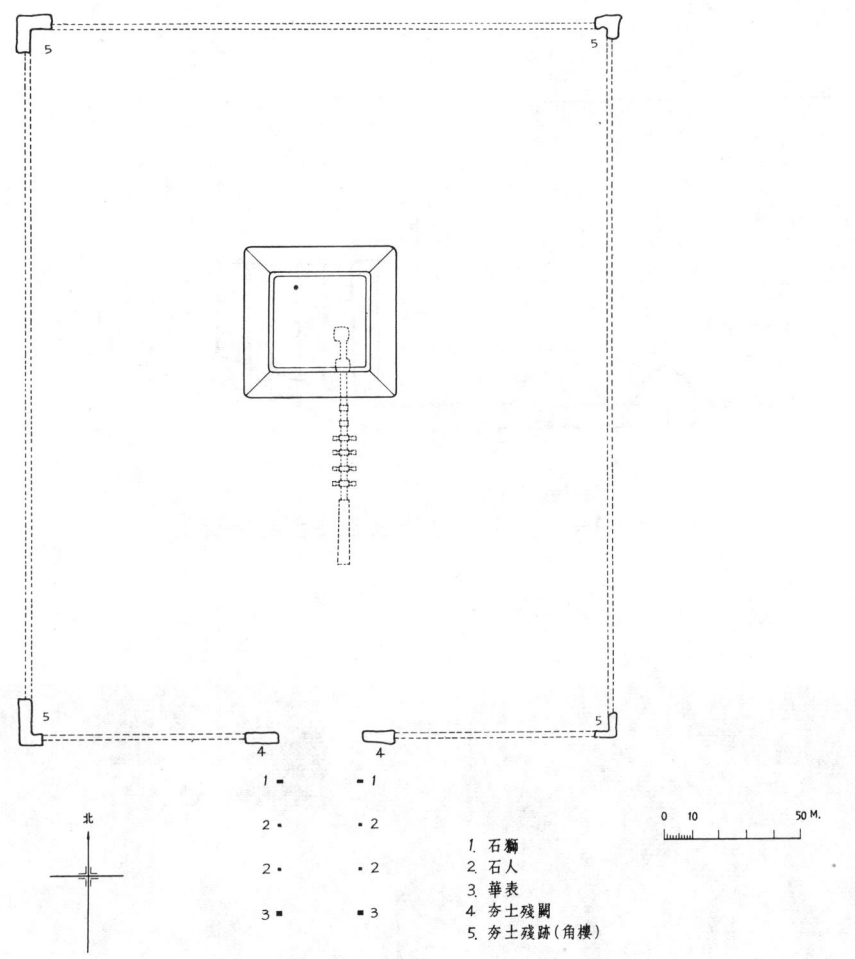

1. 石獅
2. 石人
3. 華表
4. 夯土殘闕
5. 夯土殘跡(角樓)

图 99-1　陕西乾县唐永泰公主墓总平面图

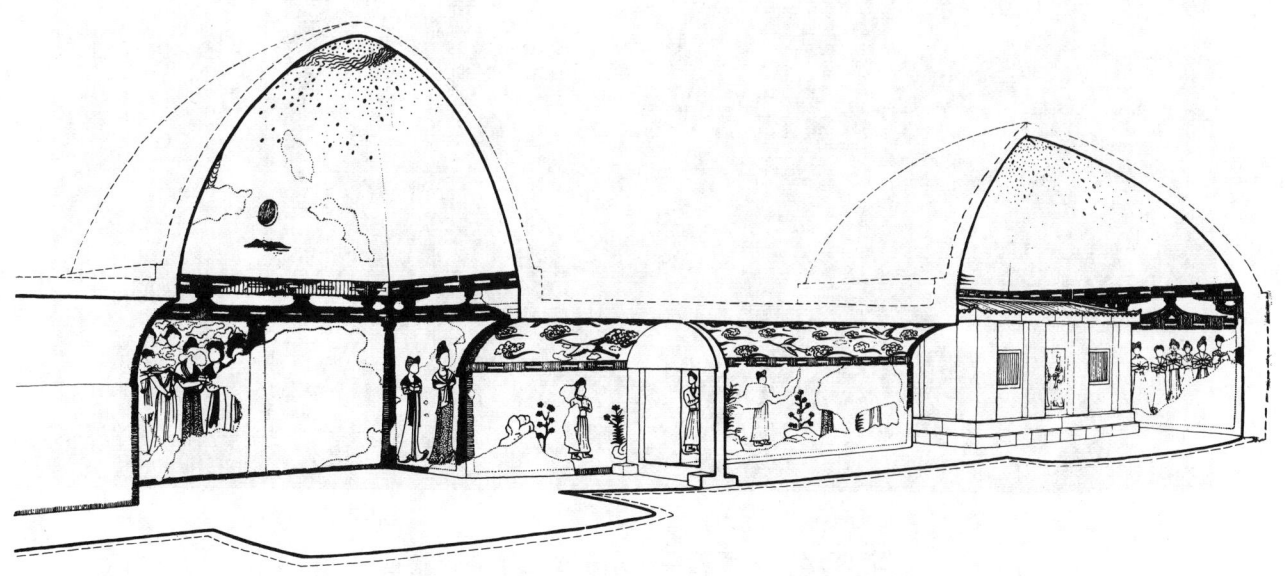

图 99-2　陕西乾县唐永泰公主墓墓室剖视图

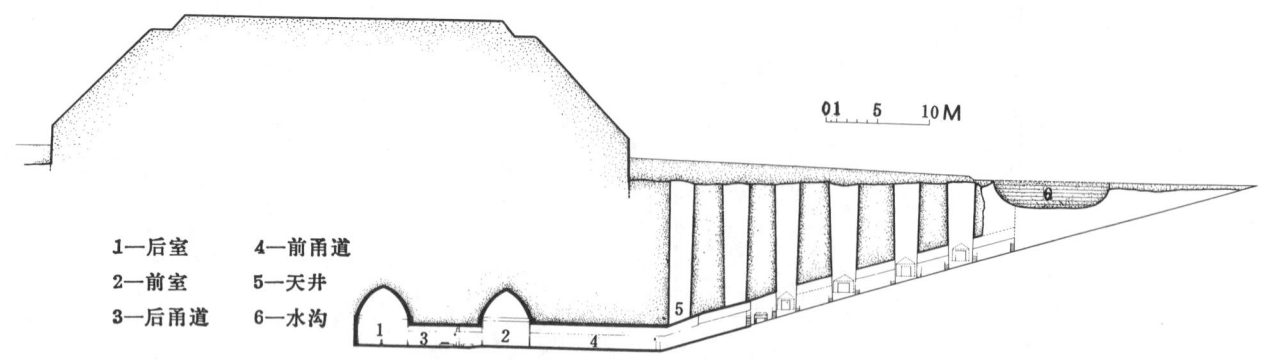

1—后室    4—前甬道
2—前室    5—天井
3—后甬道   6—水沟

图 99-3   陕西乾县唐永泰公主墓剖面图

图 99-4   陕西乾县唐永泰公主墓墓内壁画

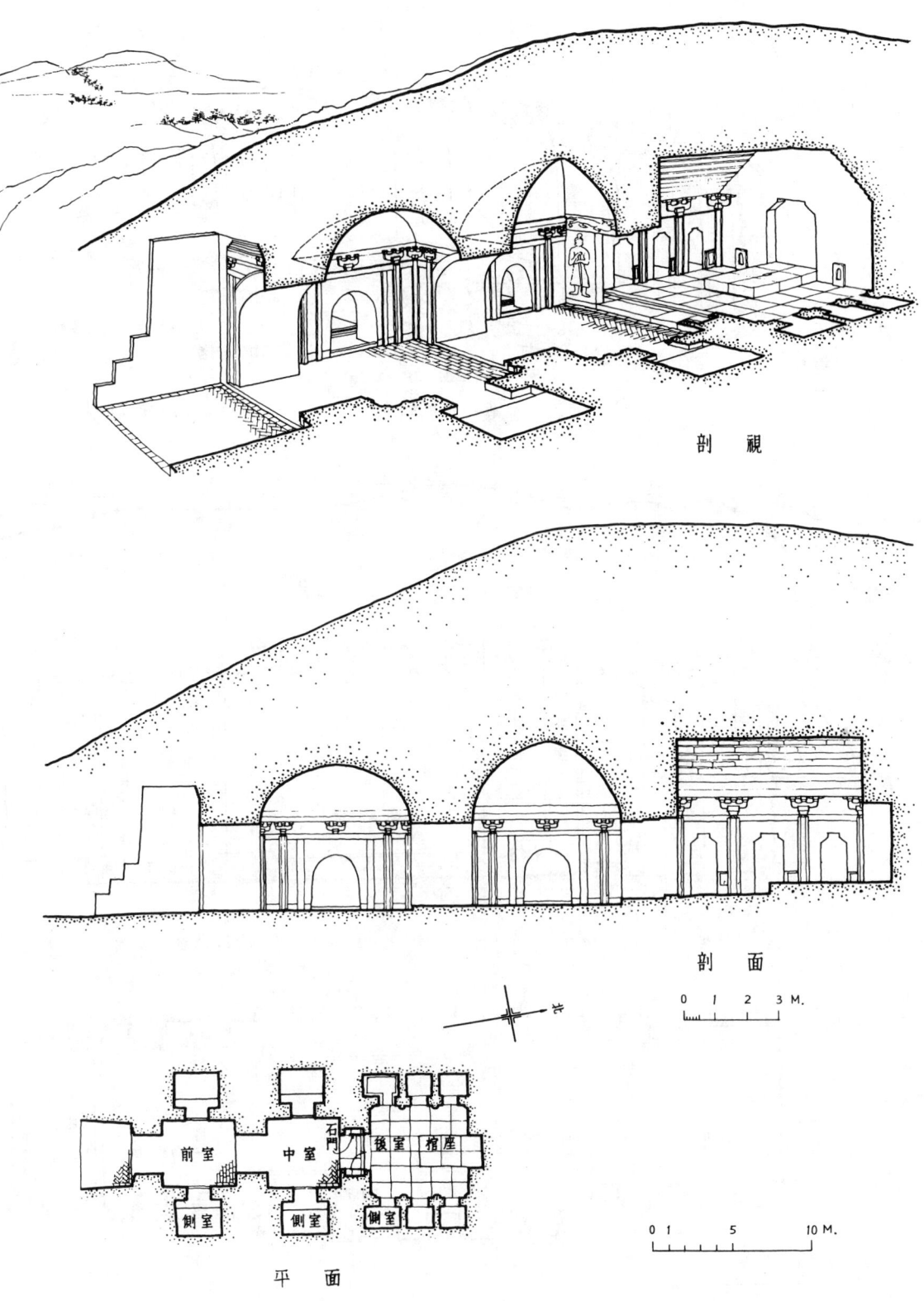

剖 视

剖 面

前室　中室　石门　后室 棺座

侧室　侧室　侧室

平 面

0 1 2 3 M.

0 1 5 10 M.

图 100　江苏江宁县南唐钦陵平面、剖面、透视图

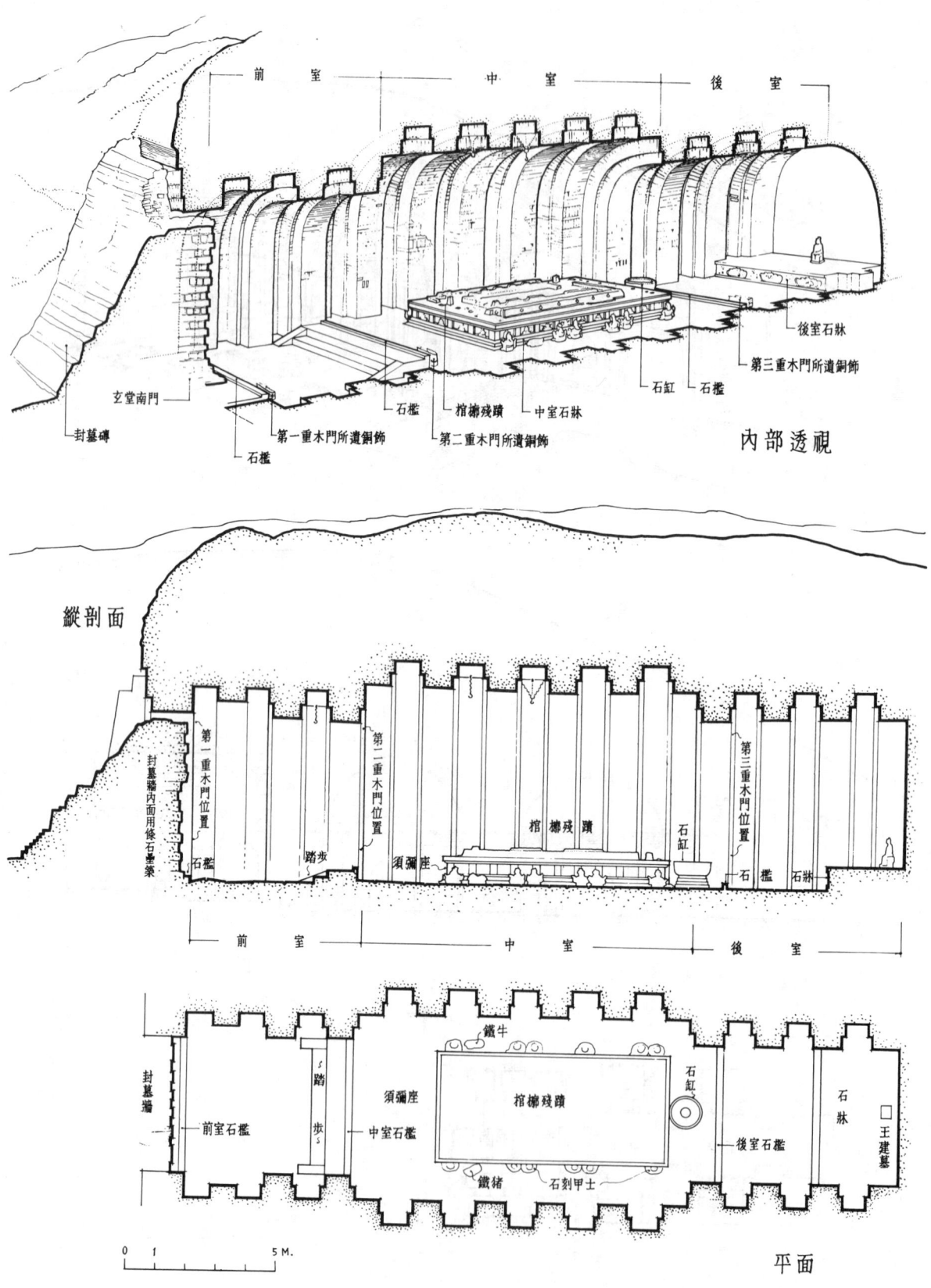

图 101-1   四川成都市前蜀永陵平面、剖面、剖视图

墓室共长23.50米，分前、中、后三室，全部石造。墓的结构，在墓室两侧的壁柱上，建半圆形券，券上再铺石板（图101-1）。墓内地面亦铺石板。四壁涂红色，室顶涂天青色。中室的棺座采用须弥座形式，所雕人物花纹，生动精美，是五代石刻艺术的代表作品（图101-2～3）。

## 第六节 安济桥

安济桥是古代中国南北交通的一条主要干道上的一座石桥，位于河北赵县南门外约3公里的洨河上，是隋大业年间（公元605年至617年）在匠师李春的主持下建造的。这桥不仅在一千三百余年间没有间断地为南来北往的行旅客商以及各种运输而服务，同时它在工程技术和艺术形象方面是一个重大的创造。

这座桥以长37.37米，高7.23米的大弧形石券横跨洨河上，两肩又各有两个小石券；是世界上现存最古的敞肩桥（图102-1）。据文献记载，李春创造这种结构形式是由于每当山洪暴发，洨河流量陡增，水势凶猛，因而"两涯嵌四穴，盖以杀怒水之荡突"，同时还可以减轻桥身自重，节约工料，解决了以前未能解决的问题。

在结构上，这桥用平行而紧密并列的二十八个石券所构成。显然，这样的结构因石券之间联系不够密切而缺乏整体性，容易向两侧分散倾倒。但李春根据汉以来传统方法，在券面上用横向的石板加了一层伏。其次，在券和伏之间加了若干横向的铁条把这些券拉连在一起。最后，将桥的宽度中间逐渐减少，使两旁的各道券都微微向内倾斜。由于采取这些措施，在一定程度上克服了各券之间缺乏联系的缺点。

图 101-2 四川成都市前蜀永陵内景

图 101-3 四川成都市前蜀永陵棺座石刻

作为一件艺术创作，这座桥也是一个优秀的作品。桥券是圆周上一段 60°的弧线的弓形券，桥面坡度相当缓和；再在两肩上用两个小券做成敞肩；这六条不同的弧线的相互关系处理得恰到好处，使桥的整体呈现着轻盈利索的形象[199]、[200]。

桥上原有雕刻精美的栏板，后来倒在洨河河底泥土中湮没了几百年，到公元1955年人民政府重修时才重见天日，这些栏板都是隋朝雕刻中的优秀作品[201]（图102-2～4）。

## 第七节　建筑的材料、技术和艺术

这个时期的建筑材料，包括土、石、砖、瓦、琉璃、石灰、木、竹、铜、铁、矿物颜料和油漆等等。这些材料的应用技术都已达到熟练的程度。

夯土技术在前代经验的基础上继续发展，应用范围除了一般城墙和地基外，长安宫殿的墙壁也用夯土筑造。此外，在新疆发现这个时期用土坯砌筑的半圆形穹窿顶，直径在10米以上，显示就地取材和因材致用的技术成就。

砖的应用逐步增加，如唐末至五代，南方较大城市江夏、成都、苏州、福州等相继用砖整城[202]。砖墓和砖塔则更多。砖塔有四方、六角、八角和圆形的各种形式，而且从盛唐起开始模仿木建筑的结构式样的砖塔不断增加，影响到宋代砖塔的形制。宫殿往往用花砖铺地。据敦煌壁画所示，阙的表面可能使用贴面砖。塔、墓和建筑结构用石的也很多。石刻艺术见于石窟、碑和石像方面的，达到过去未有的精美的水平，而且往往在石面上涂色、贴金[204]、[205]。

瓦有灰瓦、黑瓦和琉璃瓦三种。灰瓦较为粗松，用于一般建筑。黑瓦质地紧密，经过打磨，表面

图 102-1　河北赵县安济桥

图 102-2　河北赵县安济桥栏板雕刻之一

图 102-3　河北赵县安济桥
栏板雕刻之二

图 102-4　河北赵县安济桥座柱雕刻

光滑，多使用于宫殿和寺庙上。长安大明宫出土的琉璃瓦以绿色居多，蓝色次之，并有绿琉璃砖，表面雕刻莲花，而渤海上京宫殿用绿琉璃构件镶砌于柱础上。唐朝重要建筑的屋顶，常用叠瓦屋脊及鸱吻。鸱吻形式比之宋、明、清各代远为简洁秀拔。瓦当则多用莲瓣图案。还有用木做瓦，外涂油漆，和"镂铜为瓦"的。

在使用木材方面，《隋史》载宇文恺造观风行殿，能容纳数百人，下施轮轴，可推移；而何稠所制六合城，"周回八里（约3721米）……，四隅置阙，面别一观，观下三门（夜中施工），迟明而毕"。其他体形巨大的木建筑如唐武则天在洛阳建明堂，高二百九十四尺（约88.2米），方三百尺（约90米）；明堂后面又建天堂五级，其第三级可以俯视明堂，都反映当时木建筑技术所能达到的水平。明堂有"巨木十围，上下通贯，楍栌撑楬，借以为本"[152]，说明这座巨大木结构以中心柱保证其整体的牢固，不难推测盛唐时期的木塔内部也可能使用中心柱。至于用料标准，根据初唐以来各种壁画和石刻中表示的柱、枋、斗栱等构件，可以清楚地看出各构件之间具有一定的比例关系。这种关系在唐中叶所建五台山南禅寺正殿及唐末所建佛光寺正殿的结构中，则是以拱的高度为各构件的基本比例尺度，因此，我们有充分理由推测初唐时期也已经有了同样的用料标准，甚至在唐以前业已产生，亦未可知。同时，唐代遗物的梁枋断面采取1:2的比例，是符合材料力学的原则的。

在使用金属材料方面，用铜、铁铸造的塔、幢、纪念柱和造像等日益增多。如公元七世纪末，唐武则天在洛阳曾铸八角形天枢，高一百零五尺（约31.5米），径十二尺（约3.6米）[206]；又铸九鼎及十二神各高一丈（约3米）。现存的有五代时所铸巨大的铁狮[207]及南汉铸造的千佛双铁塔，塔方形，七级，各高二丈余（约7米）[208]、[209]，都表示当时金属铸造技术的发展情况。

唐代组群建筑的组合方式见于大明宫遗址与《戒坛图经》、敦煌壁画中的，一般沿着纵轴线采用对称式庭院布局（图103）。纵轴线上往往以二、三个或更多的庭院向进深方面重迭排列，构成全组的核心，再在其左右建造若干次要庭院。其中以中央主要庭院面积最大，正殿多位于这个庭院的后侧。正殿左右翼以回廊，再折而向前，形成四合院，而走廊转角处和庭院两侧常有楼阁与次要殿堂，并用圜桥来联系这些楼阁的上层。整个建筑组群不但主次分明，而且高低错落，具有宏伟而富于变化的轮廓，各座建筑的装饰和色彩也都十分华丽。

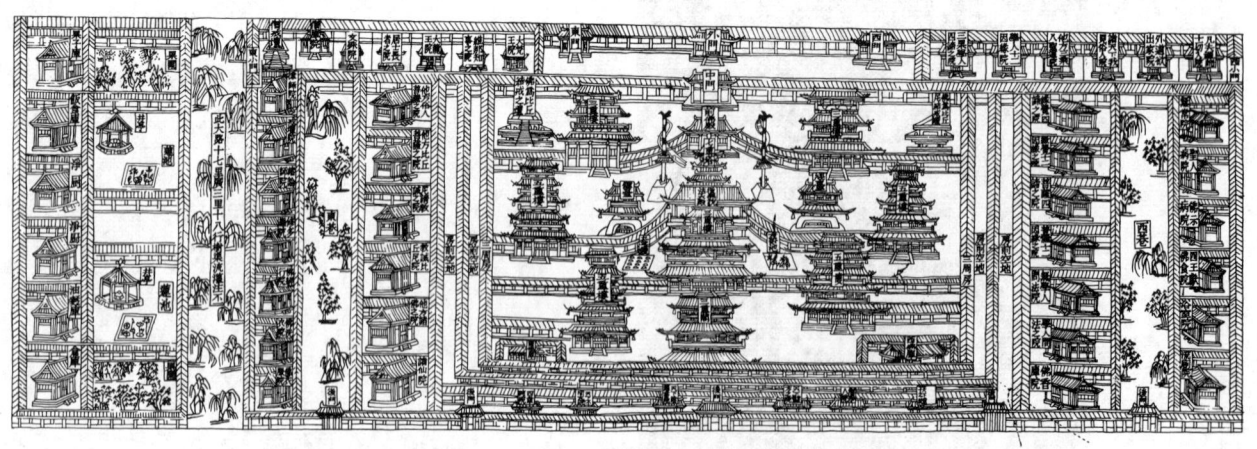

图 103　《戒坛图经》所示律宗寺院图

　　单体建筑的平面，据唐大明宫及渤海上京宫殿遗址所示，长方形平面中除满堂柱网和双槽平面以外，以内外槽平面的数量为最多。主要殿堂的左右两侧沿用北朝末期已有的挟屋[210]，而前部或后部中央已有龟头屋（抱厦）[211]。走廊平面有单廊与复廊二种。唐朝殿堂的各间面阔有二种方式：雕刻和壁画所反映的大都明间大而左右各间小；而大明宫遗址的间距则各间使用同一尺度，且多数在 5 米左右，是一个重要特点。唐末佛光寺正殿中央五间的面阔也都是 5 米上下，但左右二尽间略窄。五代

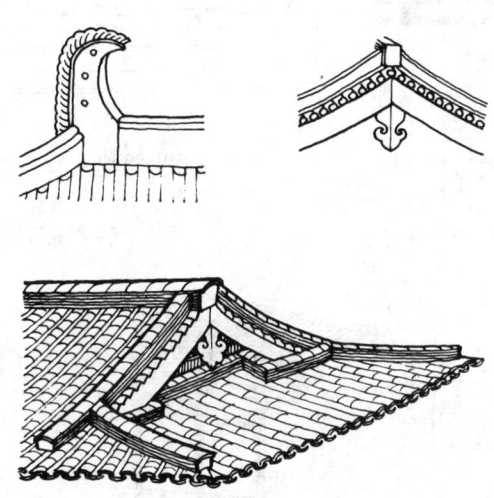

上左.鸱尾、西安大雁塔门楣石刻.
上右.悬鱼、唐李思训 江帆楼阁图.
下. 版瓦屋脊及歇山做法、五代卫贤高士图.

屋
顶
装
饰

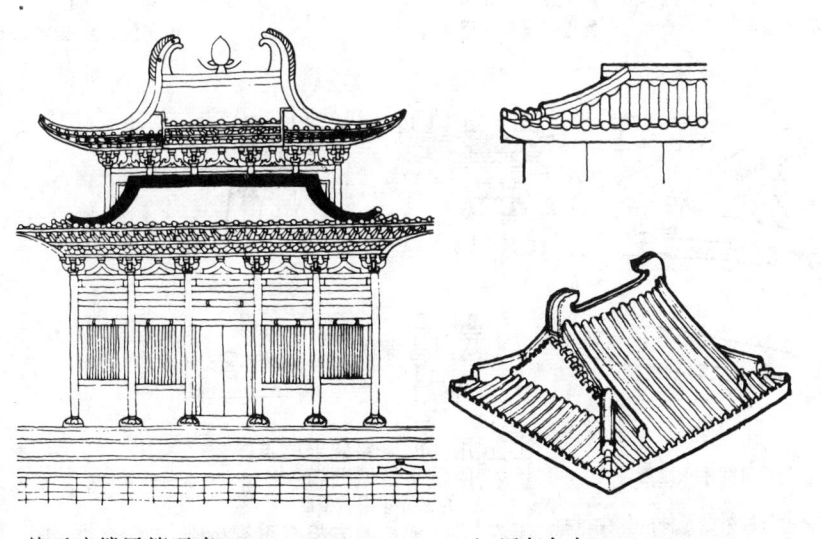

前面建築屋簷平直.補間用一般人字栱
後面建築屋簷起翹.補間用加装飾的人字栱
　　　長安縣章洞墓壁畫.盛唐.公元708

上.屋角起翹、長安縣章洞墓壁畫.盛唐.
下.屋簷平直.屋頂有鴟尾.
河南博物館藏隋開皇二年石刻.公元582.

上.脊頭瓦的應用、敦煌石窟壁畫.
下.脊頭瓦.
　　西安唐大明宮重玄門遺址出土.

图 104-1　隋、唐、五代建筑细部（一）

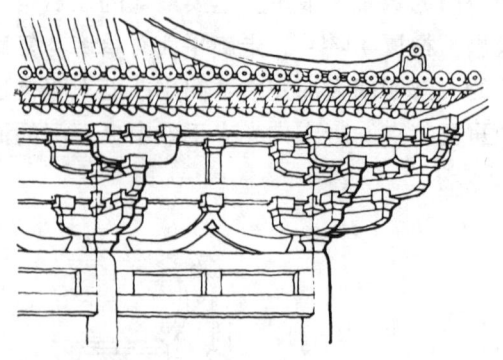

柱頭及轉角鋪作雙抄雙下昂、
補間鋪作駝峯上出雙抄.
敦煌石窟172窟、盛唐.

柱頭鋪作出雙抄、上承令栱撩檐方、補
間鋪作用人字栱蜀柱、不出跳.
西安大雁塔門楣石刻、盛唐、公元704.

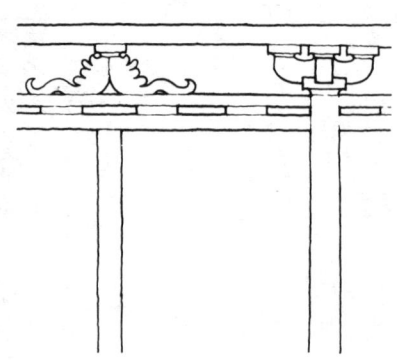

斗栱

柱頭鋪作櫨斗、補間鋪作人
字栱、上承撩檐方.
太原天龍山隋開皇四年窟 公元584.

平座鋪作柱頭出雙抄承替木、上
層柱頭鋪作同、無補間鋪作.
敦煌石窟321窟、初唐.

柱頭鋪作一斗三升、櫨斗上出梁頭、補
間鋪作人字栱、柱間施闌額.
西安蘇莫墓、公元728.

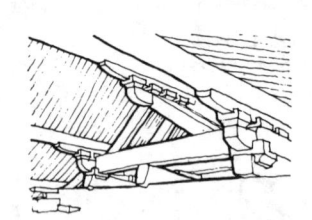

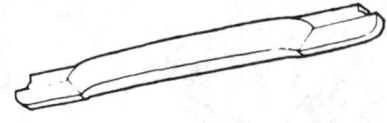

梁
架

上、又手.上施令栱替木承屋簷.

下、月梁.梁身卷殺梁頭延伸成外跳華栱.

五台縣佛光寺大殿.

上左、用梯形梁架做城門道.
上右、用又手做城門道.
　　　敦煌石窟唐代壁畫.

下左、梁頭與柱頭方相交垂直斫割
與外跳斗栱斷開.
　　西安大雁塔門楣石刻斗栱斷面示意.

下右、駝峯.五台縣南禪寺、公元782.

图 104-2　隋、唐、五代建筑细部（二）

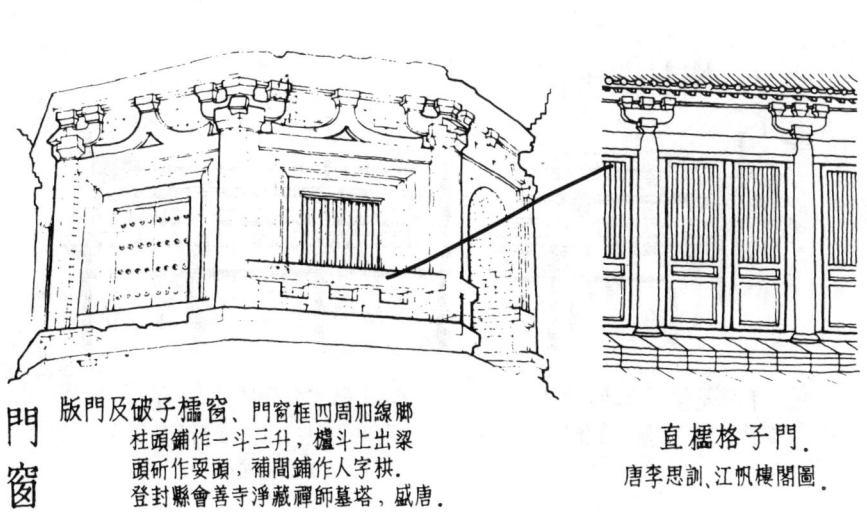

門窗

版門及破子櫺窗、門窗框四周加線脚
柱頭鋪作一斗三升，櫺斗上出梁
頭斫作耍頭，補間鋪作人字栱.
登封縣會善寺淨藏禪師墓塔，盛唐.

直櫺格子門.
唐李思訓、江帆樓閣圖.

烏頭門，上段開直櫺窗.
敦煌石窟、初唐.

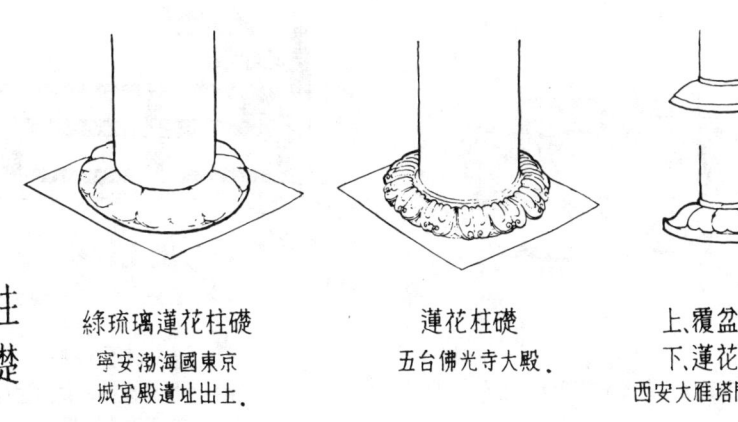

柱礎

綠琉璃蓮花柱礎
寧安渤海國東京
城宮殿遺址出土.

蓮花柱礎
五台佛光寺大殿.

上、覆盆柱礎
下、蓮花柱礎
西安大雁塔門楣石刻.

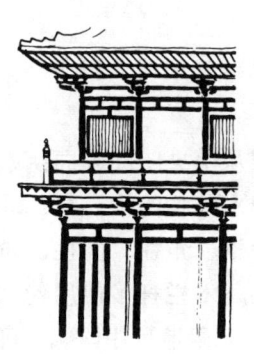

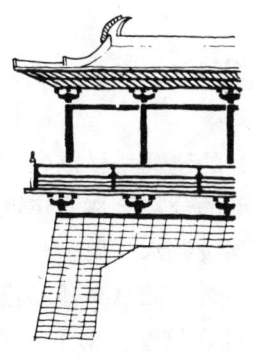

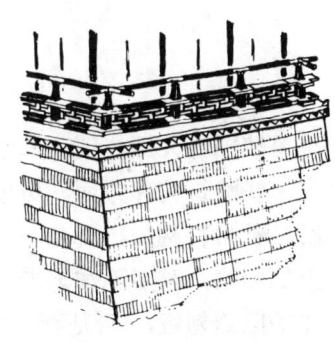

平座欄杆

樓閣平座、下層屋簷上施一
斗三升柱頭鋪作.補間鋪作人
字栱.敦煌石窟431窟.初唐.

高台基座、下層立
柱.柱上平座鋪作
敦煌石窟.

城樓基座有斗栱.臥
櫺欄杆.
敦煌石窟217窟.

城樓基座有雁翅版無斗栱.斗子
蜀柱勾片單勾欄.尋杖絞角.
西安唐永泰公主墓壁畫.

图 104-3 隋、唐、五代建筑细部（三）

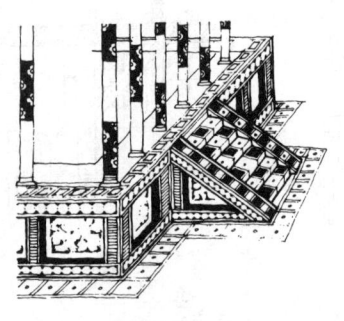

花磚台基
敦煌石窟唐代壁畫

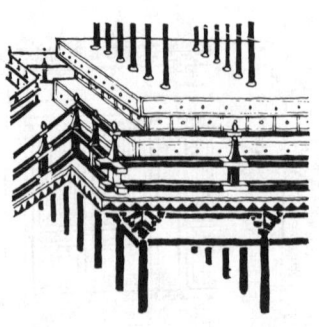

臨水木柱基座,上建磚須彌座
敦煌石窟172窟盛唐壁畫

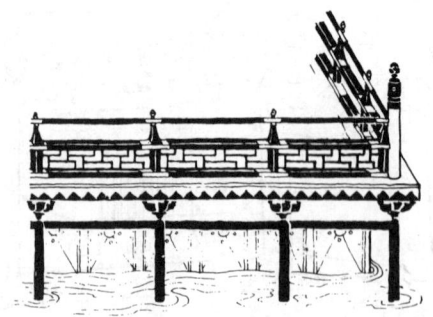

磚木合用臨水基座
用斗子蜀柱勾片勾欄,轉角用望柱
敦煌石窟25窟

台基欄杆及螭首

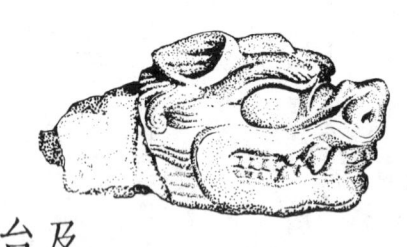

石螭首
寧安渤海國東京城宮殿遺址出七

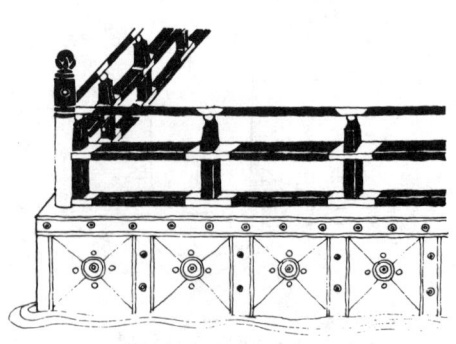

臨水磚石台基
用斗子蜀柱欄杆,轉角用望柱
敦煌石窟唐代壁畫

图 104-4  隋、唐、五代建筑细部（四）

平遥镇国寺大殿，则和宋辽遗存的建筑一样，各间面阔从中央明间起向两端采取递减的方式[188]。

在建筑构件方面，房屋下部的台基除临水建筑使用木结构的柱、枋、斗栱等以外，一般建筑用砖石二种材料构成，再在台基外侧设散水一周。台基的地栿、角柱、间柱、阶沿石等都饰以雕刻或在其上加彩绘，踏步面和垂带石亦如是，但也有铺砌花砖的。木栏杆多使用勾片栏板或简单的卧棂，其下并护以雁翅板，可是石制的望柱和螭首已见于大明宫含元殿遗址中[23]，可知当时重要建筑的台基上使用石制的栏杆（图104）。

柱础形制无论简单的复盆或雕琢莲瓣的柱础，整个形体都较矮、较平。柱的比例由于柱高等于明间面阔，而面阔又多在 5 米左右，因而比例粗矮，如佛光寺正殿即如此。阑额的位置一般与柱上端取平，仅少数例子稍低（图104）。

据敦煌石窟中的初唐壁画，栌斗上已出跳水平栱。盛唐壁画则有双抄双下昂出跳的斗栱。补间铺作在初唐时期多用人字形栱，到盛唐出现了驼峰，并且在驼峰上置二跳水平栱承托檐端，由此可见佛光寺正殿的斗栱结构，至迟产生于盛唐时期。由于柱头铺作与补间铺作在结构上机能不同，繁简各异，主要和次要的作用十分明确，再加上开间较窄，柱身较矮与斗栱雄大出檐深远等，因而成为构成唐朝简洁雄浑的建筑风格的因素之一（图104）。

殿内梁架结构，在柱梁及其他节点上施各种斗栱，数量比宋以后为多；同时柱身较矮，室内空间较低，使斗栱在室内结构上和形象上的作用更为突出，也和宋朝建筑不同。此外，据敦煌壁画所示，楼阁建筑在腰檐上加平坐，推测内部应有暗层。至于南北朝以来在梁上置人字形叉手承载脊檩的方式，唐末佛光寺正殿仍然使用，可是后代建筑中已没有这种做法了（图104）。

唐代盛行直棂窗，而初唐时期乌头门的门扉上部亦装有较短的直棂，据唐末绘画所示，这时的槅扇已分为上、中、下三部，而上部较高，装直棂，便于采纳光线（图104）。唐咸通七年（公元866年）所建山西运城县招福寺禅和尚塔已有龟锦纹窗棂（图105）。到五代末年的虎丘塔，又发展为花纹繁密的球纹。室内壁画上往往绘有壁画，天花有平阇与斗八藻井，形制都很简洁，但石窟中的藻井彩画花纹有过于稠密之感。这时彩画构图已初步使用"晕"，对于以对晕、退晕为基本原则的宋代彩画具有一定的启蒙作用（图106-1～2）。

在屋顶形式方面，重要建筑物多用庑殿顶，其次是歇山顶与攒尖顶，极为重要的建筑则用重檐。其中歇山顶的形制、收山较大，山花部分向内凹入很深，下部博脊也随之凹入，上部施博风版及悬鱼（图104）。在组群建筑中则往往将各种不同形式的屋顶组合为主次分明而又相当复杂华丽的形象。

纹样的使用，除莲瓣以外，窄长花边上常用卷草构成带状花纹，或在卷草纹内杂以人物。这些花纹不但构图饱满，线条也很流畅而挺秀。此外，还常用半团窠及整个团窠相间排列，以及回纹、连珠纹、流苏纹、火焰纹、及飞仙等富丽丰满的装饰图案（图107-1～4）。

总的说来，唐朝的城市布局和建筑风格的特点是规模宏大，气魄雄浑，格调高迈，整齐而不呆板，华美而不纤巧。不仅都城、宫殿、陵墓寺庙如此，全国各地的城市和衙署也莫不皆然[212]。这表明：我国劳动人民所创造的建筑历史，到这时期又有了新的发展。唐朝的建筑艺术，在南北朝成就的基础上，使建筑与雕刻装饰进一步融化提高，创造出了统一和谐的风格，取得了辉煌灿烂的成就。

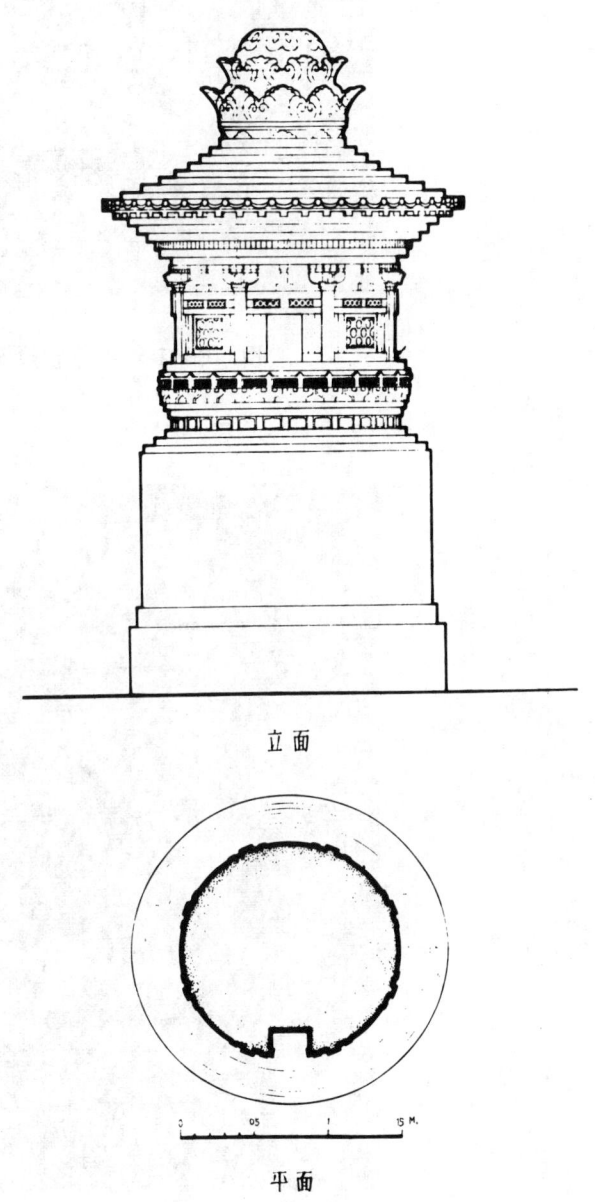

立面

平面

图 105 山西运城县招福寺禅和尚塔平、立面图

图 106-1　甘肃敦煌县莫高窟藻井之一

图 106-2　甘肃敦煌县莫高窟藻井之二

卷草鳳紋　西安唐楊執一墓門額楣

獅鹿卷草紋　西安唐楊執一夫人墓誌蓋

卷草紋　西安隋王君墓誌蓋

卷草紋　西安隋獨孤羅墓誌蓋

佛像迦陵頻加卷草紋
西安唐大智禪師碑側

回紋　敦煌360窟藻井

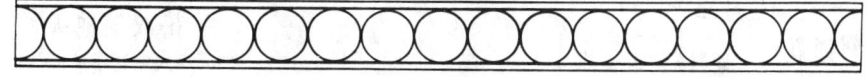

連珠紋　敦煌360窟藻井

图 107-1　隋、唐、五代装饰纹样（一）

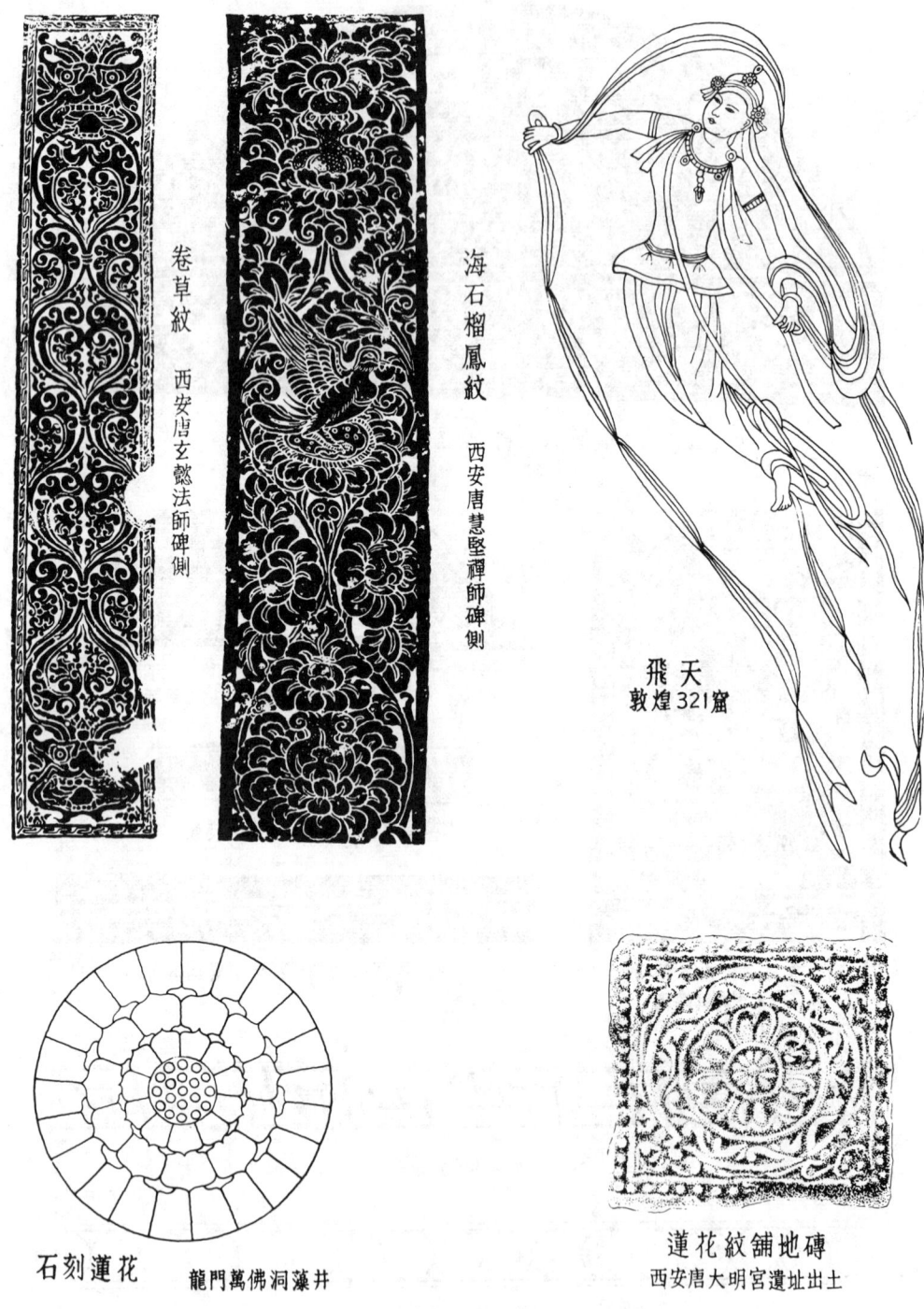

卷草紋　西安唐玄懿法師碑側

海石榴鳳紋　西安唐慧堅禪師碑側

飛天
敦煌321窟

石刻蓮花　龍門萬佛洞藻井

蓮花紋舖地磚
西安唐大明宮遺址出土

图 107-2　隋、唐、五代装饰纹样（二）

流蘇紋　敦煌331窟藻井

鈴鐺流蘇紋　敦煌360窟藻井

葡萄紋　敦煌322窟

帶狀花紋　敦煌197窟

帶狀花紋　敦煌66窟

團窠紋　敦煌319窟藻井

卷草紋　江蘇南京李昇陵前室西壁立枋彩畫

图 107-3　隋、唐、五代装饰纹样（三）

石刻寶相花
南京棲霞山舍利塔

飛天　龍門看經寺

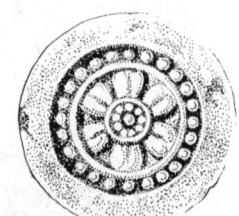

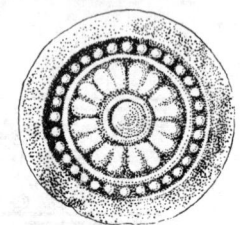

蓮花紋瓦當
西安唐大明宮遺址出土

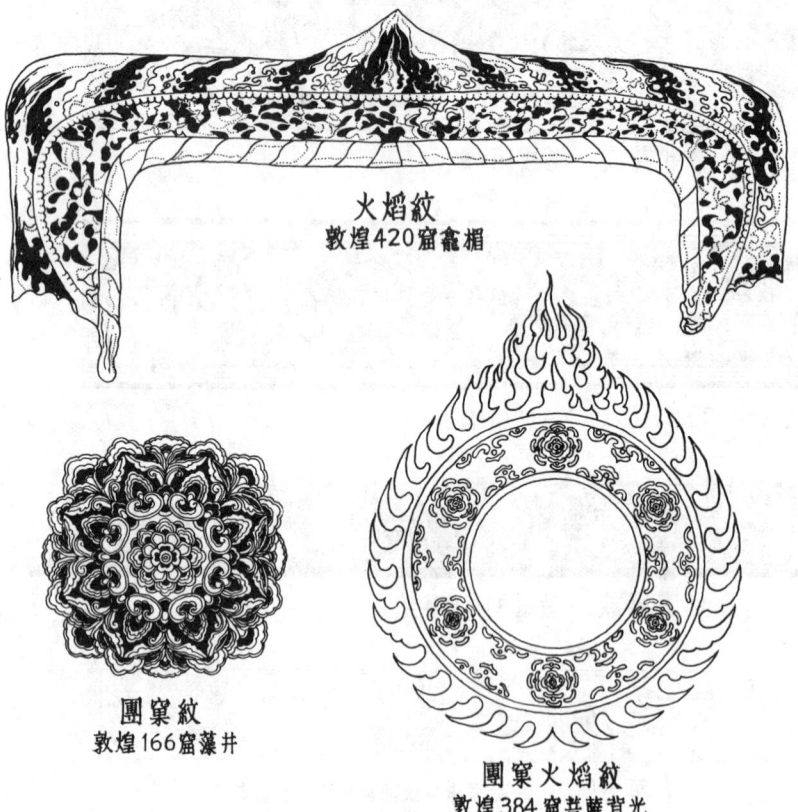

火焰紋
敦煌420窟龕楣

團窠紋
敦煌166窟藻井

團窠火焰紋
敦煌384窟菩薩背光

图 107-4　隋、唐、五代装饰纹样（四）

# 第六章  宋、辽、金时期的建筑

## （公元960—1279年）

## 第一节  宋、辽、金时期社会的变动和建筑概况

中国历史在唐朝大统一和五代十国战乱之后，进入北宋与辽、南宋与金、元对峙的时期。

公元960年宋太祖（赵匡胤）夺取后周政权，建立宋朝（史称北宋）。宋太宗统一中原和南方地区，结束了五代十国的战乱局面。公元十二世纪初，居住在中国东北长白山一带的女真族建立金，逐步向南扩展，在公元1125年灭辽，1127年又灭北宋。北宋灭亡的当年，宋高宗（赵构）在中国南部建立南宋。1234年蒙古族灭金，1271年建立元朝，于1279年灭南宋。

五代十国半个多世纪的割据战争使黄河流域的经济受到巨大损失。北宋建立统一的政权以后，采取均定赋税、兴修水利、开垦荒地等措施，从而农业得到迅速的恢复和发展，农村中有不少定期的集市逐步形成为市镇。宋朝的手工业分工细密，科学技术和生产工具比以前进步，有些作坊的规模也扩大，并且多集中于城镇中，促进了城市的繁荣，再加上国际贸易的活跃，原来唐朝十万户以上的城市只有十多个，到北宋已增加到四十多个。在这些社会条件下，市民生活也多样化起来，促进了民间建筑的多方面发展，同时在宫殿、寺庙等高级建筑的创作中成为主要的根源。

在政治方面，宋朝的统治者一向采取对外妥协投降、对内不断地加强剥削，过着苟安享乐的腐化生活，这种消极的政治局面，很自然地影响了当时社会的意识形态。在宗教方面，道教受统治阶级的提倡有所发展，封建礼制中也渗入许多道教因素；佛教则除禅宗兴盛外没有更大的进展。五行阴阳和风水迷信相当流行，影响到人们的生活习惯和建筑。唯心主义的性理之说成为当时儒学的主流。文学和艺术中出现了大量反映中小地主和一般市民生活的作品，其中仅少数有雄健豪迈的气概，一般作品则呈现着工整、细致和柔美、绚烂的风格；各种工艺品也有同样的倾向。

上述政治和社会意识形态虽然具有若干消极因素，但是由于社会经济的发展及生产技术和工具的进步，推动了整个社会的前进。在建筑方面反映出来的，首先是都城布局打破了汉、唐以来的里坊制度。本来从唐朝后期起，南方商业城市已经有灯火辉煌的夜市（如扬州）[213]，有些城市的外部还出现了自由形成的草市（如汴州、洛阳等），这些发展变化说明传统的里坊制度和集中的市场已经不能适应日益发展的手工业的要求了。到五代和北宋，这种情况更加显著。北宋的首都东京在五代后周改建汴州为都城时就已临街设店[165]，接着宋朝取消里坊和夜禁制度[215]，形成了按行业成街的情况；一些邸店、酒楼和娱乐性建筑也大量沿街兴建起来。某些城市的大寺观还附有园林，或有集市，成为当时市民活动场所之一[216]。这些情况显示工商业发展使得市民生活、城市面貌和政治机构都发生变

化，从而城市的规划结构出现了若干新的措施。

其次，宋朝建筑的规模一般比唐朝小，无论组群与单体建筑都没有唐朝那种宏伟刚健的风格，但比唐朝建筑更为秀丽、绚烂而富于变化，出现了各种复杂形式的殿阁楼台。在装修和装饰、色彩方面，灿烂的琉璃瓦和精致的雕刻花纹及彩画增加了建筑的艺术效果。由于手工业的发展，促进了建筑材料的多样化，提高了建筑技术的细致精巧的水平。这时建筑构件的标准化在唐代的基础上不断进展，各工种的操作方法和工料的估算都有了较严密的规定，并且出现了总结这些经验的《木经》[217]和《营造法式》两部具有历史价值的建筑文献。

偏安于淮河以南的南宋，统治地域大大缩小，因此宫室的规模比北宋更小，甚至宫殿使用悬山顶[218]，但精巧秀丽的建筑风格却进一步发展了。传统的园林建筑，经过北宋到南宋，更密切地和江南的自然环境相结合，创造了一些因地制宜的手法，一直影响到明清。

上述这些现象，说明从北宋起开始了中国建筑的又一个新的发展阶段，并形成一个新的高潮。元、明、清时期的建筑都是在宋朝的基础上不断丰富发展起来的。

居住在中国东北的契丹族原是一个游牧部族，从辽代许多墓葬采用圆形和八角形看来，大约契丹族早期居住的应是简单的"穹庐"（毡包）[219]、[220]、[221]。公元916年契丹族建立辽朝，统治了山西、河北的北部，吸收汉族文化，进入封建社会。辽朝的统治者仿汉族的建筑，使用汉族工匠修建都城、宫室和佛寺等。不过由于北方从唐朝末起就成为藩镇割据的状态，建筑技术和艺术很少受到唐末至五代时中原和南方文化的影响，因此辽朝早期建筑保持了很多唐代的风格，仅少数宫殿(如祖州)，佛寺（如大同华严寺）和某些民居采取东向，保有契丹族原来的习惯。由于辽朝统治者崇信佛教，所以辽朝保存至今的具有历史价值的建筑中有若干是木结构佛寺殿塔，如河北蓟县独乐寺的观音阁和山门、山西大同下华严寺薄伽教藏殿与善化寺大雄宝殿、应县佛宫寺释伽塔以及其他砖石塔等。

金在建国以前也是中国东北地区的一个部族，后来强大起来，灭了辽和北宋，统治了中国北部和中原地区。在建筑方面，由于工匠都是汉人，形成宋、辽掺杂的情况。现存遗物有一些基本上与辽朝建筑差别不大[222]，而另外一些在装修的细致与纤巧、造型的柔和方面则更多的接近宋朝建筑[223]。其中有一些木建筑平面采取大胆的减柱法，出现了前所未有的长跨两三间的复梁，承载屋顶梁架，如山西五台山佛光寺文殊殿就是一个典型例子。这种结构手法可能导源于宋的某些地方性建筑，而在金代比较流行，并影响到元的建筑[224]。金代建筑的装修也有不少发展，具有和南宋不同的繁密而华丽的作风，其中不少作品流于繁琐堆砌。

# 第二节　城市与宫殿

宋、辽、金时期由于唐末、五代以来手工业和商业的发展，全国各地出现了若干中型城市，城市的布局也发生了变化。这时期的主要城市有北宋的首都东京（今开封市）和以园林著名的西京（今洛阳市），南宋的临安（今杭州市），辽的南京与金的中都（都在今北京西南郊），以及扬州、平江（今苏州市）、成都等手工业、商业城市。此外，由于对外贸易的发展，沿海的广州、明州（今宁波市）、泉州等城市也在唐代的基础上进一步繁荣起来。

## 北　宋　东　京

东京的前身是唐朝的汴州，原是一个地方的首府，它位于黄河中游的大平原上，正当大运河的中枢，水陆交通便利，手工业和商业相当发达。五代时期的梁朝曾以它为东都。晋、周二朝也在此建

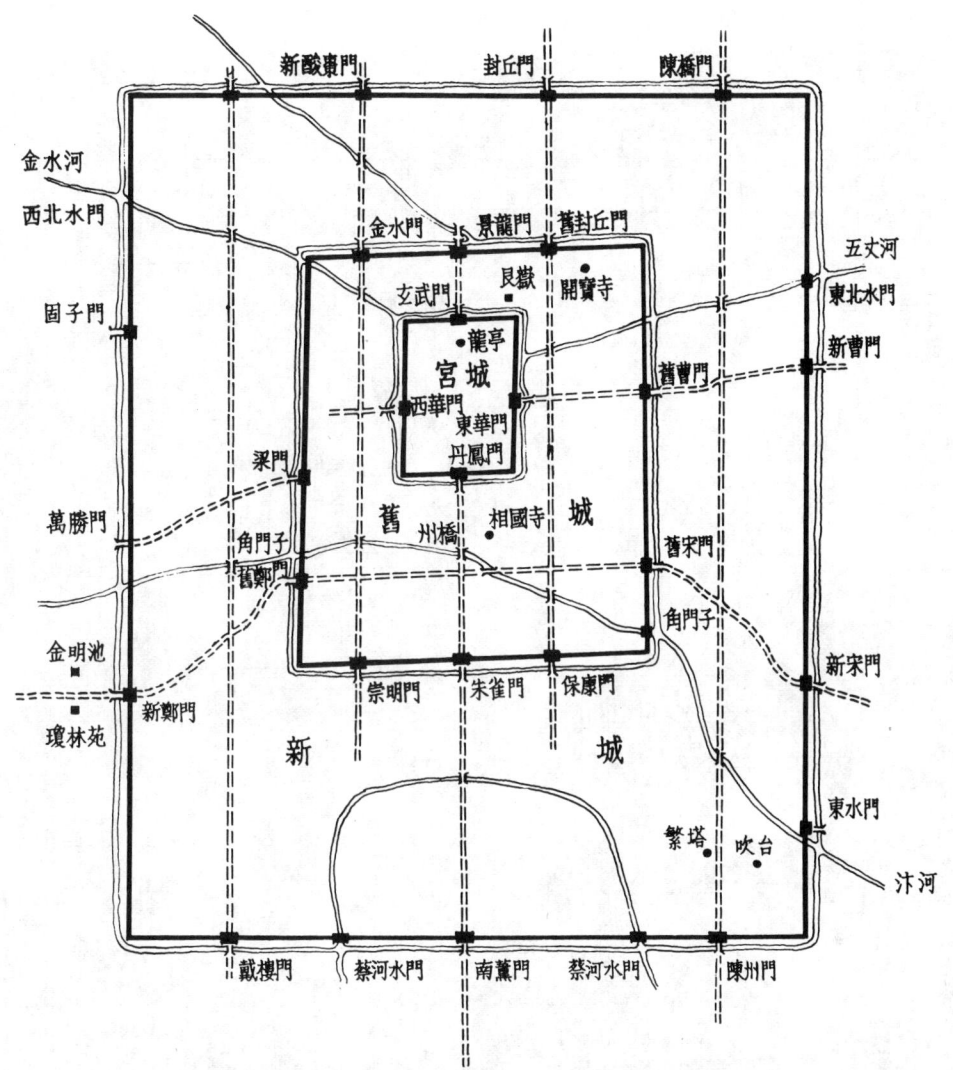

图 108 北宋东京平面想象图

都。公元951年后周奠都于此，因"屋宇交连，街衢狭隘"，因而加筑外城，开拓街坊，展宽道路，疏浚河道[165]。接着北宋为了利用南方丰饶的物资，也建都于此，并进行了多次建设。

据文献记载[225]，东京有三重城，每重城墙之外都有护城壕环绕。外城周19公里，是后周时扩建的，城墙每百步（约155米）设有防御用的"马面"，南面有三座门，另有水门二，东、北各四门，西面五门，每座城门都有瓮城，上建城楼和敌楼。内城即唐汴州外城，位于外城的中央稍偏西北，周9公里，每面各有三座门。内城的主要建筑除宫殿外，是衙署、寺观、王公宅第以及居住住宅、商店、作坊等。宫城是宫室所在地又称大内，是在原来唐朝节度使治所的基础上发展的（图108）。

宫城位于内城的中央而稍偏西北，每面各有一座城门。城的四角建有角楼。南面中央的丹凤门（宣德楼），有五个门洞，门楼两侧有朵楼，自朵楼向南出行廊连阙楼，其平面呈冂形。出丹凤门往南是御街，街的两侧建有御廊。丹凤门以内，在宫域南北轴线的南部排列着外朝的主要宫殿。最前面的大庆殿宽九间，东西挟屋各五间，是皇帝大朝的地方；其次是常朝紫宸殿。在这轴线的西面，又有与之平行的文德、垂拱二组殿堂，作日朝和饮宴之用[225]、[226]。外朝诸殿以北是皇帝的寝宫与内

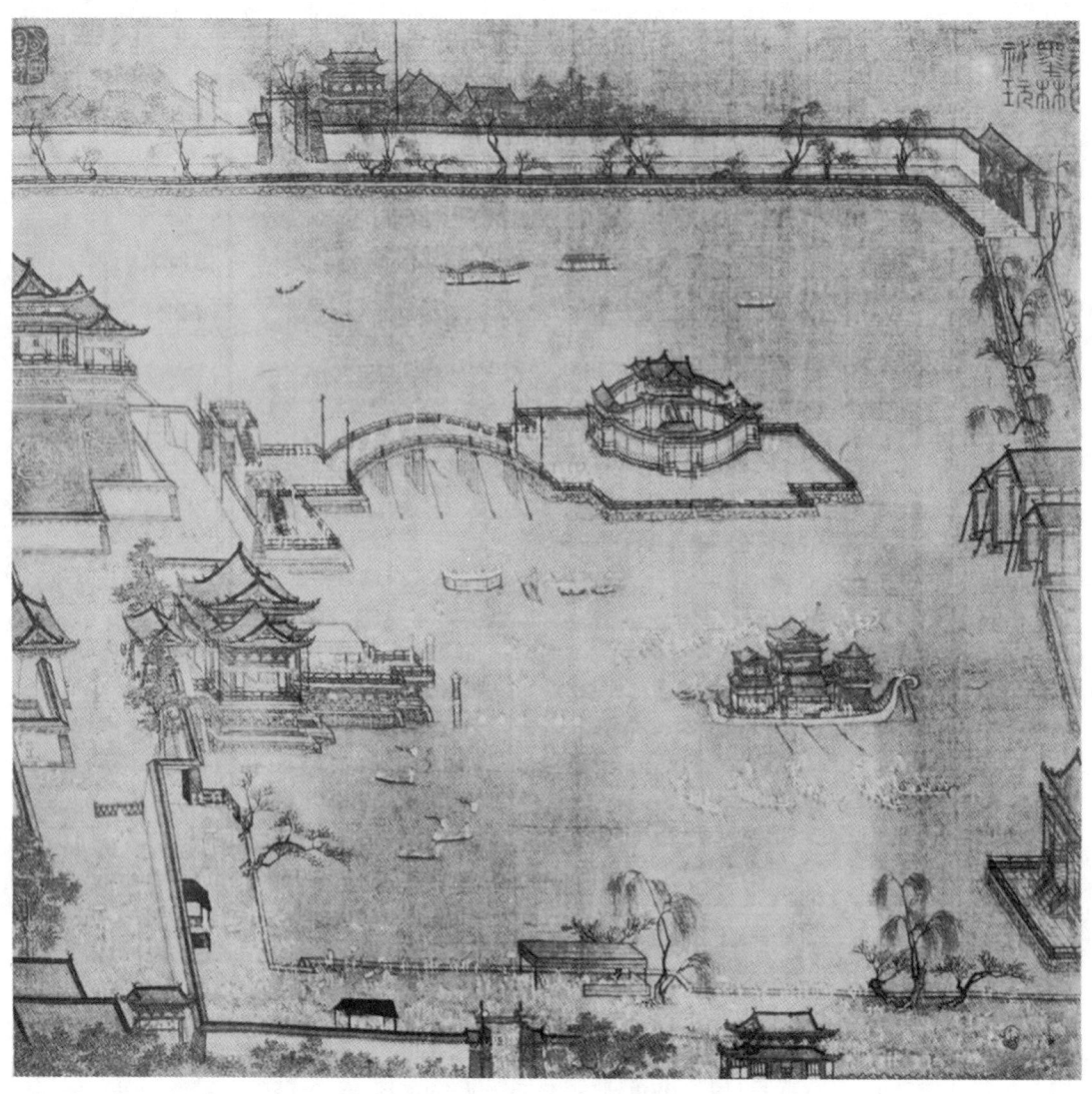

图 109   宋画《金明池夺标图》

苑[227]，宫城内还有若干官署。内城东北隅有一座大型园林——艮岳，外城西郊有金明池，都是皇帝游乐的御苑。根据文献记载，北宋宫殿的主要殿堂有些是工字殿形式[228]。整个规模虽不如隋唐两朝宏大，但扩建时曾参照西京（洛阳）唐朝宫殿，所以组群布局既规整，又具有灵活华丽和精巧的特点。

艮岳以人工堆造峰峦岩谷和池沼岛屿，其间点缀楼台亭榭，穷奢极侈，所用山石取自太湖沿岸，用船运到东京，就是有名的"花石纲"，给人民带来了极大的痛苦。北宋末，金人围城，被人民所拆毁[229]，金明池位于外城新郑门外，周九里（约5000米）。据宋画《金明池夺标图》，池岸建有临水殿阁、船坞、码头等；池的中央有岛，上建圆形回廊及殿阁，以桥与岸相连。由于池中举行赛船游戏，供皇帝观览，所以金明池的布局和一般自然风景式园林有很大的差别[230]（图109）。

北宋中期以后，东京已经取消用围墙包绕的里坊和市场[215]、[231]，但为了便于统治，把若干街巷组为一厢，每厢又分为若干坊。据记载，东京城内共有 8 厢 121 坊，城外有 9 厢 14 坊[225]。东京的主要街道是通向城门的各条大街，它们都很宽阔，其他街道则比较狭窄。住宅和店铺、作坊等都面临

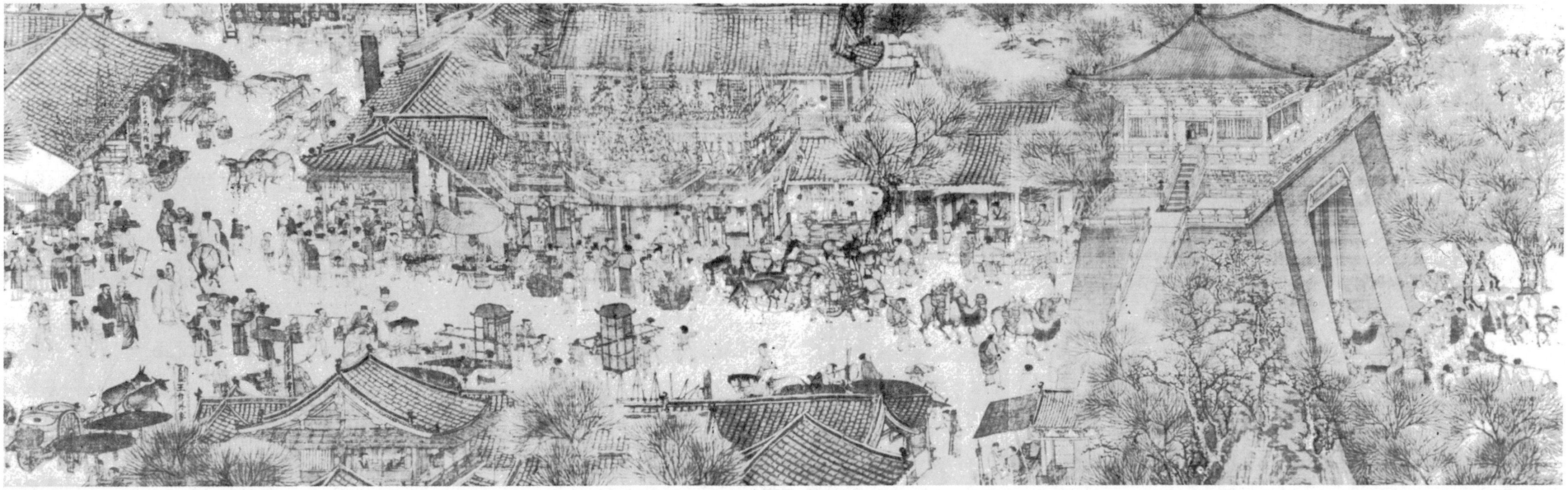

图 110-1 宋画《清明上河图》中街市城门

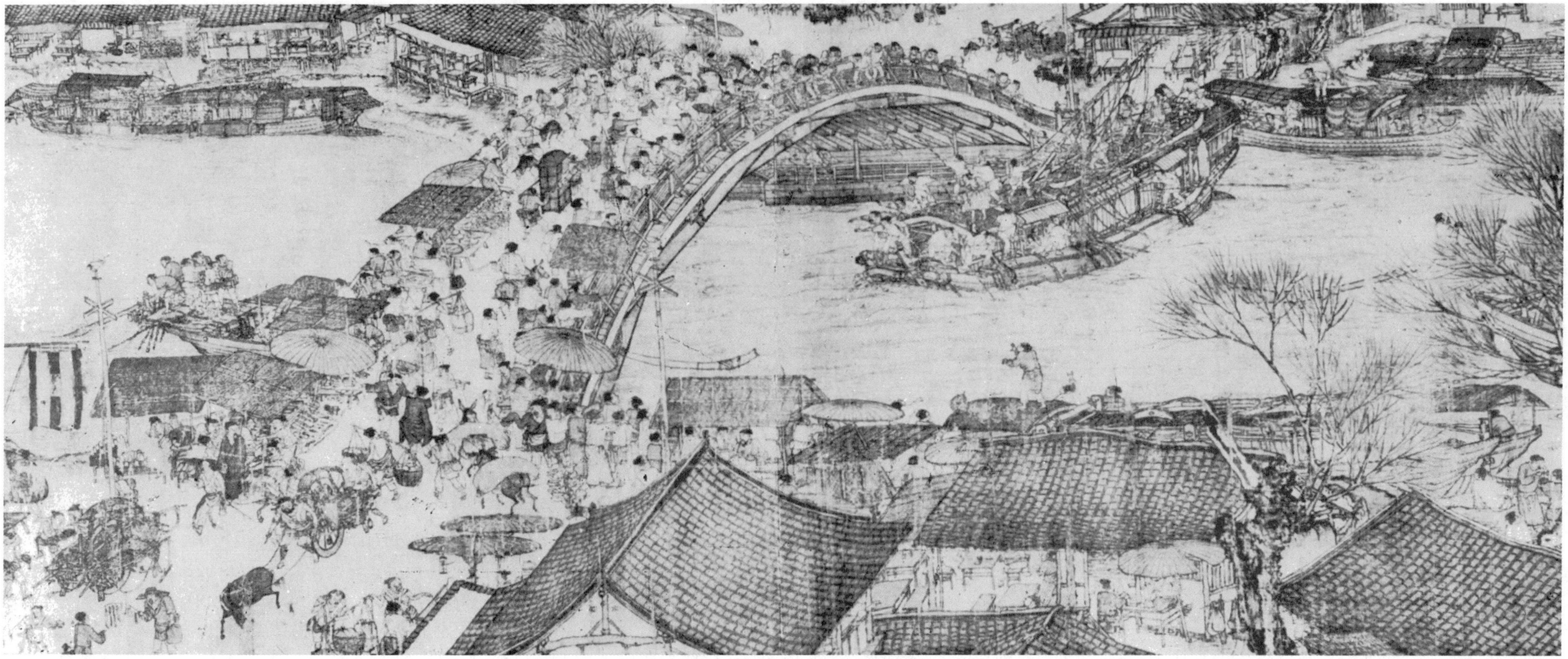

图 110-2 宋画《清明上河图》中东京虹桥

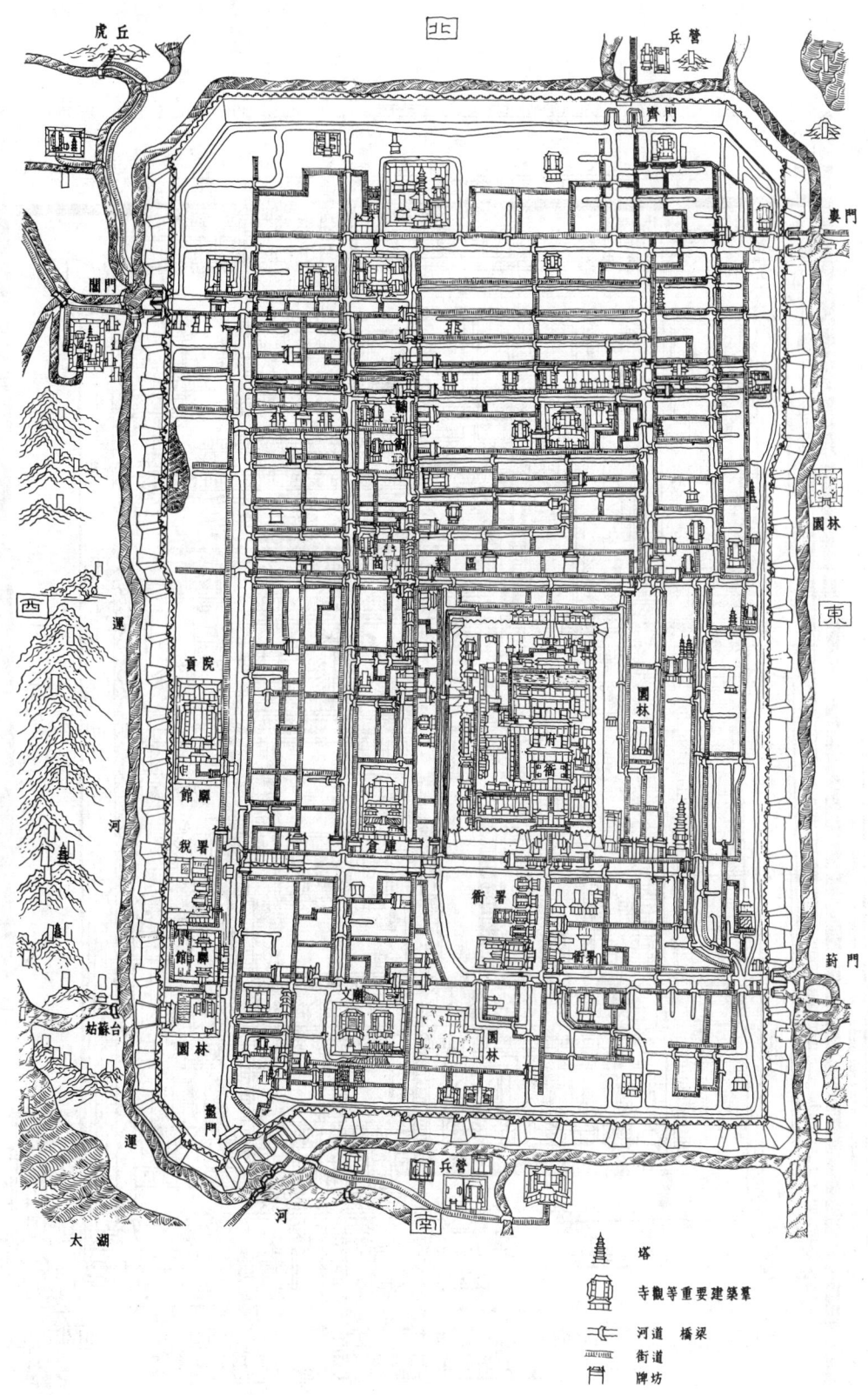

图 111-1　宋平江府图碑摹本

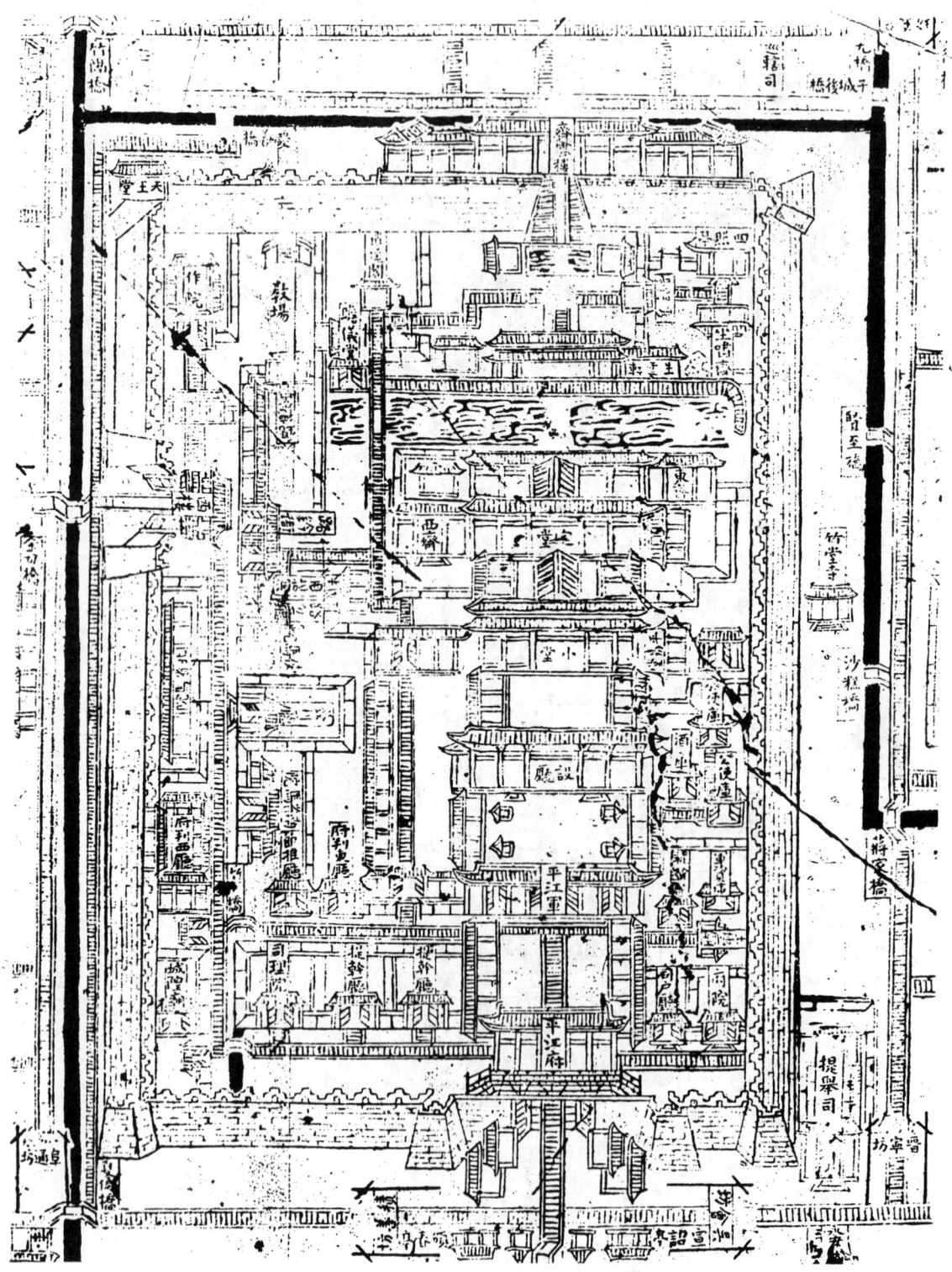

图 111-2  宋平江府图碑中"子城"拓本

街道建造。由于手工业和商业的发展，有些街道已成为各行各业集中的地段。最繁华的商业地段集中于城的东北、东南和西部三部分主要街道的附近；因为由东京往北不断有与辽、金往还的使臣车驿，往东南为运河漕运，往西通往西京，全是人流货流最集中的地区，商业也自然在这些地段及其附近兴盛起来。因为城市人烟稠密，房屋拥挤，所以酒楼多是二三层的建筑，其他热闹街市的临街房屋也有二至三层的，有些商店的前部还建有"采楼欢门"[215]（图110-1）。为了防火，城中建有若干望火楼，并在各坊巷设置军巡铺屋，随时巡回和救火，这是宋朝以前城市所未有的[232]。城中绿化继承隋唐长安、洛阳的传统，在街侧栽植各种果树，御沟内植荷花[215]。

东京城内有汴、蔡等四条河道贯通其间。在这些河上建有各式各样的桥梁。据记载，汴河上有桥十三座，其中最著名的是天汉桥和虹桥（图110-2）；蔡河上也有桥十一座[226]。

## 平　江

平江（今苏州市）是春秋末期吴国的都城，是中国最古的城市之一。自唐朝以来，它就是一座手工业和商业繁盛的城市。

平江位于物产丰饶的江南平原中，运河环绕城外西、南二面，西北达汴梁，东南通临安，扼南北交通的要道；陆上交通也很方便。城的平面，南北较长，东西较窄（图111-1）。城内街道纵横平直。主要街道为东西向或南北向，相交为十字或丁字形。从北宋起，路面多铺以砖[233]。平江城在交通方面的特点是安排了水道和陆路两套系统。除了街道外，城墙内各有河一道，城内河道又有干线和密布的分渠。大部分分渠采取东西方向，构成与街道相辅的交通网，使住宅、商店和作坊都是前街后河。据记载，这些河道在唐朝中叶曾进行过整治。河道出入城墙的地方建有七座水门和闸，城内外共有大小桥梁三百余座，是中国南部的一个典型水乡城市。

子城位于城内中央而稍偏东南，是平江府衙署所在地。平面呈长方形，四周以城墙环绕（图111-2）。子城有一条偏于东侧的南北轴线。在这条轴线上，南部建造办公的厅堂——设厅，北部是住宅和园林，其他部分是各种办公室、库房、制造武器的作坊和检阅兵士的校场等。这个规模宏大的地方官署，基本上保存唐朝原来的布局而加以若干修改。其中四合院式的院落布局方式和后部厅堂采用三堂相重而贯以穿廊（又称主廊）成为王字形平面，对于后代王府衙署等发生了深远影响；而宋、元通行的工字殿也可以说导源于唐朝衙署的厅堂。这座子城提供了很多重要史料，是唐、宋两朝官署建筑的重要例证。

由于运河环绕城外西、南二面，所以接待来往官吏和外国使臣的馆驿位于城西南的盘门内。储藏米粮的仓库和米市在馆驿的东侧一带。再东北则是繁华的商业区——乐桥，这里有各种商店、酒楼和旅舍。城的南北两端有南寨和北寨两所兵营。其余部分是住宅、寺观、商店、作坊等。城内外有著名风景区虎邱、石湖、桃花坞等[234]。

# 第三节　住　宅

宋朝农村住宅见于《清明上河图》中的比较简陋，有些是墙身很矮的茅屋，有些以茅屋和瓦屋相结合，构成一组房屋（图112-1）。城市的小型住宅多使用长方形平面，梁架、栏杆、槅格、悬鱼、惹草等具有朴素而灵活的形体。屋顶多用悬山或歇山顶，除草葺与瓦葺外，山面的两厦和正面的庇檐（或称引檐）则多用竹篷或在屋顶上加建天窗。而转角屋顶往往将两面正脊延长，构成十字相交的两个气窗。稍大的住宅，外建门屋，内部采取四合院形式（图112-2）。有些院内莳花植树，美化环境。

图 112-1　宋画《清明上河图》中农村住宅

图 112-2　宋画《清明上河图》中城市住宅

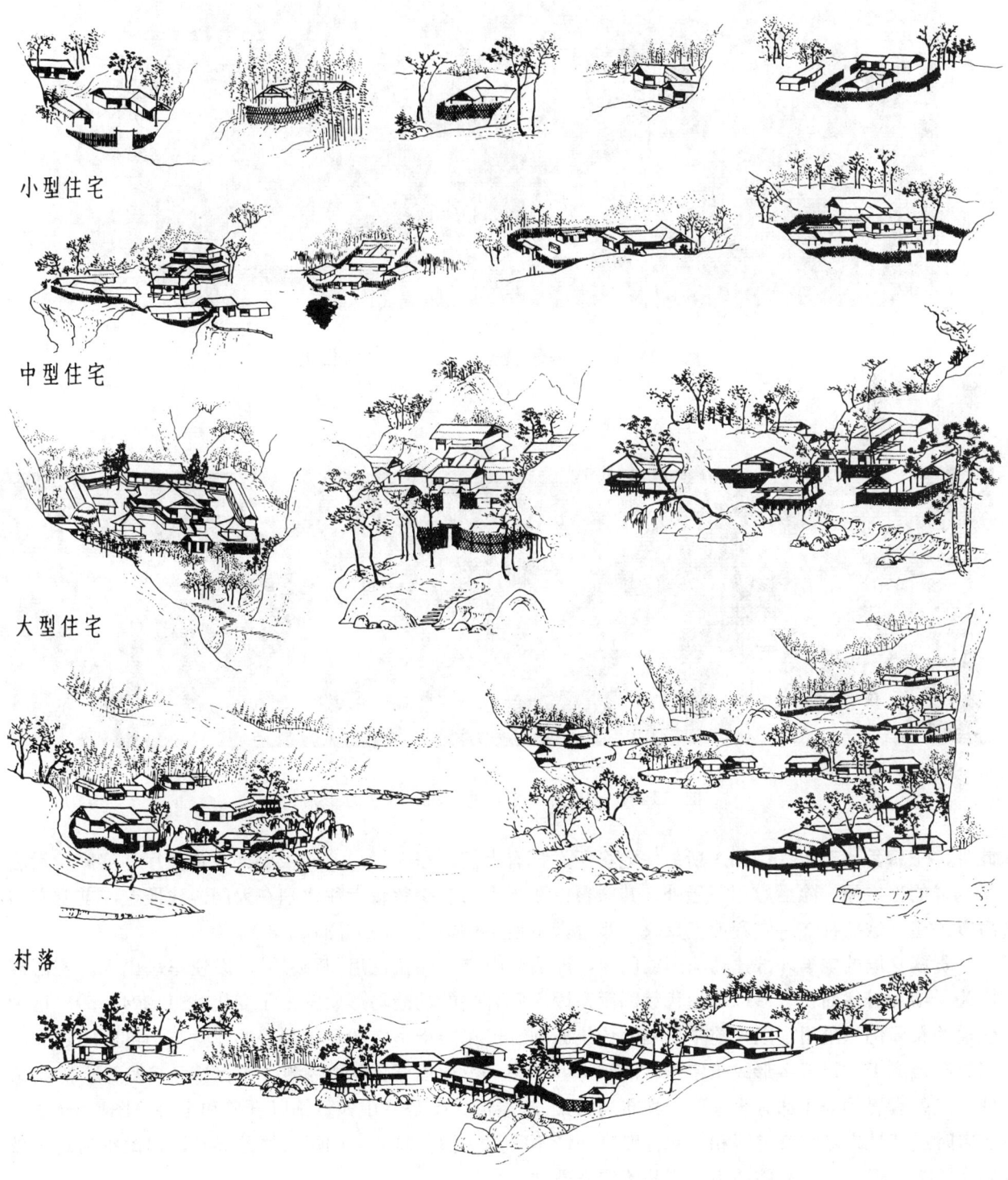

小型住宅

中型住宅

大型住宅

村落

图 112-3  宋王希孟《千里江山图卷》中所表现的宋代住宅

图 112-4　宋画《文姬归汉图》中的住宅

图 112-5　宋画《中兴祯应图》中的王府

此外，王希孟《千里江山图》所绘住宅多所，都有大门，东西厢房，而主要部分是前厅、穿廊、后寝所构成的工字屋，除后寝用茅屋外，其余覆以瓦顶。另有少数较大住宅则在大门内建照壁，前堂左右附以挟屋。这些都在一定程度上反映了当时大中地主住宅的情况（图112-3）。

贵族官僚的宅第外部建乌头门或门屋，而后者中央一间往往用"断砌造"，以便车马出入。院落周围为了增加居住面积，多以廊屋代替回廊，因而四合院的功能与形象发生了变化（图112-4～5）。这种住宅的布局仍然沿用汉以来前堂后寝的传统原则，但在接待宾客和日常起居的厅堂与后部卧室之间，用穿廊连成丁字形工字形或王字形平面[235]、[236]、[237]，而堂、寝的两侧，并有耳房或偏院。除宅第外，宋朝官署的居住部分也采取同样布局方式。房屋形式多是悬山式，饰以脊兽和走兽（图112-6）。北宋时虽然规定除官僚宅邸和寺观宫殿以外，不得用斗栱、藻井、门屋及彩绘梁枋，以维护封建等级制度[218]，但事实上有些地主富商并不完全遵守。

据南宋绘画描写的，当时江南一带有利用优美的自然环境建造住宅的。这种住宅的布局，有些采用规整对称的庭院，有些则房屋参错配列，或临水筑台，或水中建亭，或依山构廊，既是住宅，又具

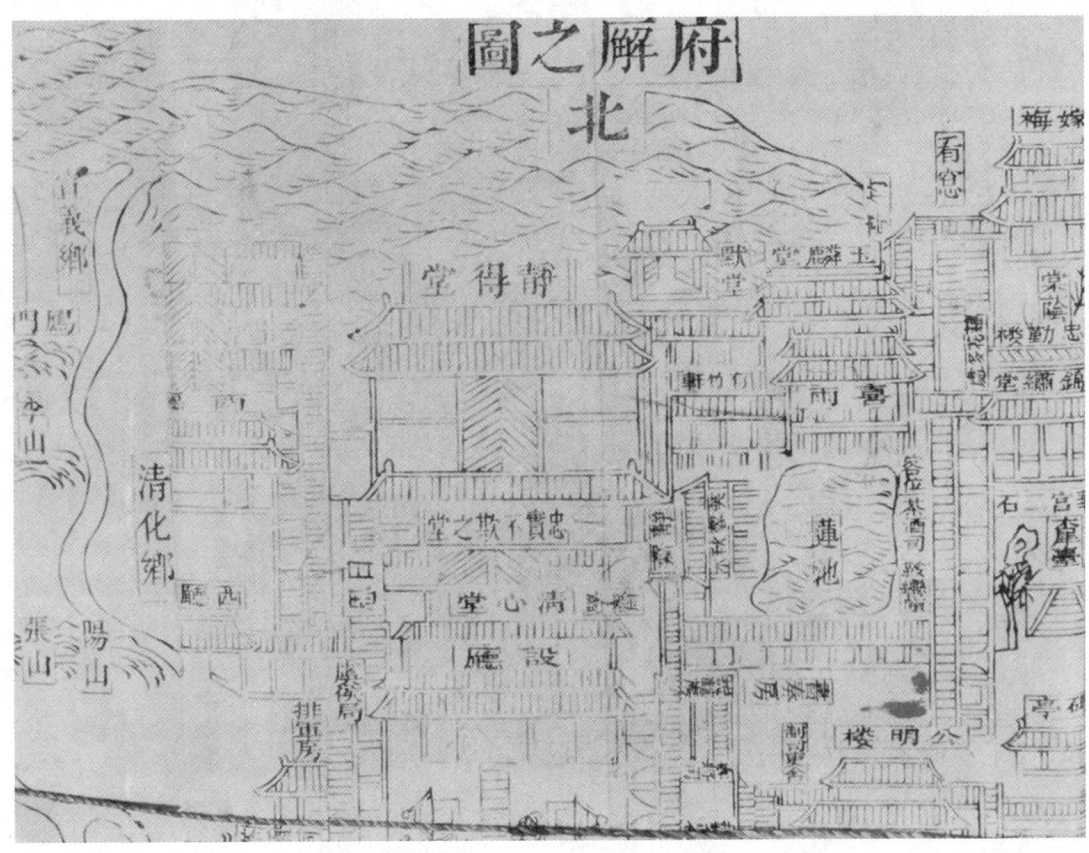

图 112-6　宋《景定建康志》中的官署住宅图

有园林风趣，是它的主要特点（图113-1～5）。

　　宋朝私家园林随着地区的不同，具有若干不同风格。据《洛阳名园记》，北宋洛阳园林，大都规模较大，具有别墅性质，引水凿池，盛植花卉竹木，虽累土为山而很少叠石，且仅建少数厅堂亭榭，错落于山池林木之间，整个园林富于自然风趣。同时这时期园林利用自然环境，采用借景的手法也是一个重要特点。如洛阳丛春园中有丛春亭，可北望洛水，环溪有多景楼可南眺嵩山、龙门，风月台可北览宫殿楼阙，都选地极佳[238]。江南一带园林很重对景，如苏州南园的布局已是"值景而造"。同时园林中建筑较多，盛植牡丹芍药，并且叠石造山，引水开池，竞为奇峰、峭壁、涧谷、阴洞等，都是这时苏州园林的特点[233]。赏石之风到宋朝更为普遍，往往庭院中置一二玲珑 透漏的 太湖石以供玩赏。杭州、吴兴等处的大型园林则多利用自然风景进行建造[239]、[240]。寺观中也多营建园林，供人游玩。 这时江南园林有不少文人画家参预园林的设计工作， 因而园林与文学、 山水画的 结合更加密切，形成了中国园林发展中的一个重要阶段，但毕竟人为的成分居于主导地位，产生一些生硬堆砌的缺点。后来明清二代园林的基本风格和叠石、理水，以及大量建筑用于园中等手法，主要是在南宋园林的基础上继续发展的。

　　从东汉末年开始，经过两晋南北朝陆续传入的垂足而坐的起坐方式，和适应这种方式的桌、椅、凳等，到两宋时期，历时几达千年，终于完全改变了商周以来的跪坐习惯及其有关家具等。这时期桌

图 113-1  宋画《四景山水图》中的住宅园林之一

图 113-2  宋画《四景山水图》中的住宅园林之二

图 113-3 宋画《四景山水图》中的住宅园林之三

图 113-4 宋画《四景山水图》中的住宅园林之四

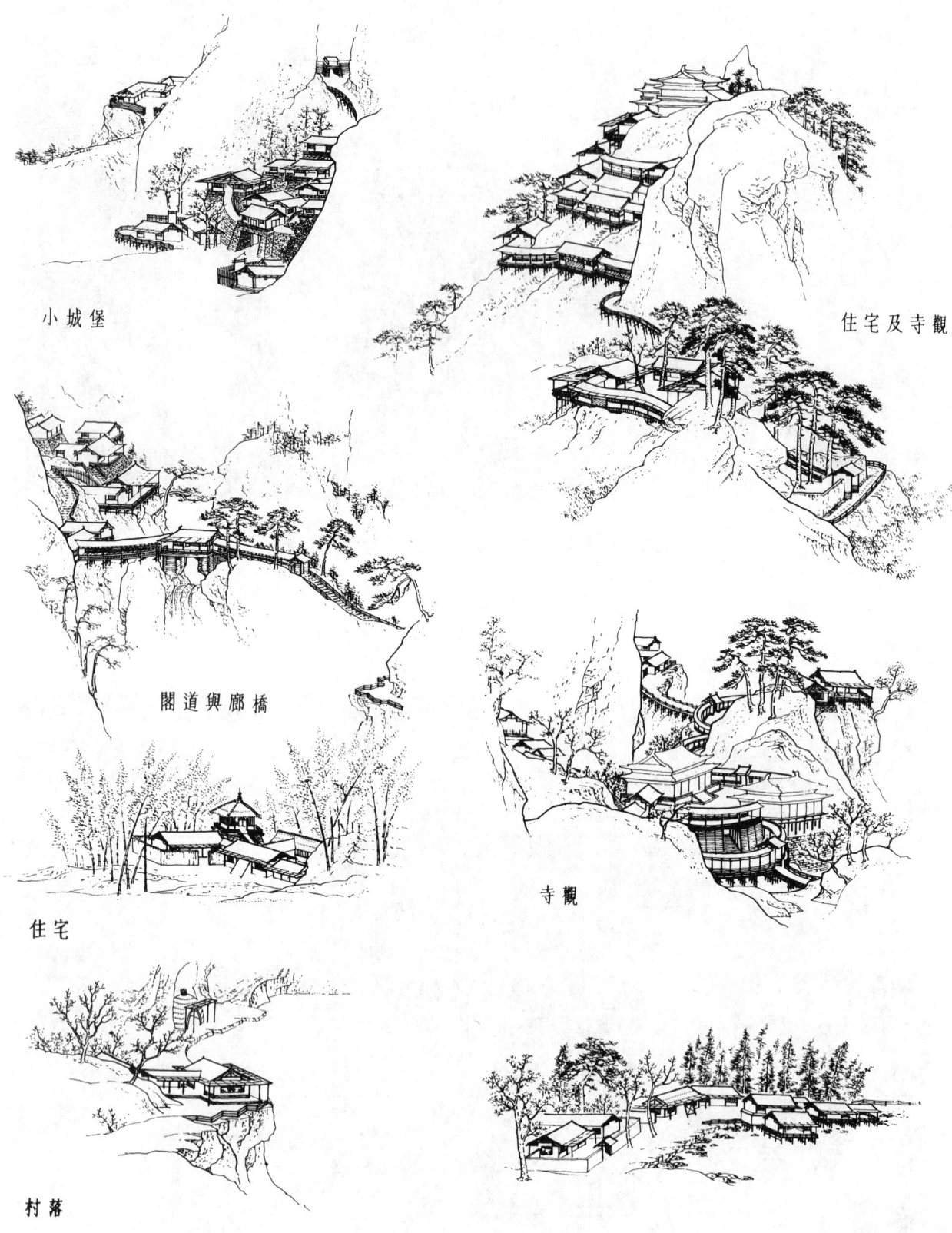

小城堡

住宅及寺观

阁道与廊桥

住宅

寺观

村落

图 113-5    南宋赵伯驹《江山秋色图卷》中之建筑

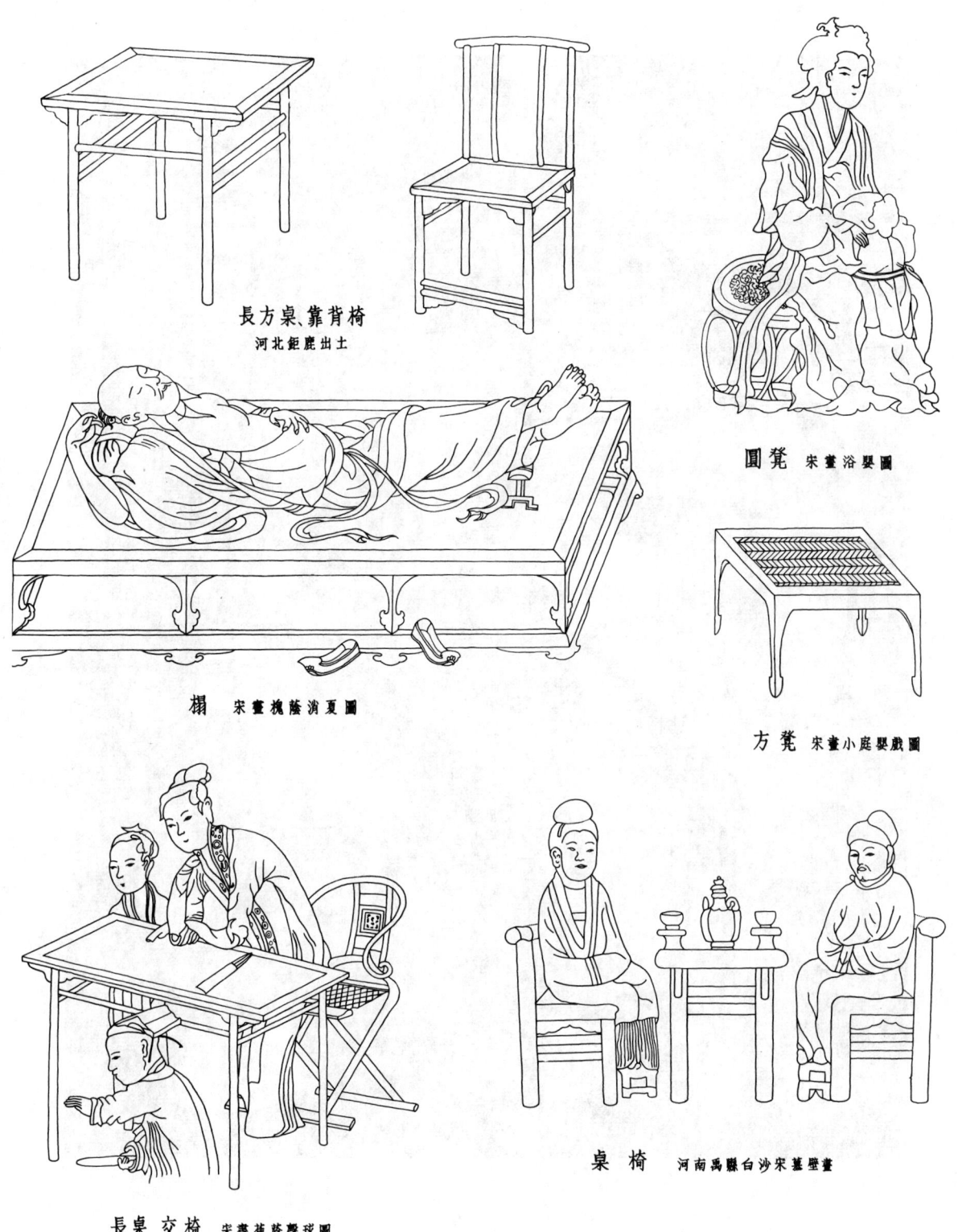

長方桌、靠背椅
河北鉅鹿出土

圓凳　宋畫浴嬰圖

榻　宋畫槐蔭消夏圖

方凳　宋畫小庭嬰戲圖

長桌、交椅　宋畫蕉蔭擊球圖

桌椅　河南禹縣白沙宋墓壁畫

图 114-1　宋代家具

图 114-2 宋画《五学士图》中的家具布置

图 114-3 宋画《汉官图》中的排椅

图 114-4  宋画《村童闹学图》中的私塾家具

椅等日用家具在民间已十分普遍，同时还衍化出很多新品种，象圆形和方形的高几、琴桌与床上小炕桌等（图114-1）。

在家具的造型和结构方面，这时期出现一些突出的变化，首先是梁柱式的框架结构，代替了隋唐时期沿用的箱形壸门结构。其次，大量应用了装饰性的线脚，丰富了家具的造型。如桌面下开始用束腰，枭混曲线的应用也十分普遍；桌椅四足的断面除了方形和圆形以外，往往做成马蹄形。这些造型与结构的特征，都为后来明、清家具的进一步发展打下了基础。

随着起坐方式的改变，家具的尺度都相应地增高了，在一定程度上也影响了建筑室内高度的增加。家具在室内的布置也有了一定格局，大体上有对称和不对称两种方式。一般厅堂在屏风前面正中置椅，两侧又各有四椅相对，或仅在屏风前置二圆凳，供宾主对坐。但书房与卧室的家具布局采取不对称方式，没有固定的格局。另外，适应宴会等特殊要求，家具的布置也出现若干变体（图114-2～5）。

图 114-5　宋画《溪亭客话图》中的家具布置

## 第四节  祠庙及寺、塔、经幢

这个时期的宗教建筑可以分为祠庙和佛教、道教建筑三个类型，其中道教建筑只留下极少数的殿宇，因限于篇幅，以下只介绍祠庙和佛教建筑的寺、塔、经幢。

### 祠    庙

山西太原的晋祠圣母庙是一组带有园林风味的祠庙建筑[241]。沿着主要部分的纵轴线上，建石桥、铁狮子、金人台、献殿、飞梁、圣母殿等（图115-1～2）。圣母殿重建于北宋天圣年间（公元1023～1032年），东向，面阔七间，进深六间，重檐歇山顶，四周施围廊，是《营造法式》所谓"副阶周匝"形式的实例，所不同的前廊深两间，而殿内无柱，使用通长三间（六架椽）的长栿承载上部梁架荷重，此殿斗栱用材较大，室内采用彻上露明造，显得内部甚为高敞。殿内有四十尊侍女塑像，

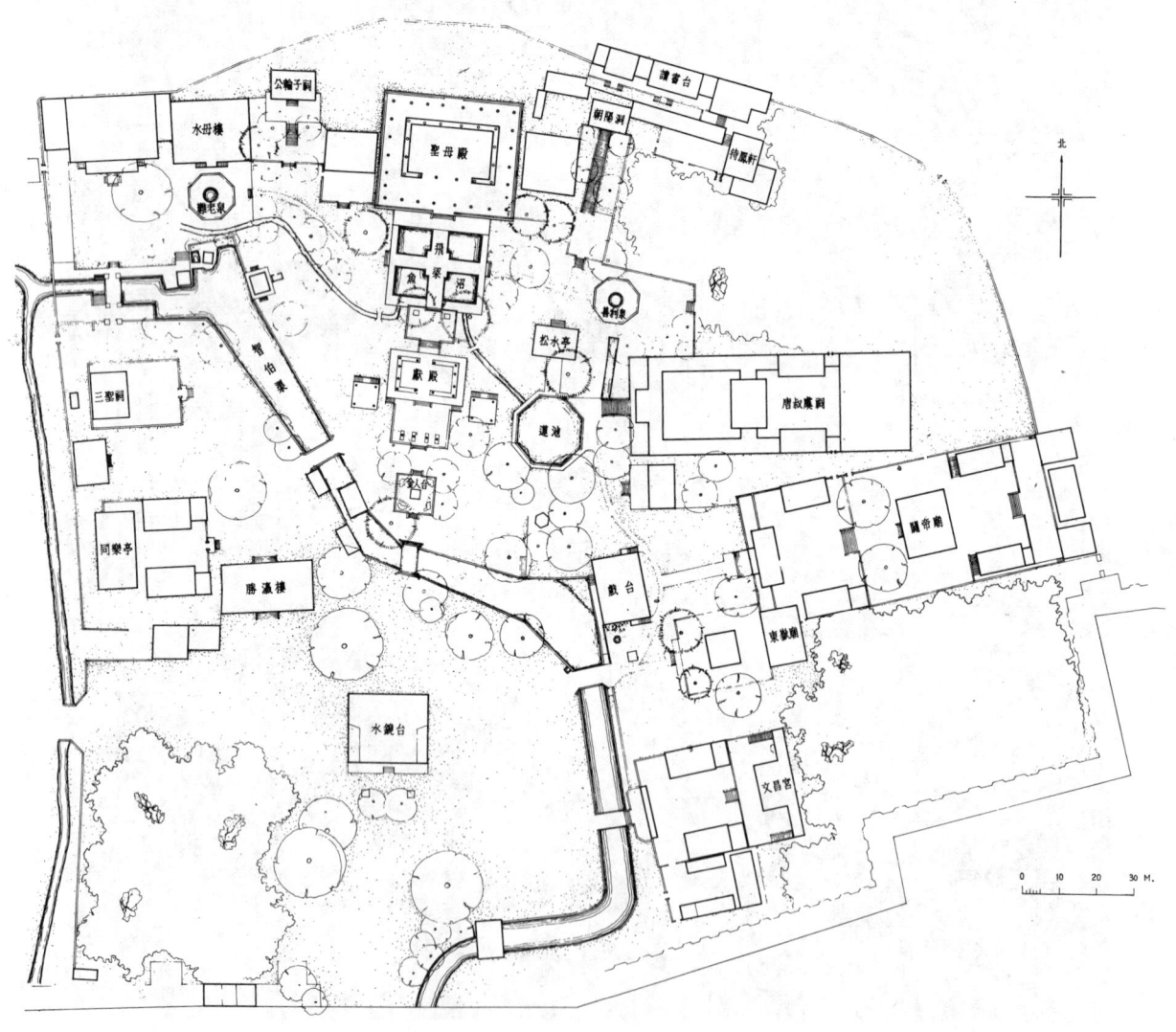

图 115-1  山西太原市晋祠总平面图

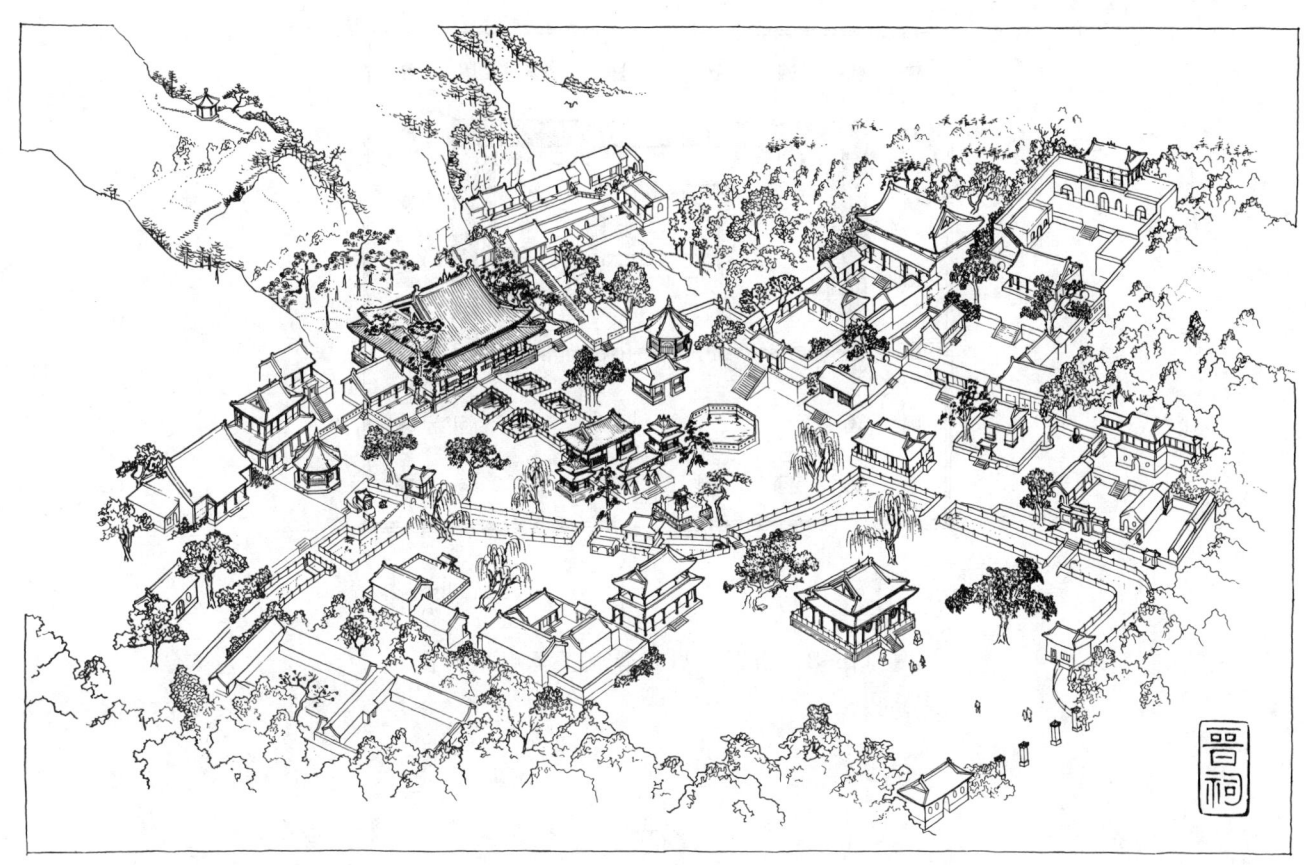

图 115-2　山西太原市晋祠鸟瞰图

神态各异，是宋塑中的精品。在外观上这殿角柱生起颇为显著，而上檐柱尤甚，使整座建筑具有柔和的外形，与唐代建筑雄朴的风格不同（图115-3～6）。

飞梁是殿前方形的鱼沼上一座平面十字形的桥，四向通到对岸。对于圣母殿，又起着殿前平台的作用，是善于利用地形的设计手法（图115-7～8）。桥下立于水中的石柱和柱上的斗栱、梁木都还是宋朝原造。飞梁前面有重建于金大定八年（公元1168年）的献殿，面阔三面，单檐歇山顶，造型轻巧，在风格上与主要建筑圣母殿取得和谐一致的效果。

山西万荣县汾阴后土庙建于北宋景德三年（公元1006年），毁于十六世纪末的水灾。祠内有一块刻于金天会十五年（公元1137年）的庙貌碑还完整地保存到现在。这碑忠实地刻绘着当时建筑的总平面和主要立面，可据以绘制相当可靠的复原图[242]（图116-1～2）。

宋朝的祠祀建筑分为三个等级，后土庙是按照最高级的标准修建的。整个建筑群北临汾水，西靠黄河。庙门之前建棂星门三座；庙的大门左右各有廊，廊的两侧与角楼相接。从大门向北，经过三重庭院，才进入庙的主要部分。

这个庙的主要部分以四面围廊组成廊院，廊院共两重，外院的主要建筑就是后土庙的正殿——坤柔殿，面阔九间，重檐庑殿顶；下部承以较高的台基，正面设左右阶，殿的两山引出斜廊，与回廊相衔接。院中前面有一台，台后有一个用栅栏围绕的水池，左右建方亭。坤柔殿之后为寝殿，寝殿与坤柔殿之间，以廊屋连成为工字形平面，与文献所载北宋东京宫殿大致相同。这种工字形殿和两侧斜廊及周围回廊相组合的方式，在建于北宋开宝六年（公元973年）的河南济渎庙和金代中岳庙的图碑里也都可以看到，是这个时期出现而影响后代建筑的一种布局方法。

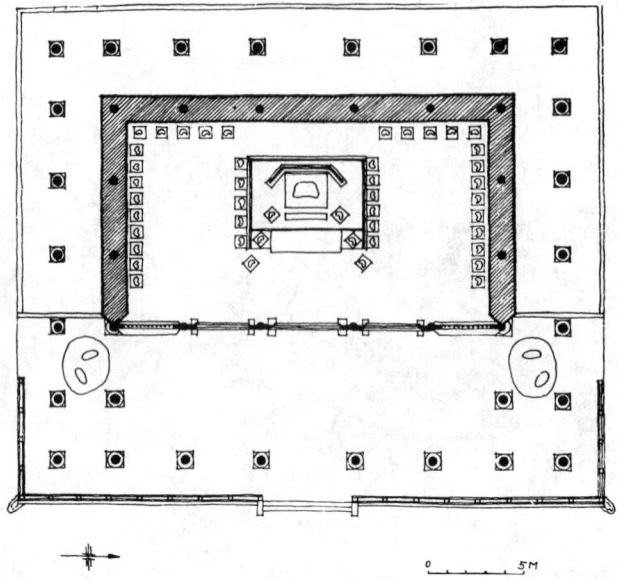

图 115-3  山西太原市晋祠圣母殿平面图

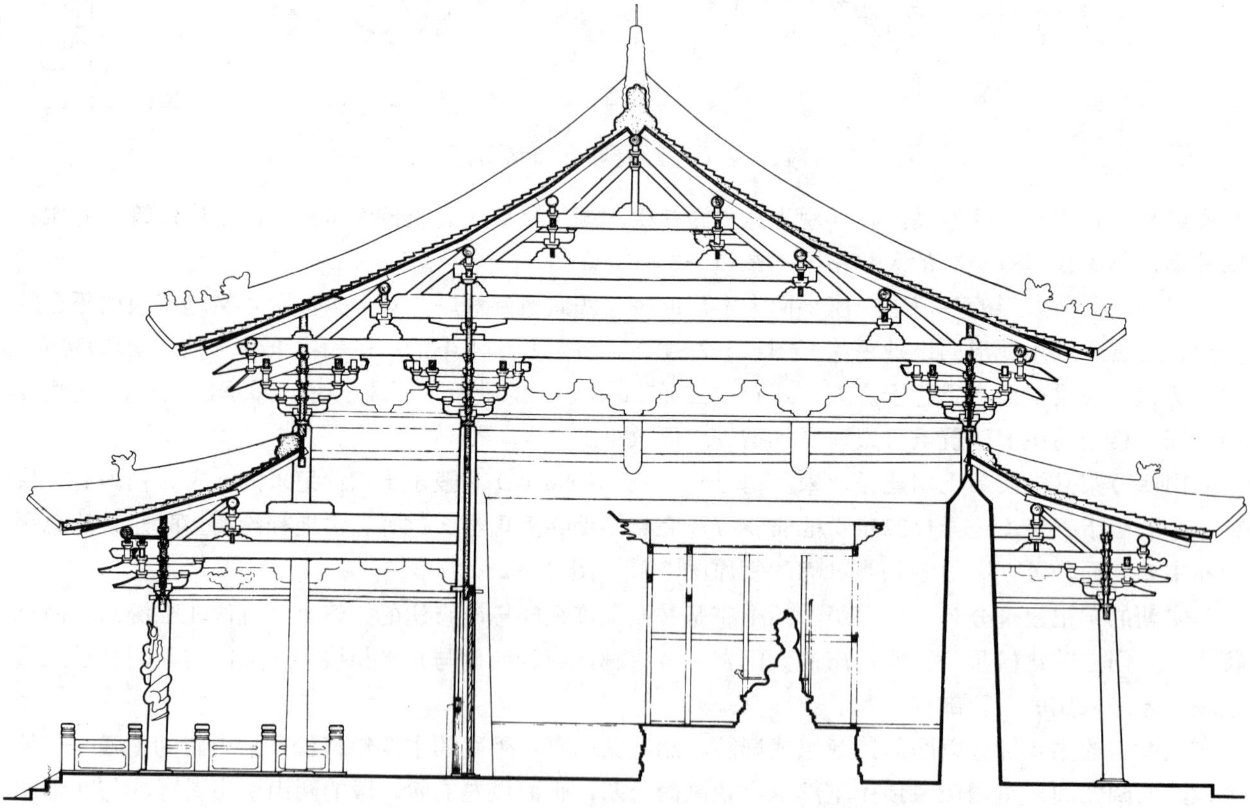

图 115-4  山西太原市晋祠圣母殿横剖面图

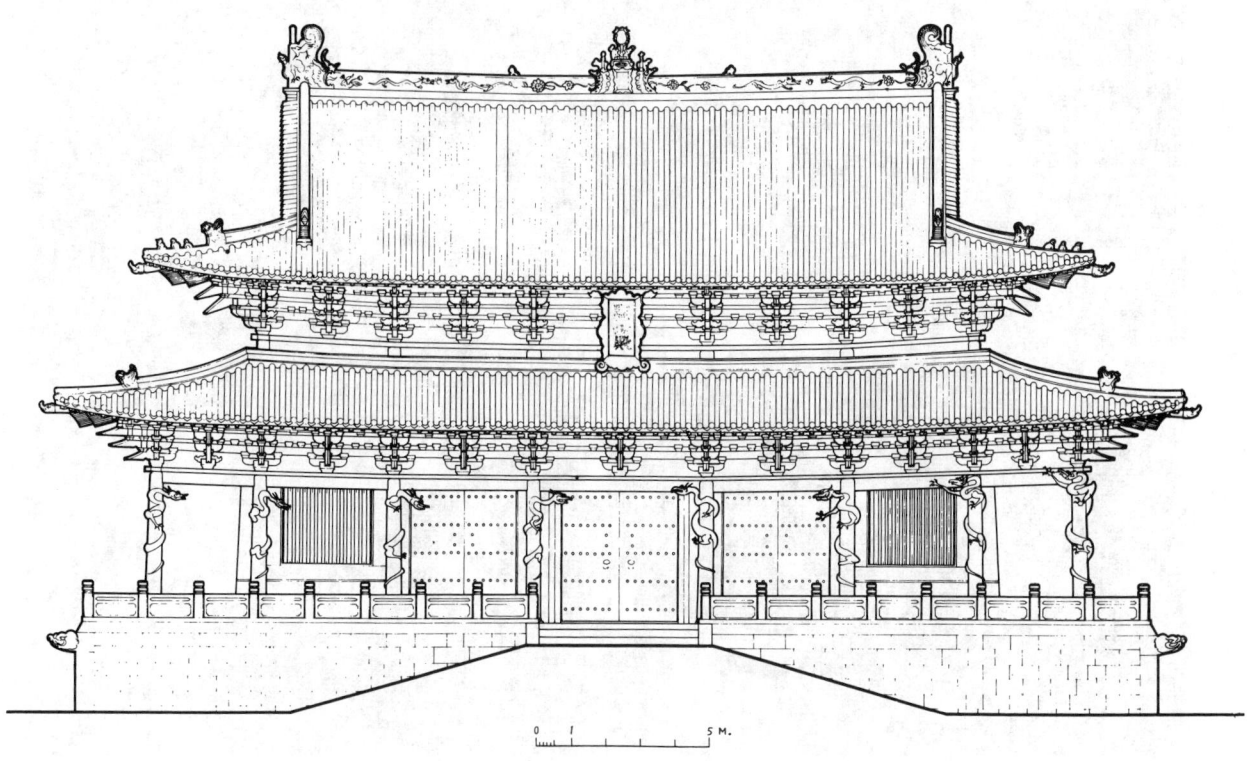

图 115-5　山西太原市晋祠圣母殿立面图

图 115-6　山西太原市晋祠圣母殿外观

图 115-7　山西太原市晋祠圣母殿飞梁之一

图 115-8　山西太原市晋祠飞梁之二

图 116-1 金刻汾阴后土庙图碑拓本

图 116-2  汾阴后土庙鸟瞰图

在中央主要廊院的两侧，各有三座小殿，用廊子和中央廊院的东西廊相接。廊院之北，以围墙与后部的坛分隔为二，围墙正中突起高台，上为三间悬山顶小殿，后接一个工字形高台，台上有亭。

最后部分的坛，周围遍植树木，中有横墙隔为两院。前院左侧有一座重檐方亭，后院正中为坛，上建重檐九脊殿，左右有配殿。庙的后墙作半圆形。整个建筑至此结束。

## 佛　寺

河北正定隆兴寺是现存宋朝佛寺建筑总体布局的一个重要实例[243]（图117-1）。山门内为一长方形院子，钟楼鼓楼分列左右，中间大觉六师殿已毁，但尚存遗址。北进为摩尼殿，有左右配殿，构成另一个纵长形的院落。再向北进入第二道门内，就是主要建筑佛香阁和其前两侧的转轮藏殿与慈氏阁以及其他次要的楼、阁、殿、亭等所构成的形式瑰伟的空间组合，也是整个佛寺建筑群的高潮。最后还有一座弥陀殿位于寺后。佛香阁和弥陀殿都是采用三殿并列的制度。全寺建筑依着中轴线作纵深的布置，自外而内，殿宇重叠，院落互变，高低错落，主次分明。

现在的佛香阁高约33米，三层，歇山顶。上两层都用重檐，并有平坐，是公元1940年前后重建的。阁内所供四十二手观音（即千手观音），高24米，是北宋开宝四年（公元971年）建阁同时所铸，也是留存至今的中国古代最大的铜像，除手部已残缺外，像身比例匀称，衣纹流畅。转轮藏殿和慈氏阁都是二层，重檐歇山顶。大小相同，而结构各异。这两座建筑经后代重修多次，而以转轮藏殿保存宋朝的风格较多（图117-2）。转轮藏殿内部下层柱子，为了容纳六角形的轮藏，把两中柱外移，形成平面六角形的柱网，同时上下两层间没有平坐暗层，却与辽独乐寺观音阁不同。寺 内 其 余 配殿都是单

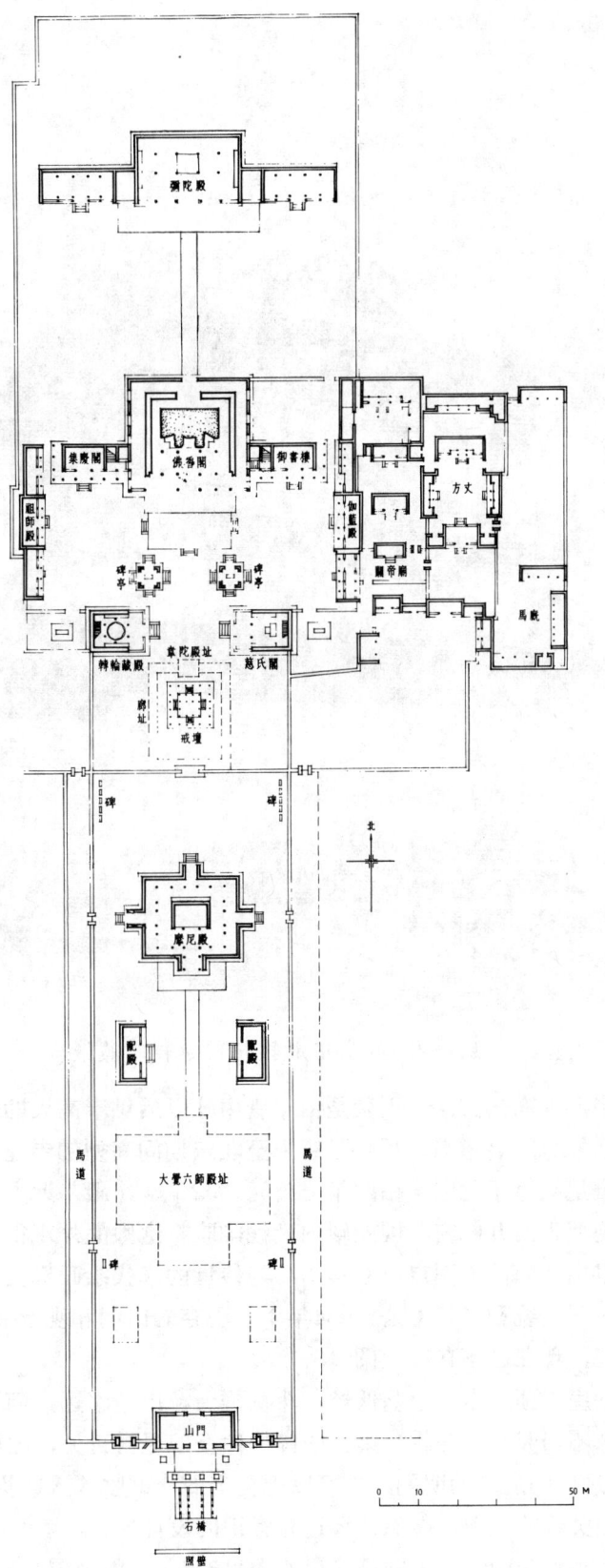

图 117-1  河北正定县隆兴寺总平面图

图 117-2　河北正定县隆兴寺转轮藏殿

层。这种以高阁为全寺中心的布局方法，无疑是由于唐中叶以后供奉高大的佛像，主要建筑不得不向多层发展，陪衬的次要建筑也随着增高，反映了唐末至北宋期间高型佛寺建筑的特点。

　　这一组建筑前面的摩尼殿建于北宋皇祐四年（公元1052年），殿基近方形，四面正中各出抱厦。殿身全是厚墙围绕，只抱厦正面开门窗，因此殿内光线幽暗。这殿的外观很别致，殿身用重檐歇山顶，四抱厦用歇山顶而以山面向前（图117-3～4），与传世的宋代绘画极类似。

　　河北蓟县独乐寺重建于辽统和二年（公元984年）。现存的山门和观音阁都是辽代原物[244]从山门到阁原来应有回廊环绕，现在已不存在（图118-1）。

　　山门面阔三间，单檐庑殿顶。由于台基低矮，斗栱雄大，出檐深远，而脊端鸱尾形制遒劲，给人以庄严稳固的印象。内部不用天花，斗栱、梁、檩等构件全部显露可见，因而它们的装饰效果得到充分发挥（图118-2）。通过山门后部的明间，恰可以把观音阁全部收入人的视线范围内，既无遮挡，也无多大空隙，这种空间关系的处理，显然是经过有意识的设计的。

　　观音阁高三层，但外观则为两层，中间是暗层（图118-3）。阁中置一座高16米的辽塑十一面观音像，造型精美，是现存中国古代最大的塑像（图118-4）。这像直通三层，所以阁内开有空井以容

图 117-3 河北正定县隆兴寺摩尼殿

图 117-4 河北正定县隆兴寺摩尼殿纵剖面图

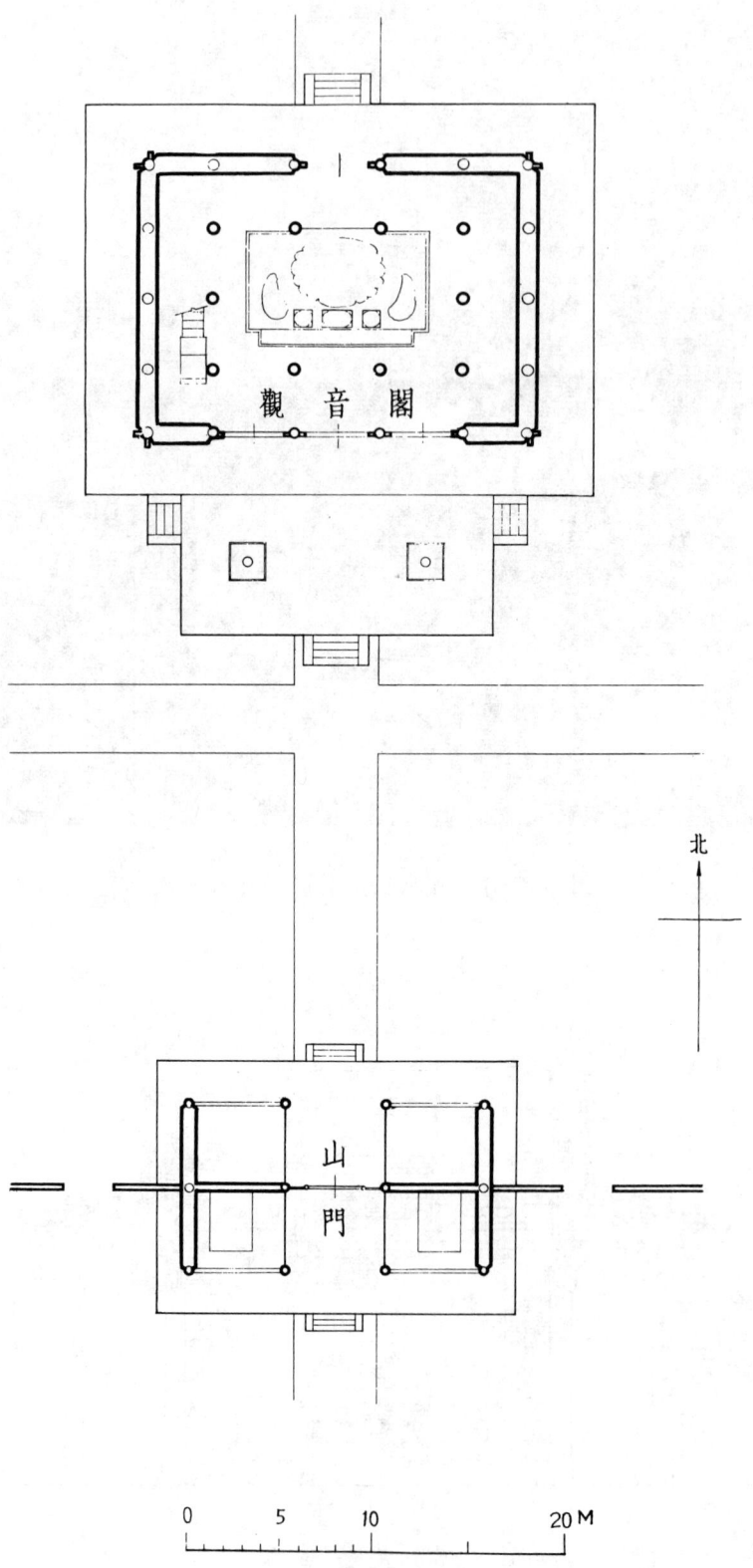

观音阁

山门

北

图 118-1　河北蓟县独乐寺山门、观音阁平面图

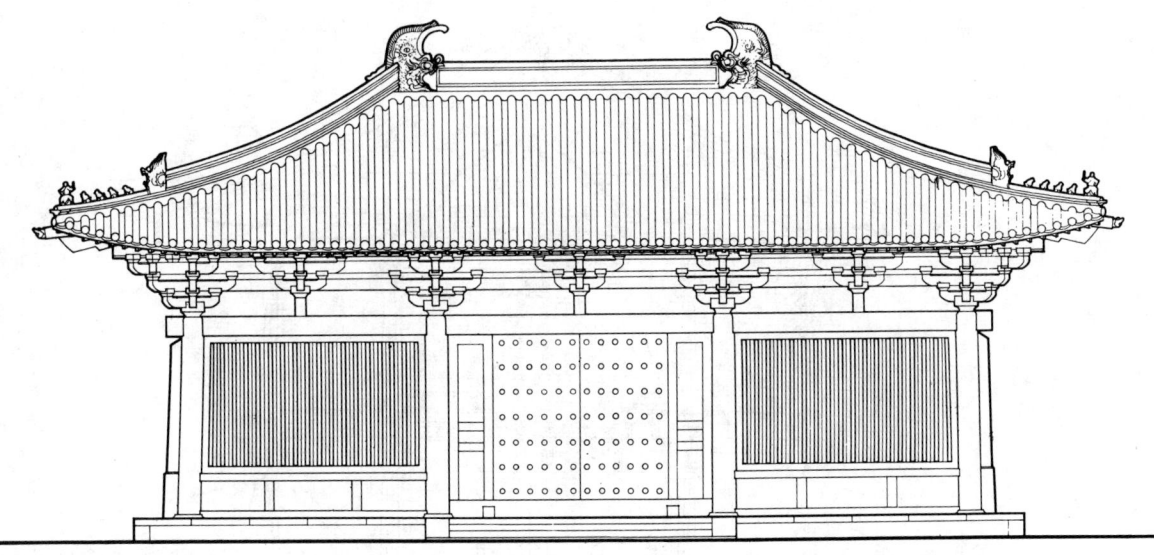

正 立 面

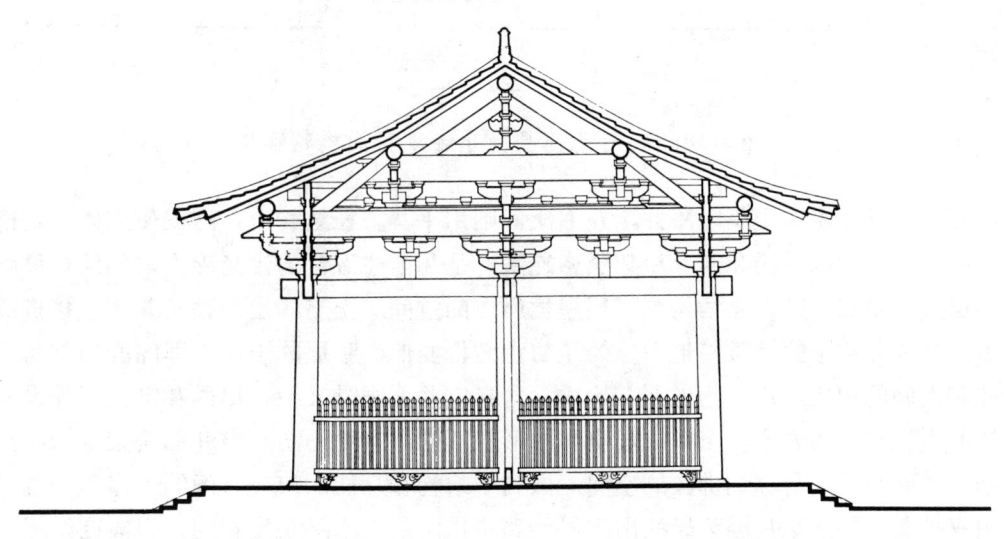

當 心 間 橫 斷 面

0  1                    5M

图 118-2 河北蓟县独乐寺山门剖面、正立面图

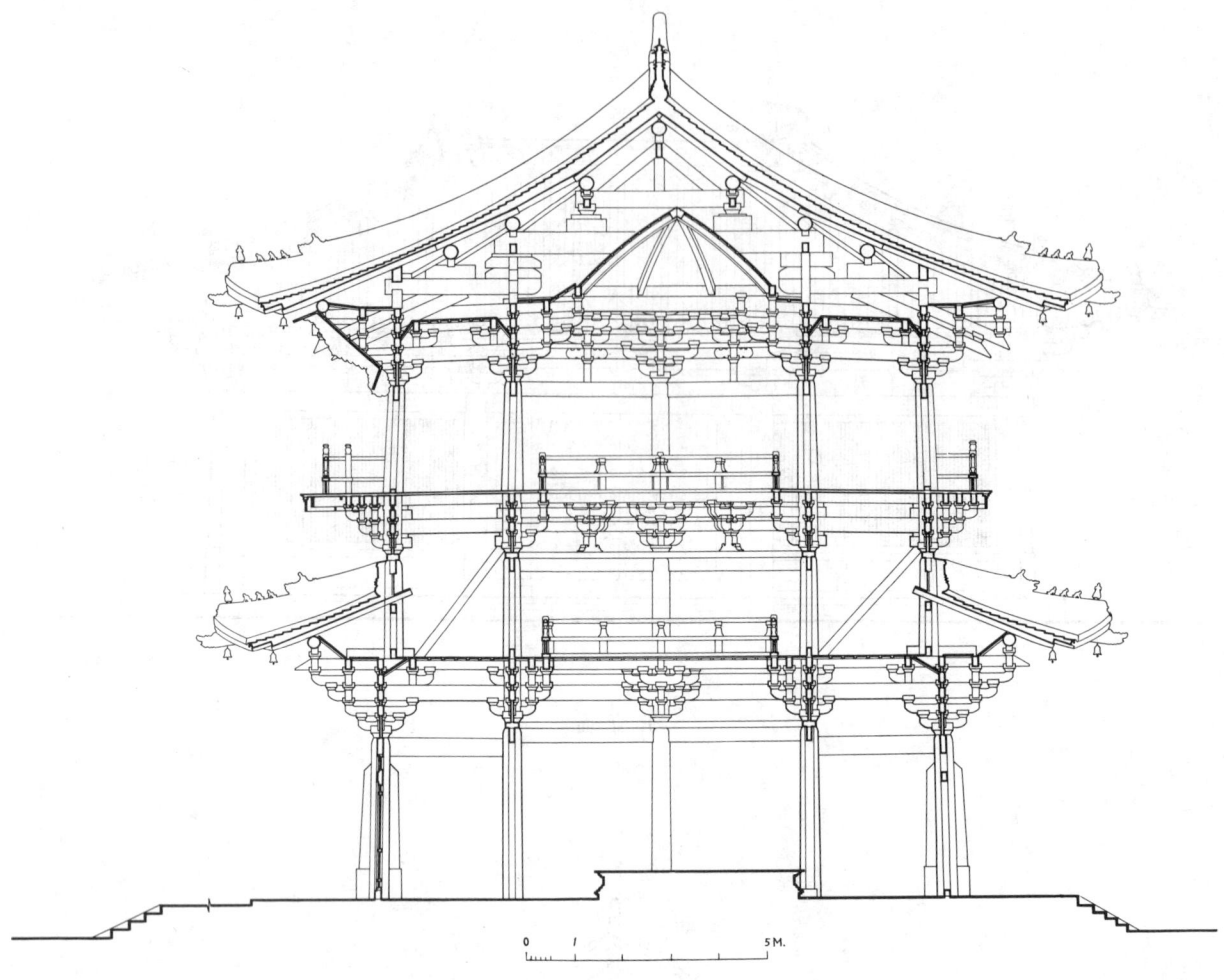

图 118-3　河北蓟县独乐寺观音阁横剖面图

纳像身。第三层明间在主像上复以藻井，左右次间则用平棊。在结构上，这阁使用内外两槽的构架和明栿、草栿两套屋架，内外槽和两套屋架紧密连系，是和前述五台山佛光寺大殿的结构原则一致的。阁的上下两层间的暗层就是平坐结构和下层屋檐所占的空间。上下各层的柱子并不直接贯通，而是上层柱插在下层柱头斗栱上的"叉柱造"。为了防止结构变形，暗层的上层（即阁的内部第三层）明间前后内槽柱和次间的中柱间用内额连系，构成六角形空井，同时又在暗层内和第三层外围壁体内施加斜撑。暗层的下层空井为方形。上下二层空井的形状不同，有助于防止空井的构架变形，加强了整个阁结构的刚性；而空井又是容纳佛像的空间，做到了结构和功能的统一。阁的下檐用四跳华栱挑出，但上檐使用双抄双下昂，这是因为昂的出跳虽然和华栱出跳的水平长度相同，但高度稍低，可以节省屋顶内的空间和屋架用料；同时下昂后尾压于屋架下加强了外檐斗栱与屋顶构架的整体性；而下垂的双昂在造型上也成为外观雄壮有力的因素之一。这种利用下昂和华栱出跳相等而高度不同的特点以调整屋顶坡度的方法，是唐以来单层与多层建筑常用的方法。

　　阁的外形，因台基较低矮，各层柱子略向内倾侧，下檐上面四周建平坐，上层复以坡度和缓的歇山式屋顶，从而在造型上兼有唐朝雄健和宋朝柔和的特色，是辽朝建筑的一个重要实例（图118-5）。

　　这个时期还留存若干重要的佛教建筑，如山西大同的华严寺和善化寺都有几座辽、金建筑的重要作品[222]。华严寺现分上下二寺，其中上寺的大殿重建于金天眷三年（公元 1140 年），是今天已发现

图 118-4　河北蓟县独乐寺观音阁内部

图 118-5   河北蓟县独乐寺观音阁外部

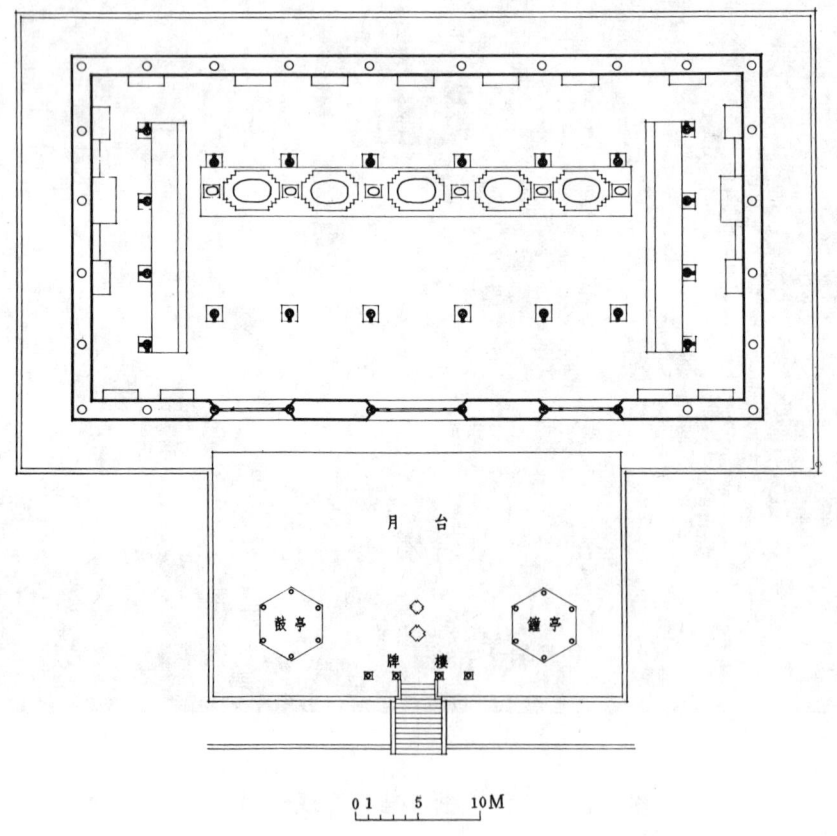

图 119-1   山西大同市华严寺大雄宝殿平面图

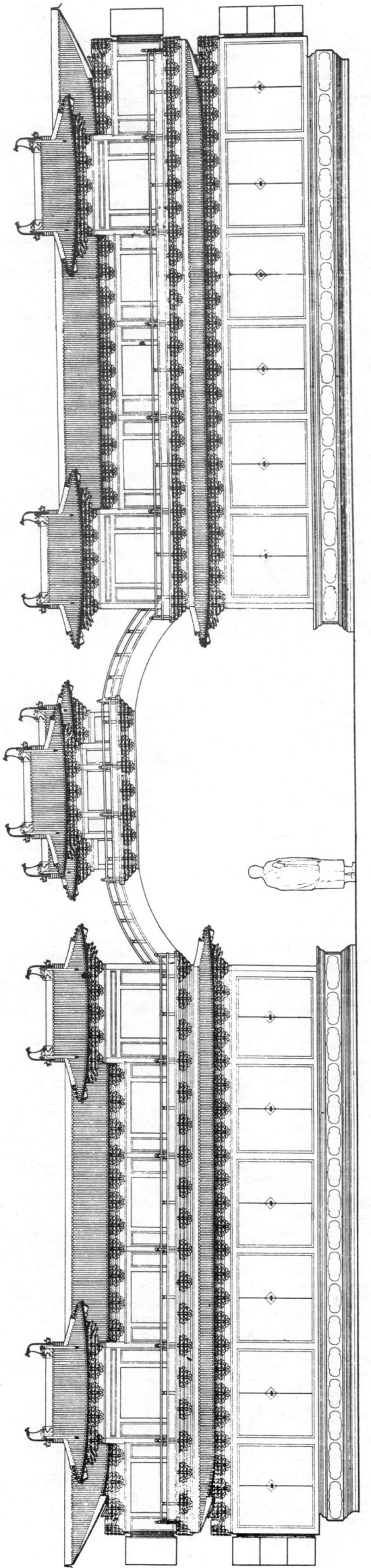

图 119-4　山西大同市华严寺薄伽教藏殿壁藏西面立面图

0　1　2　3 M

图 119-2　山西大同市华严寺大雄宝殿外观之一

图 119-3　山西大同市华严寺大雄宝殿外观之二

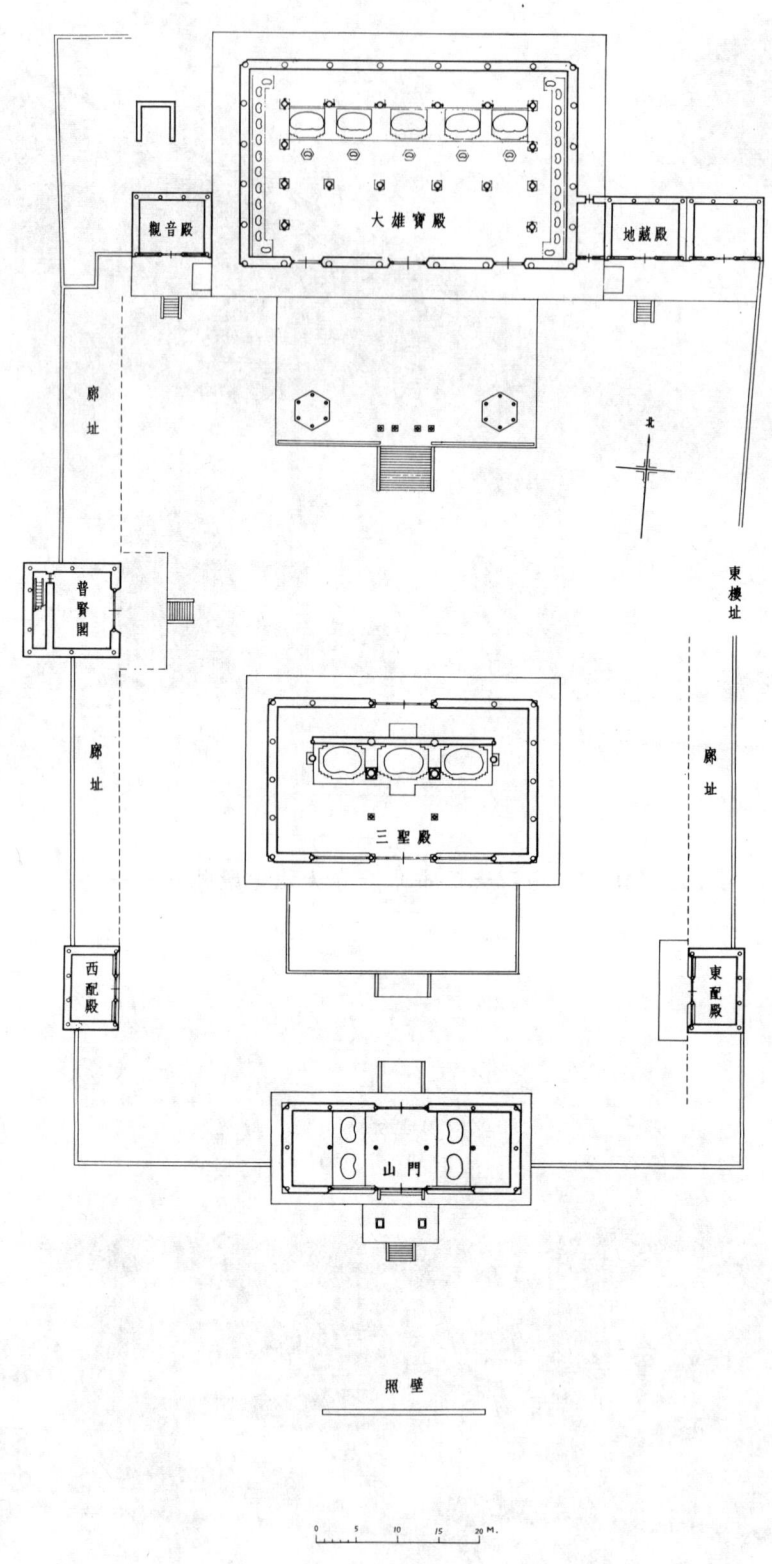

图 120-1　山西大同市善化寺总平面图

图 120-2　山西大同市善化寺大雄宝殿

图 120-3　山西大同市善化寺普贤阁

的古代单檐木建筑中体型最大的一座（图119-1～3）。下寺的薄伽教藏殿建于辽重熙七年（公元1038年），内部沿墙排列藏经的壁橱三十八间，仿重楼式样，分上下二层，在后窗处中断而做成天宫楼阁五间，飞越窗上，以圜桥与左右壁橱相连接，忠实地反映了辽朝建筑的风格，也是辽朝小木作的重要遗物（图119-4）。而大殿的柱网平面和"金厢斗底槽"的形式相近似，内外柱同高，其上用明栿、草栿两套屋架，和五台山佛光寺大殿相类似，可以证明辽代建筑直接继承唐代建筑的衣钵。善化寺的大雄宝殿建于辽，普贤阁、三圣殿和山门则是金代遗物。这寺殿宇高大，院落开阔，为现存辽金佛寺中规模最大的一处，同时这些建筑的平面、结构、造型各具特点，是研究辽、金建筑嬗递变化的重要资料（图120-1～3）。

塔

山西应县佛宫寺释迦塔建于辽清宁二年（公元1056年），是现存最古的一座木塔。佛宫寺的位置，在现在应县城（明清应州）的西北部，塔位于寺的山门之内、大殿之前的中轴线上，还保持南北朝时代佛寺平面布局的传统。是佛寺布局的一种典型形式。在塔后有一高台，以甬道与塔基连接，上建大殿，在总体构图方面，站在山门（现只剩遗址）内恰好可将全塔收入视线内，而大殿又恰在塔的后檐下的视角范围内。这种以建筑体量的视觉范围来确定总体布局的方法，与前述蓟县独乐寺一致。应是这时期建筑设计的一种法则。现在全寺除释迦塔外，其他建筑都是明清二代建造的（图121-1）。

塔平面八角形，高九层，其中有四个暗层，所以外部看来只是五层；再加最下层是重檐，共有六层檐。这座楼阁式木塔高达67.3米，底层直径30.27米，体形庞大，但由于在各层屋檐上，配以向外挑出的平坐与走廊，以及攒尖的塔顶和造型优美而富有向上感的铁刹，不但不感觉其笨重。反而呈现着雄壮华美的形象（图121-2～3）。

塔身木构架的柱网是采取内外两环柱的布局，五个明层的内环柱以内的内槽都供奉佛像，外槽为走廊。九层的结构事实上是重迭九层具有梁柱斗栱的完整构架。底层以上是平坐暗层，再上为第二层。二层以上又是平坐暗层，重复以至五层为止。各层柱子迭接，每层外柱与其下平座层柱位于同一线上，但比下层外柱退入约半个柱径，各层柱子都向中心略有倾斜，构成这塔各层向内递收的轮廓。全塔所用斗栱共约六十余种（图121-4）。

释迦塔的构架原则，和前述佛光寺大殿、独乐寺观音阁、下华严寺薄伽教藏殿是相同的。它的柱网和构件组合采用内外槽制度。在功能上内槽供佛，外槽为人流活动的空间。在结构上，外槽和屋顶使用明栿、草栿两套构件；作为多层建筑，各层间均有暗层，作为容纳平坐结构和各层屋檐所需的空间；各层上下柱不直接贯通，而是上层柱插在下层柱头斗栱中的"叉柱造"。这些，都是唐、辽时期木结构建筑的重要特征。但是作为塔的结构来看，这塔比南北朝、隋、唐时期的木塔有了很大进步。因为那时期的木塔平面采用方形，据推测，中小型木塔在结构上的稳定主要依靠塔内中央贯穿上下各层的中心柱，而此塔虽然仍保持楼阁式的外貌，但平面改用八角形，比方形平面更为稳定。同时使用双层套筒式的平面和结构，等于把中心柱扩大为内柱环，不但扩大了空间，而且大大增强了塔的刚度。后来金代又在暗层内增加许多梁柱斜撑，使四个暗层成为四个加固刚环，更加强了塔的整体性。因而此塔建成以后，迄今900余年，经历多次地震，仍然完整屹立。在用料方面，由于全塔的结构是作为一个整体设计的，所以构件种类虽多，但彼此连系密切，有条不紊，除第一层的柱子外，没有过长过大的料，也没有过小的料。从当时的技术水平来看，象这样大体量的结构物所使用的材料还是比较经济的。唯一的缺点是当时缺乏科学的计算方法，以至上部集中荷重将个别坐斗压扁或陷入梁枋内，后来不得不在下部加支柱，防止梁枋的折断。

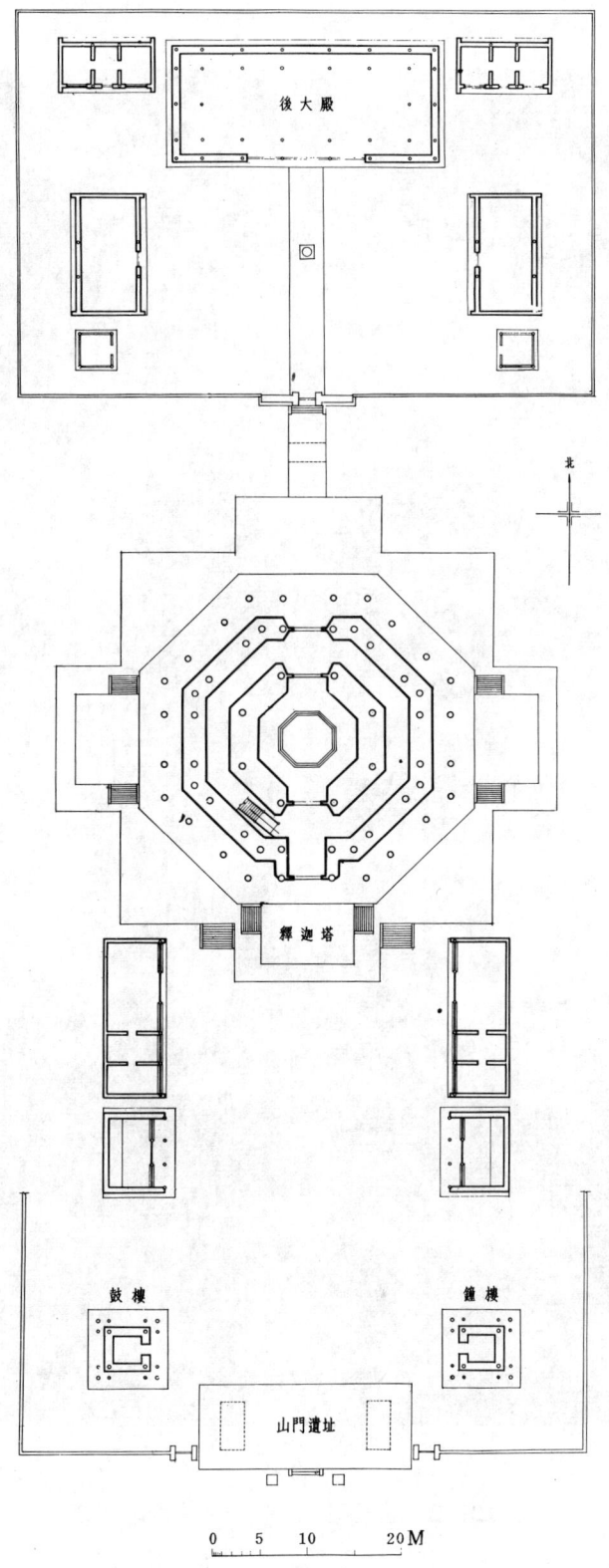

後大殿

釋迦塔

鼓樓

鐘樓

山門遺址

0　5　10　　　20 M

图 121-1　山西应县佛宫寺现状总平面图

图 121-2  山西应县佛宫寺释迦塔外观

图 121-3 山西应县佛宫寺释迦塔立面图

0　1　　5　　　10M

图 121-4　山西应县佛宫寺释迦塔剖面图

图　122　江苏苏州市报恩寺塔

　　塔的立面，也是经过精心设计的。全塔由第一层到第四层的每层高度——第一层柱高，和第二、三、四层包括柱、斗栱、屋檐和上层平坐四部分的总高都相等，因而在立面上构成有规则的韵律。各层屋檐，依照总体轮廓所需要的长度和坡度，以华栱和下昂进行调整，不但创造了优美的总体轮廓线，而且使檐下部分丰富多变，避免了重复韵律中的单调感。最下一层绕以副阶（即下层外廊），与上面各檐取得呼应，并造成整个塔的造型上的稳定感。顶部以攒尖顶和铁刹结束，其高度和造型与整个塔的造型比例也很恰当。塔的总高（地面至刹顶）恰等于中间层（第三层）外围柱头内接圆的周长，也是这塔设计中的一个重要比例数字。证以北宋太平兴国七年（公元982年）所建的苏州罗汉院双塔，塔高等于第一层外围的长度，可见这种以周长作为全塔高度的设计比例，可能是当时设计原则的一种[245]、[246]。

　　总之，这座木塔不但是世界上现存最高的木结构建筑之一，而且在当时技术条件下，塔的造型和结构达到了较高水平，说明这时期——或者更早，中国木构建筑所取得的重大成就。

　　这个时期的砖石塔留存很多，形式丰富、构造进步，是中国砖石塔发展的高峰，[154]、[247]、[248]。除了墓塔以外，大型砖石塔的形式大致可分为楼阁式和密檐式两种，密檐式塔一般不能登临，大都是实心，构造与造型比较划一，而楼阁式塔则比较多样。

　　楼阁式的砖石塔又可以区别为三种类型。

　　第一种是塔身砖造，外围采用木构，其外形和楼阁式木塔没有多大分别。宋朝建造的苏州报恩寺塔（图122）[249]及杭州六和塔虽然外廊经清末重修，基本上仍属于这种类型[250]。

　　第二种是塔全部用砖或石砌造，但塔的外形完全模仿楼阁式木塔。屋檐、平坐、柱额、斗栱等都用砖或石块按照木构形式制造构件拼装起来。如苏州五代末至宋初建造的虎丘云岩寺塔（图123-1～3）、内蒙古自治区的辽庆州白塔（图124）和福建泉州的宋开元寺双塔（图125-1～3）等都是这时期的重要遗物[251]。

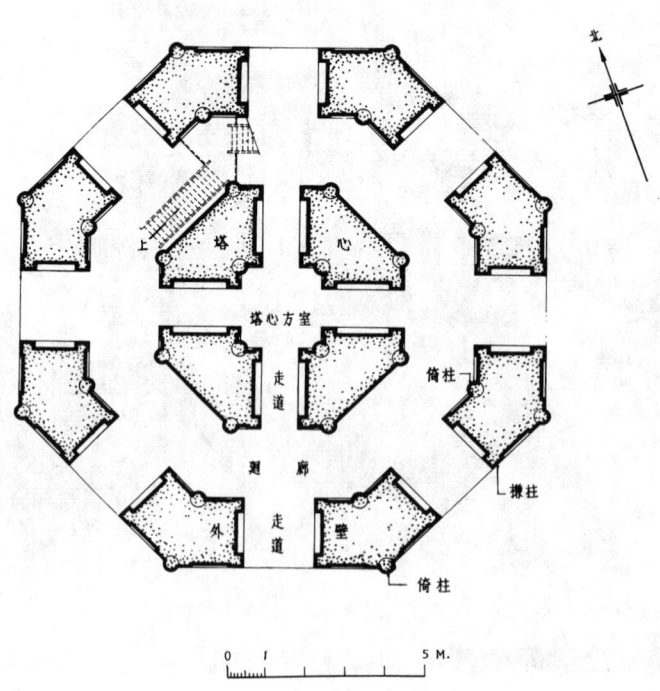

图 123-1　江苏苏州市虎丘山云岩寺塔平面图

图 123-2 江苏苏州市虎丘山云岩寺塔外观

剖　面

0　1　　　　　5M

图 123-3　江苏苏州市虎丘山云岩寺塔剖面图

图 124　内蒙古巴林左旗辽庆州白塔

第三种塔用砖或石砌造，模仿楼阁式木塔，但不是亦步亦趋，而是适当地加以简化。如山东长清宋灵岩寺塔、河北定州宋开元寺塔（图126-1～3）和河南开封宋祐国寺塔（图127-1～3）等。其中开元寺塔11层，高84米余，造型简洁秀丽。祐国寺塔十三层，高达54.66米，使用深褐色琉璃砖，所有角上的圆倚柱和额枋、墙面、门、窗、斗栱、腰檐以及飞天、降龙、麒麟与各种纹饰都用琉璃面砖砌成，由于琉璃的颜色近于铁色，广大群众称它为"铁塔"[252]。

从构造上看，这时期楼阁式砖塔的平面虽有方形、六角形、八角形三种，可是从北宋中期以后，八角形平面最多。塔的结构，有些仍用旧法，只有外壁一环，有些则分内外两环，内环为塔心室，外环为厚壁，中间夹以回廊，楼梯置于回廊或塔心室中。后一种结构与前述佛宫寺释迦塔一样，都运用双层套筒式的原则，和唐代砖塔使用方形平面与空筒砖壁内木楼板分隔的方法相比较，无疑是一个巨大的进步，但与木结构不同的是宋代的砖石塔内部没有暗层。至于这种模仿木建筑形式的八角形砖石

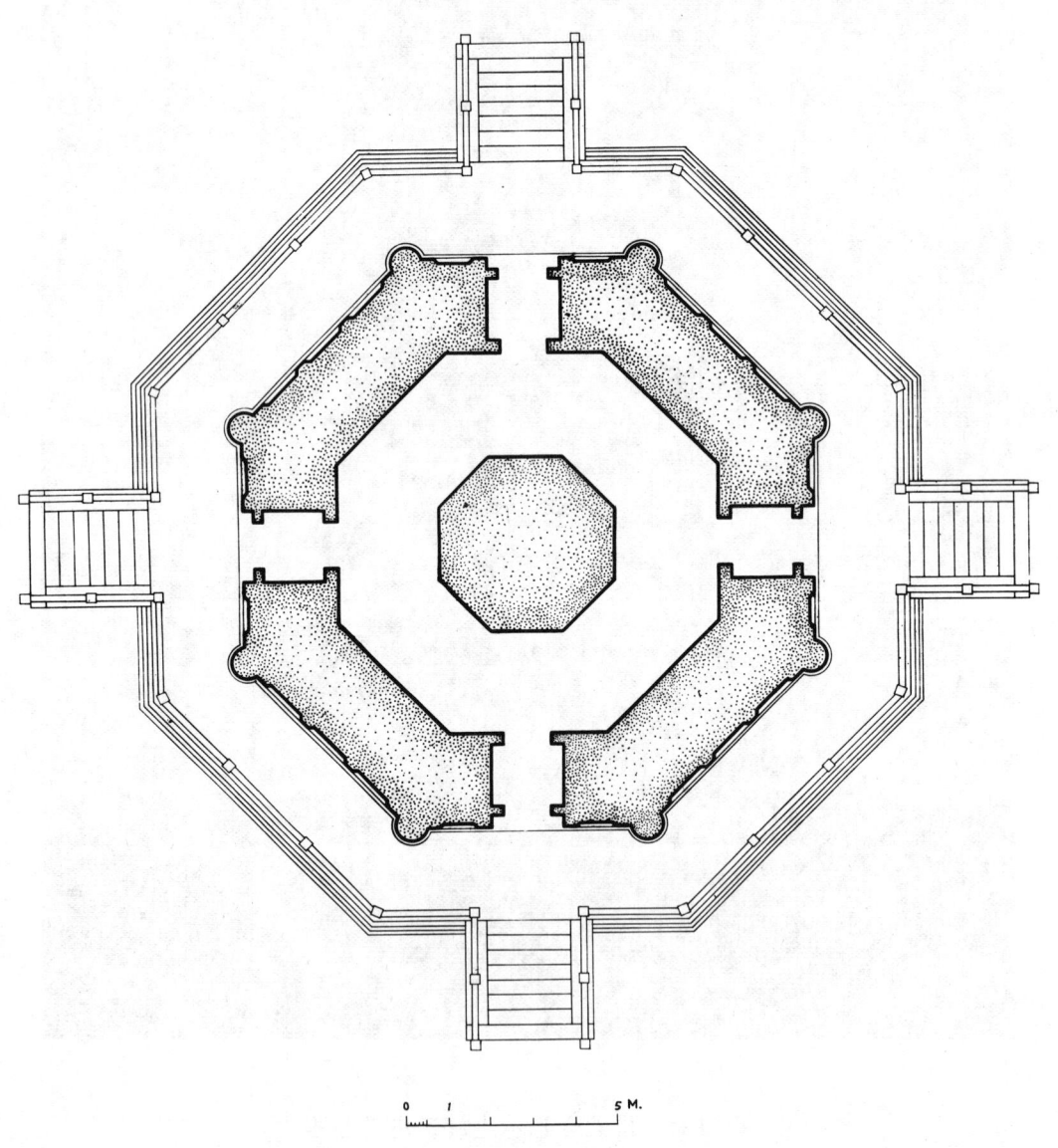

图 125-1　福建泉州市开元寺仁寿塔平面图

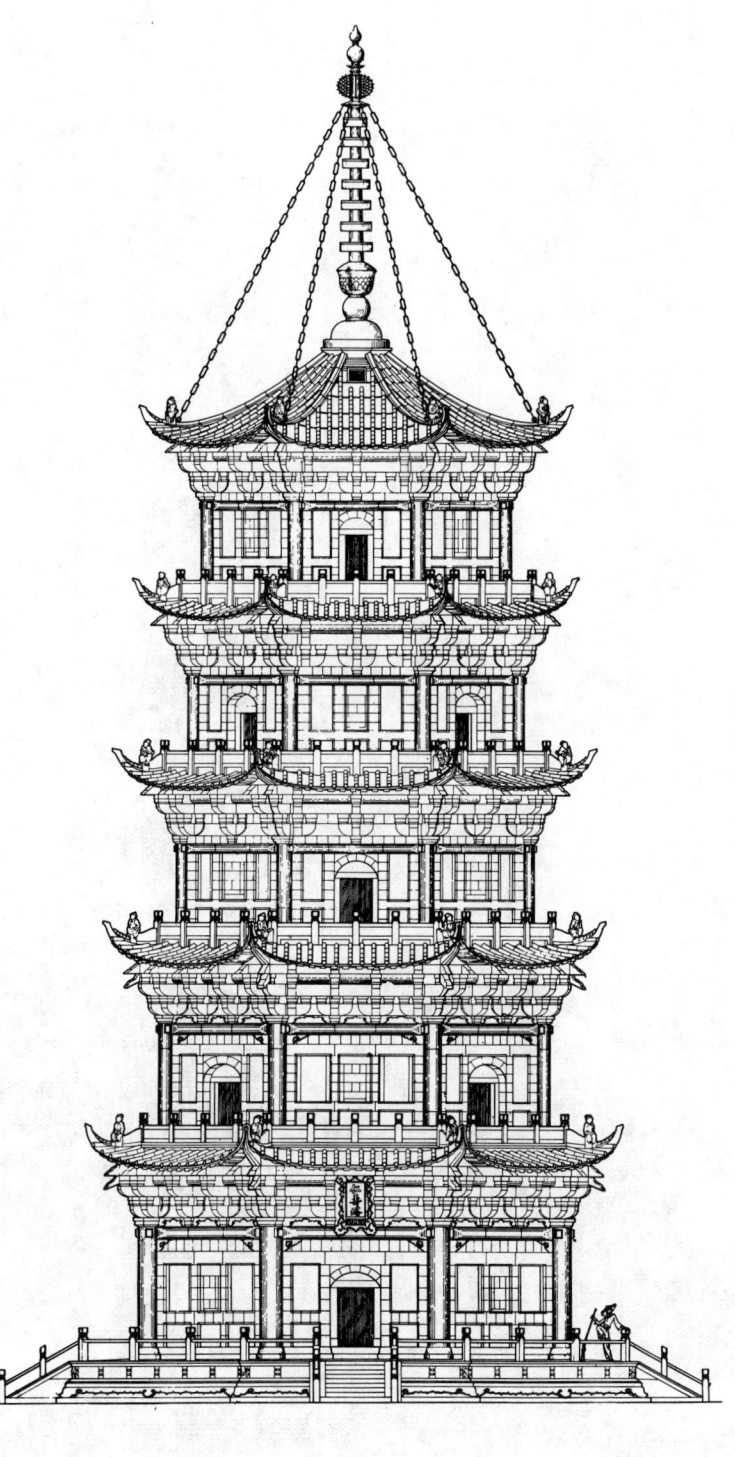

图　125-2　福建泉州市开元寺仁寿塔立面图

图 125-3    福建泉州市开元寺仁寿塔外观

塔的起源，唐代仅限于单层墓塔，五代时建造的栖霞寺塔只是一个八角密檐的小塔，只有五代末至北宋初建造的苏州虎丘云岩寺塔，杭州雷峰塔（已毁）及灵隐寺双塔，闸口白塔等，才既是八角形平面，又具有楼阁式外观，可见这种塔是在五代时期发展起来的，而且很大的可能是肇源于南方，进而影响到中原和北方，并一直延续到明清。所不同的是南方的塔大多数在塔内回廊中布置楼梯，而北方的塔则楼梯多位于塔心室内，这可能是地区做法的差别[253]。此外，还有些宋、金时期的塔，由于体积不大，只下层用双层壁体，而上层用单壁与木楼板，是这种砖塔的一种变体。另外有一些宋塔仍沿用方形平面，但为数甚少，只是唐塔的尾声而已[254]。

这时期密檐塔盛行于北方。虽然有个别例子仍保存唐代方形密檐塔的形式，如12世纪中期金代建造的河南洛阳市白马寺塔和山西陵川县昭庆寺塔，但盛行于辽而为金代沿用的另一种密檐式塔则是这时期一个新的创造。

辽、金密檐塔大部分是八角形平面，但也有一部分方形的。造型上的特点是在台基上建须弥座，上置斗栱与平坐，再上以莲瓣承托较高的塔身，塔身雕刻门窗及天神等，塔身上部以斗栱支承各层密檐，顶部用塔刹作结束。这种形式的塔虽流行于辽、金二代，但其来源可上溯至唐末和五代，如唐咸通七年（公元866年）所建山西运城县招福寺禅和尚塔已使用斗栱与平坐承托塔身（图105）；唐乾宁二年（公元895年）所建山西晋城县青莲寺慧峰塔则在须弥座和莲瓣上建八角形塔身（图91）；五代的南京栖霞寺塔以须弥座与莲瓣承托八角密檐塔（图90）。由此可见辽金密檐塔的形式是在前代的基础上发展起来的，晚至明代仍在延续。

山西灵丘县觉山寺塔是一座保存较完好的辽代密檐塔（图128-1～2）。塔在县西北10公里的觉山中，建于辽大安五年（公元1089年）。觉山寺除此塔外，全部为清代建筑。塔原在寺西部的塔院中。塔下有方形及八角形两层基座，上置须弥座两层，第二层须弥座上有斗栱及平坐，须弥座的束腰部分

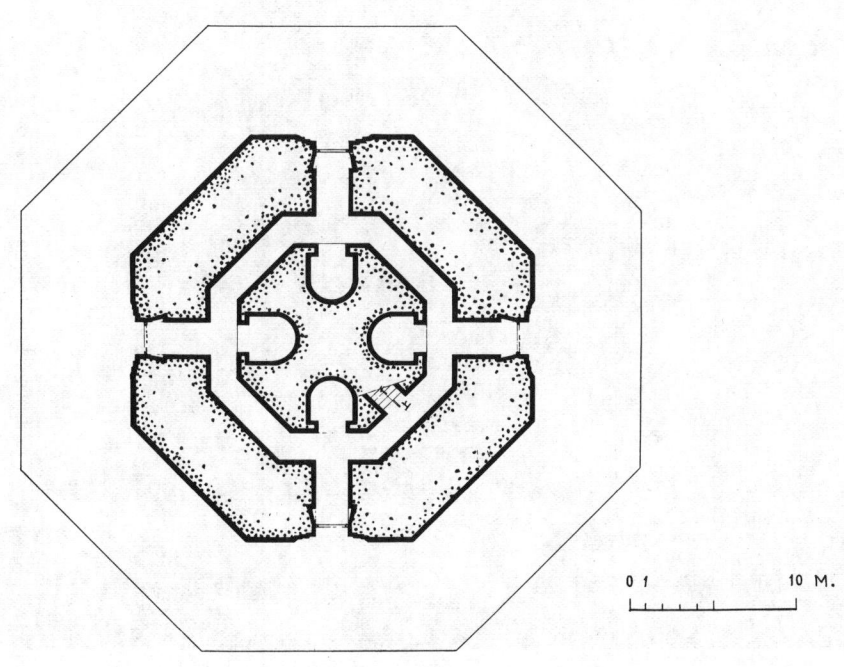

图 126-1　河北定州开元寺塔平面图

图 126-2  河北定州开元寺塔外观

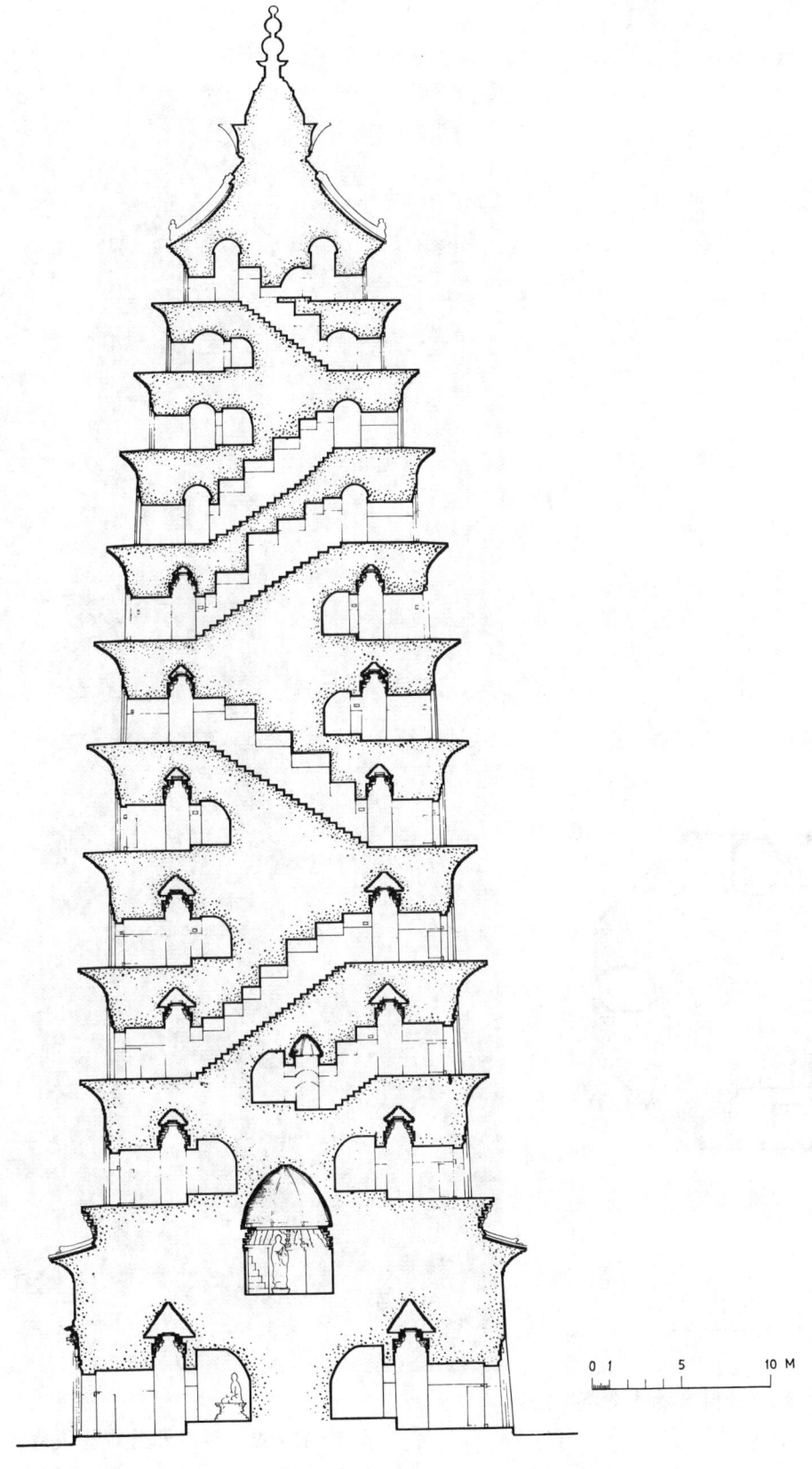

图 126-3 河北定州开元寺塔剖面图

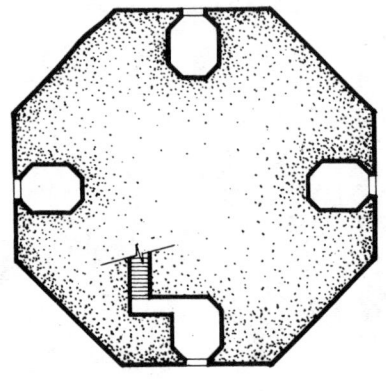

0  1        5 M.

图 127-1  河南开封市祐国寺塔
          平面图

图 127-2  河南开封市祐国寺塔外观

图 127-3 河南开封市祐国寺塔细部

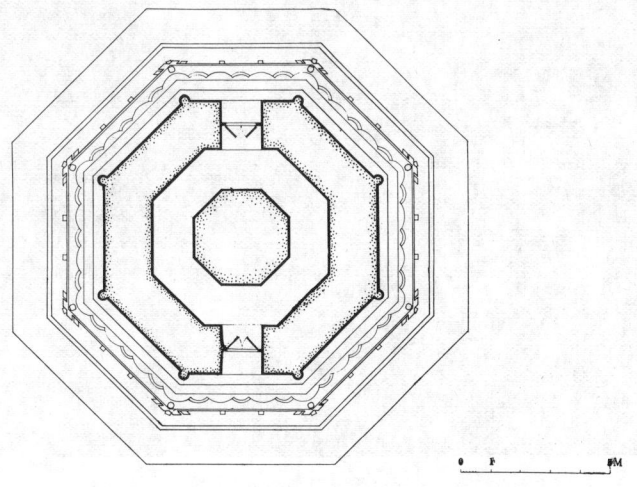

图 128-1 山西灵丘县觉山寺塔平面图

图 128-2  山西灵丘县觉山寺塔外观

图 128-3　山西灵丘县觉山寺塔细部

在壶门内雕刻佛像，壶门之间及角上雕刻力士，平坐栏板饰以几何纹及莲花，形制都十分精美（图128-3）。平坐以上用莲瓣三层承托塔身。塔身八角形，角上都有圆倚柱，正向四面有门，但东西二面为假门，余四面为假窗，屋檐以下用砖砌出额枋斗栱。这塔的塔身内有八角形内室，室中央建中柱，与其他辽塔不同。第二层至十三层用砖砌斗栱支承挑出的密檐，最上为攒尖顶，顶上置铁刹，以八条铁链固定在屋脊上。整个塔的造型，主要以上下两部分的繁密来衬托中部平整的塔身，使塔身显得刚健有力而成为全塔的主体。十三层密檐的出檐长度逐层递减，其递减率越上越多，从而塔檐轮廓具有和缓的卷杀。顶部用高刹结束，给人以安定优美的感觉。

　　此外，北京天宁寺塔也是一座优美的辽代密檐塔，这塔明代虽经大修，但基本风格仍是辽代的（图129）[255]。

## 经　幢

　　公元七世纪后半期随着密宗东来，佛教建筑中增加了一种新的类型——经幢。到中唐以后，净土宗也建造经幢，数量渐多；其中奉弥勒佛为主的仅在殿前建经幢一个，奉阿弥陀或药师的则以两个或四个经幢分立于殿前。这时期经幢的形状不但逐渐采用多层形式，还以须弥座与仰莲承托幢身，雕刻也日趋华丽。经过五代到北宋，经幢发展达到最高峰。现存宋朝诸幢中，以河北赵县经幢的体形最大，而且形象华丽，雕刻精美，是典型的代表作品（图130）。

　　赵县经幢建于北宋宝元元年（公元1038年），全部石造，高15米余。底层为6米见方扁平的须弥座，其上建八角形须弥座二层。这三层须弥座的束腰部分，雕刻力神、仕女、歌舞乐伎等，姿态很生动，而上层须弥座每面雕刻廊屋各三间。再上以宝山承托幢身，其上各以宝盖、仰莲等承受第二第三

图 129　北京市天宁寺塔

图 130　河北赵县陀罗尼经幢立面图

两层幢身。再上，雕刻八角城及释伽游四门故事。自此以上三层幢身减小减低。宝顶经近代重修，不是原物。

# 第五节　陵　墓

北宋的帝后陵墓，从宋太祖（赵匡胤）的父亲的永安陵起，至哲宗（赵煦）的永泰陵止，共计八陵，集中于河南巩县境内洛河南岸的台地上。它们在相距不过10公里左右的范围内，形成一个相当大的陵区[18]（图131-1）。这与汉唐有显著不同之处。自此以后，南宋、明、清等朝代设置集中的陵区，实肇始于此。

诸陵以帝陵为主体，其西北部有附葬的后陵。陵本身称为上宫，另在上宫的北偏西建有下宫，作

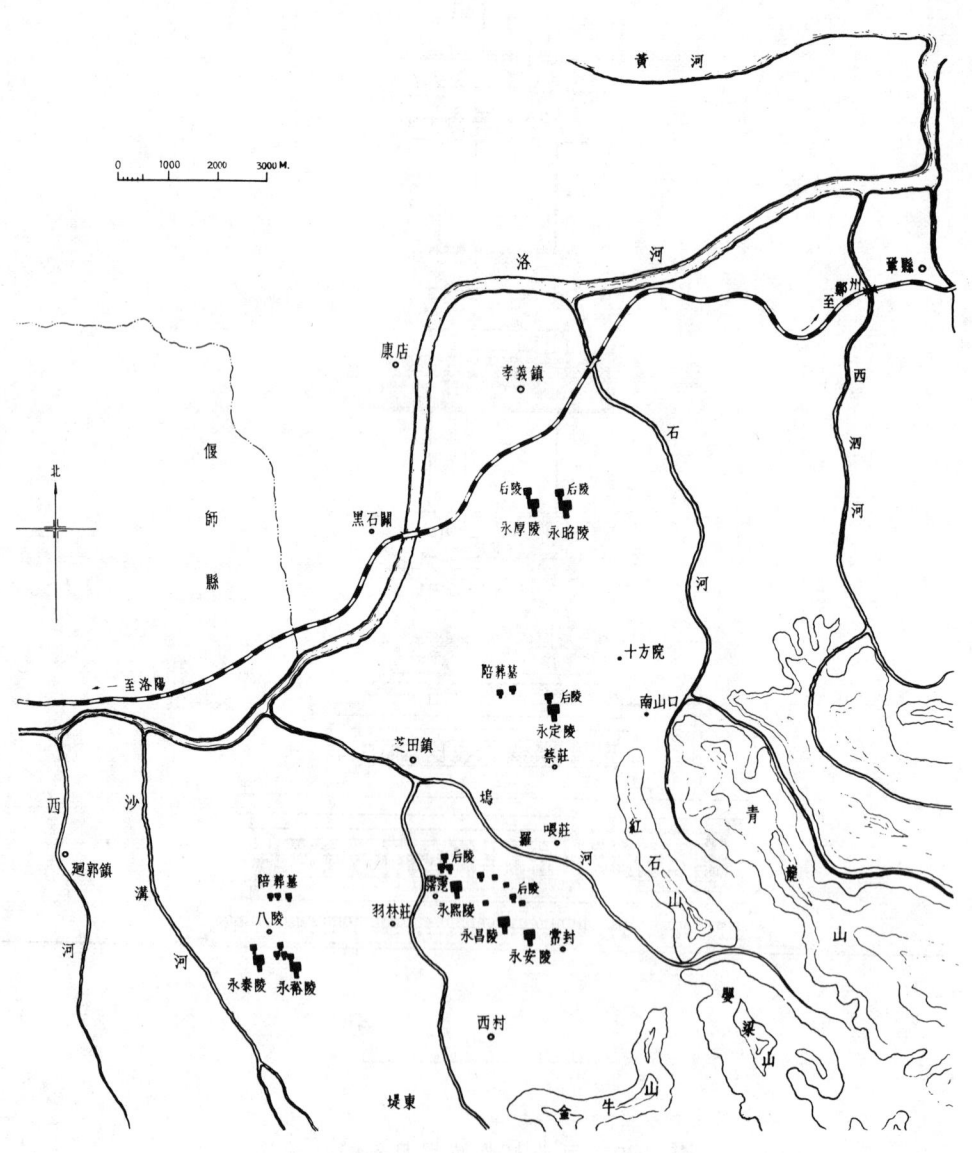

图 131-1　河南巩县宋陵分布图

为供奉帝后遗容、遗物和守陵祭祀之
用。陵体（即上宫）为三阶的截顶方
锥形夯土台，四周绕以平面正方形的
神墙，各面正中开神门，门外各设石
狮一对。在南神门外，排列成对的石
象生，象征大朝会的仪仗，有宫女、
文武官、外国使臣、仗马、角端、瑞
禽、象以及相传为能祛邪的羊、虎等，
最南为望柱。望柱南有阙台，称为乳
台。沿着轴线越空地一段又有鹊台，
为上宫的南端入口。上述神墙复瓦，
神门、乳台、鹊台则为夯土台，以砖
包砌，据记载，其上建有木构建筑。
这些形制大体沿袭唐陵的制度。但不
同的是：第一，唐朝诸陵的尺度与石
象生的数目和种类相差很大，宋陵则
比较整齐划一，形制基本一致，尺度
及石象生的数目，诸陵也出入不多；
第二。宋陵规模较唐陵小，这是因为
宋朝的帝后生前不营建陵墓，而按礼
制规定，在死后七个月内即须下葬，
因而从选择陵址，采石运料，到建造
陵墓，时间短促，陵的规模就受到限
制。

　　宋陵的另一特点，是明显地根据
风水观念来选择地形。宋代盛行"五
音姓利"的说法，国姓——赵所属为
"角"音，必须"东南地穹、西北地
垂"[256]，因此各陵地形东南高而西
北低。由鹊台至乳台、上宫，愈北地
势愈低，一反中国古代建筑基址逐渐
增高而将主体置于最崇高位置的传统
方法。诸陵的朝向都向南而微有偏
度，以嵩山少室山为屏障，其前的两
个次峰为门阙。

　　诸陵之中可以仁宗（赵祯）永昭
陵为代表。由鹊台至北神门，南北轴
线长551米，神墙面长242米，陵台底
方56米，高13米。其北有附葬后陵一

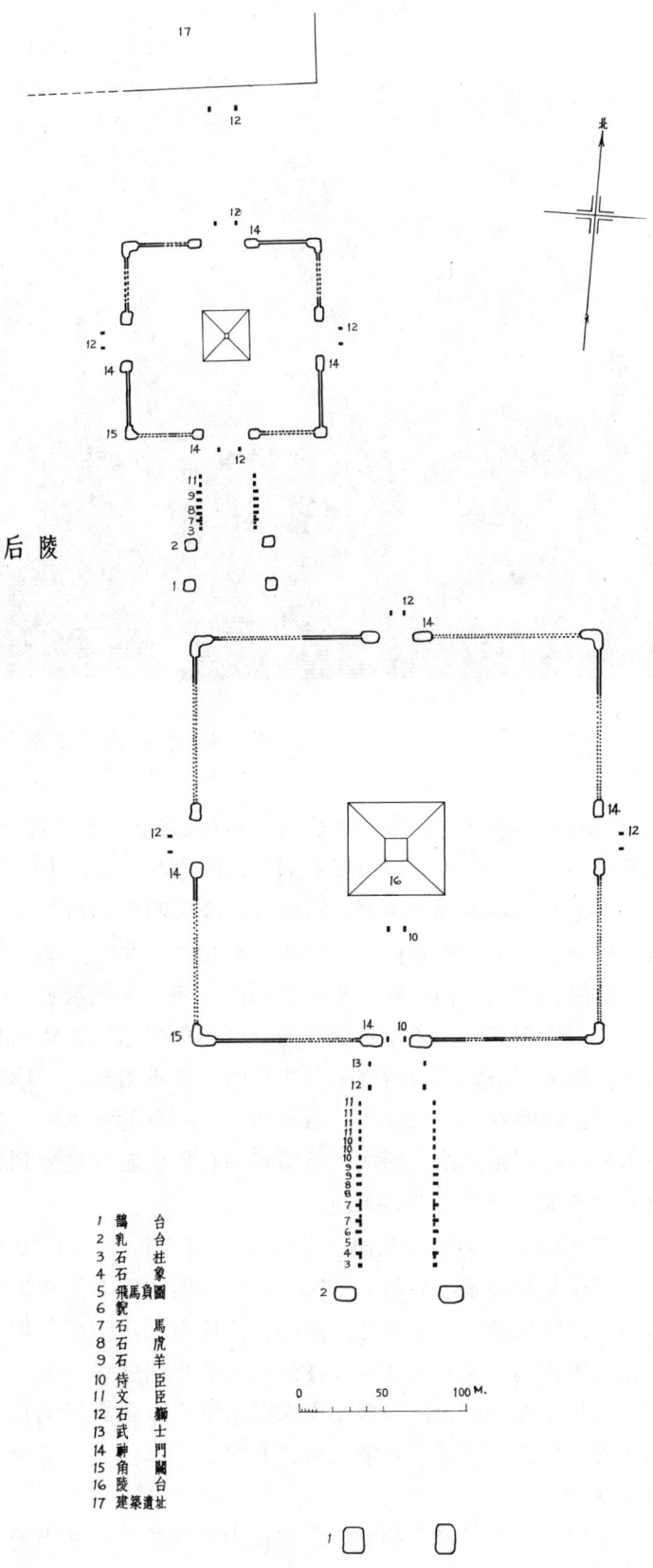

图　131-2　河南巩县宋永昭陵平面图

图 131-3  河南巩县宋永昭陵神道遗迹

处(图131-2～3)。诸陵木构建筑均已不存,墓室未经发掘,情况不详,惟石象生大致完整。这些石象生在雕刻手法上虽受到唐朝陵墓石刻艺术的影响,而无其活泼遒劲,但不失为谨严之作(图131-4～5)。

据记载,各陵神道两侧柏树成行,陵区四周密植柏林,陵台上也植柏树,茂密而整齐。形成一片肃穆宁静的气氛。本来汉、唐陵墓皆种柏树,北宋至明清则种植松柏,是一项传统悠久而又合于陵墓要求的绿化手法,而北宋诸陵密集相连,使这一气氛更为突出[257]。

南宋诸帝死后,为了日后归葬中原,仅在绍兴营建临时性质的陵墓,虽有上下宫,但无石象生,且将棺椁藏于上宫献殿后部的龟头屋内,以石条封闭,称为"攒宫"。这种权宜方式,把北宋时分离的上下宫串联在同一轴线上。后来明、清陵墓的棱恩殿(相当下宫)和明楼宝顶(相当上宫)纳于同一组群内,即由此演变而成。而明陵的石象生制度也受到北宋陵的影响。所以,宋代陵制是中国古代陵墓制度的一个转折点[258]。

宋朝地主、富商的坟墓,以北宋元符二年(公元1099年)建造的河南禹县白沙第一号墓最为典型。这个墓是砖造,分前后二室。前室与甬道平面呈"T"形,顶部做成叠涩盝顶;后室六角形,顶部用叠涩构成的六角形藻井。墓门、前后室及后室藻井均有砖雕斗栱。周围墙壁以雕砖和壁画表现当时住宅的室内情况和与墓主人身份有关的生活起居状况。所有建筑构件均绘以五彩遍装的彩画。前后室有凵形平面的砖台,表现了唐末以来室内床榻布局的特点。壁画的题材,前室为饮宴、奏乐等,后室为梳洗、整理财宝等,可能前室是起居、会客的堂,后室是卧室,反映了前堂后寝的传统住宅布局方式(图132)。

宋代手工业、商业的发达,使地主富商的生活相当奢侈豪华,这墓正反映了这些人的生活状况。墓中所使用的五铺作斗栱和五彩遍装彩画都是当时建筑制度所不允许的,说明北宋后期建筑等级制度已被一些商人、地主所突破了。而这种以砖仿木,雕刻精美的墓葬已成为宋代一般商人、地主墓葬的

图 131-4 河南巩县宋永昭陵石刻狮子

图 131-5 河南巩县宋永昭陵石刻朱雀

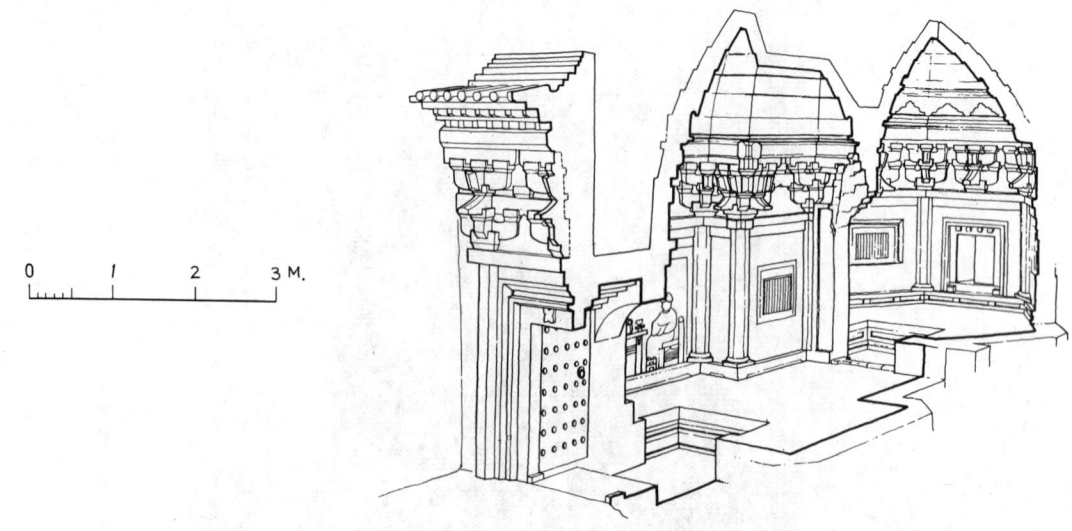

墓室結構剖視

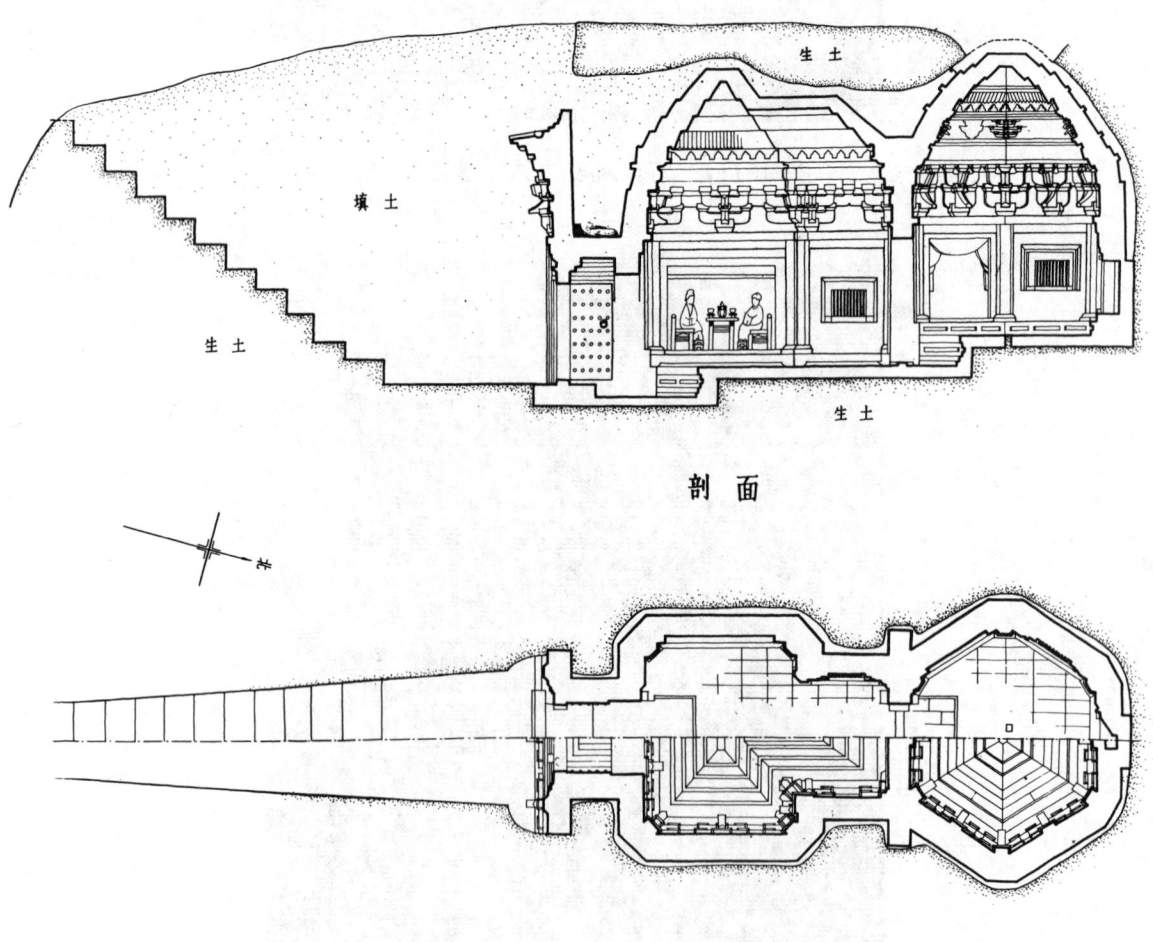

剖　面

仰視平面

图 132　河南禹县白沙宋墓第一号墓平、剖、透视图

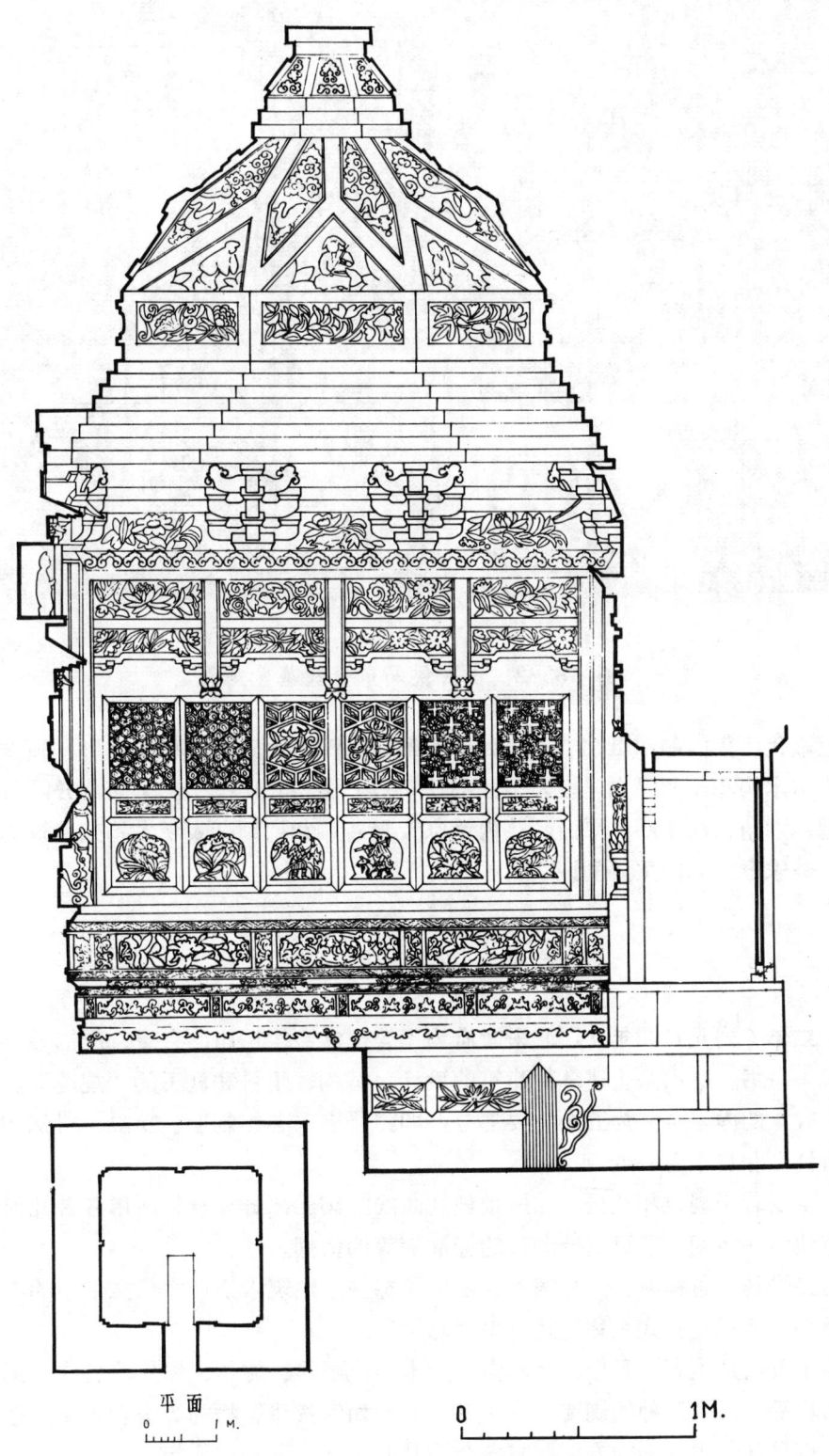

平面

0　　　1M.

0　　　1M.

图 133-1　山西侯马市董氏墓平、剖面图

图 133-2    山西侯马市董氏墓砖刻隔扇

普遍形式。至金代，墓内雕饰更加丰富，如山西侯马董氏地主砖墓，平面方形，顶作八角藻井，四壁的砖雕刻，模仿木构斗栱和隔扇，极为华丽细致[259]（图133-1～2）。又河北井陉县柿庄的宋金墓葬群，有方、圆、六角、八角四种平面，墓内饰以大量砖雕和壁画，表现木构架建筑的斗栱、门、窗及家具器物等，是宋金之际的重要例证[260]。

# 第六节  《营造法式》

北宋崇宁二年（公元1103年），北宋政府为了管理宫室、坛庙、官署、府第等等建筑工作，颁行了《营造法式》一书。这书是上述各种建筑的设计、结构、用料和施工的"规范"。

《营造法式》的内容可分为五个主要部分，即：释名、各作制度、功限、料例和图样，共34卷；前面还有"看详"和目录各一卷。

"看详"说明若干规定和数据，如屋顶坡度曲线的画法，计算材料所用各种几何形的比例，定垂直和水平的方法，按不同季节订定劳动日的标准等等的依据。

第一和第二卷是《总释》和《总例》，考证了每一个建筑术语在古代文献中的不同名称和当时通用的名称以及书中所用的正式名称，并订出"总例"。

第三至第十五卷是壕寨、石作、大木作、小木作、雕作、旋作、锯作、竹作、瓦作、泥作、彩画作、砖作、窑作等十三个工种的制度。说明每一工种如何按建筑物的等级和大小，选用标准材料，以及各构件的比例尺和艺术加工的方法，与各个构件的相互关系和位置等。

大木作和小木作制度共占八卷篇幅，其中最重要的是大木作制度中首先规定：造屋以"材"为祖，而材有八等，随房屋的等级和大小而决定，一切大木作的尺寸和比例都是用"材"作为基本模数

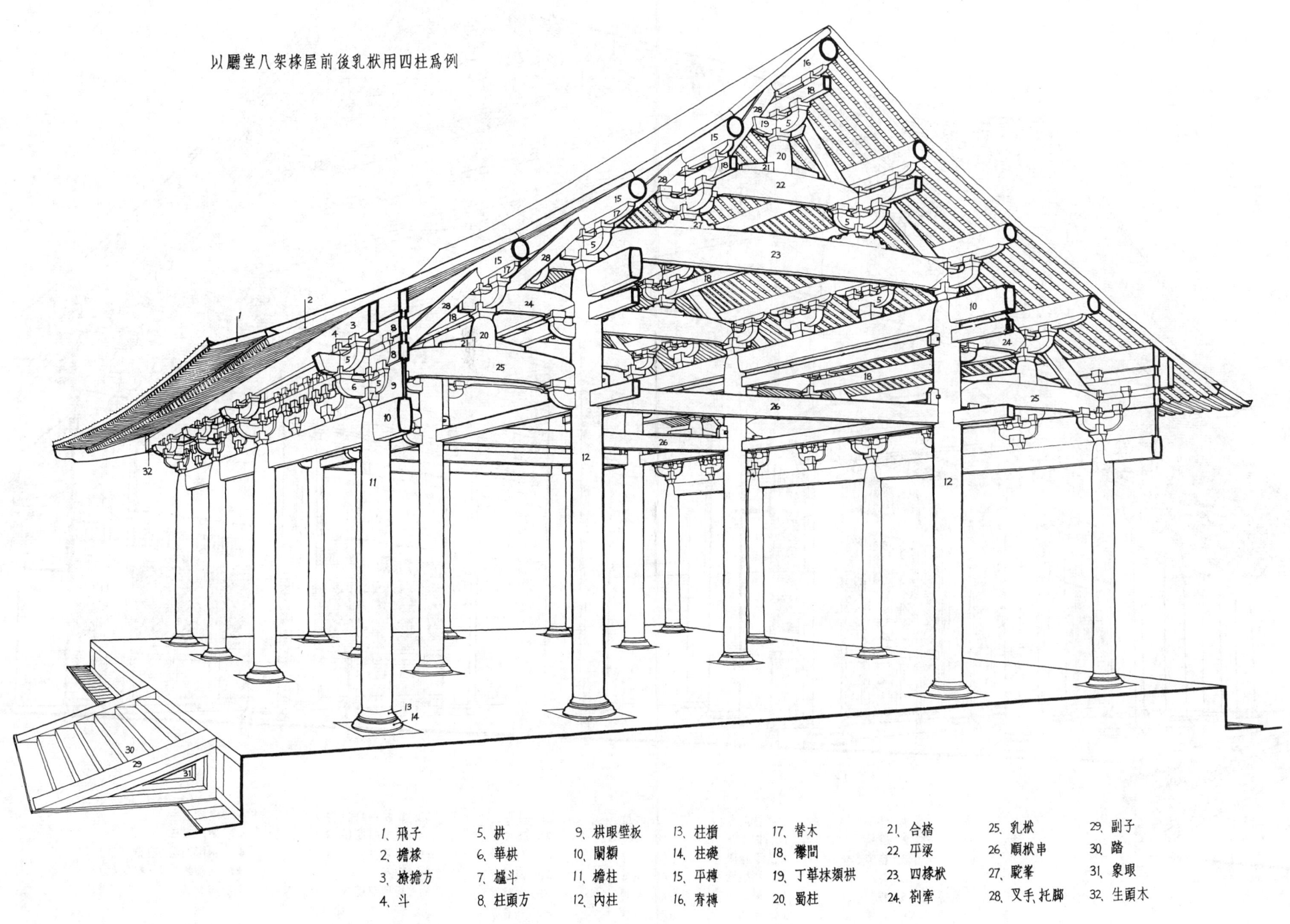

以厰堂八架椽屋前後乳栿用四柱爲例

| | | | | | | |
|---|---|---|---|---|---|---|
| 1. 飛子 | 5. 栱 | 9. 栱眼壁板 | 13. 柱櫍 | 17. 替木 | 21. 合楷 | 25. 乳栿 | 29. 副子 |
| 2. 檐椽 | 6. 華栱 | 10. 闌額 | 14. 柱礎 | 18. 襻間 | 22. 平梁 | 26. 順栿串 | 30. 踏 |
| 3. 橑檐方 | 7. 櫨斗 | 11. 檐柱 | 15. 平槫 | 19. 丁華抹頦栱 | 23. 四椽栿 | 27. 駝峯 | 31. 象眼 |
| 4. 斗 | 8. 柱頭方 | 12. 內柱 | 16. 脊槫 | 20. 蜀柱 | 24. 剳牽 | 28. 叉手,托脚 | 32. 生頭木 |

图 134-2  宋《营造法式》大木作制度示意图（厅堂）

以殿堂等七鋪作副階五鋪作雙槽草架側樣為例

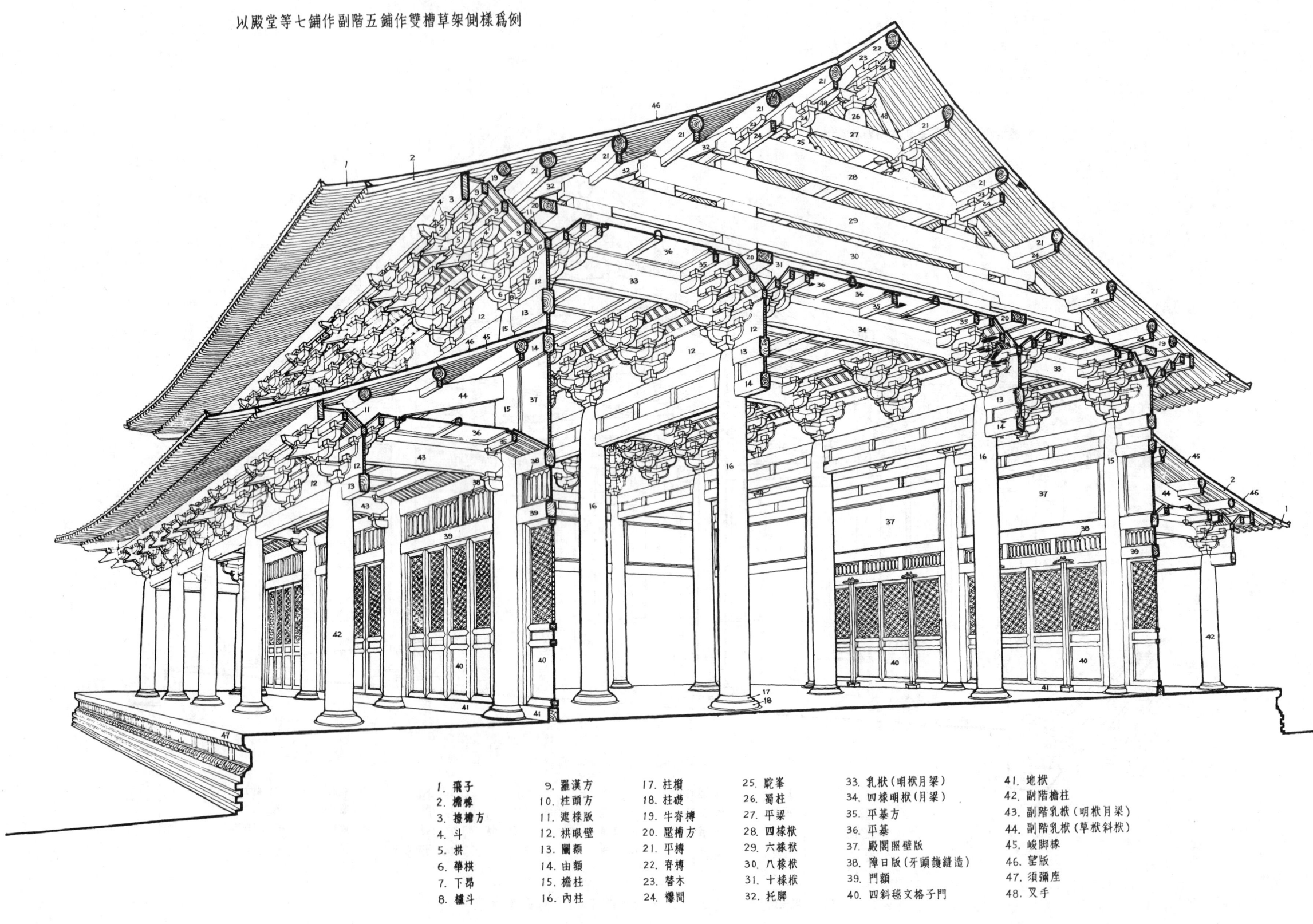

| 1. 飛子 | 9. 羅漢方 | 17. 柱槫 | 25. 駝峯 | 33. 乳栿（明栿月梁） | 41. 地栿 |
|---|---|---|---|---|---|
| 2. 檐椽 | 10. 柱頭方 | 18. 柱礎 | 26. 蜀柱 | 34. 四椽明栿（月梁） | 42. 副階檐柱 |
| 3. 撩檐方 | 11. 遮椽版 | 19. 牛脊槫 | 27. 平梁 | 35. 平棊方 | 43. 副階乳栿（明栿月梁） |
| 4. 斗 | 12. 栱眼壁 | 20. 壓槽方 | 28. 四椽栿 | 36. 平棊 | 44. 副階乳栿（草栿斜栿） |
| 5. 栱 | 13. 闌額 | 21. 平槫 | 29. 六椽栿 | 37. 殿閣照壁版 | 45. 峻脚椽 |
| 6. 華栱 | 14. 由額 | 22. 脊槫 | 30. 八椽栿 | 38. 障日版（牙頭護縫造） | 46. 望版 |
| 7. 下昂 | 15. 檐柱 | 23. 替木 | 31. 十椽栿 | 39. 門額 | 47. 須彌座 |
| 8. 櫨斗 | 16. 內柱 | 24. 襻間 | 32. 托脚 | 40. 四斜毬文格子門 | 48. 叉手 |

图 134-1 宋《營造法式》大木作制度示意图（殿堂）

来制定的。

第十六卷至第二十五卷按照各作制度的内容，规定了各工种的构件劳动定额和计算方法。

第二十六卷至第二十八卷规定各工种的用料定额，和有关工作的质量。

第二十九卷至第三十四卷是图样，包括当时的测量工具，及石作、大木作、小木作、雕木作和彩画作的平面图、断面图、构件详图及各种雕饰与彩画图案，是书中极可珍贵的一部分（图134-1~2）。

从上述《营造法式》的内容可以看到下列几个特点。

**一、模数的制定和运用** 大木作制度规定"材"的高度又分为十五"分"，而以十"分"为其厚。斗栱的两层栱之间的高度定为六"分"，称为"栔"。大木作的一切构件几乎全部用"材"、"栔"、"分"来确定。

当然，这是一种很原始的模数的运用。在前章所述初唐和盛唐的壁画、雕刻以及佛光寺和南禅寺两座唐代木结构殿堂中，无疑地已经运用了这种模数，只是在《营造法式》中才用文字确定下来，而这种方法一直沿用到清代。

**二、设计的灵活性** 各作制度虽然都有明确而细致的规定，但未涉及组群建筑的布局和单体建筑的平面尺度，而且各种制度的条文下往往附有"随宜加减"的小注，因此设计人可按具体情况，在各作制度的总原则下，对构件的比例尺度发挥自己的创造性。这是《营造法式》的一个重要特点，也符合实际工作的要求。

**三、技术经验的总结** 为了工作方便，《总例》中列举了圆、方、六棱、八棱等形体的径、围和斜长的比例数字，便于工匠的掌握。根据传统的木构架结构，规定凡立柱都有"侧脚"，柱头向内微倾约1%。同时柱有"升起"，就是柱的高度由中间向两端逐渐加高，也有明确的规定（图134-3）。这些措施产生了整个构架向内倾斜的倾向，增加构架的稳定性。在横梁与立柱交接处，则用斗栱承托，以减少梁端的剪力。复杂的斗栱结构的卯榫"绞割"，往往减少了每一构件断面的1/3~1/2，是一个重要缺点，但《法式》对此规定了比较合理的"绞割"比例和位置。《法式》还叙述砖、瓦和琉

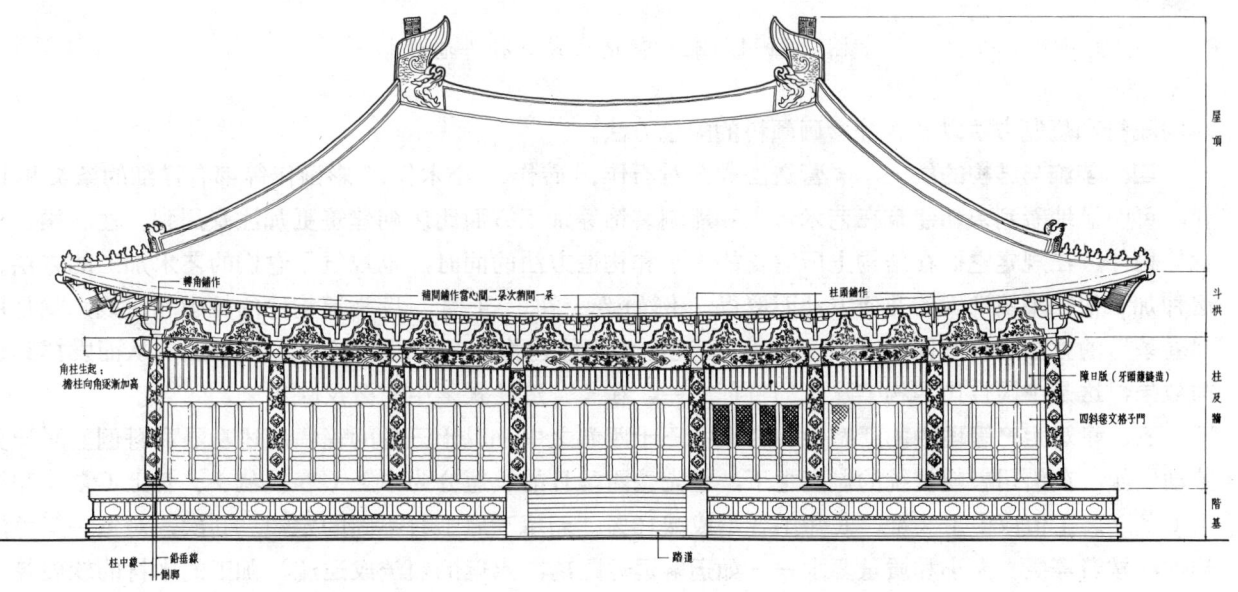

图 134-3　宋《营造法式》立面处理示意图

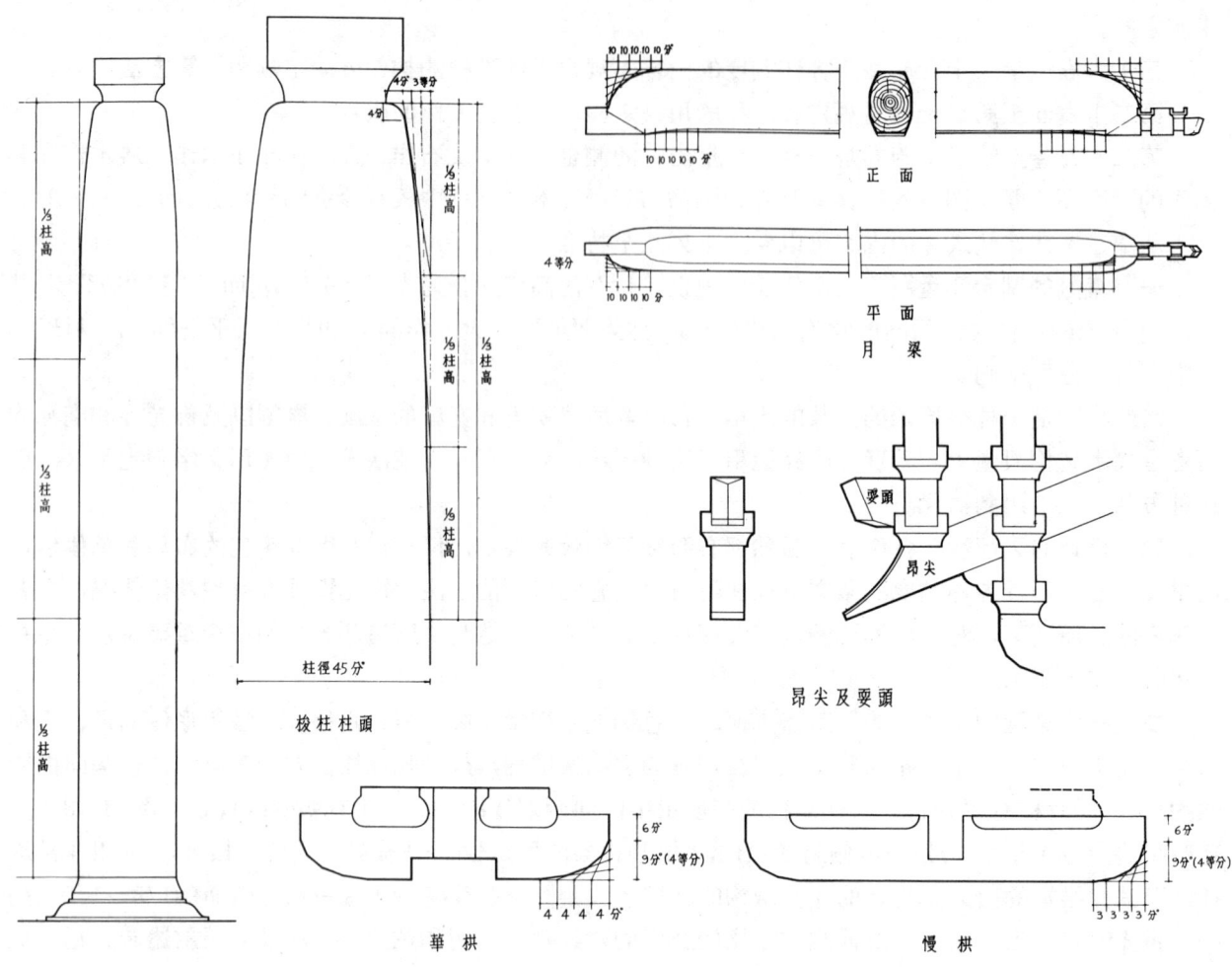

正面

平面

月　梁

昂尖及耍头

华栱　　　　　　　　　　慢栱

柱径45分

梭柱柱头

图 134-4　宋《营造法式》构件卷杀举例

璃的配料和烧制方法以及各种彩画颜料的配色方法。

　　**四、装饰与结构的统一**　《营造法式》对石作、砖作、小木作、彩画作等都有详细的条文和图样，可明显地看到宋朝建筑在艺术形象和雕刻装饰等加工方面比唐朝建筑更加注意周到。柱、梁、斗栱等构件，在规定它们在结构上所需要的大小和构造方法的同时，也规定了它们的艺术加工的方法。这种加工往往采用准确的几何方法而取得。例如梁、柱、斗栱、椽头等构件的轮廓和曲线，就是用"卷杀"的方法进行制作的（图 134-4）。充分利用结构构件，加以适当的艺术加工，从而发挥其装饰效果，这是中国古代木构架建筑的特征之一，在《营造法式》中充分反映出来。

　　**五、建筑生产管理中的严密性**　在全书三十四卷之中，以十三卷的篇幅叙述功限和料例。对计算劳动定额，在沿用唐朝传统的制度之下，首先按四季日的长短分为中工（春、秋）、长工（夏）和短工（冬）。工值以中工为准，长短工各增或减10%，而军工雇工有不同的定额。其次，对每一工种的构件，按着等级、大小和质量要求——如运输远近距离，水运的顺流或逆流，加工的木材的软硬等，都规定了工值的计算方法。料例部分对于各种材料的消耗都有详尽而具体的定额。

　　这些规定为编造预算和施工组织订出严格的标准，既便于生产，也便于检查。

《营造法式》是北宋后期主管工程的将作监少监李诫奉敕编修的，北宋元符三年（公元1100年）编成，崇宁二年（公元1103年）刊印颁发。

国家制订有关建筑事业的规范，在《大唐六典》中就已有这方面的条文。私人著作则北宋初期有名的木工喻皓写了一部《木经》。《营造法式》是在继承和总结古代传统的基础上，根据当时熟练工匠的经验而编订的。

北宋后期，由于政治腐败，宫廷生活日趋奢靡，建造很多豪华精丽的宫殿、苑囿和府第、官署、寺观等，而官吏又贪污成风，使国库无法应付浩大的开支。在公元十一世纪七十年代，王安石执政，为了挽救统治阶级的危机，制订了各种财政、经济有关的条例，《营造法式》就是在王安石执政的期间，由将作监编修，至北宋元祐六年（公元1091年）成书的。但这书由于缺乏用材制度，以致工料太宽，不能防止各种弊端，所以北宋绍圣四年（公元1097年）又由李诫重新编修。从这些社会背景和书中具体内容可以看到编写这部书的主要目的是：在人力、财力、物力都很困难而统治阶级的要求日趋铺张豪华的相互矛盾的情况下，力图防止贪污浪费，同时保证设计、材料和施工的质量，以满足统治阶级的需要。

这部书的编撰方法也值得注意。就是在全书三百五十七篇、三千五百五十五条中，有三百零八篇、三千二百七十二条是历来工匠相传，经久可行之法。这部书是北宋统治阶级的宫殿、寺庙、官署、府第等木构架建筑所使用的方法，在一定程度上反映了当时中原地区的建筑技术和艺术的水平。这书对于研究宋朝建筑乃至中国古代建筑的发展，提供了重要资料，也是人类建筑遗产中一份珍贵的文献[261]。

# 第七节　建筑的材料、技术和艺术

材料、技术的进步和建筑功能及社会意识形态的要求，互为因果地促使宋朝建筑风格朝着柔和绚丽的方向发展。从留存下来的唐、五代遗物和宋、辽、金的木构建筑、塔、幢等相比较，这种发展的趋向是十分明显的。

在材料方面，由于宋代砖的生产比唐代增加，因而有不少城市用砖砌城墙，城内道路也铺砌砖面[29]、[233]，同时全国各地建造了很多规模巨大的砖塔，墓葬也多用砖建造。宋代的琉璃砖瓦，除了《营造法式》关于烧制方法有详尽的规定以外，实物方面留下一座北宋庆历四年（公元1044年）灾毁后重建的北宋首都东京（今开封）祐国寺的琉璃塔。这座塔不仅显示琉璃制品生产的提高，而且表示以构件的标准化和镶嵌方法所取得的艺术效果。这是宋代在建筑材料、技术和艺术等方面发展汉以来预制贴面砖的一个重要成就。

在木结构技术方面，五代、宋初为适应建筑功能的要求以及技术上新的发展，开始了新的变化。

辽朝在建筑方面主要依靠当地汉族工匠，因而保存了不少唐朝结构的特点。如大同下华严寺薄伽教藏殿、蓟县独乐寺观音阁和应县佛宫寺释迦塔都使用内外槽的柱网结构和明栿、草栿两套屋架，显然与五台山唐佛光寺大殿具有一脉相承的关系。而多层建筑如观音阁和释迦塔，使用平坐暗层的做法，应是唐朝楼阁建筑的遗风。可是某些具有殿堂和厅堂混合结构的建筑，如新城开善寺大殿[262]、大同善化寺大殿[222]、义县奉国寺大殿等[263]，由于功能上的要求，内部采用砌上露明造，并将原来作为布置佛像空间的内槽后移，前部空间扩大，柱网突破了严格对称的格局，无疑地是金代建筑的减柱、移柱法的前奏。

北宋建筑结构在五代的基础上开始了一个新的阶段，如果拿《营造法式》规定的结构方式和唐、辽遗物对照，不难看出宋代建筑已开结构简化之端了，其中最重要的一个特点就是斗栱机能已经开始减弱。原来在结构上起相当重要作用的下昂，有些已被斜栱所代替[264]，而且斗栱比例小，补间铺作的朵数增多，使整体构造发生若干变化。在楼阁建筑方面，如河北正定隆兴寺转轮藏殿、慈氏阁[265]和山西陵川府君庙山门，已经放弃了在腰檐和平坐内做成暗层的作法。这种上下层直接相通的作法到元朝继续发展，后来成为明清时期的唯一结构方式。

《营造法式》虽然对殿堂和厅堂的结构有着严格的区别，但实物中却有不少灵活处理的例子。例如太原晋祠圣母殿的构造方法就介乎殿阁与厅堂之间，并且减去前廊两根柱子，同时许多地方的小型建筑也有类似情况。至今还没有发现一座宋朝建筑是完全按照《营造法式》的规定建造的。但是，从《营造法式》所规定的模数制来看，北宋时期建筑的标准化、定型化已达到了一定水平，便于估工备料和提高设计、施工的速度。

金继辽、宋而统治中原和北方，在建筑结构上反映了宋、辽建筑相互影响的结果。辽开始的减柱、移柱作法，在金代遗物中数见不鲜，如朔县崇福寺弥陀殿[223]和五台山佛光寺文殊殿[189]、大同善化寺三圣殿[222]等，都为适应功能需要而把内部柱子做了一定调整，因而使梁架的布置比辽代建筑更为灵活。其中如文殊殿、弥陀殿都因减去内柱，在柱上使用了大跨度的横向复梁以承纵向的屋架，而文殊殿的复梁竟长达面阔三间（图135-1～2）。文殊殿建于金天会十五年（公元1137年）上距金灭宋不过10年，不难推测这种减柱和复梁的作法可能在北宋已经开始了。后来，元代某些地方建筑则直接继承了金代这种灵活处理柱网和结构的传统。此外，从辽开始出现的斜向出栱的斗栱结构方法，在金代大量使用，而且更加复杂。至于宋代建筑柱身加高、斗栱减小、补间铺作增多、屋顶坡度加大等手法，在金代建筑中也都得到体现，只是楼阁建筑如现存的大同善化寺普贤阁则仍采用暗层，与辽的楼阁建筑的结构相同[222]。

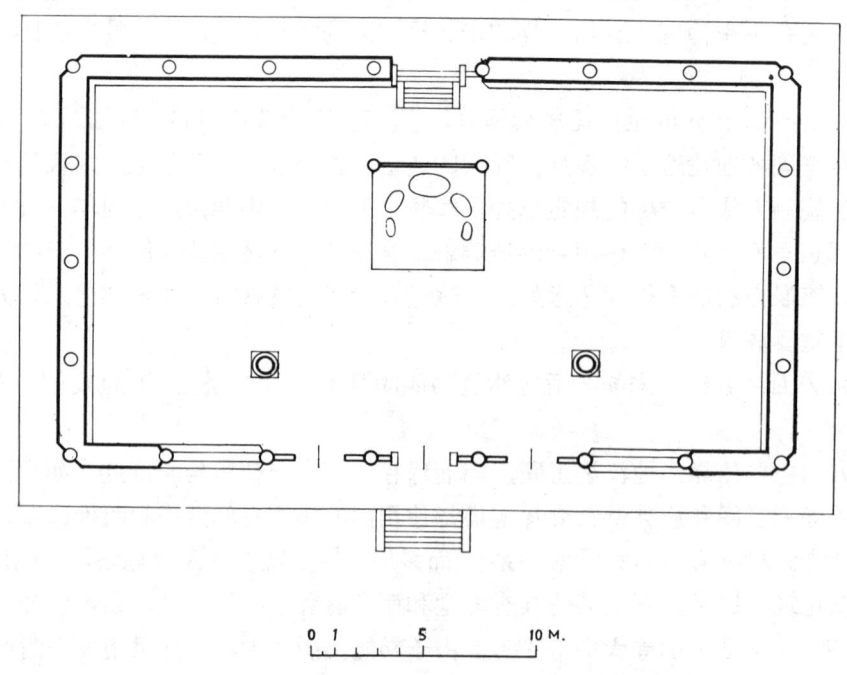

图 135-1　山西五台县佛光寺文殊殿平面图

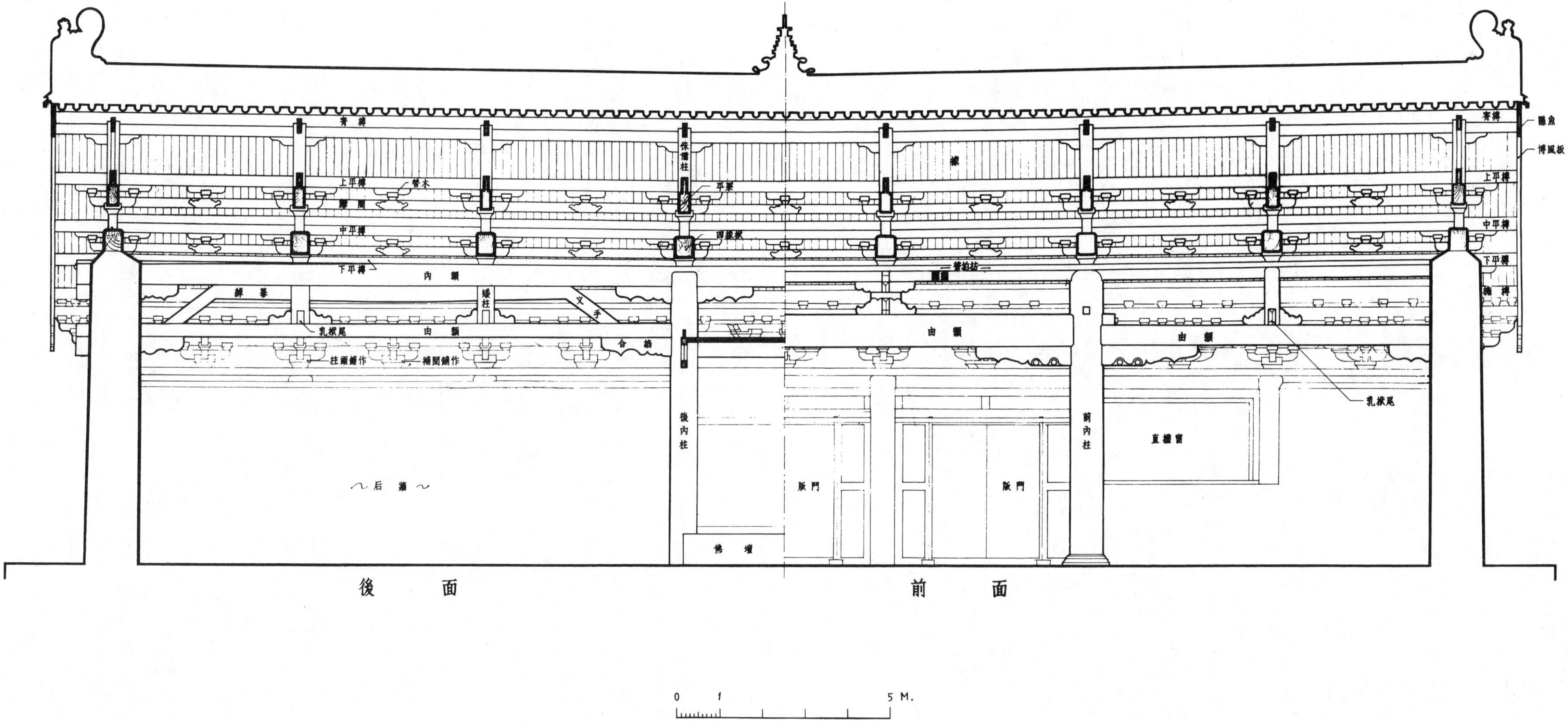

图 135-2 山西五台县佛光寺文殊殿纵剖面图

约与金同时的南宋建筑，结构手法基本上和北宋相同，但构件的艺术加工更加细致。四川江油县云岩寺的飞天藏使用交叉成网状的斗栱，已开明清如意斗栱的先河[266]。

经五代到北宋，建筑的基础构造也有较大的改进，除了一般用夯土筑成以外，当土质较差时，往往掉换从他地运来的好土[267]、[268]，如后周的开封城垣和北宋的玉清昭应宫的地基就是如此。在基础下打桩的方法也有较多的记载和实例。如《营造法式》规定在券輂水窗的基础下用木钉；宋画《水殿招凉图》中沿临水石基边上有一排矩形断面的木桩，以防止基岸崩塌，而《清明上河图》中一些较简单的临水建筑则沿水立圆木桩，桩内钉挡土木板，建于北宋初期（公元977年）的上海龙华塔在基础下用矩形断面的木桩，桩上铺厚木板，板上做砖基础[269]。一些大建筑为了防潮，往往建二层砖石台基，在上层台基上立永定柱做平坐，平坐以上建房屋。宋画《金明池图》中的宝津楼和水殿就都是这种做法。此外，在其它土方工程方面，北宋元丰间曾编订了《筑城法式》，总结了各种防卫工程的经验和有关夯土技术的规定[270]。对于堤坝，水闸的技术、工具、材料、工限等，当时也有详密的规定，收入元人所著《河防通议》中。这两种资料都反映了宋代在土木工程方面的成就。

在砖石结构技术方面，可以从一些桥和塔看到这时期的发展情况。除了金代继承过去传统，在河北赵县、栾城、井陉和山西晋城、崞县等地修建了若干座敞肩石券桥以外[199]，这时期南北各地还修建了很多石券桥。其中金大定二十九年（公元1189年）建造的芦沟桥，长达266.5米，用十一孔连续的半圆拱构成。虽然这桥经过后世多次重修，但桥基和多数拱券还是八个世纪前的原物（图136）。

福建省沿海地区，在宋代曾建造若干巨大的石梁桥。这些桥一般位于江河入海处的宽阔水面上，如北宋元丰元年（公元1078年）建造的泉州万安桥长达540米，41孔，石梁长11米，一般宽0.6米，厚0.5米（图137）。桥基建于松软的泥沙冲积层上，因而用船载大石沉铺江底，形成一道水下大堤，作为基础，再于其上建桥墩。至于架设巨大的石梁，则将运载石梁的船，利用江口定时上涨的潮水移船就位，潮落时石梁就架在桥墩上了[271]。

从宋、辽、金时期的砖塔的结构可以看到当时砖结构技术有了很大进步。在唐代，砖塔外部用砖墙而内部用木楼板、木扶梯，仅仅在顶上用砖券封顶。五代末（公元959年）开始到宋初完成的苏州虎丘塔内部的各层走廊、楼板和塔心室全部使用砖叠涩和砖斗栱相结合的方法，而楼梯仍为木构。到了北宋中叶又发展为发券的方法，使塔心和外墙连成一体，提高了砖塔的坚实度和整体性。

这时期福建地区留下几座楼阁式石塔，其中南宋绍定至淳祐年间（公元1228年至1250年）建造的泉州开元寺双塔，都是八角、五层，其中镇国塔（东塔）高48.24米，仁寿塔（西塔）高44.06米，各层柱、枋、斗栱和檐部结构，全部模仿木结构的形式，具有高度的工艺水平。

在建筑艺术方面，这时期统治阶级建筑的总体布局和唐朝不同的是组群沿着轴线排列若干四合院，加深了纵深发展的程度，如正定隆兴寺和碑刻中的汾阴后土祠图都充分说明了这点。另外一些组群的主要建筑已不是由纵深方向的二、三座殿阁所组成，而是四周以较低的建筑，拥簇中央高耸的殿阁，成为一个整体，如宋画《明皇避暑图》、《滕王阁图》和《黄鹤楼图》都是如此（图138-1～3）。所不同的，《明皇避暑图》中的主要殿阁的平面、立面采用方整对称的方式，而滕王阁、黄鹤楼二图则比较灵活自由；可是中央部分往往在十字形歇山顶下再加一层檐，与下部的抱厦、腰檐、平坐、栏杆等相结合，组成富于变化的外观，则基本上相同。这时四合院的回廊已不在转角处加建亭阁，而在中轴部分的左右，建造若干高低错落的楼阁亭台，使整个组群的形象不陷于单调。此外，与纵深布局相结合，在主要殿堂的左右，往往以挟屋与朵殿烘托中央主体建筑的重要性。从这些资料中还可以看到组群的每一座建筑物的位置、大小、高低与平坐、腰檐、屋顶等所组合的轮廓以及各部分的相互关系都经过精心处理，并且善于利用地形，饶有园林风趣（图138-4～6），实物中如晋祠圣母殿即是一例。

图 136  北京市芦沟桥

图 137  福建泉州市万安桥

图 138-1　宋画《滕王阁图》

图 138-2　宋画《黄鹤楼图》

图 138-3  宋画《明皇避暑图》

图 138-4 宋画《华灯侍宴图》

图 138-5  宋画《楼台夜月图》

　　单体建筑的造型，北宋木构架建筑在唐、五代的基础上有了不少新的发展。首先是房屋面阔一般从中央明间起向左右两侧逐渐减小，形成主次分明的外观。其次，柱身比例增高，开间成为长方形，而斗栱相对地减小，同时补间辅作加多，因而艺术形象与唐朝建筑发生差别[272]。此外在装修方面，这时期建筑上大量使用可以开启的、棂条组合极为丰富的门窗，与唐、辽建筑的板门、直棂窗相比较，不仅改变了建筑的外貌，而且改善了室内的通风和采光。房屋下部的须弥座和佛殿内部的佛座多为石造，构图丰富多彩，雕刻也很精美。柱础的形式与雕刻趋向于多样化。柱子除圆形、方形、八角形外，出现了瓜楞柱，而且大量使用石柱，柱的表面往往镂刻各种花纹（图 139）。建筑内部出现了成套的精美家具与统一和谐的小木作装修。同时，室内空间加大，并简化了梁、柱节点上的斗栱，给人以开朗明快的感觉。各种构件为了避免生硬的直线和简单的弧线，普遍使用卷杀的方法。屋顶坡度是构成组群建筑形象的一个重要因素，因而规定了房屋越大，屋顶坡度越陡峻的原则和比例，就是从最低的1:2到最高的1:1.5之比。屋顶上或全部复以琉璃瓦，或用琉璃瓦与青瓦相配合成为剪边式屋顶[25]、[273]，彩画和装饰的比例、构图和色彩都取得了一定的艺术效果，因而当时建筑给人以柔和而灿烂的印象。南宋建筑虽然实物较少，但从当时绘画中表现的建筑风格，可以看出柔和绚丽的倾向，

图 138-6 宋画《夜潮图》

发展到偏于小巧精致、工整和繁缛了。

辽基本上继承了唐朝简朴、浑厚、雄壮的作风。在整体和各部分的比例上，斗栱雄大硕健，檐出深远，屋顶坡度低缓，曲线刚劲有力。细部手法简洁朴实。雕饰较少。这就使得辽、宋建筑具有迥然不同的形象。

与南宋约略同时的金是辽和北宋建筑的继承者，因而在建筑的艺术处理方面，揉合了宋辽建筑的特点。在外形比例上，以大同上华严寺大殿为例开间比例已成为长方形，柱身很高，斗栱用材虽然与佛光寺大殿相同，出檐也很远，屋檐曲线雄劲有力，但由于开间和柱、方、斗栱的比例不同，总的风格也自然与唐、辽不同；而金代建筑在辽代╳形或米形平面的斗栱的基础上，发展出更复杂形式的斗栱，如大同善化寺三圣殿所见的（图139）。

这时期砖石塔的风格，由于南北各地出现了大量模仿木结构的形式，因而比唐代的砖塔更为华丽。五代末至北宋初年的苏州虎丘山云岩寺塔和杭州的几座石雕小塔完全是木塔的砖石模型[248]。辽代砖塔如庆州白塔和河北涿县云居寺、智度寺双砖塔[247]，除了出檐深度受到材料的局限而比较短促外，几乎是应县释伽塔的翻版。而辽代密檐塔在须弥座、柱、额、斗栱、门、窗等方面也都模仿木结

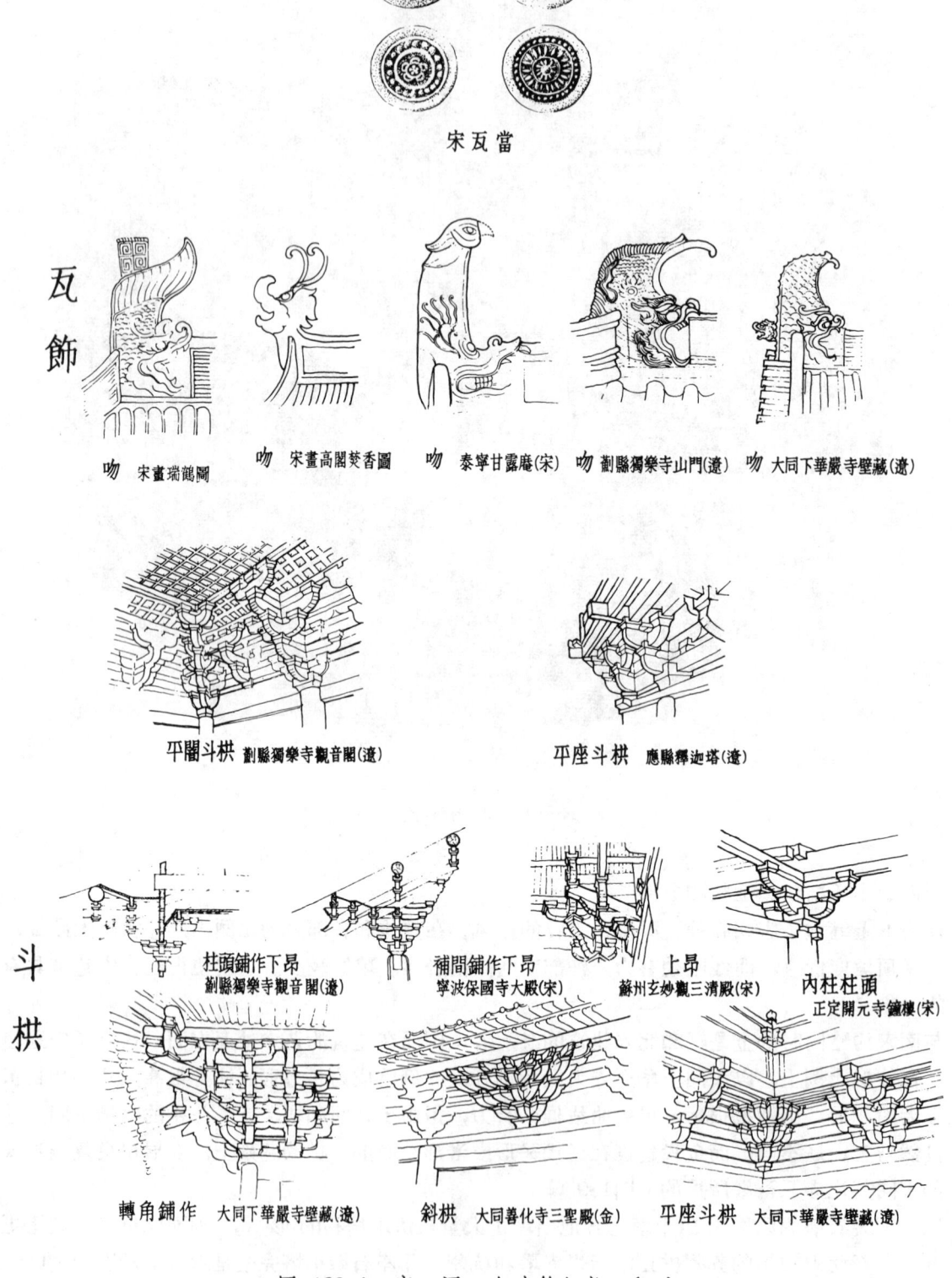

图 139-1  宋、辽、金建筑细部 （一）

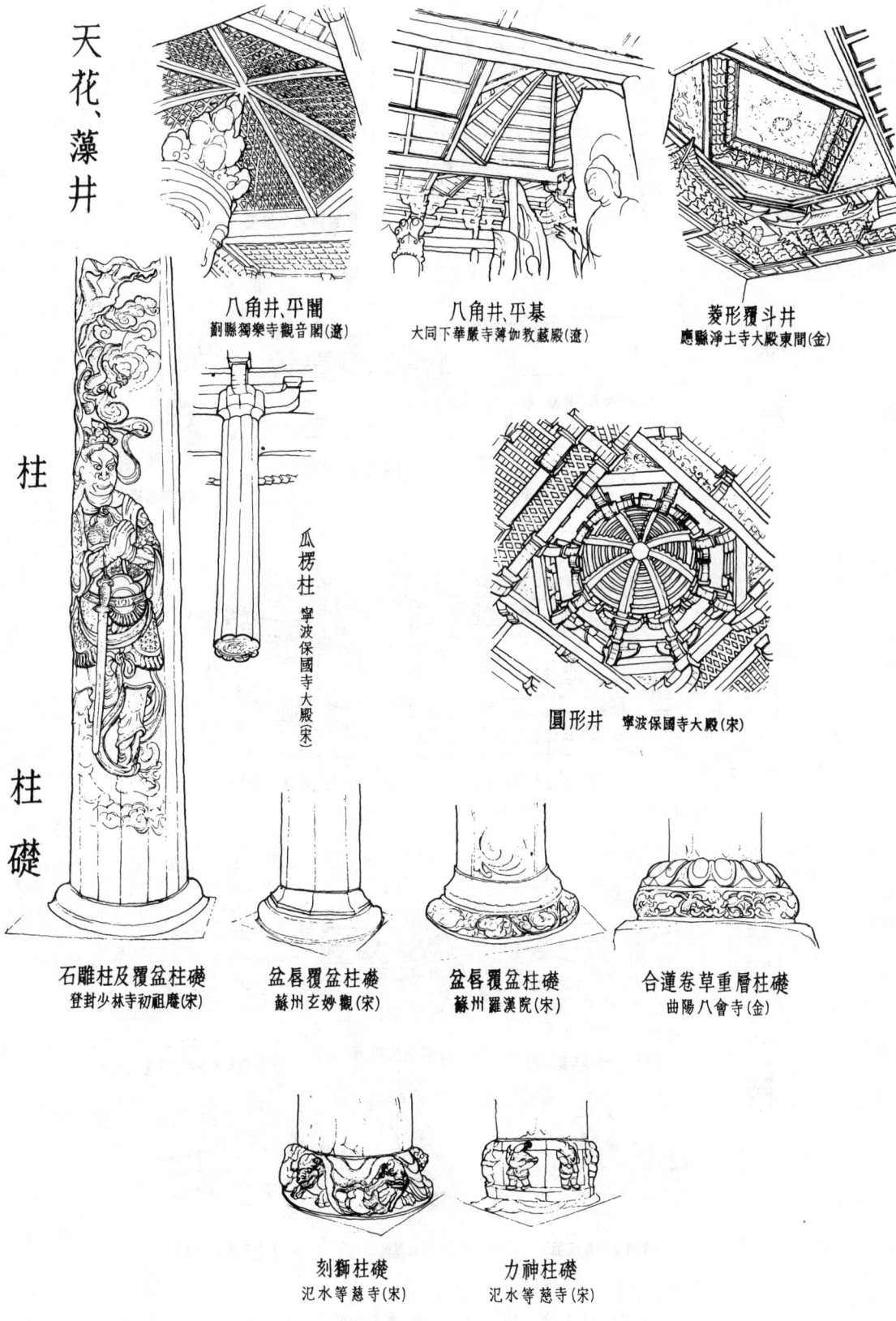

天花、藻井

八角井、平闇
蓟縣獨樂寺觀音閣(遼)

八角井、平棊
大同下華嚴寺薄伽教藏殿(遼)

菱形覆斗井
應縣淨土寺大殿東間(金)

圓形井　寧波保國寺大殿(宋)

柱

瓜楞柱　寧波保國寺大殿(宋)

柱礎

石雕柱及覆盆柱礎
登封少林寺初祖庵(宋)

盆唇覆盆柱礎
蘇州玄妙觀(宋)

盆唇覆盆柱礎
蘇州羅漢院(宋)

合蓮卷草重層柱礎
曲陽八會寺(金)

刻獅柱礎
氾水等慈寺(宋)

力神柱礎
氾水等慈寺(宋)

图 139-2　宋、辽、金建筑细部 （二）

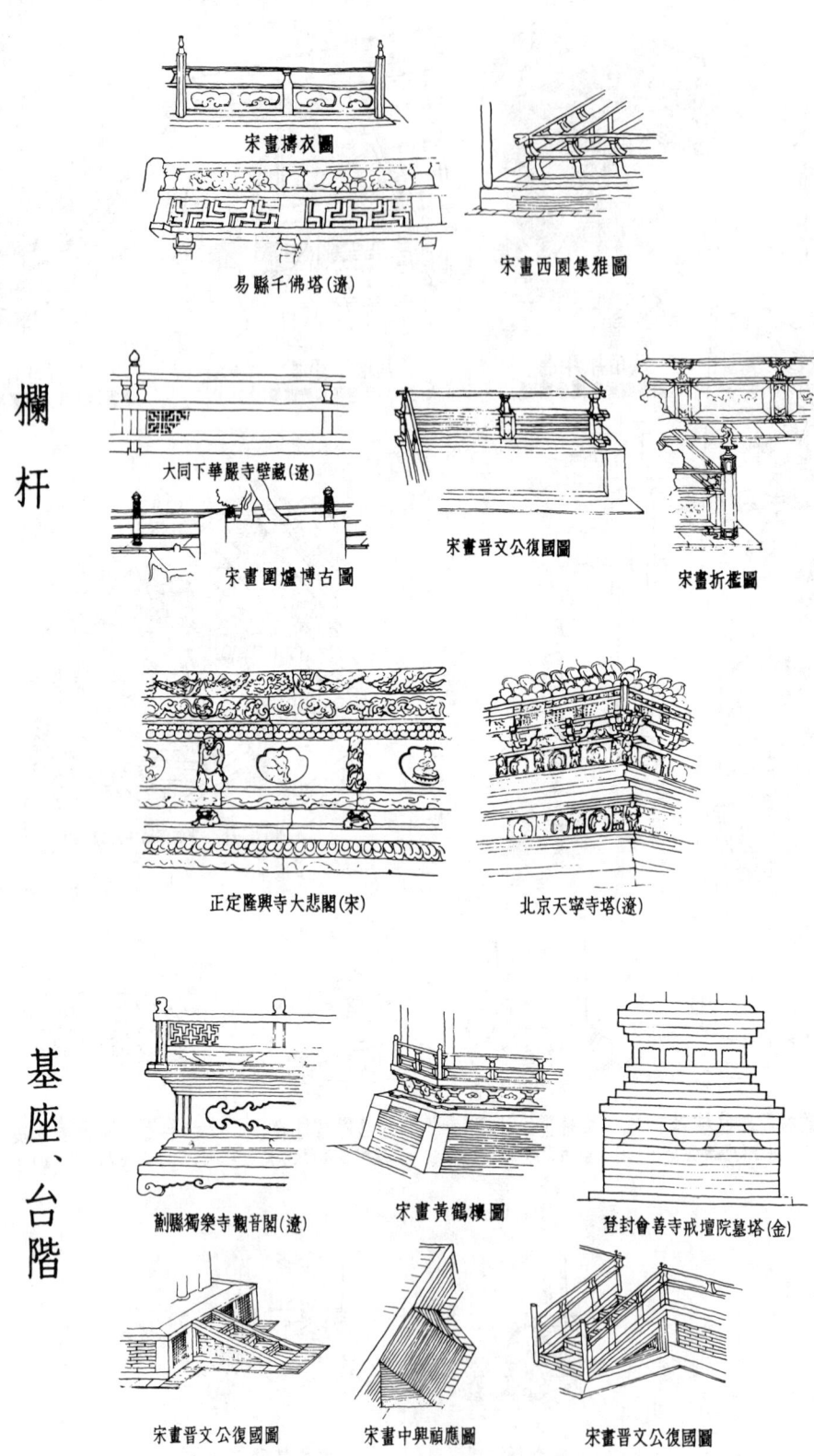

欄杆

基座、台階

图 139-3   宋、辽、金建筑细部 （三）

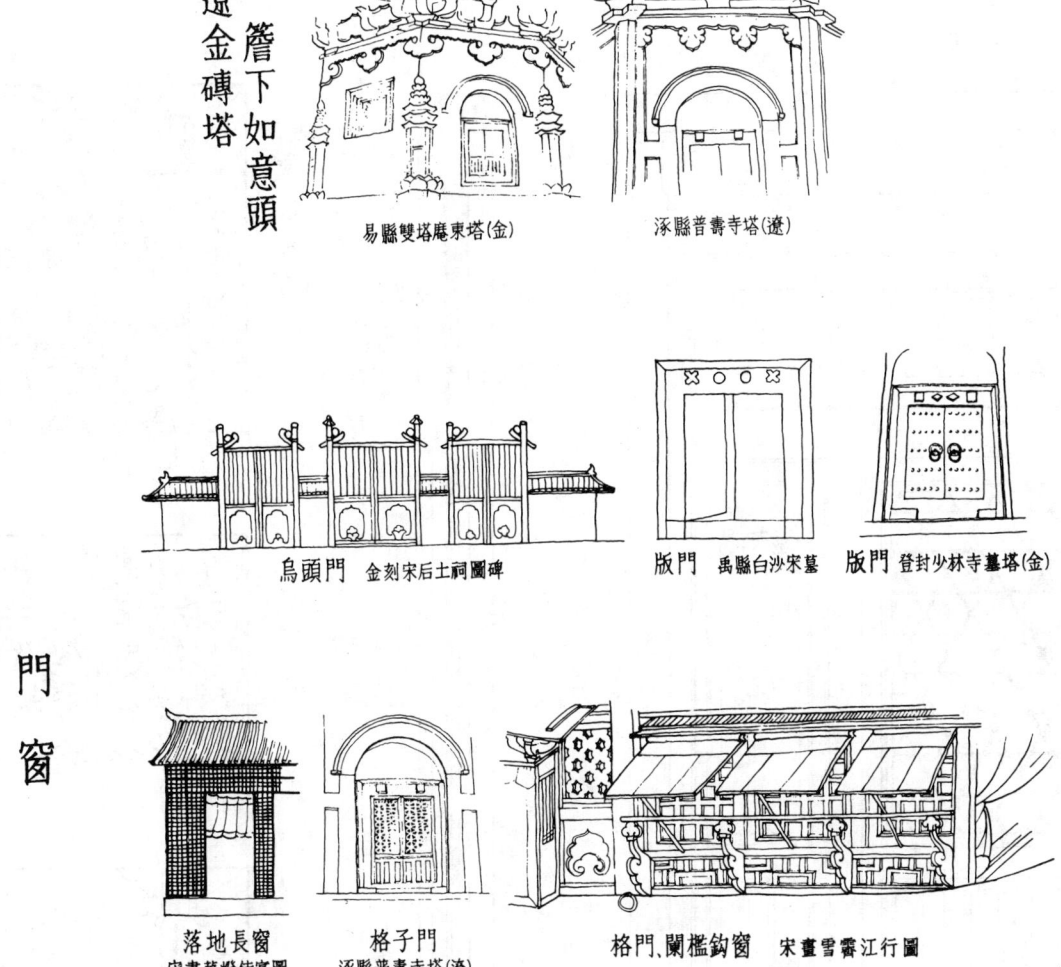

图 139-4  宋、辽、金建筑细部  （四）

构的形式，辽末又在塔身额方下面增加一列装饰性的"如意头"（图139）。 到金代，塔的总体轮廓更趋向于挺秀。这类密檐塔只见于黄河以北到辽宁、内蒙古一带，从年代和地区的分布，说明它是在唐塔基础上的一个新发展。

值得注意的是，宋、辽、金时期，与模仿木构件的砖石塔流行各地的同时，墓葬中也出现同样的现象。这种现象一方面说明当时工艺水平的提高，同时也反映建筑设计上一种倾向。一直影响到明代的无梁殿建筑。

上述模仿木构建筑形式的砖石塔和墓葬，虽然创造了很多华丽、精美的作品，成为这个时期在建筑艺术方面的一个重要成就，但是从材料性能方面来说，毕竟是不恰当的，而且在一定程度上妨碍了砖石建筑的正常发展，不能不说是一个缺陷。

这时期的建筑装饰绚丽而多彩。 如栏杆花纹已从过去的勾片造发展为各种复杂的 几何纹样 的 栏板。室内"彻上露明造"的梁架、斗栱、虚柱（垂莲柱）以及具有各种棂格的格子门、落地长窗、阑

立面    剖面    花紋大様

平面

0          1 M.

图 140-1  山西朔县崇福寺弥陀殿装修大样图

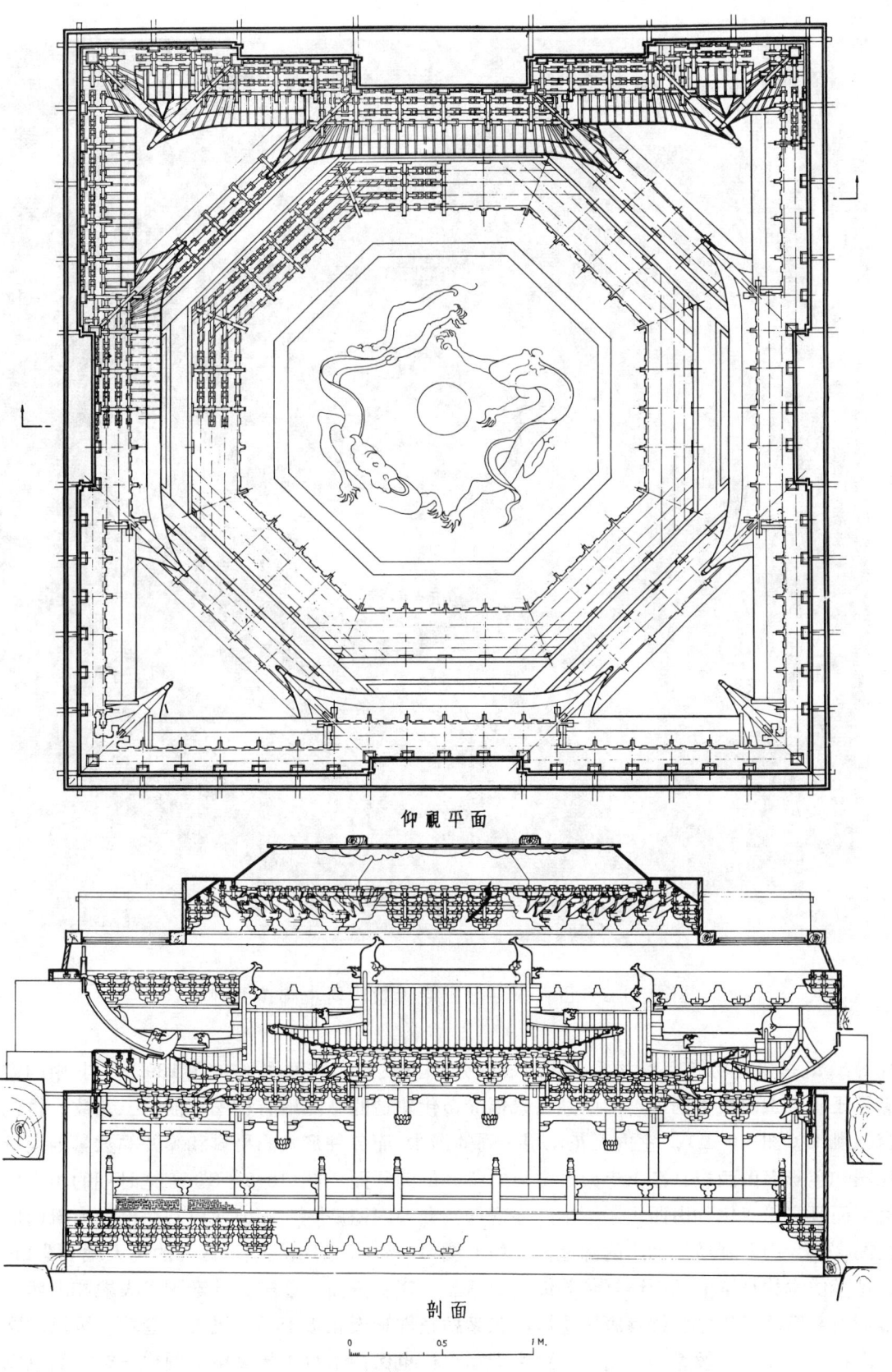

仰视平面

剖面

图 140-2 山西应县净土寺大殿明间中部藻井平、立面图

图 140-3    山西应县净土寺大殿明间中部藻井仰视

槛钩窗等，既是建筑功能、结构的必要组成部分，又发挥了装饰作用（图139）。其中门窗的棂格花纹除见于《营造法式》的外，山西朔县崇福寺金代建造的弥陀殿有构图富丽的三角纹、古钱纹、球纹等窗棂雕饰（图140-1）。室内天花使用平闇的渐少，而各种形式的平棋和藻井的数量则大量加多，其中构图和色彩以山西应县净土寺大雄宝殿的藻井最为华丽（图140-2～3）。这时期的小木作不仅雕刻精美，而且富于变化如山西大同下华严寺薄伽教藏殿内壁藏[222]、山西应县净土寺大殿内部的藻井天宫楼阁[274]、山西晋城二仙庙的佛道帐[275]（图140-4）、四川江油云岩寺的飞天藏（图140-5～6）等，都是模仿木构建筑形式而雕刻华美细致的精品。彩画方面，辽宁义县奉国寺大殿和山西大同下华严寺薄伽教藏殿的辽代彩画继承唐代遗风，在梁枋底部和天花板上画有飞天、卷草、凤凰和网目纹等图案（图141-1～2），敦煌莫高窟宋初窟廊彩画纹样也保持不少唐代风格（图141-3），颜色以朱红、丹黄为主，间以青绿。北宋彩画随着建筑的等级的差别，有五彩遍装、青绿彩画和土朱刷饰三类（图

图 140-4　山西晋城县二仙庙佛道帐

图 140-5　四川江油县云岩寺飞天藏细部

图 140-6　四川江油县云岩寺飞天藏木雕

图 141-1　辽宁义县奉国寺大殿彩画

图 141-2 山西大同市下华严寺薄伽教藏殿彩画

图 141-3 甘肃敦煌莫高窟木构窟廊彩画复原图

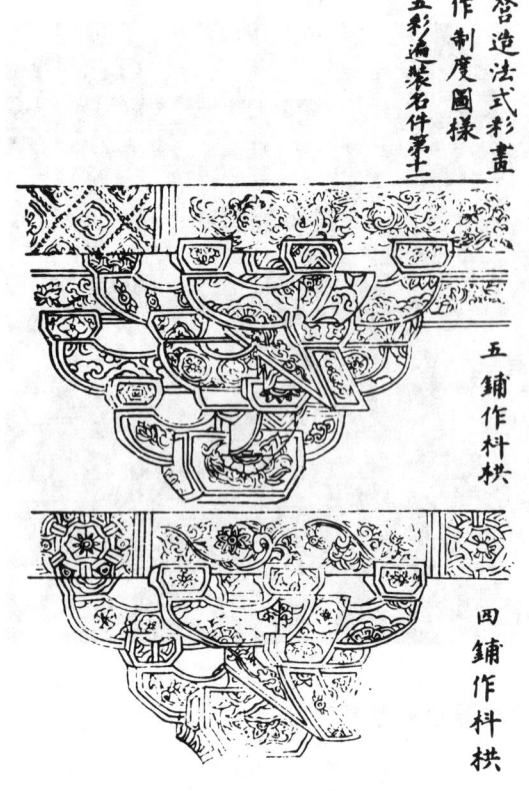

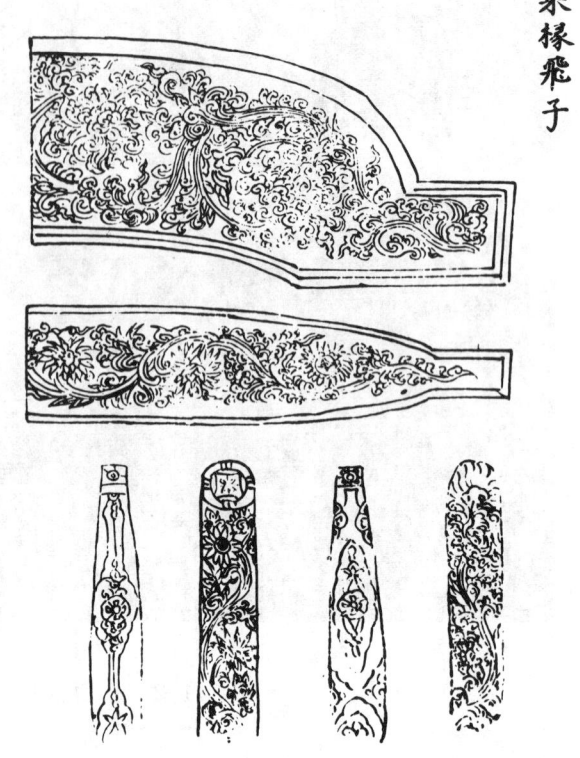

图 141-4　《营造法式》彩画纹样之一
（永乐大典本）

图 141-5　《营造法式》彩画纹样之二
（永乐大典本）

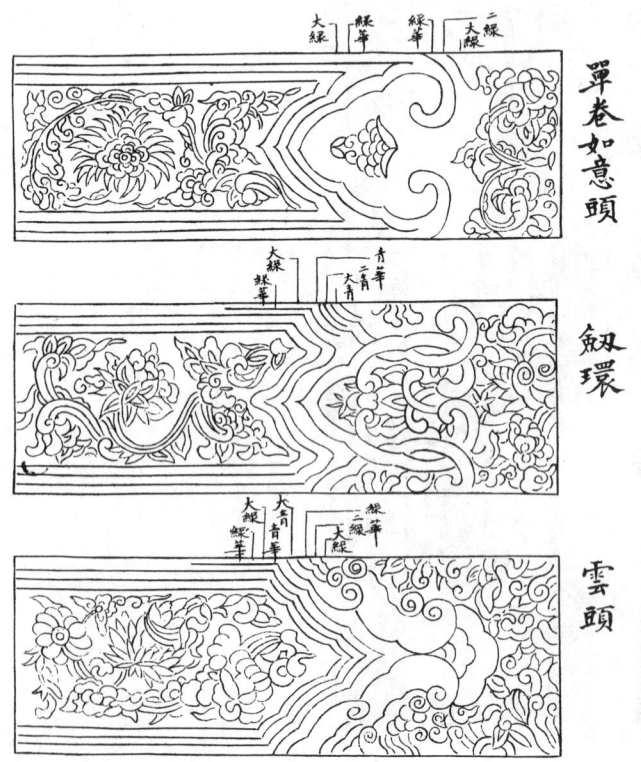

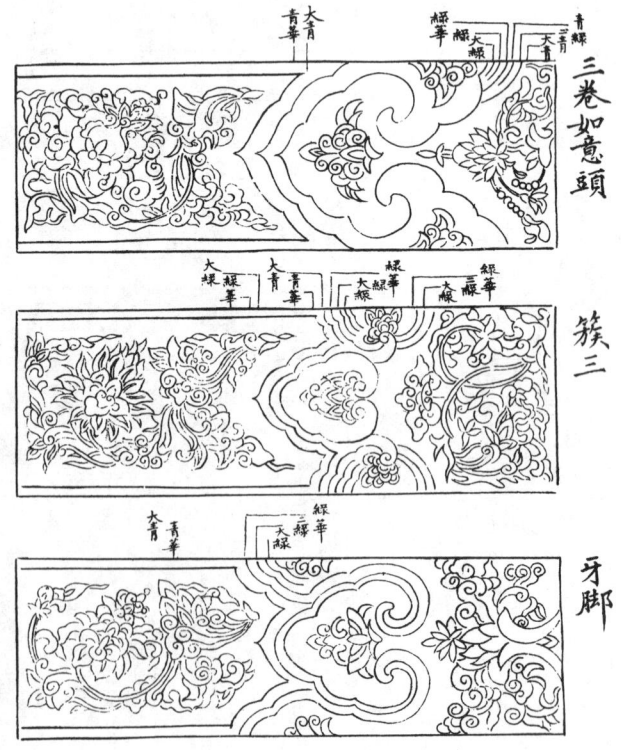

图 141-6　《营造法式》彩画纹样之三（丁本）

图 141-7　《营造法式》彩画纹样之四（丁本）

141-4~5）。 其中梁额彩画由"如意头"和枋心构成，并盛行退晕和对晕的手法，使彩画颜色 的对比，经过"晕"的逐渐转变，不至过于强烈，在构图上也减少了写生题材，提高设计和施工的速度，适合于大量建造的要求（图141-6~7）。后来明清二代的彩画都是由此发展而成的[276]、[277]。

　　总之，由众多的实例和《营造法式》及各种绘画中可以看到，从北宋起，宫殿、庙宇和民间建筑的风格都向秀丽而绚烂的方向转变了。

# 第七章　元、明、清时期的建筑

（公元1271—1840年）

## 第一节　元朝社会的变动和建筑概况

元朝是蒙古族建立的一个皇朝。蒙古族原是漠北的一个游牧部族，公元1206年元太祖（成吉思）即位大汗，公元1234年太宗（窝阔台）灭金，公元1271年世祖（忽必烈）建立元朝，公元1279年灭南宋，统一了中国。

蒙古统治阶级的南扰，使社会经济遭到严重破坏。元朝建立以后，又进行残暴的民族压迫，统治阶级穷奢极欲，从各地掳来大批工匠为奴隶，从事生产劳动，并专占对外贸易，因而元朝社会经济由初期的停滞、逆转，进而形成手工业和商业的畸形发展。在意识形态方面，元朝的统治者一方面提倡儒学，宋朝的"理学"得以继续发展，另一方面又保持本族原来的一些风尚，同时利用宗教作为加强统治的一种手段。西藏的喇嘛教成为元朝的主要宗教，教中首脑人物往往参预政治活动；其他道教、伊斯兰教、基督教也都得到统治阶级的提倡。但是元朝国内存在着不可调和的阶级矛盾和民族矛盾。汉族和其他民族的广大人民进行了坚决反对元朝统治集团的斗争，除了采用武装斗争以外，又经常通过哲学、宗教、文艺等方面曲折地反映出来。这是元朝意识形态的一个重要方面。

在这些复杂的社会条件下，元朝建筑仍有了很多发展，首先是城市建设方面，大都（今北京）是自唐长安以来的又一个规模巨大、规划完整的都城。此外，元朝又在北边长城以外的广大地区内建造了许多军事而兼某些生产性质的城堡。元朝中叶以后，由于手工业和商业的恢复与发展，中原和江南及沿海的若干城市逐步繁荣起来，如中定（济南）、京兆（西安）、太原、涿州、扬州、镇江、苏州、泉州、广州、杭州等。为了沟通南自长江，北达沽口（天津）的水运，元朝改建了山东境内的运河，向北直抵沽口，因而促进了沿河各地的繁荣，产生了一些新的城镇。

在上述手工业和商业繁盛的城市里进一步发展了宋以来临街设店，按行成街的布局，有各行各业的作坊、店铺和戏台、酒楼等娱乐性建筑。还值得注意的是这时候有些手工业建筑，为了适应生产要求，产生了比较复杂的结构。如元朝绘画中有表示当时水磨作坊的生产和建筑情况的（图142），楼下以水力推动水轮，楼上碾米，并有气窗供采光、通风和散尘之用，无疑地这是在晋唐以来传统水碾的基础上改进的。

在统一的元帝国中，由于民族众多，而各民族又有着不同的宗教和文化，经过相互交流，给传统建筑的技术与艺术增加了若干新因素。这时宗教建筑相当发达，原来的佛教、道教及祠祀建筑仍保持一定的数量。此外从西藏到大都建造了很多喇嘛教寺院和塔，带来了一些新的装饰题材与雕塑、壁画

图 142 元画《山溪水磨图》

的新手法。大都、新疆、云南及东南地区的一些城市陆续兴建伊斯兰教礼拜寺，开始和中国建筑相结合，形成独立的风格，装饰、色彩也逐步融合起来。拱券结构已较多地用于地面建筑。此外，大都宫殿还出现若干新型建筑和新的建筑装饰。这些都为后来明、清建筑的发展创造了条件。

## 第二节　元大都和大都宫殿

大都是元朝的首都。这里自战国到唐一直是北方的一个重镇，辽曾在此建立南京，金又扩建为中都。蒙古灭金，中都受到极大的破坏。元世祖（忽必烈）即大汗位以后，自上都（开平）迁都于此，但他废弃了金中都，而以其东北的琼华岛离宫为中心，于至元元年(公元1264年)着手大规模的建设。

大都位于华北平原的北端，西北有崇山峻岭作屏障，西、南二面有永定河流贯其间，地势冲要，南下可以控制全国，北上又接近原来的根据地，所以元朝统治者选择了这里作为首都。

大都的规划者是刘秉忠和阿拉伯人也黑迭儿。他们按古代汉族传统都城的布局进行设计，历时八年建成（图143）。城的平面接近方形，南北长7400米，东西宽6650米，北面二门，东、西、南三面各三门，城外绕以护城河。皇城在大都南部的中央，皇城的南部偏东为宫城。城中的主要干道，都通向城门。主要干道之间有纵横交错的街巷，寺庙、衙署和商店、住宅分布在各街巷之间。全城分为六十个坊，但所谓坊，只是行政管理单位，不是汉、唐长安那样的封闭式里坊了。中心台为全城的中心点。钟鼓楼西北的日中坊一带是当时漕运的终点，也是繁华的商业区，再往北建筑就比较少了[278]、[279]。

大都的水系是由杰出的科学家郭守敬规划的。他一方面疏通了东面的运河——通惠河，使南方物资可以通过运河直达大都，同时又规划了一条新渠，由北部山中引水，并汇合西山的泉水，在北城汇成湖泊，然后通入通惠河。这条新渠的选线可以截留大量水源，既解决了大都的用水，又开通了运河[280]。大都的排水系统全部用砖砌筑，干道与支道分工明确，计划性很强。

元朝的宫殿是大都城中的主要建筑。

皇城中包括有三组宫殿和太液池、御苑。宫城位于全城中轴线的南端，是主要宫殿所在，又称大内。宫城之西是太液池，池西侧的南部是太后居住的西御苑，北部是太子居住的兴圣宫，宫城以北是御苑。皇城正门承天门外，有石桥与棂星门，再南，御街两侧建长廊，称千步廊，直抵都城的正门丽正门，与宋汴梁和金中都宫城前的布局相似。皇城的东西两侧建有太庙和社稷坛。这是继承《考工记》的"左祖右社"的布局方法。

宫城有前后左右四座门，四角并建有角楼。宫城内有以大明殿、延春阁为主的两组宫殿。这两组宫殿的主要建筑都建在全城的南北轴线上，其他殿堂则建在这条轴线的两侧，构成左右对称的布局。元朝的主要宫殿多由前后两组宫殿所组成，每组各有独立的院落。而每一座殿又分前后两部分，中间用穿廊连为工字形殿，前为朝会部分，后为居住部分，而殿后往往建有香阁。这是继承宋、金建筑的布局形式。

大都的宫殿穷极奢侈，使用了许多稀有的贵重材料，如紫檀、楠木和各种色彩的琉璃等。在装饰方面主要宫殿用方柱，涂以红色并绘金龙。墙壁上挂毡毯和毛皮、丝质帷幕等，这是由于他们仍然保持着游牧生活习惯，同时也受到喇嘛教建筑和伊斯兰教建筑的影响。壁画、雕刻也有很多喇嘛教的题材和风格。宫城内还有若干盝顶殿及畏吾尔殿、棕毛殿等，是以往宫殿所未有的[21]、[281]。

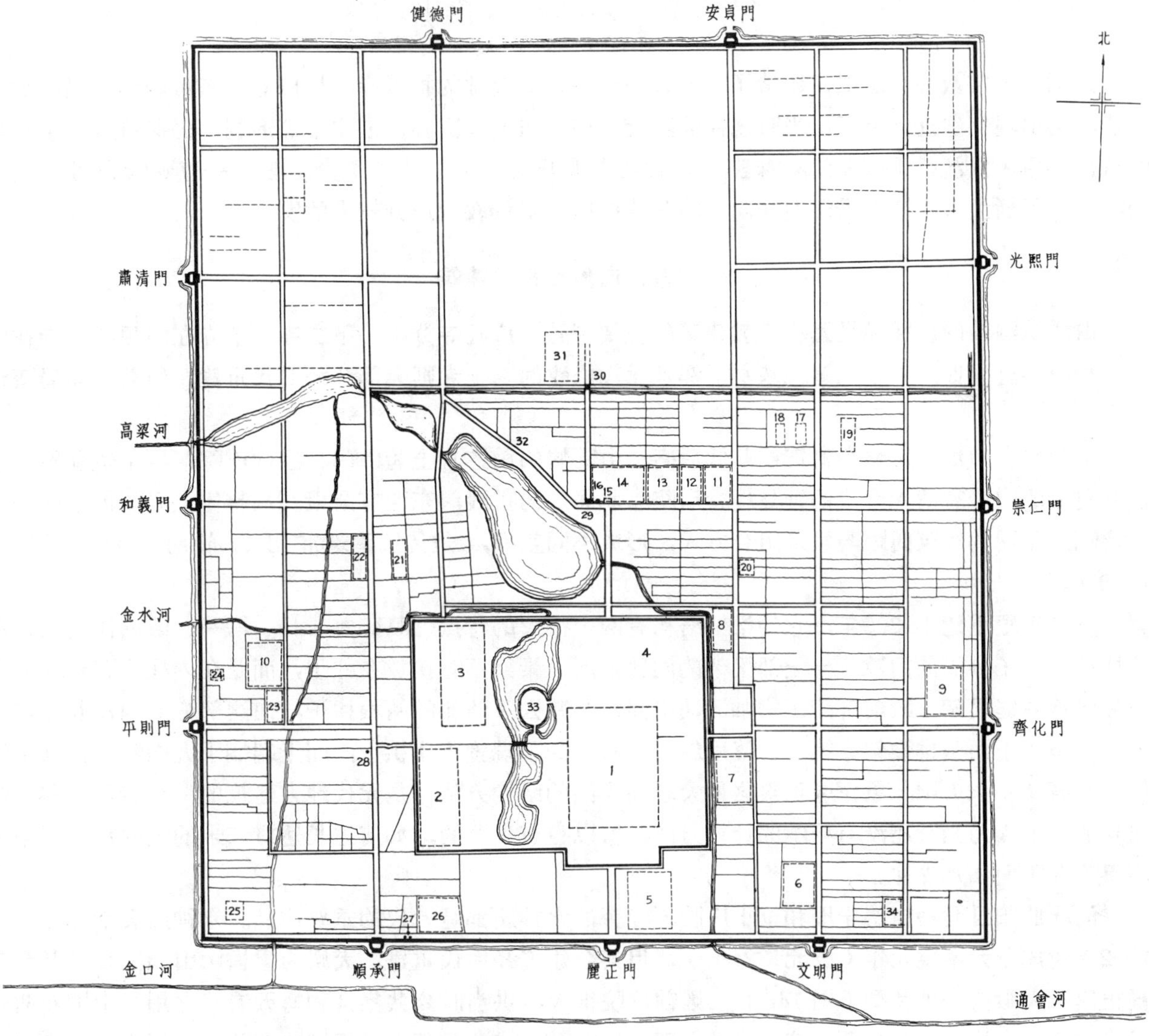

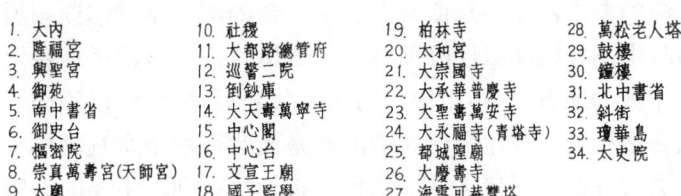

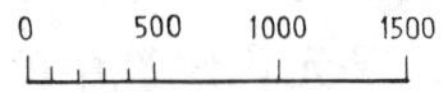

图　143　元大都平面复原想象图

| 1. 大内 | 10. 社稷 | 19. 柏林寺 | 28. 萬松老人塔 |
| 2. 隆福宫 | 11. 大都路總管府 | 20. 太和宮 | 29. 鼓樓 |
| 3. 興聖宮 | 12. 巡警二院 | 21. 大崇國寺 | 30. 鐘樓 |
| 4. 御苑 | 13. 倒鈔庫 | 22. 大承華普慶寺 | 31. 北中書省 |
| 5. 南中書省 | 14. 大天壽萬寧寺 | 23. 大聖壽萬安寺 | 32. 斜街 |
| 6. 御史台 | 15. 中心閣 | 24. 大永福寺(青塔寺) | 33. 瓊華島 |
| 7. 樞密院 | 16. 中心台 | 25. 都城隍廟 | 34. 太史院 |
| 8. 崇真萬壽宮(天師宮) | 17. 文宣王廟 | 26. 大慶壽寺 | |
| 9. 太廟 | 18. 國子監學 | 27. 海雲可菴雙塔 | |

## 第三节　元朝的宗教建筑

元朝各种宗教并存发展，建造了很多大型庙宇。如大都的护国寺、妙应寺、东岳庙等，虽经后代改建，但由现存遗迹仍可看出当时规模的巨大。东岳庙的周围廊、工字殿等形制，仍保持宋、金建筑的特色。原来只流行于西藏的喇嘛教，这时在内地开始传播，建了不少寺塔，一直延续到明、清二朝，这时伊斯兰教建筑由沿海地区向全国各地扩展，基督教也得到较大的发展。

### 佛教、道教和祠祀建筑

山西洪洞县的广胜寺是元代佛教建筑的重要遗迹　广胜寺分上、下二寺；上寺在山顶，下寺在山麓，相距半公里许。下寺的建筑基本上都是元代修建的。上寺则大部分经明代重建，但总体布局变动不大。

下寺建在山坡上，整个建筑群前低后高，由陡峻的甬道直上为山门。经过前院，再上达前殿。左右贴着殿的山墙有清代修建的钟鼓楼。后院靠北居中为正殿，东西有朵殿。从整体上看，前后两个院落，利用不同的建筑间距与建筑组合方式，形成不同空间，是传统建筑常用的布局手法（图144-1～2）。

下寺正殿重建于1309年，它的梁架结构有两个很大的特点（图145-1～4）。第一、殿内使用减柱和移柱法，柱子分隔的间数少于上部梁架的间数，所以梁架不直接放在柱上，而是在内柱上置横向的大内额以承各缝梁架。殿前部为了增加活动空间，又减去了两侧的两根柱子，使这部分的内额长达11.5米，负担了上面两排梁架。第二、使用斜梁，斜梁的下端置于斗栱上，而上端搁于大内额上，其上置檩，节省了一条大梁。象下寺正殿这种大胆而灵活的结构方法，是元代地方建筑的一个特色。其中有成功的，但因为当时还没有科学的计算方法，所以也有失败的，如前述长达11.5米的大内额，后来就不得不在下面添加支柱。

河北曲阳县北岳庙德宁殿和位于广胜下寺旁的水神庙都是元代的重要作品。水神庙大殿（图144-1～2）建成于元泰定元年（公元1324年），但其余建筑经后代重建。大殿为重檐歇山周围廊，是元朝祠祀建筑大殿的一种类型（图146）。殿前庭院很大，供当时公共集会和露天看戏之用。中国戏曲在元代有很大发展，许多公共建筑正对着大殿建造戏台，成为元朝以来祠祀建筑的特有形式。元代戏台为了适应当时戏曲表演的要求，平面尺度基本上是一致的，如水神庙壁画所表现的，戏台没有固定的前后台的分隔，演出时中间挂幔帐以区隔前后。到明清时期，戏曲进一步发展，舞台乐器增多，戏台才分出前后台和左右伴奏的地方。水神庙现存的戏台曾经后来改建，已不同于元代原来的形式了[241]。

山西永济县永乐宫是元朝道教建筑的典型，也是当时道教中全真派的一个重要据点。原来的规模很大，现在只留存中央部分的主要建筑。全部建筑按轴线排列，主要的大殿三清殿体积最大，前面的院落空间也最大；自此往后，建筑的体积和院落都逐渐缩小（图147-1），这也是传统建筑常用的手法。三清殿立面各部分比例和谐，稳重而清秀，仍保持宋代建筑的特点（图147-2～3）。屋顶使用黄绿二色琉璃瓦，台基的处理手法很新颖，是元代建筑中的精品。这殿的梁架结构和前述广胜寺大殿不同，仍遵守宋朝结构的传统，规整有序，可能是元代官式大木结构的一种典型。永乐宫三座主要殿堂内部都留下精美的壁画，尤其是三清殿的壁画构图宏伟，题材丰富，线条流畅生动，不愧为元代壁画的代表作品（图147-4）。这组建筑因位于新建水库范围内，已全部按原状迁建至山西芮城县[282]。

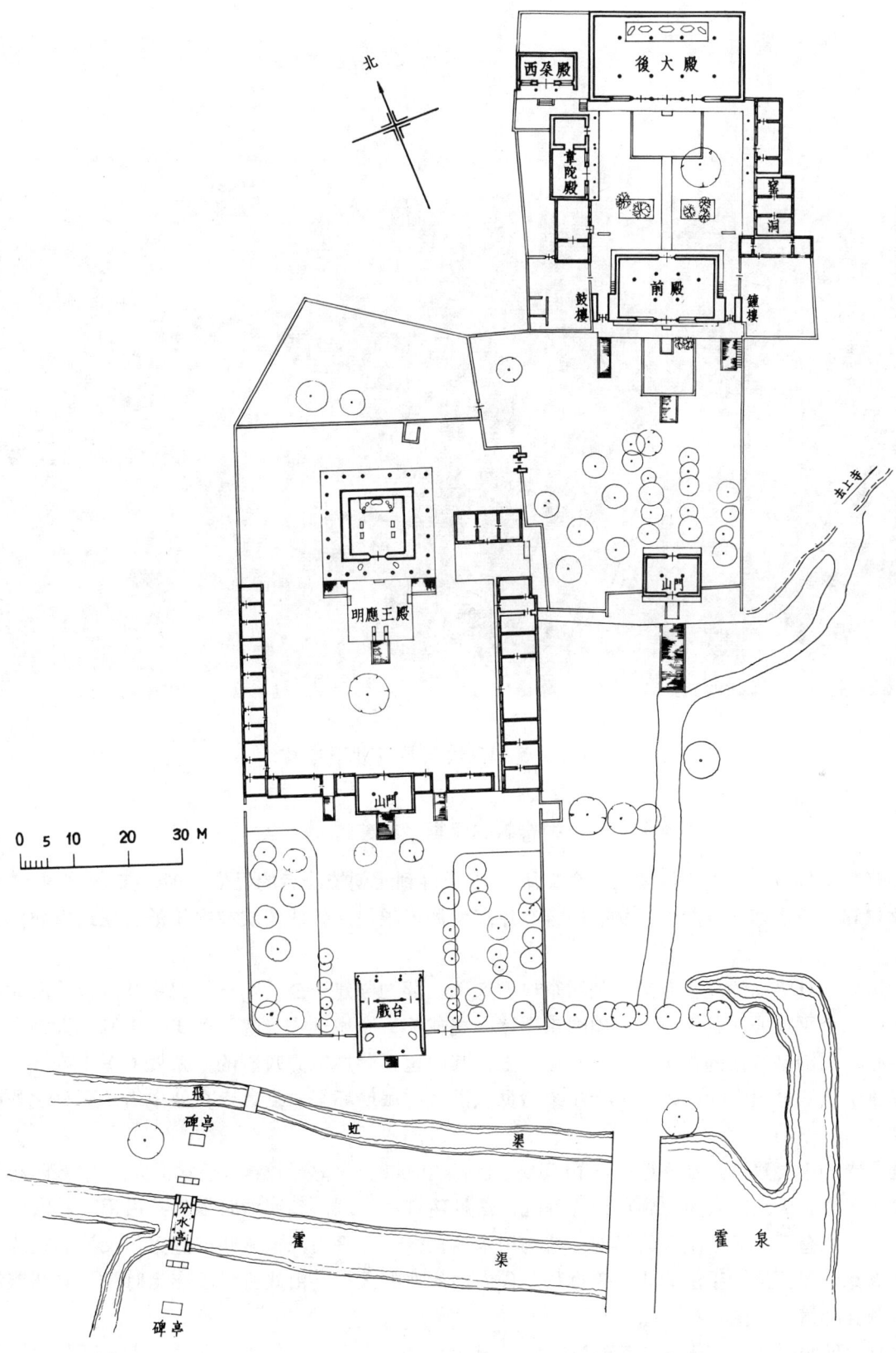

图 144-1  山西洪洞县广胜下寺和水神庙总平面图

图 144-2　山西洪洞县广胜下寺鸟瞰

## 喇嘛教和伊斯兰教建筑

喇嘛教是佛教中发展于西藏的一个支派，由于得到元朝统治者的提倡，西藏宗教首领被封为法王，政权和宗教密切结合起来，从而喇嘛教建筑发展得很快，并成为农奴主统治和压迫农奴的工具之一。

萨迦寺和日喀则的夏鲁万户府是两个典型实例。萨迦寺建于公元十三世纪中叶，分为南北两处。南寺建在一个平坦的河谷平原上，周围用厚墙围绕成为一个城堡式寺院（图148-1）。大经堂布置在城堡中心，周围是低矮的僧房。北寺建在山上，其中包括萨迦地方政府的办公处（图148-2）。夏鲁万户府建于十四世纪中叶，是一个行政统治据点，也有城墙环绕，夏鲁寺在城中占了三分之一以上的面积[233]。

夏鲁寺的主要建筑是夏鲁杜康，由门廊、经堂和佛殿三部分组成，经堂很大，中部凸起开设天窗，以便采光。大殿前有用围廊环绕的庭院，这种建筑的形制，到明清时期仍然沿用，并发展为"格鲁派"的"札仓"（经学院）的形制。结构用木柱、密梁、平顶，但某些部分采用汉族形式的屋顶，上覆琉璃瓦，屋顶结构手法如斗栱等也是元代内地的典型式样，由此可以看出当时汉、藏两族建筑的交流与融合的情况（图148-3）。

这时内地也兴建了若干喇嘛教建筑，如元至元八年（公元1271年）由尼泊尔青年匠师阿尼哥设计的大都大圣寿万安寺释迦舍利灵通之塔（今北京妙应寺白塔）就是一个极为重要的遗物（图149-1～3）。

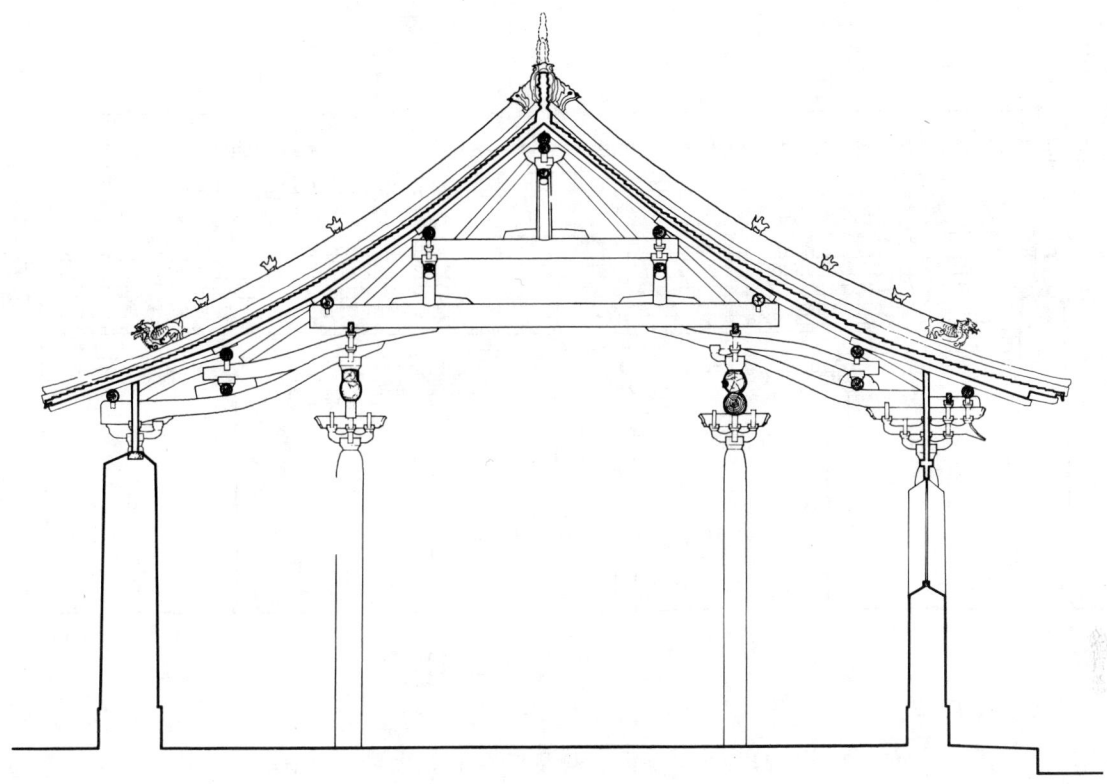

稍 間 横 剖 面

0 1 2 3 M

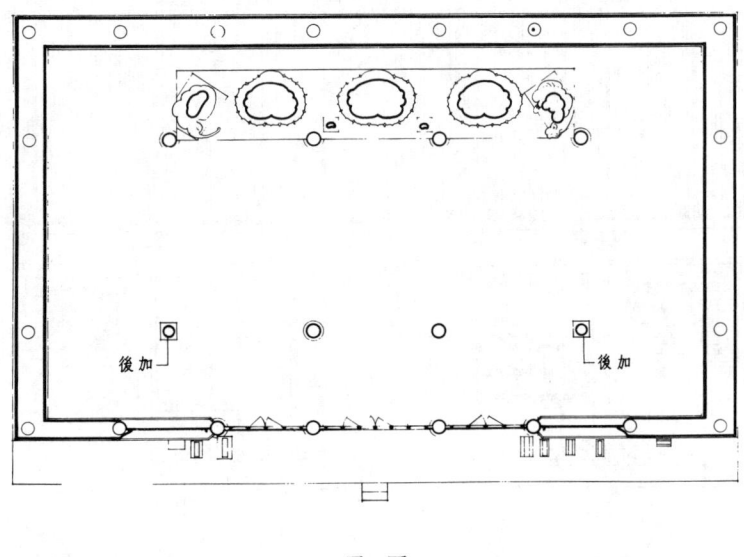

后加　　　　　　　后加

平 面

0 1 5 M

**图 145－1　山西洪洞县广胜下寺大殿平面及横剖面图**

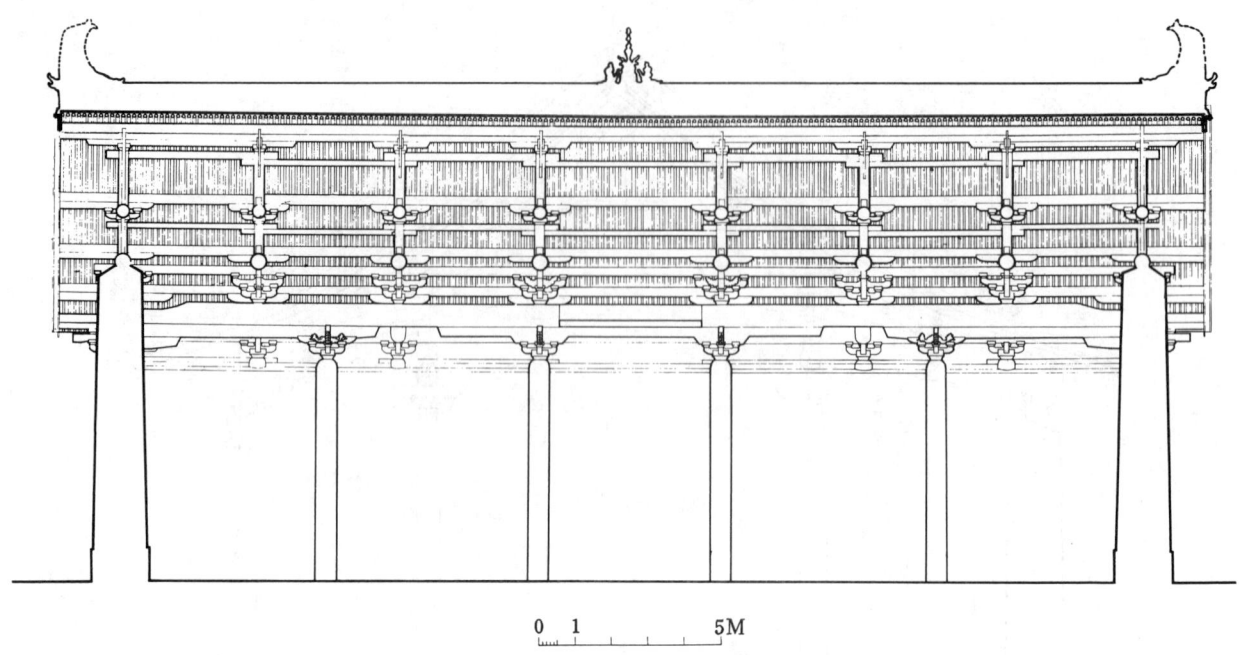

0  1          5M

图 145‑2  山西洪洞县广胜下寺大殿纵剖面图

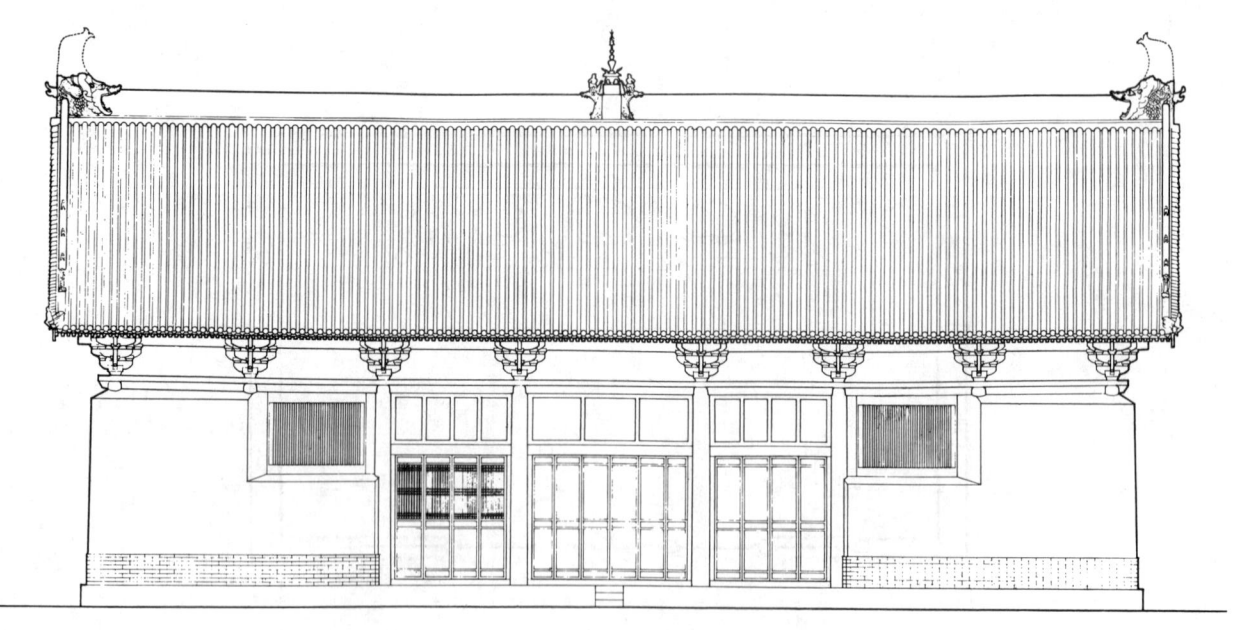

0  1          5M

图 145‑3  山西洪洞县广胜下寺大殿立面图

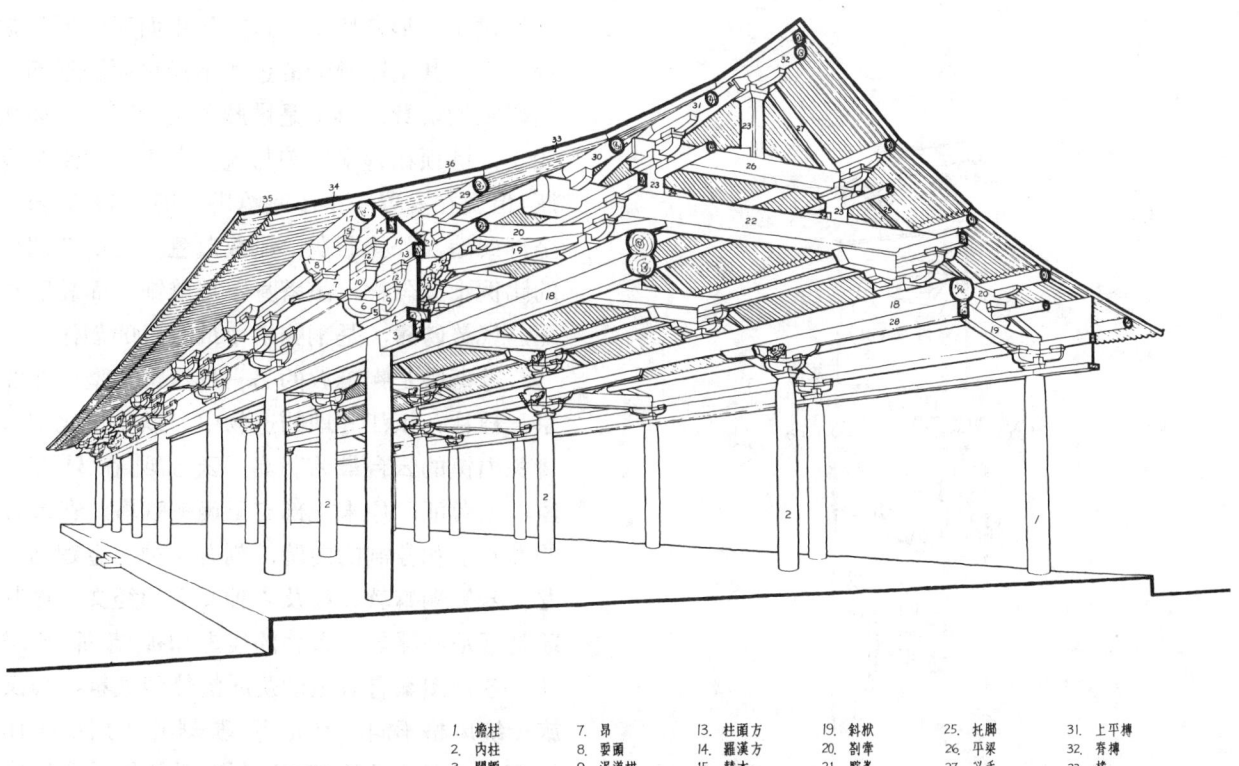

| 1. 檐柱 | 7. 昂 | 13. 柱頭方 | 19. 斜栿 | 25. 托脚 | 31. 上平槫 |
| 2. 内柱 | 8. 耍頭 | 14. 羅漢方 | 20. 剳牽 | 26. 平梁 | 32. 脊槫 |
| 3. 闌頟 | 9. 泥道栱 | 15. 替木 | 21. 駝峯 | 27. 叉手 | 33. 椽 |
| 4. 普拍方 | 10. 瓜子栱 | 16. 遮椽版 | 22. 四椽栿 | 28. 綽幕方 | 34. 檐椽 |
| 5. 爐斗 | 11. 令栱 | 17. 撩檐搏 | 23. 蜀柱 | 29. 下平槫 | 35. 飛子 |
| 6. 華栱 | 12. 慢栱 | 18. 内頟 | 24. 角背 | 30. 中平槫 | 36. 窒版 |

图 145-4　山西洪洞县广胜下寺大殿梁架结构示意图

图 146　山西洪洞县水神庙明应王殿

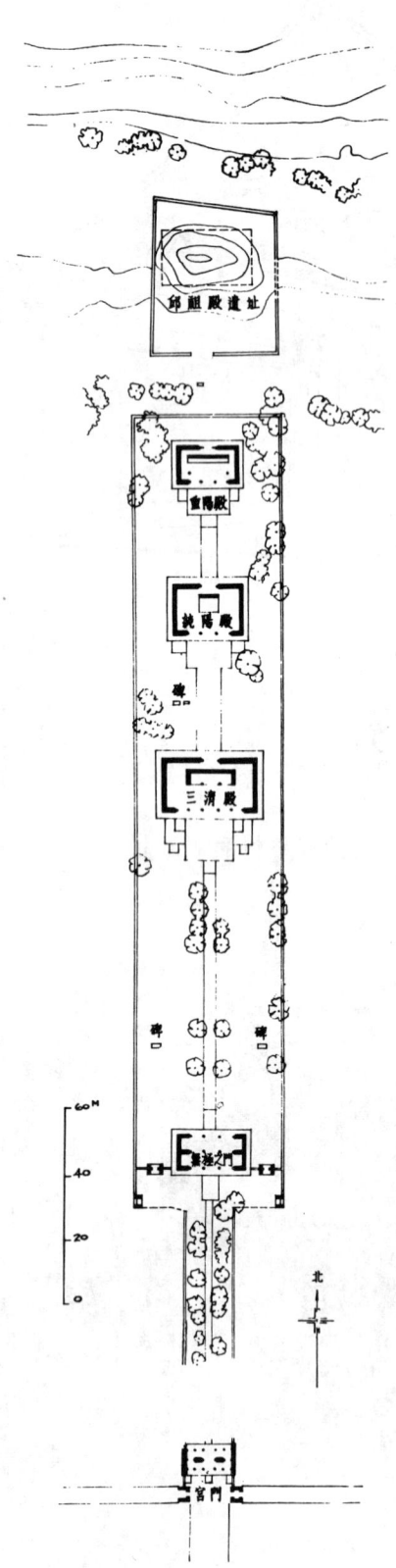

图 147-1　山西永济县永乐宫总平面图

这塔建于 T 形台座上。台上建平面亚字形须弥座二重，其上以硕大的莲瓣承托平面圆形而上肩略宽的塔身，再上是塔脖子及十三天（即相轮），塔顶在青铜宝盖与流苏之上，原来是宝瓶，但现在安置一个小喇嘛塔。塔高50.86米，全部砖造，外抹石灰，刷成白色。这塔各部分的比例十分匀称，虽塔身不用雕饰，而轮廓雄浑，气势磅礴，是喇嘛塔中最杰出的创作。

过街塔是喇嘛教的另一种建筑类型。在北京、桂林、镇江等地的遗物中，以北京北部居庸关内镇的云台最为著名。云台现在只存基座，据考证，原来上部有三座喇嘛塔。在云台的券石上和券洞的内壁，刻有天神、金翅鸟、龙、云等喇嘛教纹样及六种文字的经文。这些雕刻都是高浮雕，人物的姿态和神情都很雄劲，各种图案有着生动跳跃的热烈气氛．与汉族传统风格不同，是元代雕刻中的优秀作品[284]。喇嘛教的雕刻题材和手法给予明清建筑艺术不少影响，特别对宫式建筑影响较大（图150-1～3），而过街塔这种类型的建筑，在明代仍然继续建造。

元代伊斯兰教建筑有一部分采用中亚的形式，如新疆霍城的吐虎鲁克玛札，建于公元十四世纪中叶，矩形平面，穹窿顶，大门镶嵌白、紫、蓝色琉璃砖（图151-1～2）。明清时期新疆地区的伊斯兰教建筑就主要是继承着这种形式并结合地方传统加以发展。此外，泉州清净寺创建于宋，重建于公元1341年，全部石造，虽殿顶已毁，不能了解全貌，但据现存大门和殿的平面来看，也是西亚形式，不过大门上的装饰吸收了汉族建筑的若干手法[285、286]（图152-1～2）。

但是从元代起，已经出现了以汉族传统建筑布局和结构体系为基础，结合伊斯兰教特有的功能要求的中国的伊斯兰教建筑形式。这类建筑虽然都经后代重建，可是现存明代初年建造的北京、杭州、西安等地的清真寺，无论整体布局或单座建筑的处理，都已相当完整成熟，不难推测这种新型建筑在元代已经形成了。

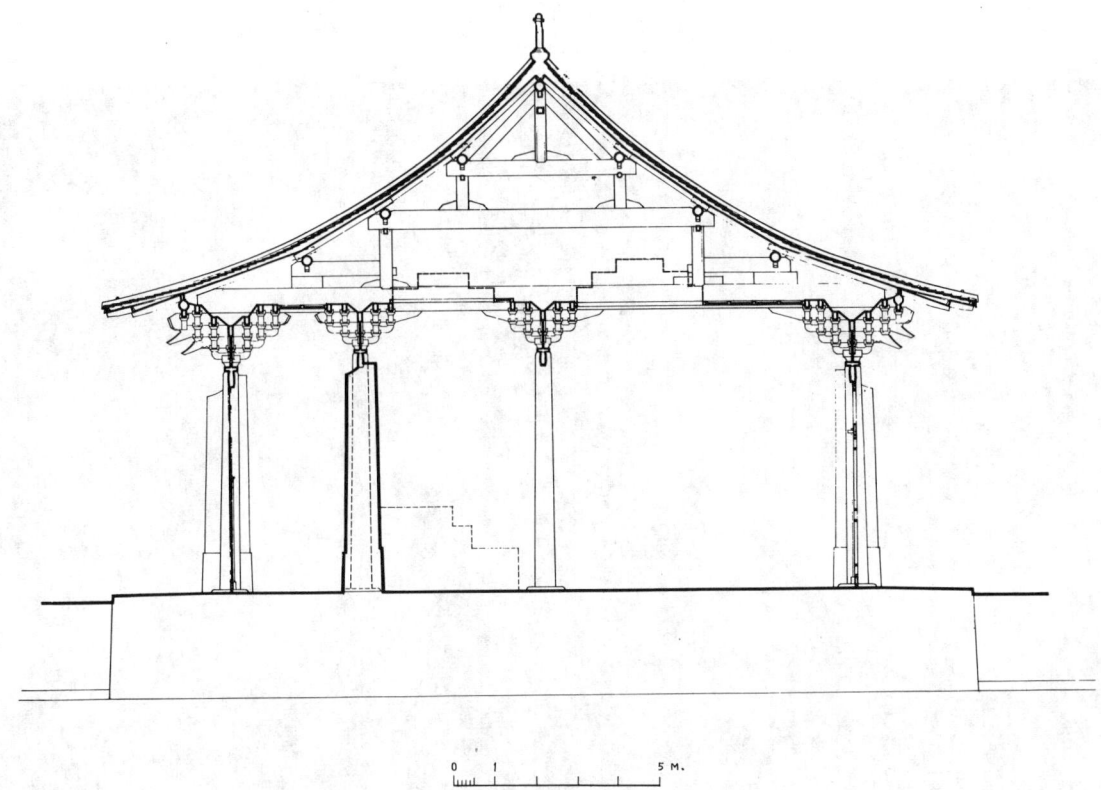

图 147-2　山西永济县永乐宫三清殿明间横剖面图

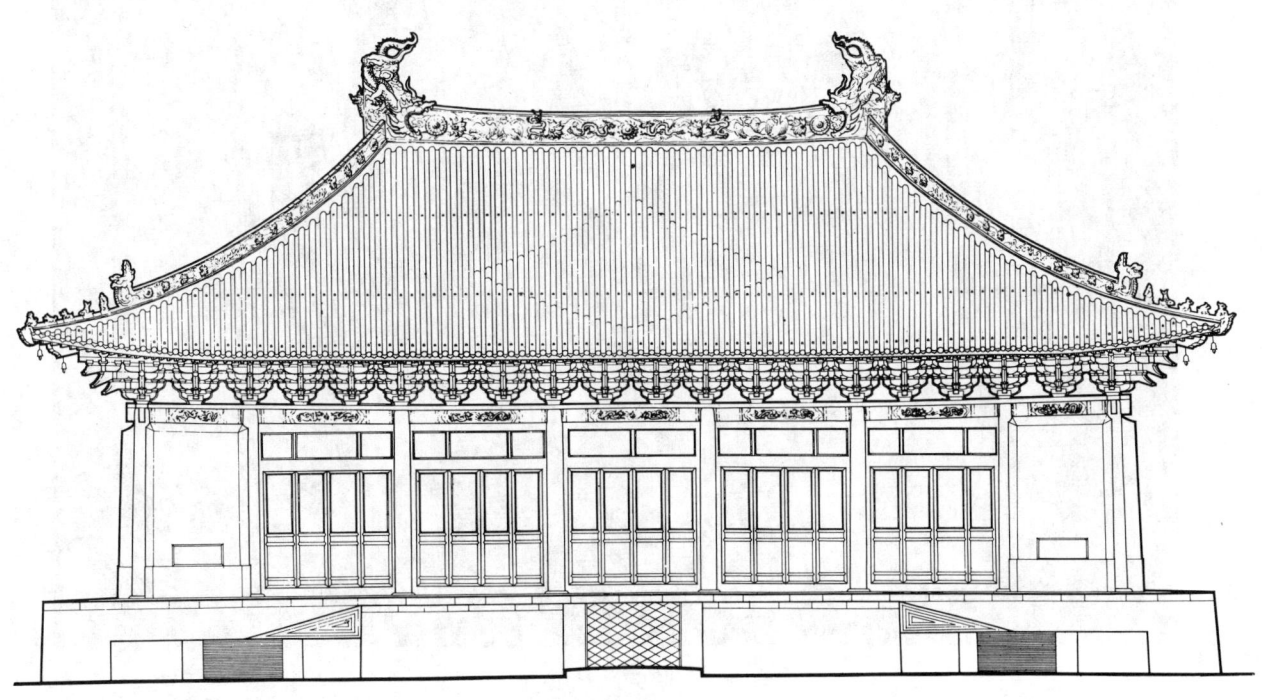

图 147-3　山西永济县永乐宫三清殿正立面图

图 147-4    山西永济县永乐宫三清殿壁画

图 148-1 西藏萨伽南寺鸟瞰

图 148-2 西藏萨伽北寺

图 148-3  西藏夏鲁寺夏鲁杜康

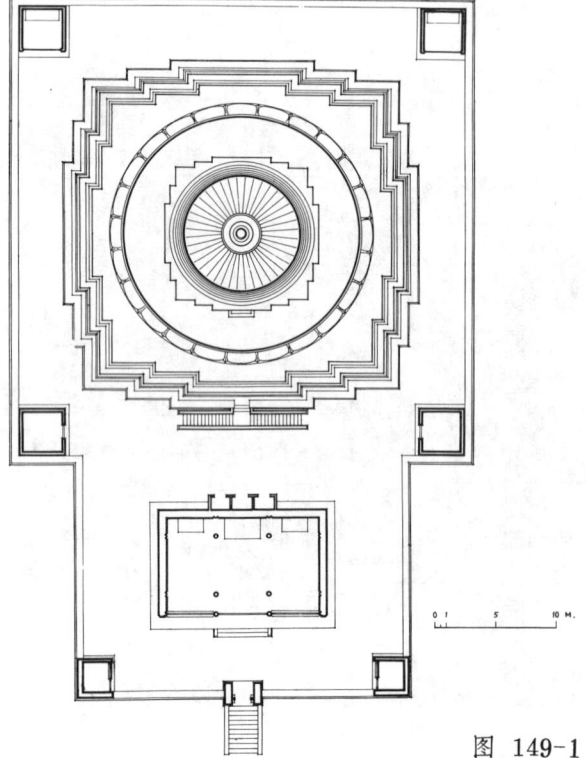

图 149-1  北京市妙应寺白塔平面图

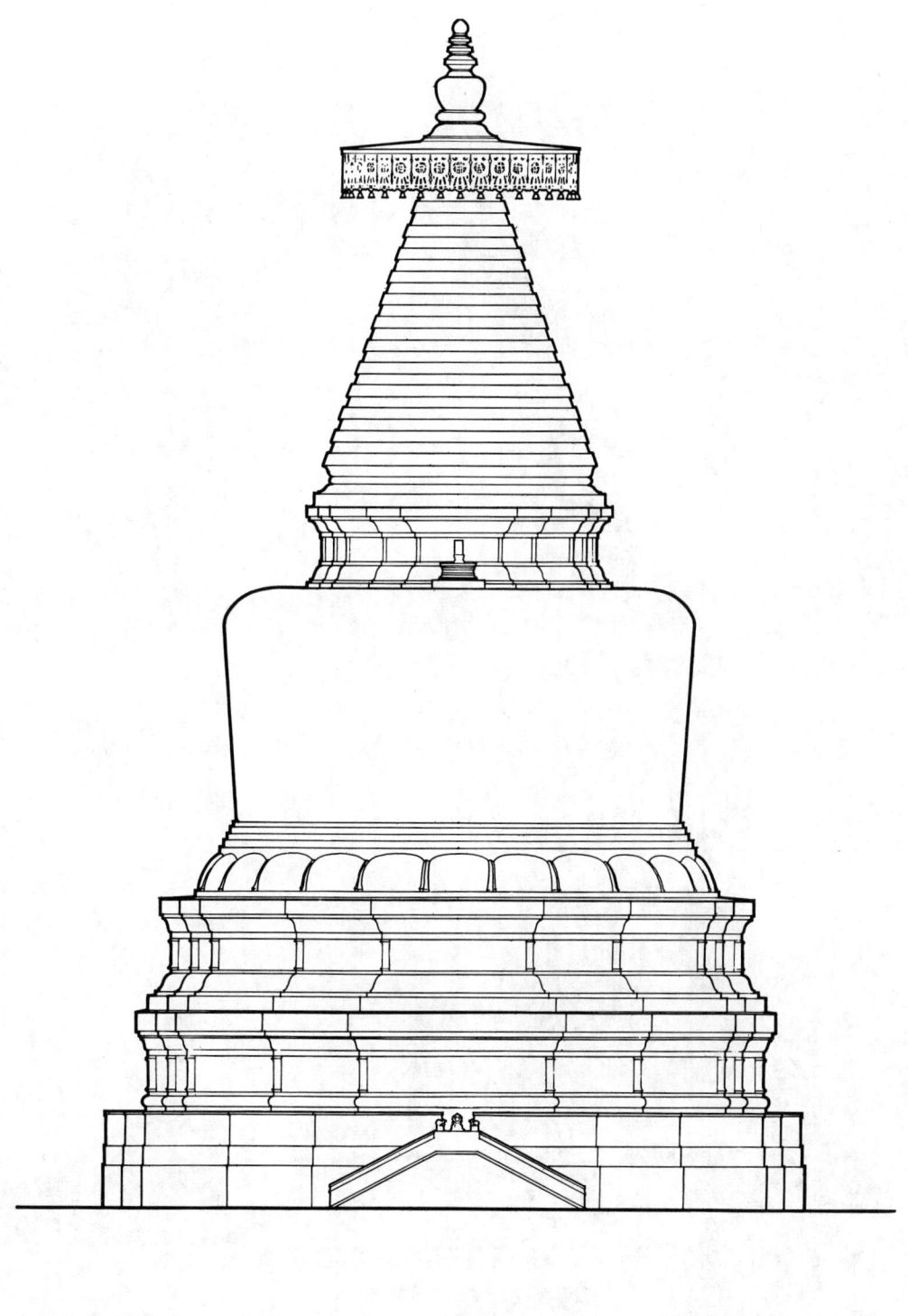

0 1　　　5　　　10 M.

图 149-2　北京市妙应寺白塔立面图

图 149-3  北京市妙应寺白塔外观

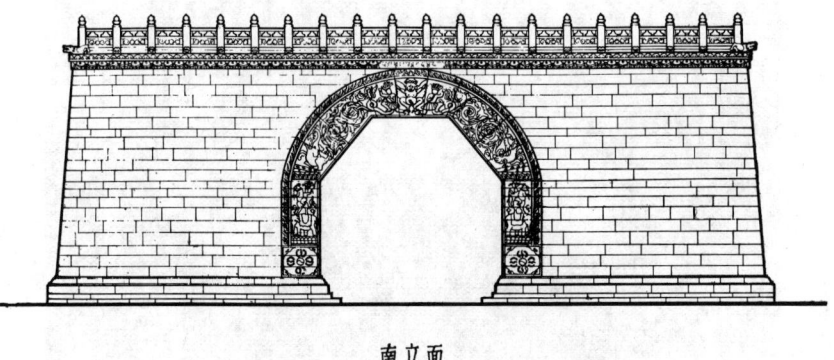

南立面

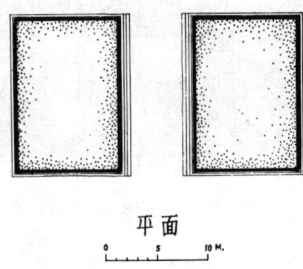

平面

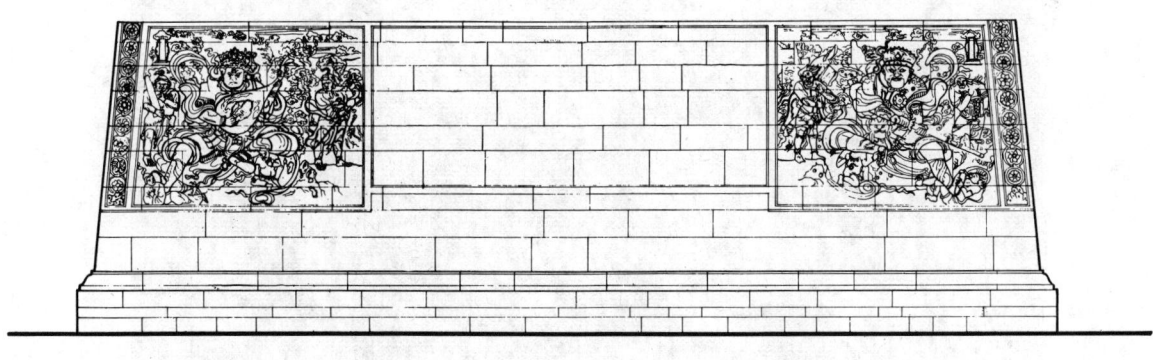

門內壁立面

图 150-1 北京市居庸关云台平立面图

图 150-2  北京市居庸关云台券洞雕刻

图 150-3  北京市居庸关云台券洞内壁雕刻

图　151-1　新疆维吾尔族自治区霍城县吐虎鲁克玛札

图　151-2　新疆维吾尔族自治区霍城县吐虎鲁克玛札入口详部

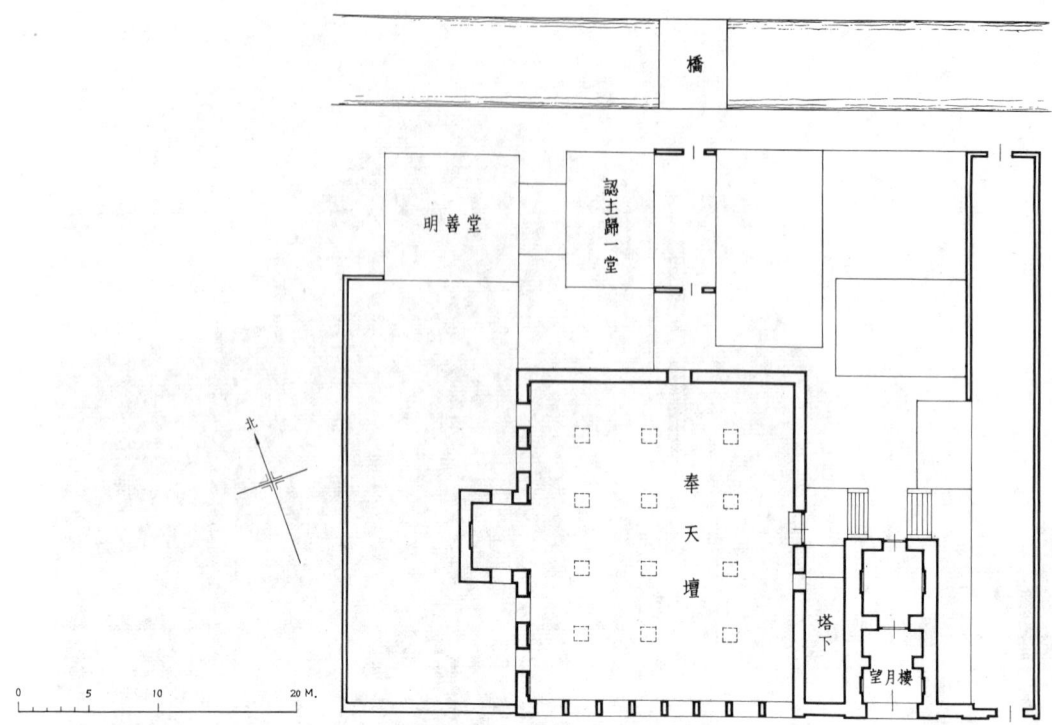

图 152-1　福建泉州市清净寺平面图

图 152-2　福建泉州市
清净寺外观

# 第四节　明、清时期社会的变动和建筑概况

明、清时期是中国封建社会由恢复、停滞以至崩溃的时期。

元末农民大起义推翻了蒙古统治阶级的政权，接着明太祖（朱元璋）于公元1368年建立了明朝。经过267年的统治，到公元1644年又被李自成所领导的农民起义军所灭亡。同年，满族贵族夺取了农民革命的胜利果实，建立了清朝。满族是居住在中国东北长白山一带女真族中的一个部族，公元1616年自称后金，1636年改称清，不断地向南骚扰。进入内地后，于公元1661年灭了南明，统一了中国。

明初兴修水利，鼓励垦荒，促使农业生产迅速地恢复和发展。手工业和商业方面，也发展得很快，不仅有了广大的国内市场，而且对外贸易远通朝鲜、日本、南洋、中亚、东非、欧洲等地。明中叶以后，由于手工业生产力和技术逐步提高，商品经济的发展，国内外市场的扩大，再加农村中土地兼并，赋税繁重，人口流入城市，以及独立手工业者和自由商人的增加等等，引起了中国封建社会里资本主义的萌芽和发展。清朝建立以后，虽然积极恢复农业生产，稳定封建经济，但对手工业和商业采取了各种压抑政策，如控制纺织手工业，垄断盐茶，禁止私人开矿，限制商品流通，禁止对外贸易，使自明代发展起来的资本主义萌芽受到了摧残。这些绞杀资本主义因素的政策，一直到清朝中叶才被迫的逐步改变，资本主义的因素才又重新出现。

在意识形态方面，明太祖（朱元璋）为了巩固其政权，大力提倡儒家的伦理道德和封建礼制；道教和佛教也都有所发展。清朝在政治上对汉族地主阶级采取了高压与笼络相结合的两面政策，一方面大兴文字狱以镇压反清思想，另一方面鼓励醉心利禄的奴才思想。在这种压抑和麻痹的政策下，思想界受到窒息，但由于民族矛盾的尖锐，反清思想仍然继续发展。为了加强对蒙族和藏族的统治，清朝极力提倡喇嘛教，对佛教、道教和伊斯兰教同样给予一定的重视，作为政治统治的一种工具。

明、清时期的建筑，沿着中国古代建筑的传统道路继续向前发展，获得了不少成就，成为中国古代建筑史上的最后一个高峰。

明、清时期的城市，除了建设首都南京、北京及扩建若干宋、元以来的旧城外，出现了若干新兴的手工业、商业和对外贸易的城市及地方的城镇。这时期对地方府、州、县城的建设有进一步的规划，但南方城市与北方城市根据地区、气候、地形等条件的不同，在布局上各有不同的特点。

从明代初期起，为了防止倭寇，在沿海地带陆续建造大小城堡和海防基地。为防御蒙古族贵族武装的南扰，又动员大批人力、物力修筑长城，建造关隘，前后延续近二百年之久。

明代的宫苑、陵寝的规模都很宏大，而清代的离宫园林，无论在数量上或质量上又都超过明代。明、清时期的祠祀建筑，由于统治阶级的提倡，不但在都城内修建许多大型坛庙，各地方也建造了大批祠庙和表彰封建道德与功绩的牌坊、碑亭等。明清的宗教建筑以佛教建筑比较突出，如明代南京报恩寺塔（已毁）和清代的承德喇嘛庙都是富于创造性的建筑，同时出现了金刚宝座式塔。

由于经济繁荣，中小地主、商人、手工业作坊主的数量不断增加，因而明清时期地方建筑有了较大的发展。在经济发展的同时，大城市增多了，还出现了许多新的城镇。在城镇和乡村中，增加了很多书院、会馆、宗祠、祠庙、戏院、旅店、餐馆等公共性的建筑。居住建筑的质量也不断提高，除了二三层楼房以外，广东、福建、安徽、四川的住宅有高达三四层的；雕饰丰富的木、石、砖装饰较普遍地用于中、大型住宅中。这些都是以往任何时期所未有的情况。由于各地区建筑的发展，使中国建筑的地区特色从明代起更加显著了。同时开始走向程式化。如明中叶流传的总结江、浙一带地方建筑和家具的著作《营造正式》，就体现了这种情况。明清时期的私家园林，由于数量多，园林艺术不断

发展，在明代末年出现了一部总结造园经验的著作——《园冶》。

这时期的生产性建筑，为了适应冶炼、纺织、造船、陶瓷等手工业的要求，规模也随之扩大。据记载，明代有高达一丈七、八尺（约5.4～5.7），底部直径三丈五尺（约11米），口部直径一丈（约3.2米）的冶铁炉和能容纳若干个高、宽各达五米的纺织机的作坊[287]。

除了汉族建筑以外，少数兄弟民族的建筑都继续不断地发展。如清顺治二年（公元1645年）重建和扩建的西藏布达拉宫，回族的大跨度的礼拜寺和砖雕花的教长墓建筑，维吾尔族的土坯拱和穹窿顶建筑，傣族的佛塔群等，都显示了高度的创造才能。

在建筑技术上，明清时期已使用"千斤顶"、多刃的"刨子"、"手摇卷扬机"等简单器械，提高劳动生产率[288]。木结构经过元代短时期的变动和酝酿，到明朝又趋于定型化。清朝颁布的《工部工程做法则例》，统一了官式建筑的构件的模数和用料标准，简化了构造方法。在设计和施工方面，清朝宫廷设有主持设计和编制预算的"样房"和"算房"，对估算工料和验收都有着一套具体制度。现存"样房"设计的图样和模型，说明当时的设计经过周到的考虑。

建筑材料由于砖生产的发展，明代大部分城市的城墙和一部分规模巨大的长城都用砖包砌，地方建筑也大量使用砖瓦。琉璃砖、瓦的烧制技术在坯中用陶土，提高了硬度，色彩和纹样也更加丰富细致。这时期的夯土技术如四川、福建、陕西有不少三、四层楼房使用夯土墙，经过一二百年仍然非常坚固。

官式建筑的高度定型化，是长期间经验积累的成果。定型化的结果，不但便于估工算料，加快施工速度，而且建筑造型也形成一定的比例关系，装饰处理形成一定的规格。这种程式化的比例关系和装饰处理规格是长期间艺术锤炼的结果，可以保证建筑艺术达到一定的水平。但在另一方面，限制了官式建筑作更多的创造。到清中叶以后，在园林、家具、装饰、彩画等方面，也由于过分追求细致，导致了堆砌、繁琐和缺乏生气的缺点。这些都是明、清建筑在继续发展的同时，出现的一些不健康的现象。

## 第五节  明、清的都城及宫苑

明、清时期的北京城是一座典型的封建王朝都城。它是在继承历代都城建设经验的基础上创造出来的。

明朝原定都南京。公元1403年明成祖（朱棣）夺取帝位以后，为了防御蒙古统治阶级的南扰，把首都迁到北京。

明朝的北京是在元大都的基础上改建和扩建而成的。明嘉靖三十二年（公元1553年），为了加强京城的防卫和保护城南的手工业和商业区，又在城的南面加筑一个外城（图153-1～2）。

北京外城东西7950米，南北3100米；南面三门，东西各一门，在北面，除了通往内城的三座门外，东、西两角还有通向城外的两座门。外城内主要是手工业区和商业区及规模巨大的天坛和先农坛。

内城东西6650米，南北5350米，南面三门（亦即外城北面三门），东、北、西各两座门。这些城门都有瓮城，建有城楼和箭楼。内城的东南和西南两个城角上并建有角楼（图153-3～4）。

皇城位于内城的中心偏南，东西2500米，南北2750米，呈不规则的方形。城四向开门，南面的门就是天安门。在它的前边还有一座皇城的前门，明朝称大明门，清朝改名大清门。皇城内的主要建筑是宫苑、庙社、寺观、衙署、仓库等。

皇城中的宫城，南北长960米，东西宽760米，四面都有高大的城门（图153-5）。城的四角建有形制华丽的角楼（图153-6）。宫城内是明清两朝皇帝听政和居住的宫室。

明清北京城的布局鲜明地体现了中国封建社会都城以宫室为主体的规划思想。它继承过去传统，以一条自南而北长达7.5公里的中轴线为全城的骨干，所有城内的宫殿及其他重要建筑都沿着这条轴线，结合在一起。这条轴线以南端外城永定门为起点，至内城正门的正阳门为止，建造一条宽而直的大街，两旁布置两个大建筑组群：东为天坛，西为先农坛。大街再向北引延，经正阳门、大明门到天安门，则是为全城中心的皇宫作前引：在大明门与天安门之间，有一条宽阔平直的石板御路，两侧配以整齐的廊庑，称千步廊，廊的外侧，隔着街道建有东西向的衙署多所。天安门前的御街则横向展开，在门前配以五座石桥和华表、石狮，以衬托皇城正门的雄大（图153-7~8）。进入天安门、端门，御路导入宫城。体量大小不同的宫殿建筑集结在这中轴线上。宫城后矗立着高起约50米的景山，表现出中轴线的部署发展达到最高峰，也是突出全城的制高点。在景山之后，经过皇城的北门——地安门，最后以形体高大的钟楼、鼓楼作中轴线的终点（图153-9）。这种布局使宫殿苑囿占据了全城的中央部分，虽然满足了统治阶级附会古代制度和便于进行统治的要求，但严重地妨碍了全城东西方向的交通。

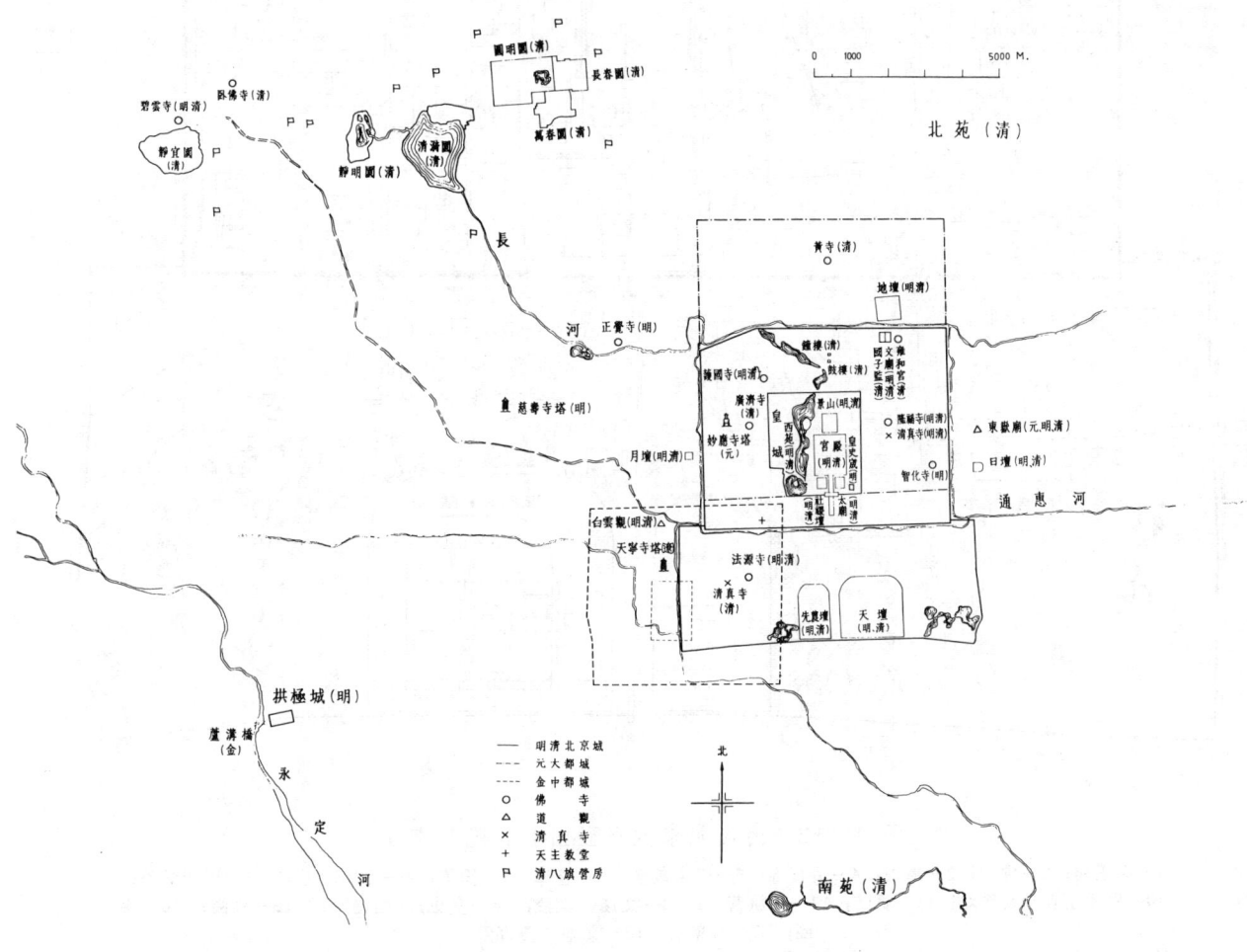

图 153-1 北京市附近重要建筑分布图

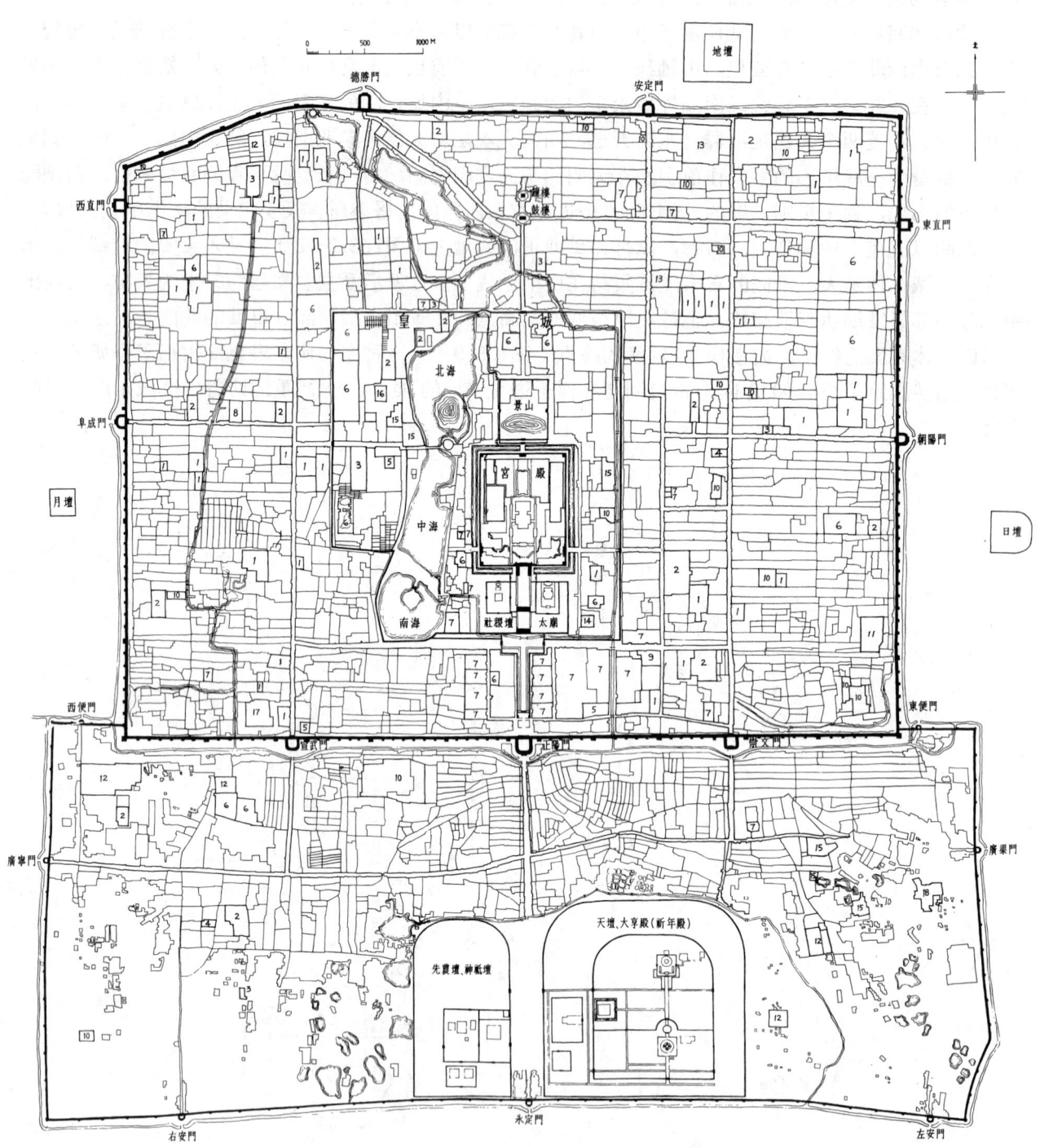

图 153-2　清代北京城平面图（乾隆时期）

1—亲王府；2—佛寺；3—道观；4—清真寺；5—天主教堂；6—仓库；7—衙署；8—历代帝王庙；9—满洲堂子；10—官手工业局及作坊；11—贡院；12—八旗营房；13—文庙、学校；14—皇史宬（档案库）；15—马圈；16—牛圈；17—驯象所；18—义地、养育堂

图 153-3 北京市西直门

图 153-4 北京市东南角楼

图  153-6   北京市故宫紫禁城及角楼

图  153-7   北京市天安门

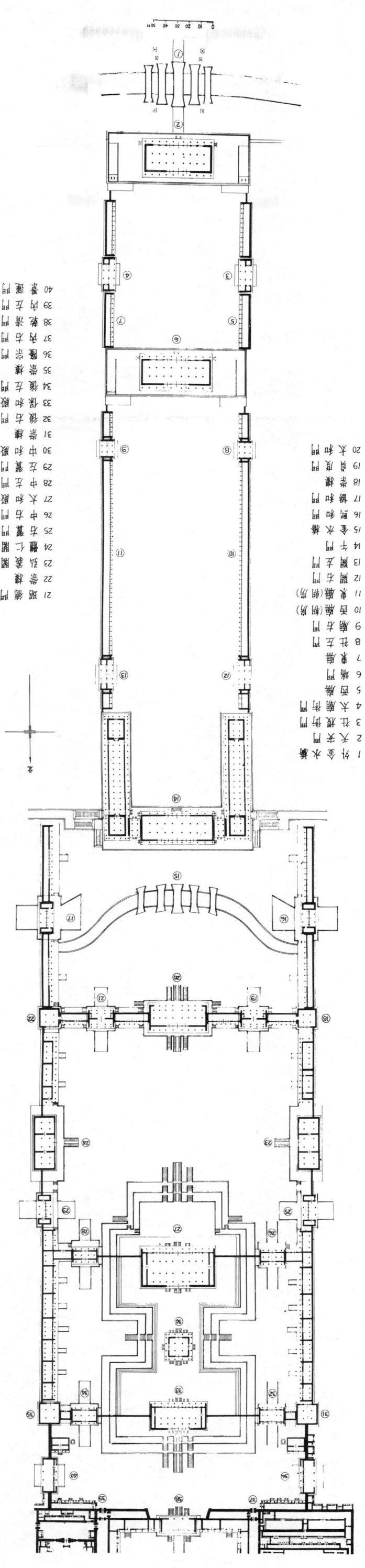

图 155-2　北京明长陵三殿布置图

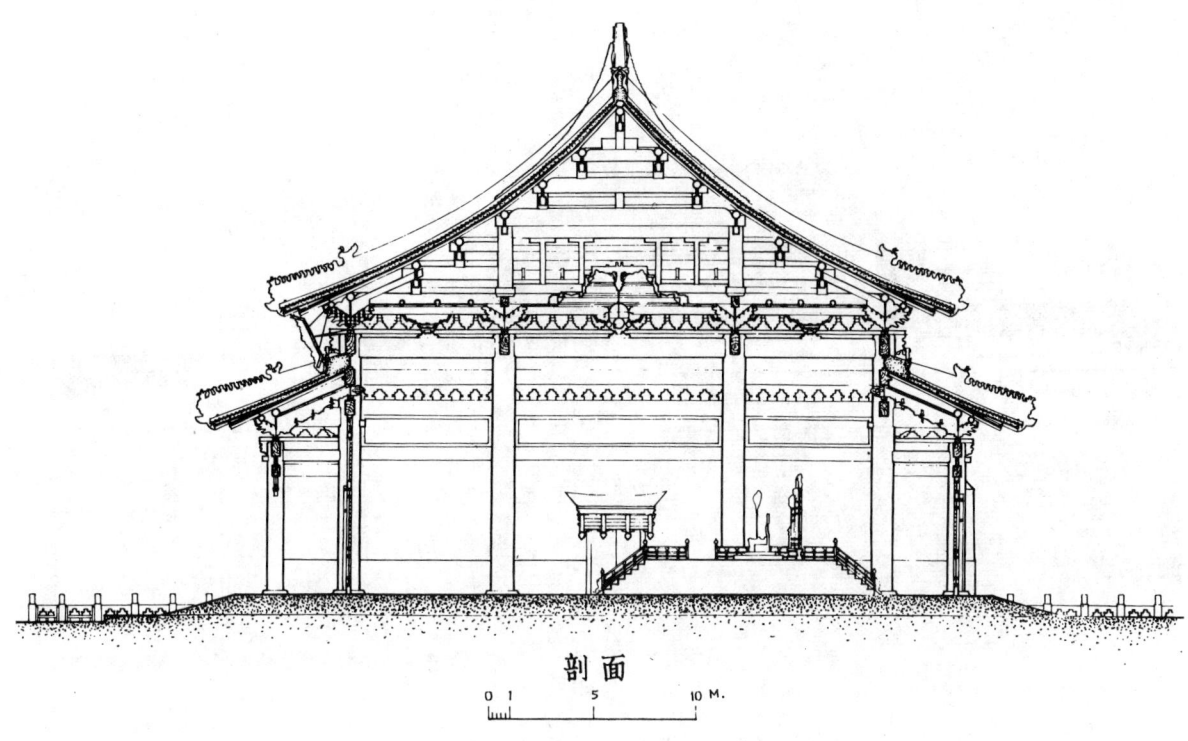

剖面

0 1　　　5　　　10 M.

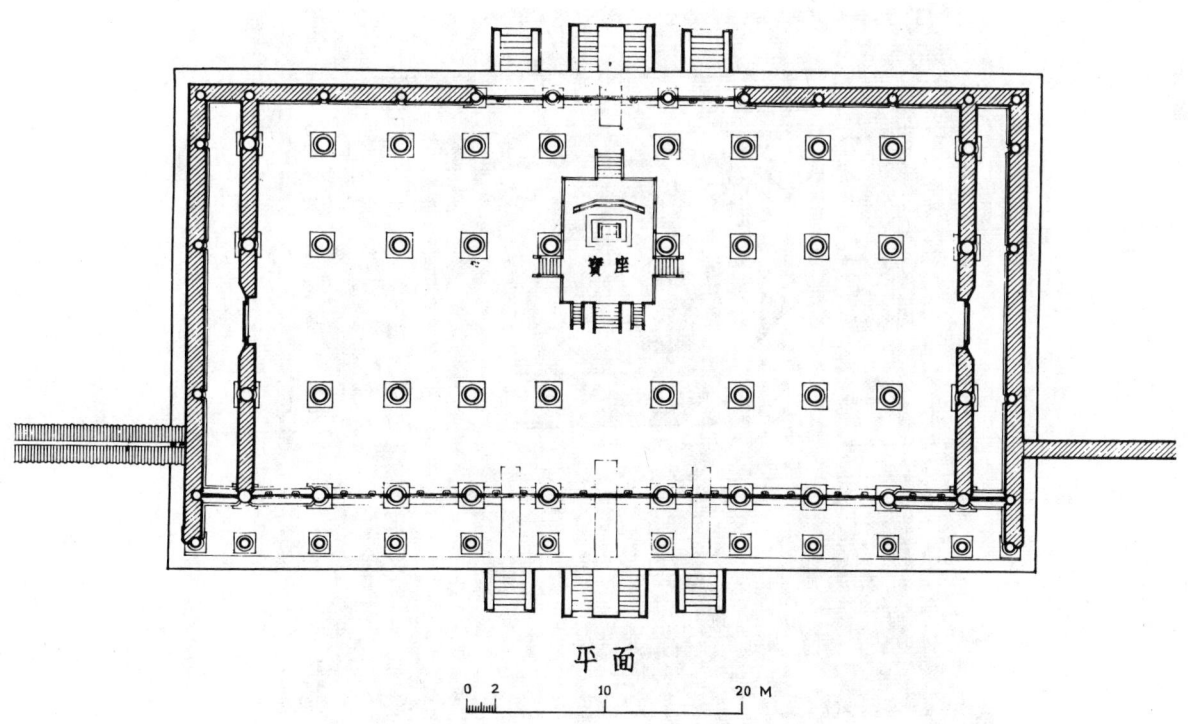

平面

0 2　　　10　　　20 M.

图 156-1　北京市故宫太和殿平、剖面图

图 156-3　北京市故宫太和殿外观

图 156-4　北京市故宫太和殿藻井

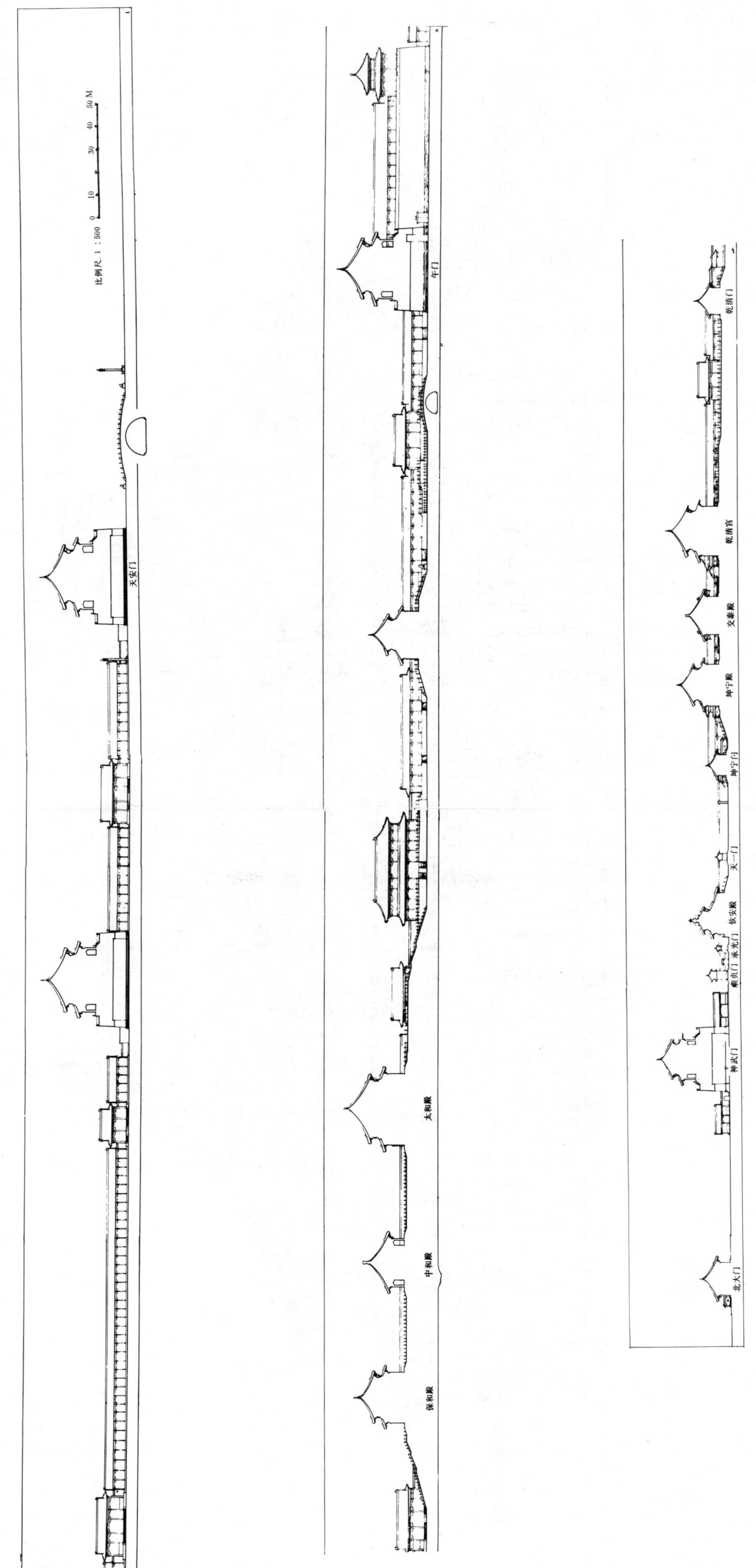

比例尺. 1:500

北京市故宫纵剖面图

图 157　北京市故宫纵剖面图

图 156-5　北京市故宫大和殿基座雕刻

图 156-6　北京市故宫大和殿前石嘉量

图 156-7　北京市故宫太和殿前铜龟

图 156-8　北京市故宫太和殿前御道雕刻

间变化中一个关捩的感觉，表明外朝部分已经结束而将进入另一性质的空间。在这些空间中，前三殿和后三宫两组庭院的宽度比例为2:1，建筑形制大体类似而体量有差别，这种处理加强了二者间的统一，同时表示它们在整个建筑群里具有密切关系的。此外，故宫另外的许多小庭院轴线都与主轴线平行，并且与主要建筑具有密切联系，形成一个完整的艺术体系。

　　在形成明清故宫整个建筑群统一的艺术风格中，使用形式类似而比较简单的个体建筑和大面积相同的色彩是一个重要因素。除少数个别建筑外，单体建筑都按照高度规格化的官式建筑做法进行建造，因而体型比较简单，屋顶形式只有几种，构件种类也不多，只是依靠有节奏的空间组合和体量的差别创造了有规律的轮廓线。而大片黄色琉璃屋顶和红墙红柱以及规格化的彩画等给全部建筑披上了金碧辉煌的色彩，获得了丰富而统一的艺术效果。此外，还利用大量的小品建筑如华表、石狮、铜龟、铜鹤、日规、嘉量、御路、栏杆、影壁等，构成局部的艺术气氛。

　　但是，整个故宫建筑是为体现帝王的政治权力而服务的，因而无可避免的产生严正而刻板的缺

图　158-1　北京市故宫乾清宫

图 158-2   北京市故宫室内装修之一

图 158-3   北京市故宫
室内装修之二

点，甚至内廷居住部分和御花园也是如此，以致清代皇帝常年住于圆明园，避暑山庄等苑囿中。对于内廷居住的宫殿，只是在紧凑的庭院内，以常绿的松柏和一些特殊的陈设形成一定的居住气息（图158-1）。这里，精致的室内装修和家具发挥了不少作用（图158-2～3）。

总之，明清故宫建筑的空间组织和立体轮廓达到统一中又有变化，反映了中国古代建筑艺术的成就，同时它也是世界上优秀的建筑群之一。但是这个巨大的建筑群是和中国许多古代规模宏大的建筑群一样，是在奴役大量劳动力和剥削人民财富的基础上建造起来的。仅就使用材料而言，明朝初建时，全部建筑用西南诸省运来的高质楠木，殿内铺地的方砖来自苏州，制瓦的陶土取自安徽太平，彩画颜料自西南诸省征调，自天安门起全部故宫的地面铺砖五至七层，阴沟用铜管，屋顶苫背下铺锡板[292]、[293]。而永乐创建后，历时五百余年，不断重建、改建，动用的人力和物力更是难以估计的，真可谓"穷天下之力以奉一人"。

苑囿是以园林为主的皇帝离宫，除了布置园景供游息以外，还包括举行朝贺和处理政务的宫殿以及皇帝、后妃和服务人员的居住建筑、生活供应建筑，与若干庙宇等。这些要求决定了苑囿具有一般园林灵活、轻巧的特色和开阔而富丽的气概。

明朝的禁苑，主要是紫禁城西面的西苑，它是利用金元时期离宫的旧址扩建的。到了清朝，自公元十八世纪起，苑囿建筑得到空前发展。

除了继续扩建西苑外，更在北京西北郊风景优美的地带兴建最著名的圆明园及长春园、万春园、静明园、静宜园、清漪园等[294]（图153-1）。京城以外最大的行宫有承德的避暑山庄[295]。

苑囿多半拥有广大面积和富有变化的地形。园内建筑的布局，首先把宫殿部分集中布置在地形平坦的地带，自成一区；然后根据地形特点把全园分成若干景区，每区有不同的内容和景物，并有体现景物内容和富有诗意的题名。这种处理手法和所表现的意境，受到江南名胜和私家园林的影响，有些则直接模仿它们。但在小范围的景区内，比例笨重的官式建筑，往往不能和曲折的风景相调和（如故宫乾隆花园）也有景区划分过多，使自然风景受到一定的损失（如避暑山庄如意洲）。一般说来，各个景区虽然各有特点，却能在参差错落的景色中，互相呼应拱卫一大群建筑，或围绕一片湖面，或衬托一座山岭，通过巧妙布置的游览路线，把各部分连成一个整体。但也有各景区的特点过分突出，产生不调和的情况，如圆明园的西藏建筑，长春园的西方洛可克建筑和颐和园的轮船，对于整个园林风格都是不恰当的。

在清朝苑囿中，圆明园是被称为"万园之园"的著名园林[296]、[297]，但在清咸丰十年（公元1860年）被英法帝国主义侵略军所焚毁。以下以颐和园为例，说明清朝苑囿的特点。

颐和园位于北京城西北约10公里的地方，全园面积约3.4平方公里（图159-1）。其中北

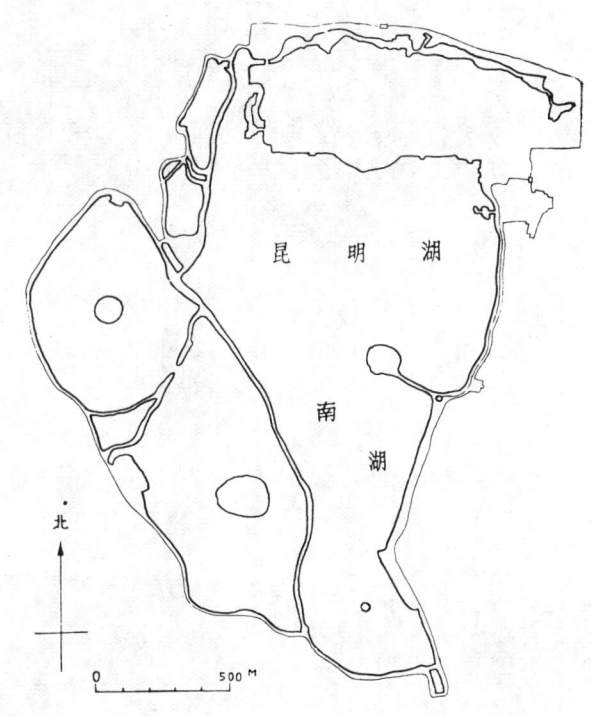

图　159-1　北京市颐和园总平面图

部山地占1/3，山高约60米。这里在清代以前就是一处风景名胜。清康熙四十一年（公元1702年）曾建为行宫。从乾隆十五年（公元1750年）起，又大规模兴建园林，称为清漪园。北部山上集中了大部分建筑，称为万寿山(图159-2)，南部湖水称为昆明湖。昆明湖经过疏浚并在湖东筑堤，成为调节北京用水的蓄水库之一[294]（图159-3）。咸丰十年（公元1860年）清漪园被英法侵略军几乎全部破坏，光绪中叶，那拉氏挪用海军建设费二千万两修复此园，光绪十四年（公元1888年）完成，基本上保持了清漪园的格局，改名颐和园（图159-3）。光绪二十六年（公元1900年）又被八国联军破坏了一部分，光绪二十九年（公元1903年）修复，但万寿山北部建筑一直未恢复原状。

　　根据使用性质和所在区域，颐和园可分为四个部分。第一部分是万寿山东部的东宫门、仁寿殿等所组成的朝廷和居住供应部分。这部分建筑布局严谨，具有宫廷气概，但居住部分的建筑体量不大，也未使用琉璃瓦，庭院内点缀花木，住宅气息比较浓厚。这些建筑的东北则是模仿无锡寄畅园而建造的谐趣园，规模小而风景十分优美。第二部分是万寿山的前山部分。这里以体型高大的排云殿和佛香阁为重心，周围布置十几组小建筑群（图159-4）。始建时，在佛香阁的位置上原是一座九层大塔。现在的佛香阁八角四层，建于高大的石台上，地位突出，它和下面的金碧交辉的排云殿建筑群，共同构成万寿山的轴线，把前山大小建筑统一起来（图159-5）。山下长达700米的长廊和连绵不断的白石栏杆，则更加强调了这种统一效果。但是佛香阁左右的宝云阁和转轮藏二组建筑，体量小而组合琐碎，而且平面与立面基本上对称，和佛香阁组合在一起显得大小悬殊而且造型过于呆板。第三部分是万寿山后山和后湖。后山以一组喇嘛教庙宇为中心，其中包括许多富有藏族建筑特色的台、塔等，周围除少量小型建筑群外，遍植树木，形成幽静的环境。后湖是一条曲折的溪流，原来中段两岸模仿苏

图 159-4　北京市颐和园万寿山前山

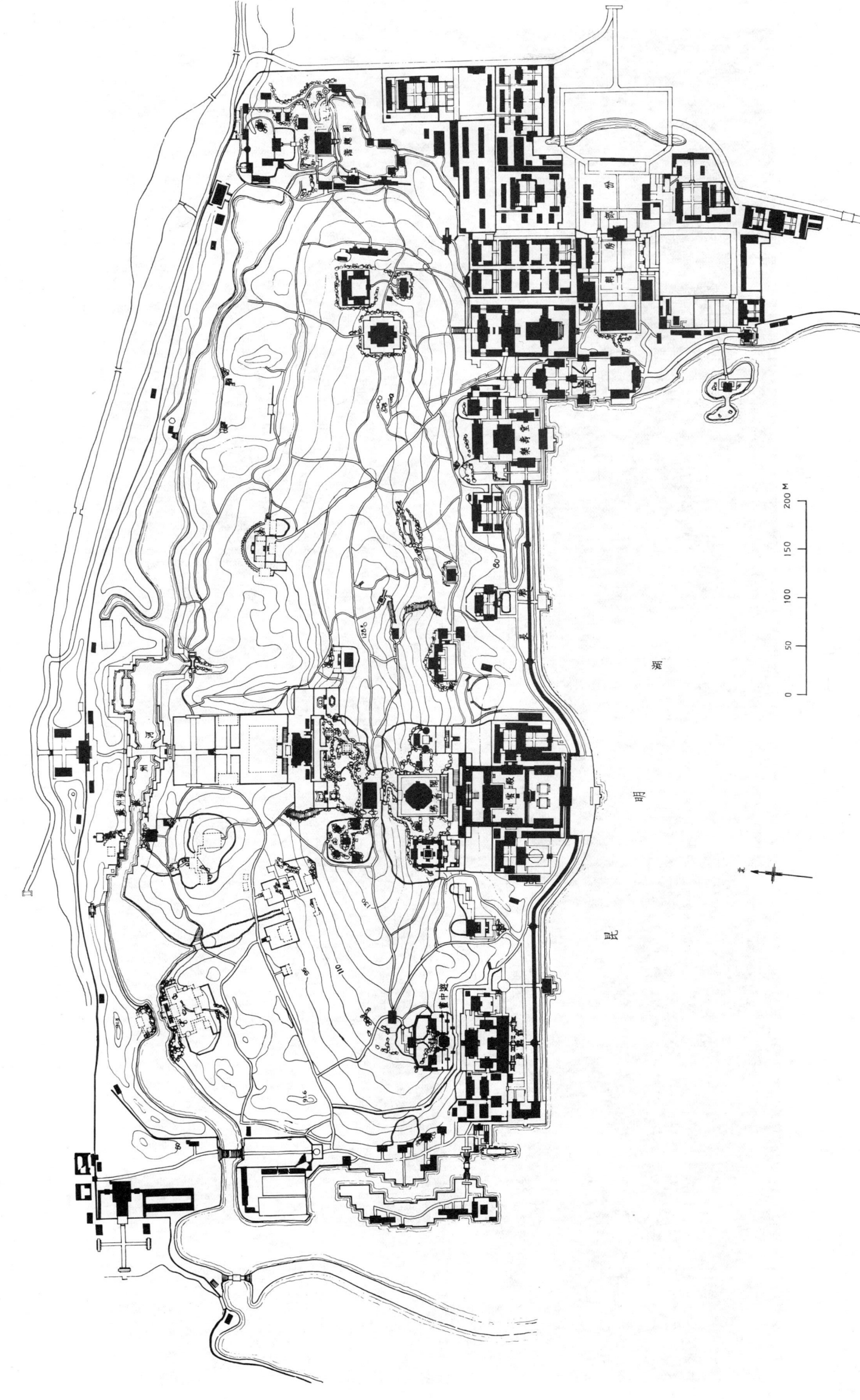

图 159-2 北京市颐和园万寿山平面图

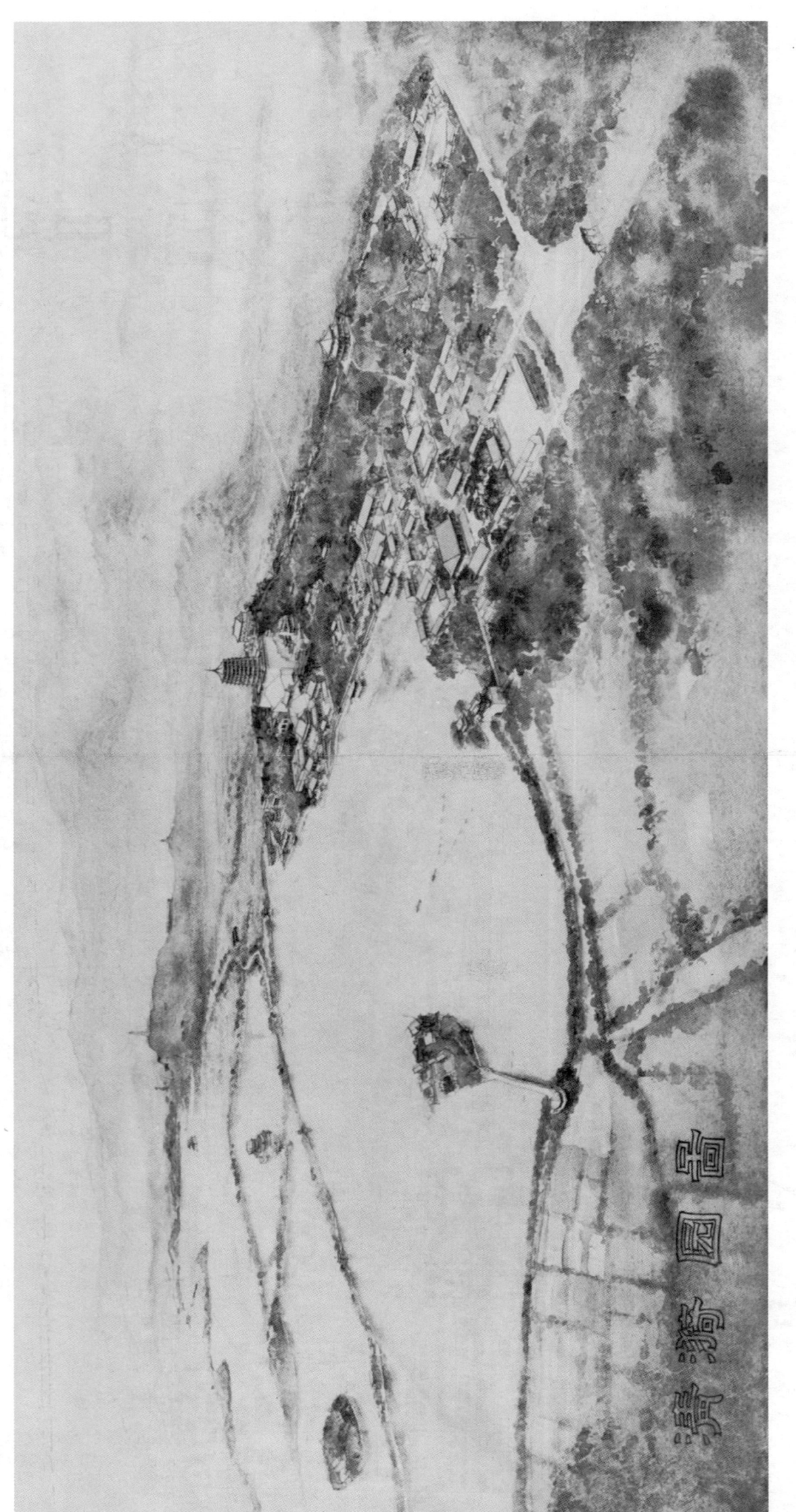

图 159-3　清漪园复原图

图 163　北京市八达岭长城城居庸外镇

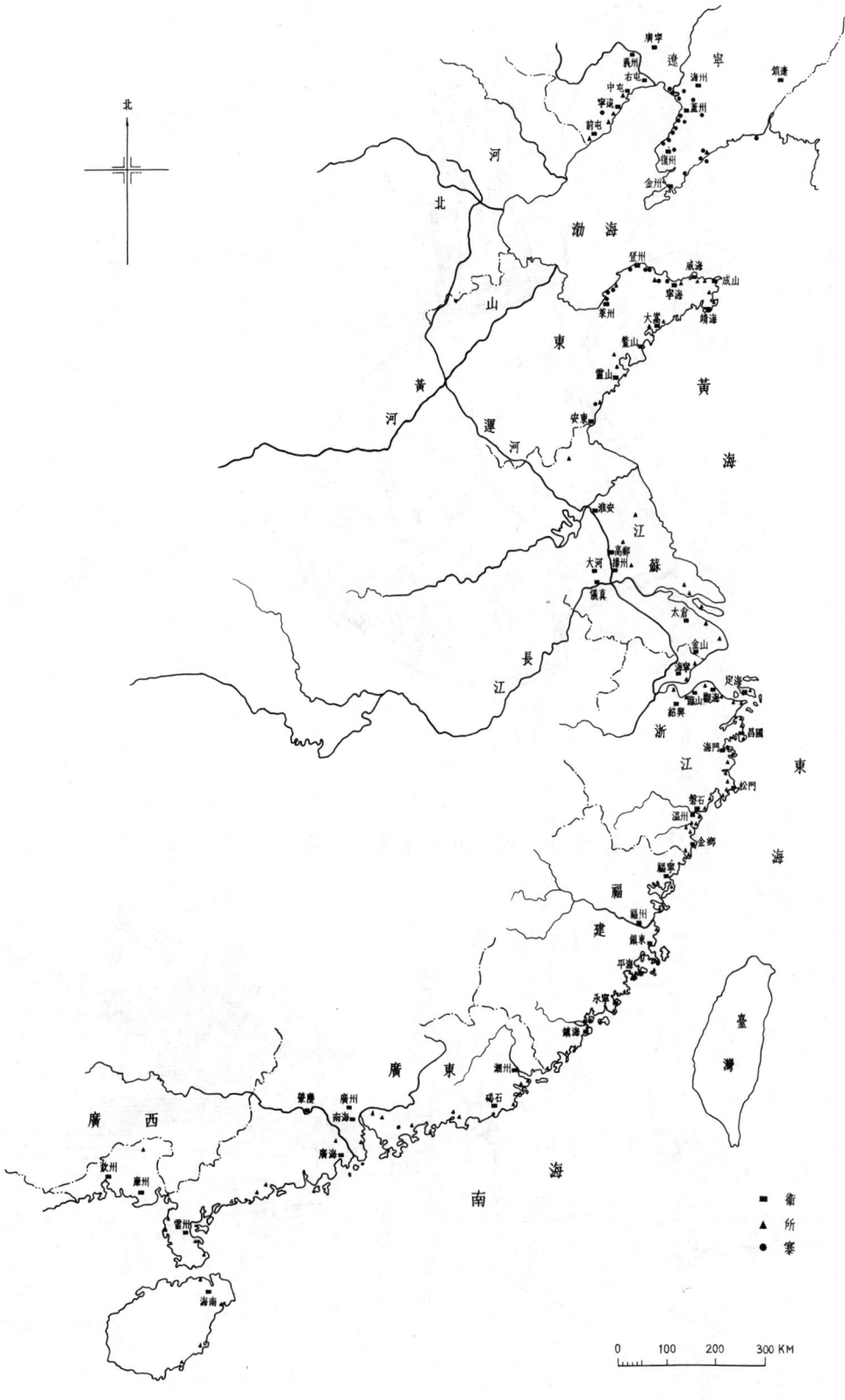

图 164-1 明初沿海卫所分布图

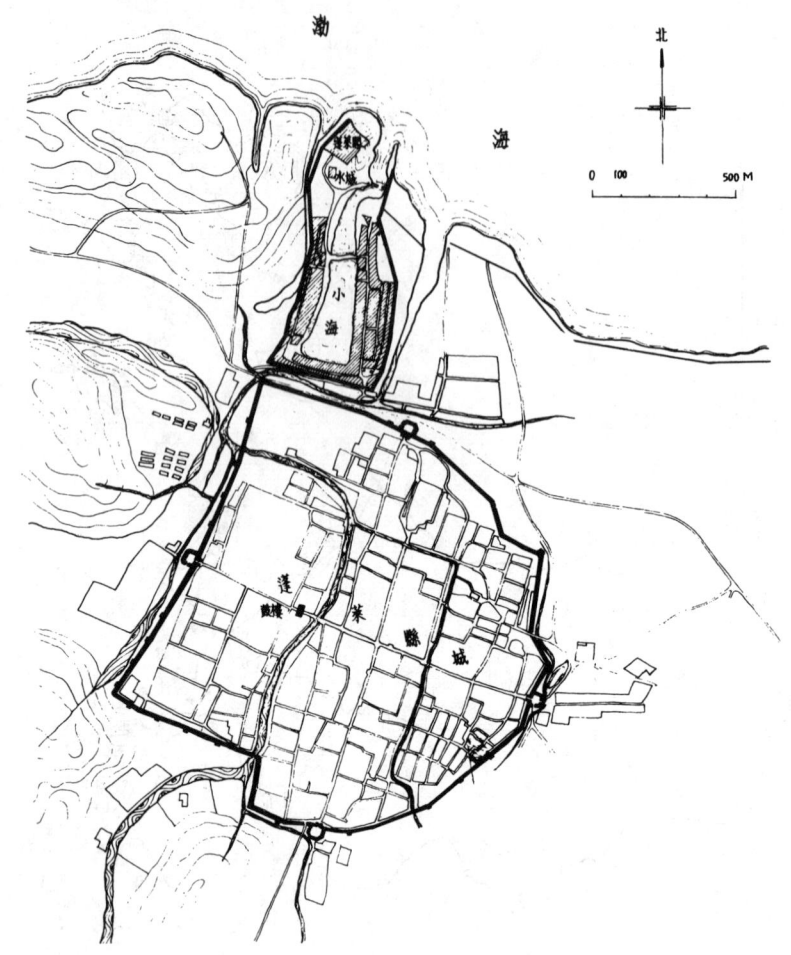

图 164-2    山东蓬莱县平面图

图 164-3    山东蓬莱县水城蓬莱阁

　　山东蓬莱县备倭城即明朝登州卫，是一座水军根据地的水城，也是一座典型的海防城堡。水城建于1376年。城墙全用砖筑，周围长约1500米，高11.5米，厚3.6米。城的南部连接县城，北面是高崖，崖上临海建高阁，构成全城制高点。城北建大木闸引海水入城。为泊船之所（图164-2～3）。

# 第七节　明、清一般城镇、住宅、园林及家具陈设

　　明、清时期，城市的数量比前代有了更大增长，城市面貌也更加繁荣。同时因手工业、商业或交通关系而形成的市镇也有了进一步的发展。明朝建立的卫、所等军事据点，后来大都发展成为府、州、县城。清朝则在某些重要城市或在其附近另建屯驻满族官兵及其家属的"满城"。

　　明、清的城市建设，按行政级位分为省城、府城、州城、县城数级。各级城市在地理分布上大体有一定的制度；城市的规模和布局一般取决于行政级位。这反映了明清时期政治上高度的中央集权和政令的统一。

　　城市都建有城墙和护城河。明朝由于制砖手工业的发展，各地城墙多用砖建造。城门有两道以上城墙构成瓮城；有些在瓮城外还建罗城、翼城等。城门上建城楼，重要城市在瓮城上还建造箭楼。平原地区的城市，主要街道大体上呈十字或井字形（图165-1），但河网与丘陵地区的城市，为了适应河流和地形，每采取不规则的布局。一般来说，主要商店等服务性建筑多沿大街建造，住宅位于小街小巷内，衙署、坛庙、寺观等大型建筑则多建于城市中心或其他重要地点。经济发达的城市还有书院、会馆、戏院等公共建筑。在寺院前面往往有市场，建戏台，成为公共活动的场所，而水乡城镇的集市、

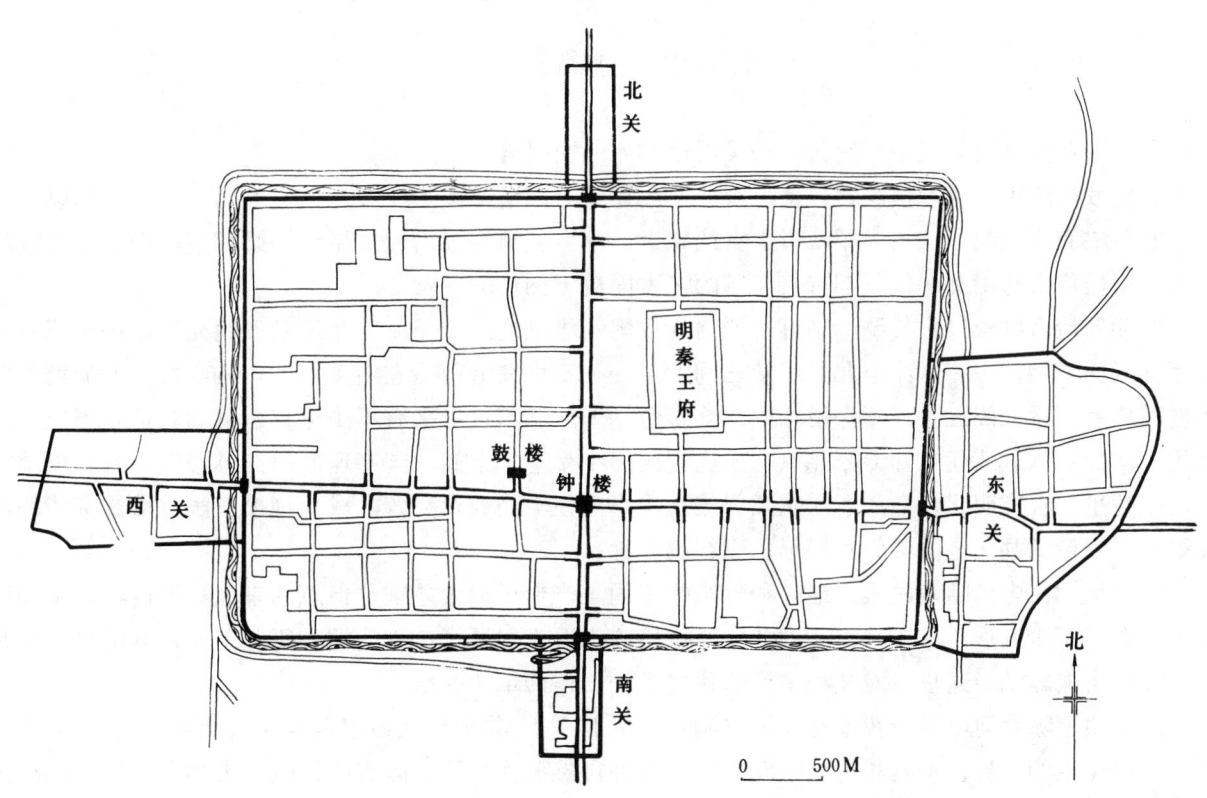

图 165-1　明、清西安城平面图

图 165-2　陕西西安市钟楼

商店和手工业作坊通常集中于码头、桥梁附近和水运交叉处。

有些城市的中心建牌楼或钟鼓楼，有些城内还建有高塔（图165-2）。 它们与平缓的城墙以及一二层的住宅商店相配合，构成了城市丰富的轮廓。水乡城镇多数沿河筑屋，桥梁相望；而丘陵地区的城镇，房屋依山势层叠起伏，都有着美丽的艺术面貌（图166-1～3）。

明朝统治者继承过去传统，制订了严格的住宅等级制度：“一品二品厅堂五间九架，……三品五品厅堂五间七架，……六品至九品厅堂三间七架……不许在宅前后左右多占地，构亭馆，开池塘；”“庶民庐舍不过三间五架，不许用斗栱，饰彩色[303]。”不过后来有不少达官、富商和地主不遵守这些规定，如文献载清朝京师（今北京）米商祝氏屋宇多至千余间，园亭瑰丽；江苏泰兴季姓官僚地主家周匝数里。现存明代住宅如浙江东阳官僚地主卢氏住宅经数代经营，成为规模宏阔、雕饰豪华的巨大组群；安徽歙县住宅的装修和彩画也以精丽见称。

这时期的住宅仍随着民族、地区和阶级的不同，产生了很大差别，但总的来说，无论在数量和质量上都有了不少发展。近年来，全国各地对这份珍贵遗产展开了广泛的调查研究工作，其成果远不是本书篇幅所能容纳。这里只对几种主要的住宅类型，作简单的介绍。

汉族住宅除黄河中游少数地点采用窑洞式住宅以外， 其余地区多用木构架结构系统的 院落 式住宅。这种住宅的布局、结构和艺术处理，由于各种自然条件与社会因素的影响，大体以秦岭和淮河流域为界，形成南北两种不同的风格。而在南方住宅中，长江下游的院落式住宅，又与浙江、四川等山区住宅及岭南的客家住宅，具有显著的差别。

图 166-1　江苏苏州市临河街道

　　北方住宅以北京的四合院住宅为代表。这种住宅的布局，在封建宗法礼教的支配下，按着南北纵轴线对称地布置房屋和院落。住宅大门多位于东南角上。门内迎面建影壁，使外人看不到宅内的活动。自此转西至前院。南侧的倒座通常作客房、书塾、杂用间或男仆的住所。自前院经纵轴线上的二门（有时为装饰华丽的垂花门），进入面积较大的后院。院北的正房供长辈居住，东西厢房是晚辈的住处，周围用走廊联系，成为全宅的核心部分。另在正房的左右，附以耳房与小跨院，置厨房、杂屋和厕所；或在正房后面，再建后罩房一排（图167-1）。住宅的四周，由各座房屋的后墙及围墙所封闭，一般对外不开窗，而在院内栽植花木或陈设盆景，构成安静舒适的居住环境。大型住宅则在二门内，以两个或两个以上的四合院向纵深方向排列，有的还在左右建别院；更大的住宅在左右或后部营建花园（图167-2～5）。

　　北京四合院的个体建筑，经过长期的经验积累，形成了一套成熟的结构和造型。一般房屋在抬梁式木构架的外围砌砖墙；屋顶式样以硬山式居多，次要房屋则用平顶或单庇顶。由于气候寒冷，墙壁和屋顶都比较重厚，并在室内设炕床取暖。内外地面铺方砖。室内按着生活需要，用各种形式的罩、博古架、槅扇等划分空间，上部装纸顶棚，构成丰富美丽的艺术形象（图167-6～8）。色彩方面，除贵族府第外，不得使用琉璃瓦、朱红门墙和金色装饰，因而一般住宅的色彩，以大面积的灰青色墙面和屋顶为主，而在大门、二门、走廊与主要住房等处施彩色，及大门、影壁、墀头、屋脊等砖面上加若干雕饰，获得良好的艺术效果。

　　长江下游江南地区的住宅，以封闭式院落为单位，沿着纵轴线布置，但方向不限于正南正北。其

图 166-2 浙江绍兴市临河建筑

图 166-3 浙江临海县临江建筑

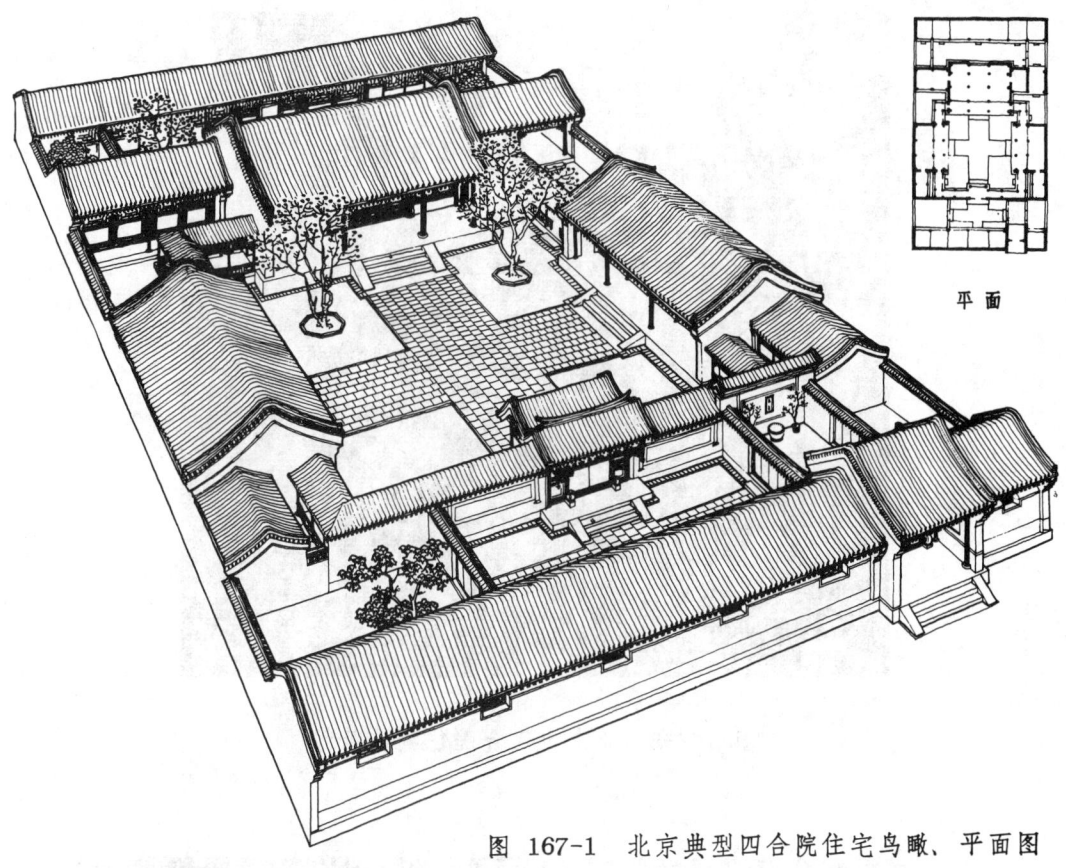

平面

图 167-1　北京典型四合院住宅鸟瞰、平面图

图 167-2　北京市四合院住宅影壁

图 167-3　北京市四合院住宅垂花门

图 167-4　北京市四合院住宅庭院

图 167-5　北京市四合院住宅花园

图 167-6  北京市四合院住宅室内布置之一

图 167-7　北京市四合院住宅室内布置之二

图 167-8　北京市四合院住宅室内布置之三

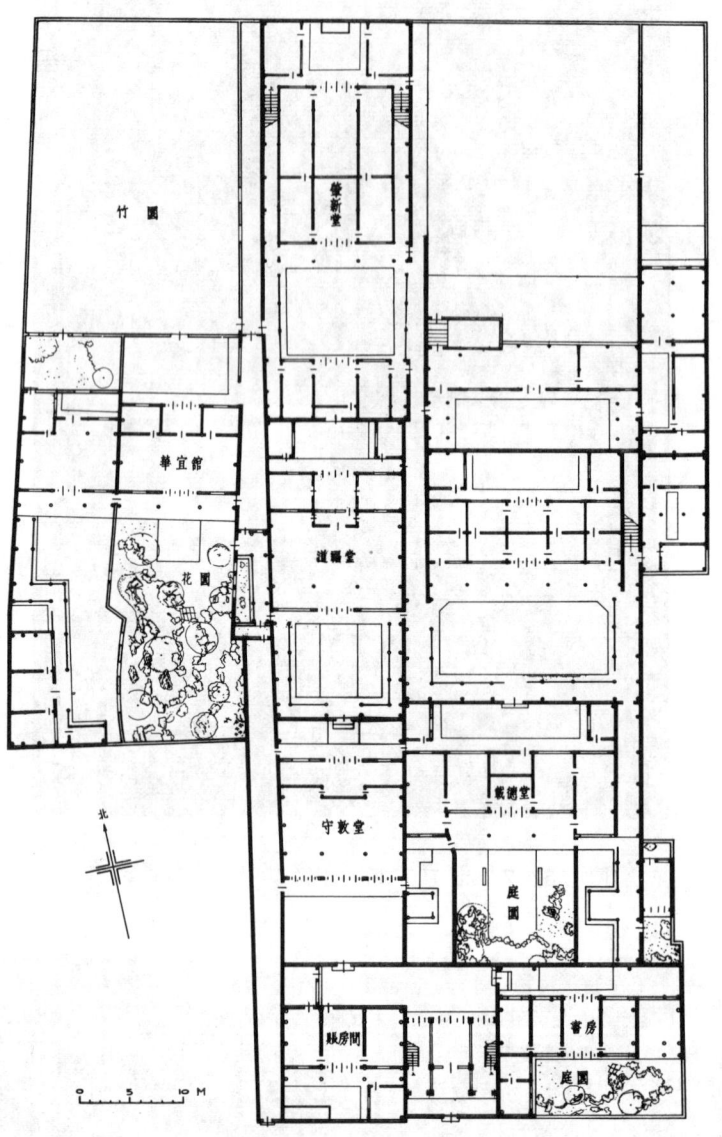

图 168-1 浙江杭州市吴宅平面图

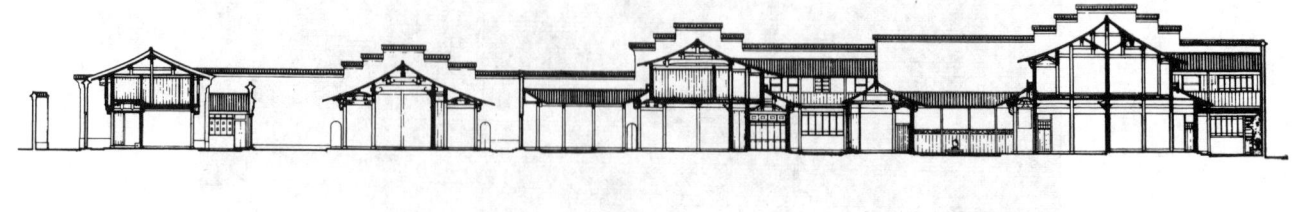

图 168-2 浙江杭州市吴宅纵剖面图

中大型住宅在中央纵轴线上建门厅、轿厅、大厅及住房，再在左右纵轴线上布置客厅、书房、次要住房和厨房、杂屋等，成为中、左、右三组纵列的院落组群。后部住房常为二层建筑，楼上宛转相通，并在各组之间，设置通前后的交通线——"备弄"（即夹道），兼具巡逻和防火的作用。为了减少太阳辐射，院子采用东西横长的平面，围以高墙，同时在院墙上开漏窗，房屋也前后开窗，以利通风。客厅和书房前每凿池迭石，植花木，构成幽静的庭院。有些住宅再在宅左右或后部建造花园。现存的杭州吴宅由中、左、右三部分及备弄组成，整个布局井然有序，而中部厅堂犹是明代所建，是这地区的典型住宅之一（图168-1～2）。

江南住宅的结构，一般用穿斗式木构架，或穿斗式与抬梁式的混合结构；外围砌较薄的空斗墙；屋顶结构也比北方住宅为薄。厅堂内部随着使用目的，用罩、槅扇、屏门等自由分隔（分为前后两部分的称鸳鸯厅）。上部天花做成各种形式的"轩"，形制秀美而富于变化（图168-3）。梁架与装修仅加少数精致的雕刻，涂栗、褐、灰等色，不施彩绘。房屋外部的木构部分用褐、黑、墨绿等色，与白墙、灰瓦相组合，色调雅素明净，是一个重要特点。

浙江、四川等处的山区住宅，利用地形灵活而经济地做成高低错落的台状地基，在其上建造房屋，因而住宅的朝向往往取决于地形。在布局上，主要房屋仍具有中轴线，但左右次要房屋不一定采

图 168-3　浙江住宅中的轩

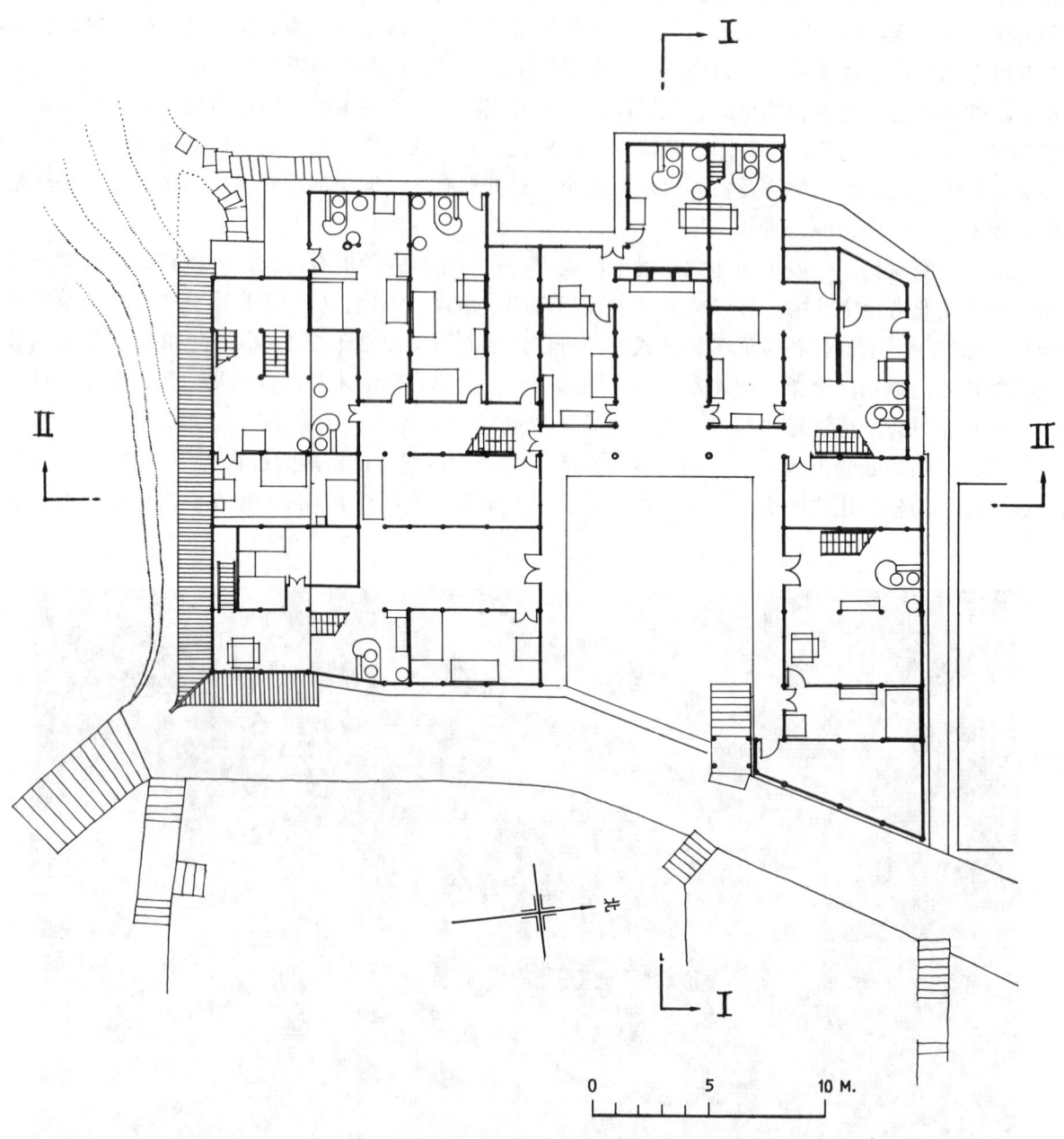

图 169-1  浙江黄岩县黄土岭住宅底层平面图

　　取对称方式，院落的形状大小也不拘一格（图169-1～4）。房屋结构通常用穿斗式木构架，高一至三层不等。墙壁材料每因材致用，有砖、石、夯土、木板、竹笆等。屋顶形式一般用悬山式，前坡短，后坡长，出檐与两山挑出很大，但也偶用一部分歇山式屋顶。房屋外墙用白色；木构部分多为木料本色，或柱涂黑色，门窗涂浅褐色或枣红色，与高低起伏的灰色屋顶相配合，形成朴素而富于生气的外观。

　　客家住宅沿着五岭南麓，分布于福建西南部及广东、广西二省的北部。由于长期以来客家聚族而居，因而产生体形巨大的群体住宅。这种住宅的布局有两种形式。一种是大型院落式住宅，平面前方后圆，内部由中、左、右三部组成，院落重叠，屋宇参差（图170-1～2）。另一种为平面方形、矩形

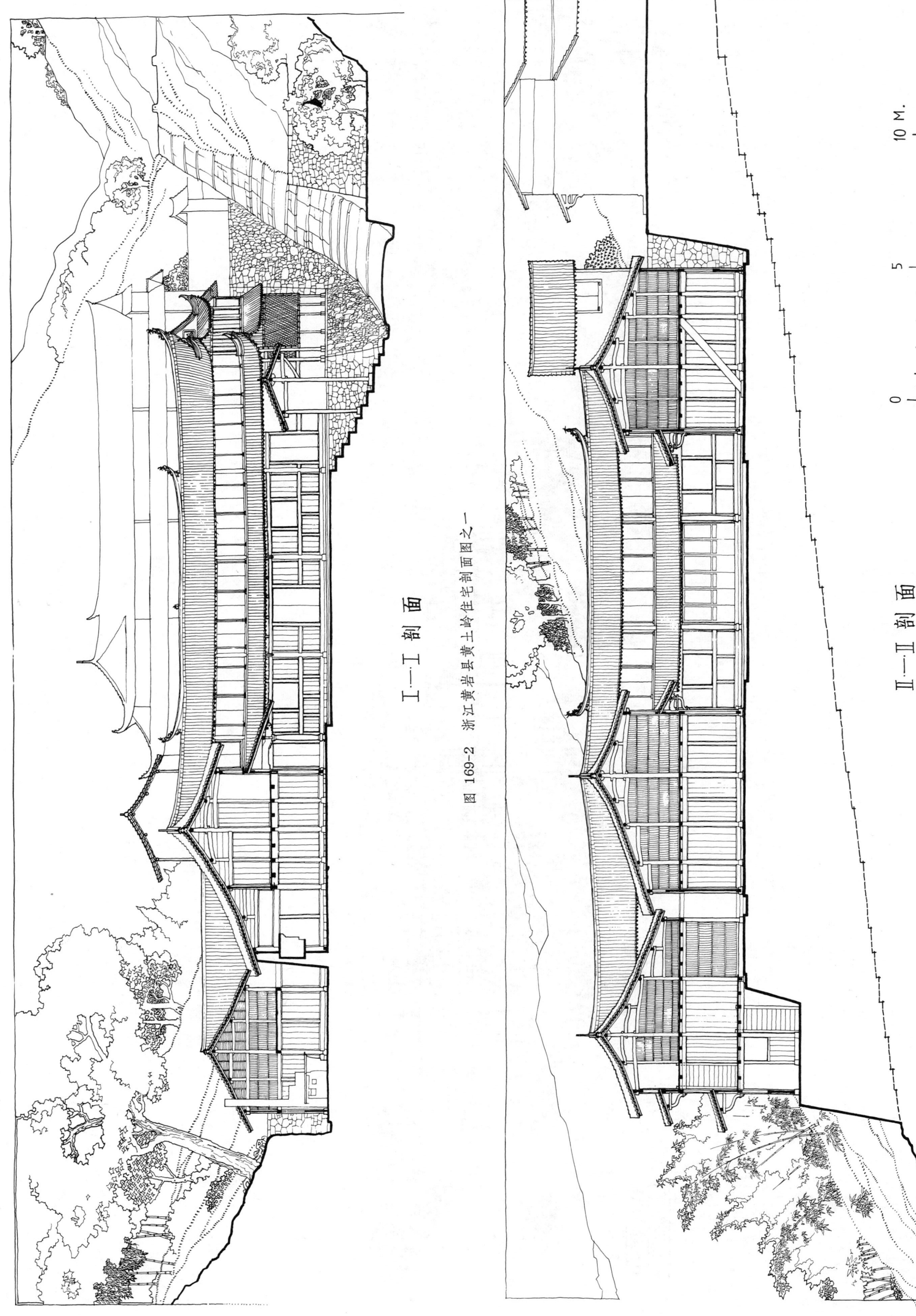

Ⅰ—Ⅰ 剖 面

图 169-2　浙江黄岩县黄土岭住宅剖面图之一

Ⅱ—Ⅱ 剖 面

图 169-3　浙江黄岩县黄土岭住宅剖面图之二

0　　　　5　　　　10 M.

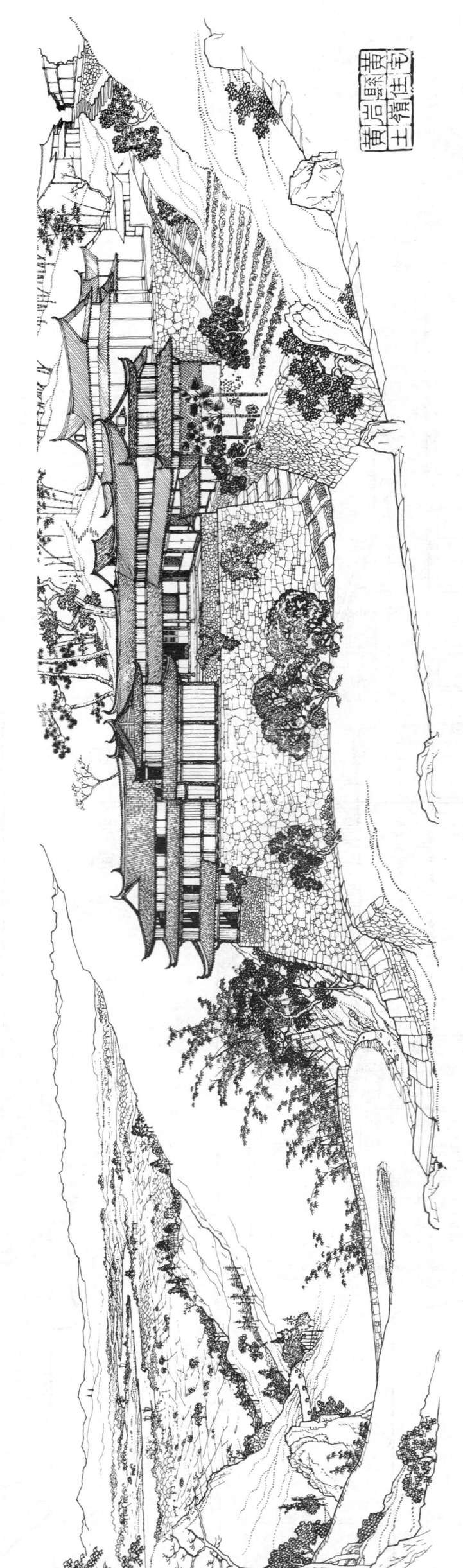

图 169-4　浙江黄岩县黄土岭住宅透视图

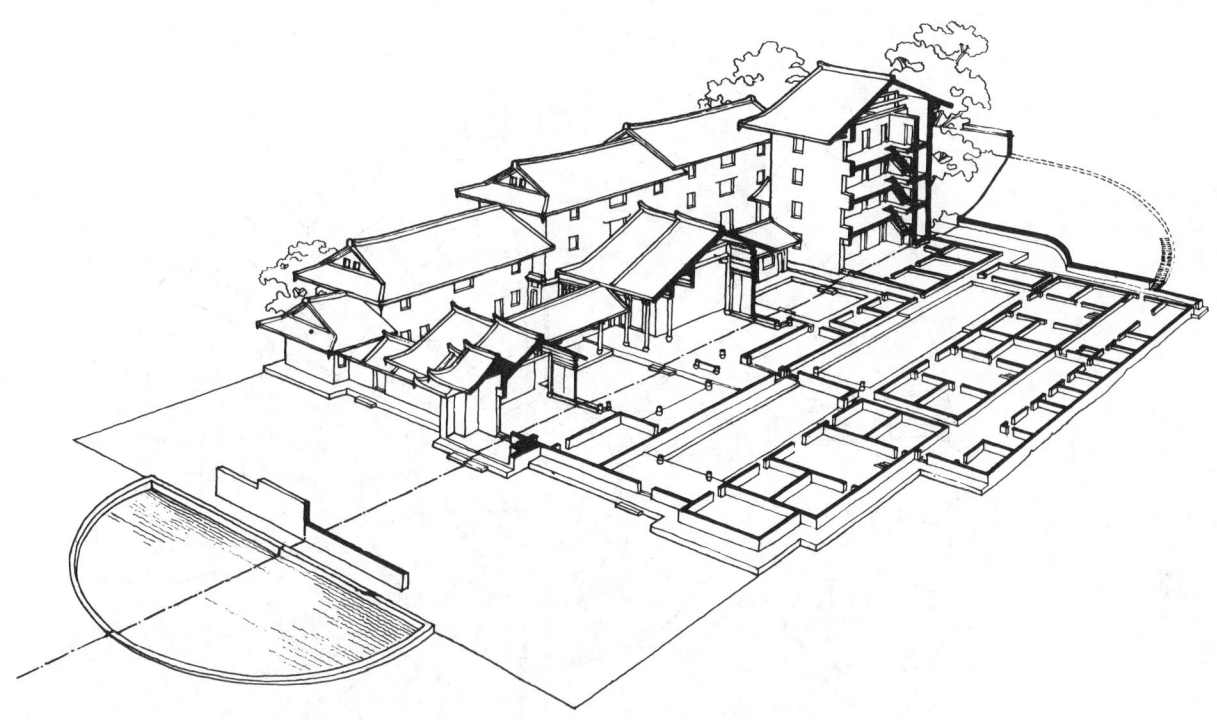

图 170-1　福建永定县客家住宅剖视图

图 170-2　福建永定县客家住宅外观

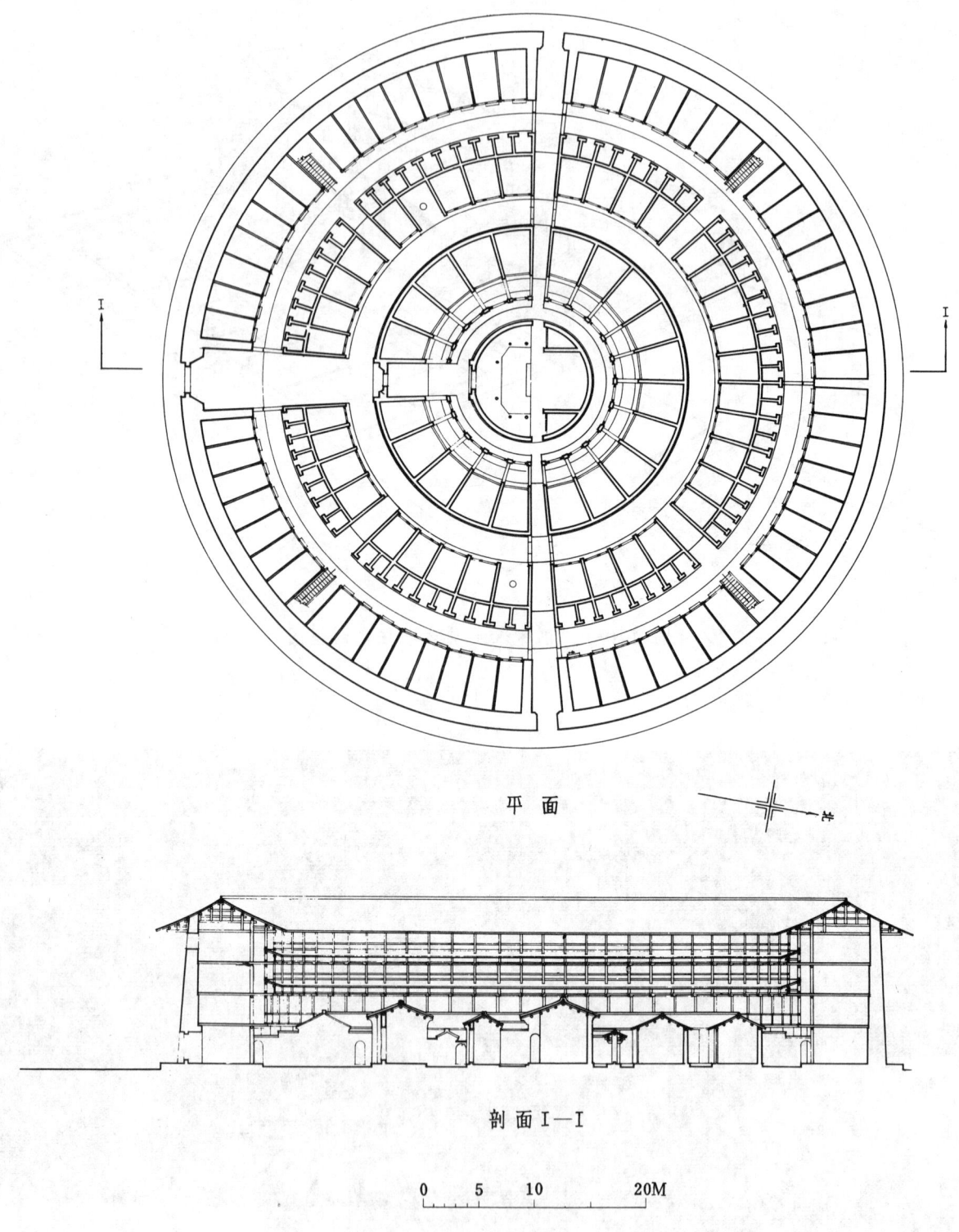

平面

北

剖面 I—I

0    5    10        20M

图 171-1    福建永定县客家住宅承启楼平、剖面图

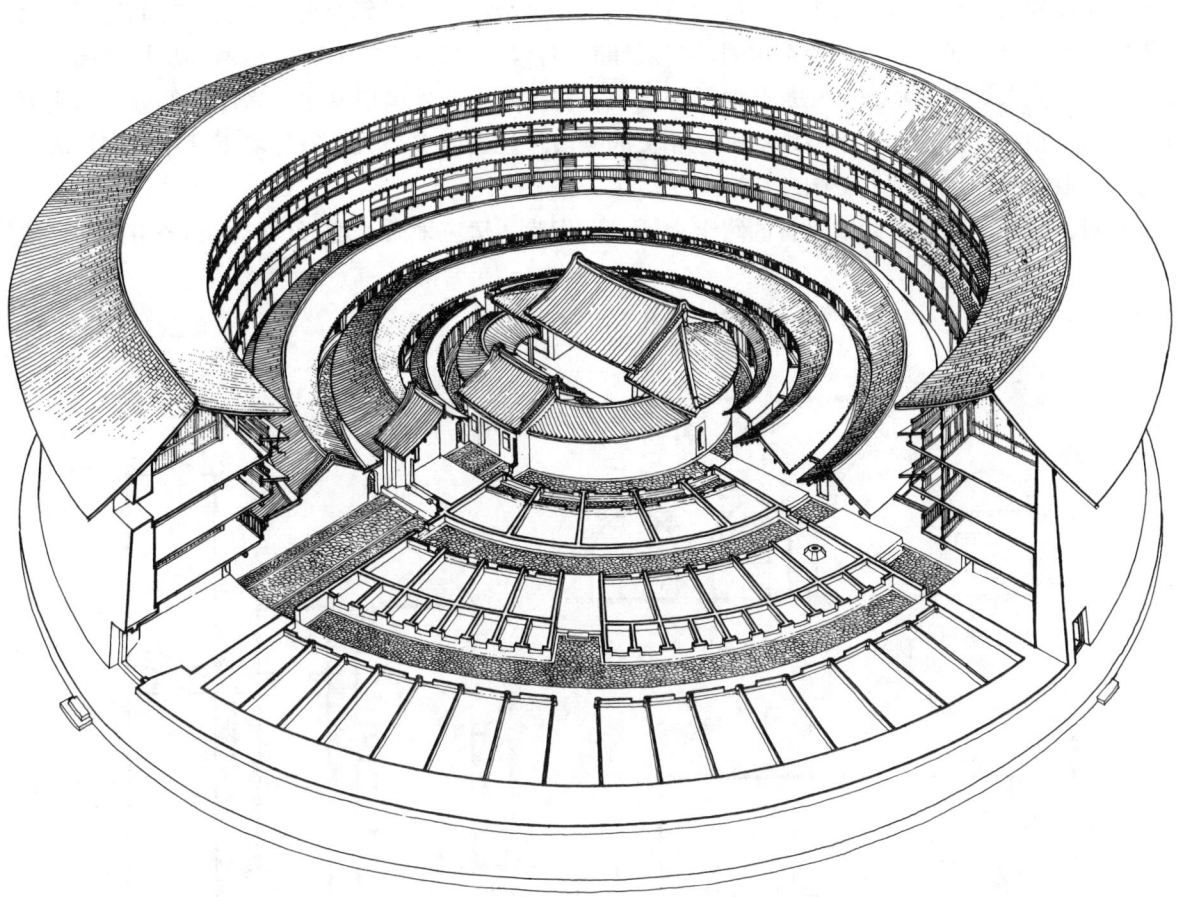

图 171-2　福建永定县客家住宅承启楼剖视图

图 171-3　福建永定县客家住宅承启楼外观

或圆形的砖楼与土楼。其中最大的土楼，直径达七十余米，用三层环形房屋相套，房间达三百余间。外环房屋高四层，底层作厨房及杂用间，二层储藏粮食，三层以上住人。其他两环房屋仅高一层。中央建堂，供族人议事、婚丧典礼及其他活动之用。在结构上，外墙用厚达一米以上的夯土承重墙，与内部木构架相结合，并加若干与外墙垂直相交的隔墙。过去因安全关系，外墙下部不开窗，故外观坚实雄伟，很象一座堡垒[304]（图171-1～3）。

河南、山西、陕西、甘肃等省的黄土地区，人们为了适应地质、地形、气候和经济条件，建造各

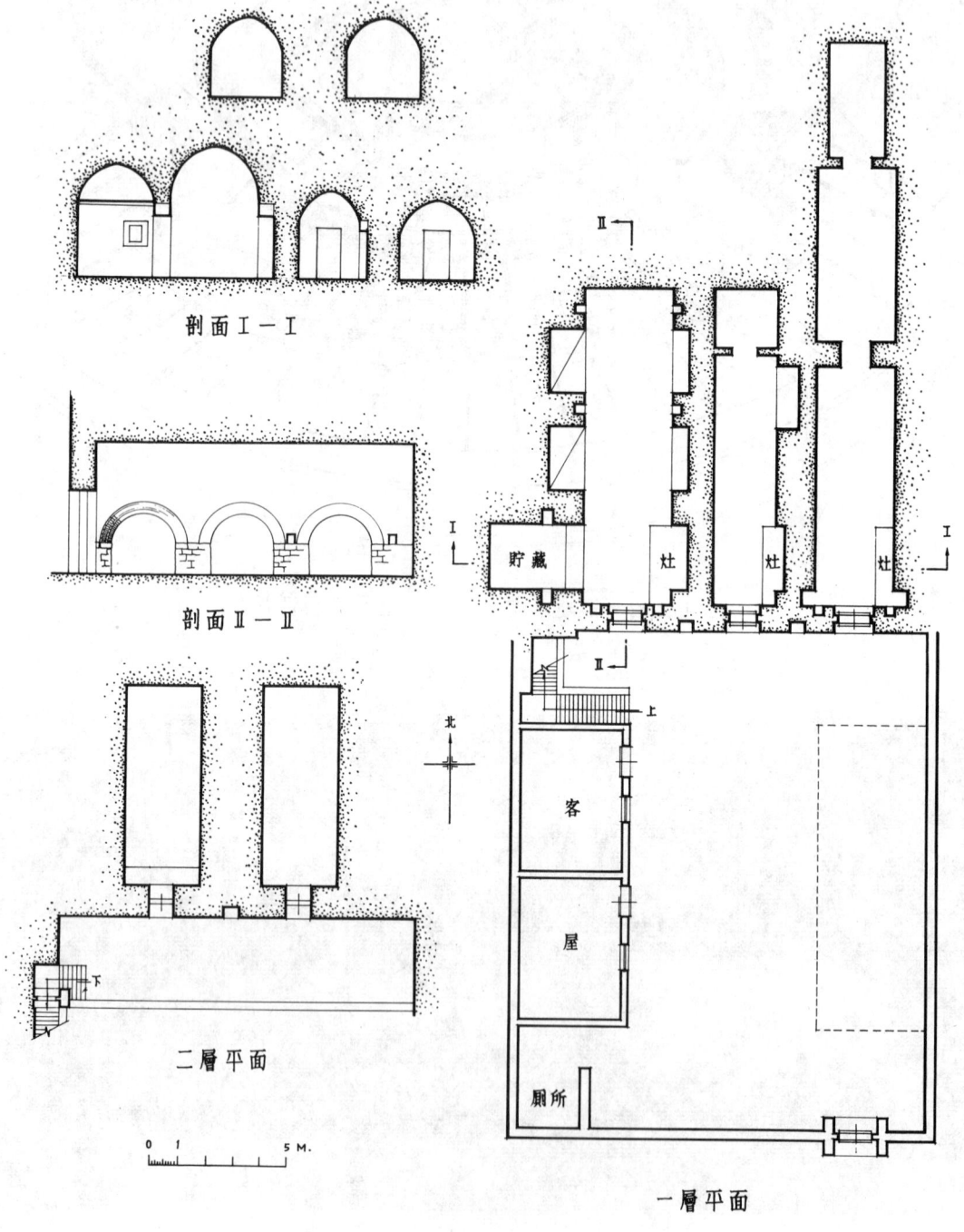

图 172-1  河南巩县窑洞住宅平、剖面图

种窑洞式住宅与拱券住宅。窑洞式住宅有两种。 一种是靠崖窑， 在天然土壁 内开凿横洞， 常数洞相连，或上下数层，有的在洞内加砌砖券或石券，防止泥土崩溃，或在洞外砌砖墙，保护崖面。规模较大的则在崖外建房屋，组成院落，称为靠崖窑院（图172-1～3 ）。另一种在平坦的冈地上，凿掘方形或长方形平面的深坑，沿着坑面开凿窑洞，称为地坑窑或天井窑。这种窑洞以各种形式的阶道通至地面上，如附近有天然崖面，则掘隧道与外部相通。大型地坑院有两个或两个以上的地坑相连，可住二三十户。此外，还有在地面上用砖、石、土坯等建造一层或二层的拱券式房屋，称锢窑。用数座锢窑组合成的院落，称为锢窑窑院。

图 172-2　河南巩县窑洞住宅外观

图 172-3　河南巩县窑洞住宅院内

居住于广西、贵州、云南、海南岛、台湾等处亚热带地区的少数兄弟民族，因气候炎热，而且潮湿、多雨，为了通风、采光和防盗、防兽，使用下部架空的干阑式构造的住宅。这种住宅的布局和结构很富于变化。以云南傣族住宅为例，不但因地区不同而发生差别，在同一地点内，宣慰司（土司）府和一般住宅又是悬殊很大。结构以木架居多，但也有全部用竹料的。房屋平面多为横长形，仅少数作纵长形。下部作畜圈、碾米场及储藏室、杂屋等。楼梯置于室内或室外，不拘一式。上层前部为宽廊及晒台，后部是堂与卧室，堂内设火笼和佛龛（图 173、174、175-1～2）。广西僮族的干阑式住宅，有的面阔五间，高达三层。上层的堂，两侧各加过间，形成较大的空间；堂后置卧室数间，外部伸出，称为挑廊；并利用屋顶做成阁楼，巧妙地处理内部的空间[305]。

用木材层层相压构成壁体的井干式住宅，仅见于云南和东北少数森林地区，数量极少。其中云南的井干式住宅，有平房与楼房两种，在平面上皆二间横列，无疑地是一种原始布局方法的残余（图176）。

藏族住宅由于位于西藏、青海、甘肃及四川西部，雨量稀少，而石材丰富，故外部用石墙，内部以密梁构成楼层和平屋顶。城市住宅往往以院落作为全宅的中心，如拉萨的二层住宅环绕着小院，下层布置起居室、接待室、卧室、库房，上层在接待室、卧室外，加经堂和储藏室。造型严整和装饰华

透视

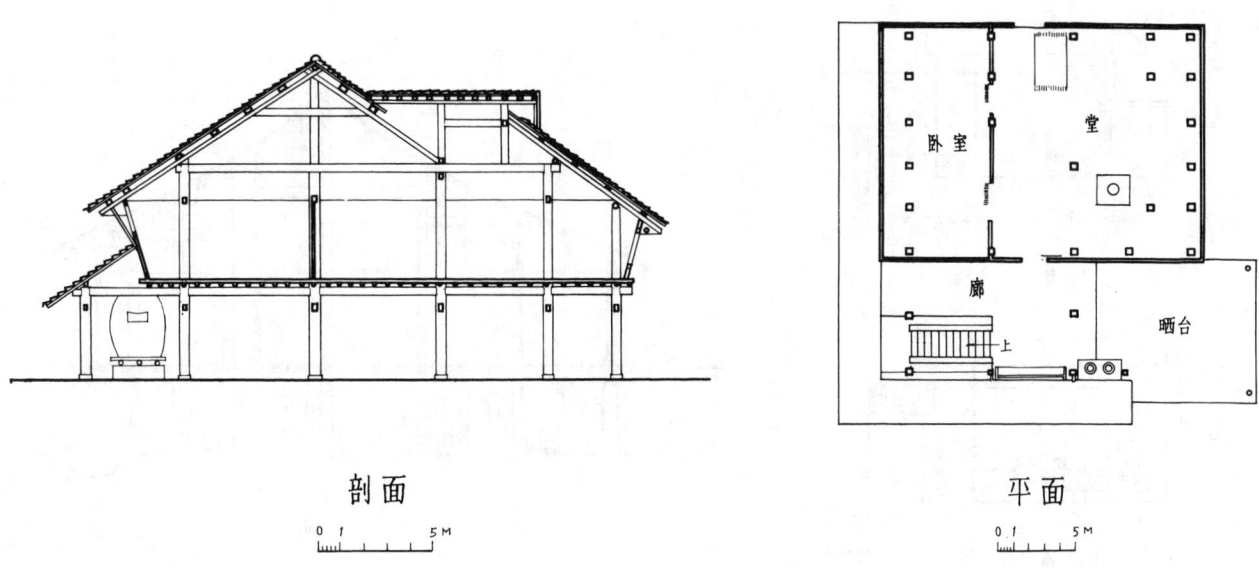

剖面

平面

图 173　云南景洪县傣族住宅平面、剖面及透视图

丽是它的特点（图 177）。 乡间住宅多依山建造，很少有院落。一般高二三层不等，而以三层较多。底层置牲畜房与草料房，二层为卧室、厨房、储藏室，三层以装修精致的经堂为主，附以晒台、厕所，而二、三层每有木构的挑楼伸出墙外。在造型上，由于善于结合地形，使房屋组合高低错落，有虚有实，既朴实优美，又饶于变化（图178-1～2）。

　　新疆维吾尔族的平顶住宅，大体分为两种类型。南疆的喀什、和阗等处用砖、土坯外墙和木架、密肋相结合的结构，依地形组合为院落式住宅。在布局上，院子周围以平房和楼房相穿插，而前廊建列拱，空间开敞，故体型错落，灵活多变。房屋平面以前室与后室相结合，附以厨房、马厩等。因气候炎热干燥，一般不开侧窗，而自天窗采光。拱廊、墙面、壁龛、火炉与密肋、天花等处、雕饰精致，色彩华美动人（图179-1～4）。另一种为吐鲁番的土拱住宅，用土坯花墙、拱门等划分空间，院

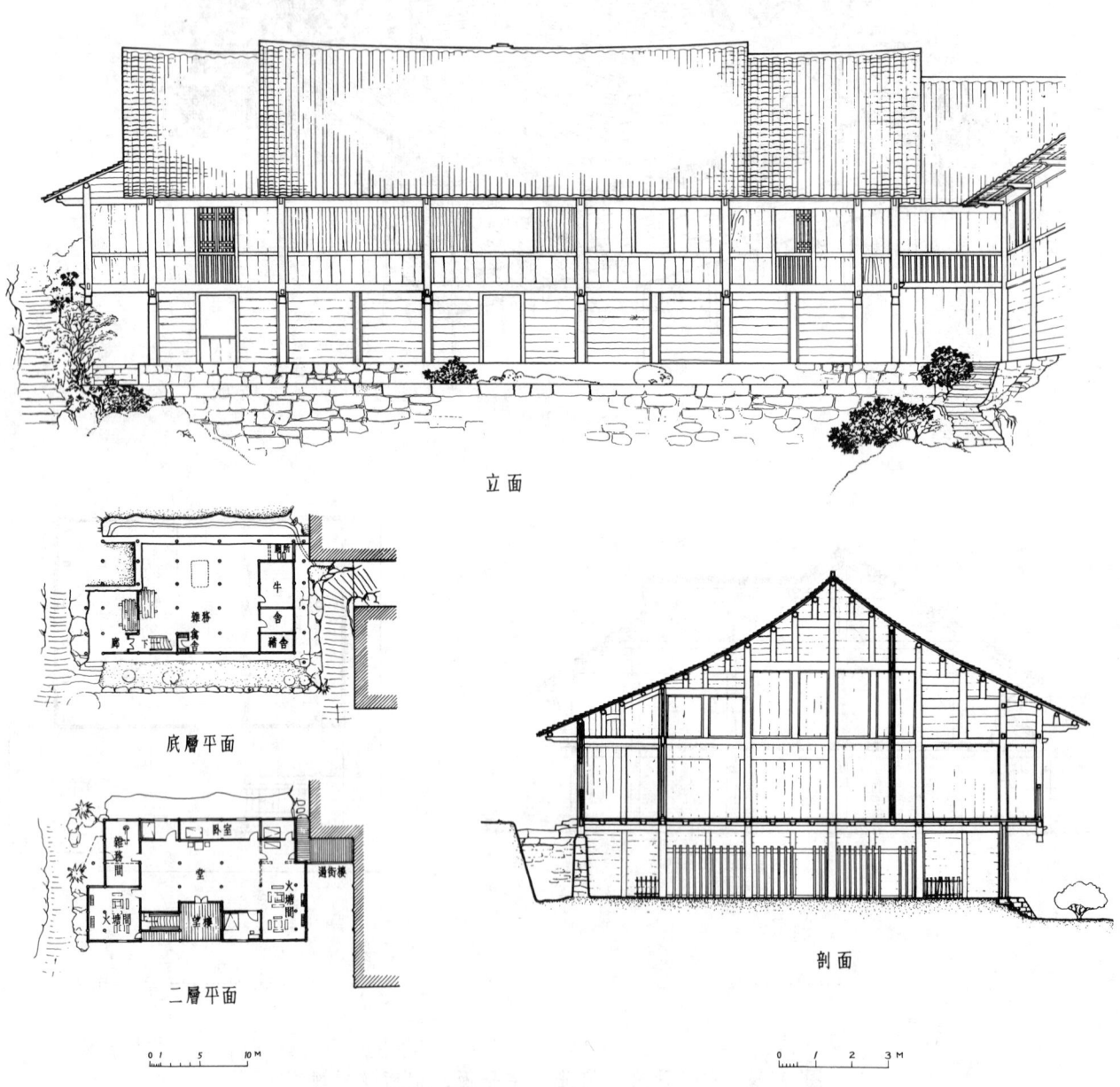

立面

底層平面

二層平面

剖面

图 174　广西龙胜县僮族住宅平面、立面剖面图

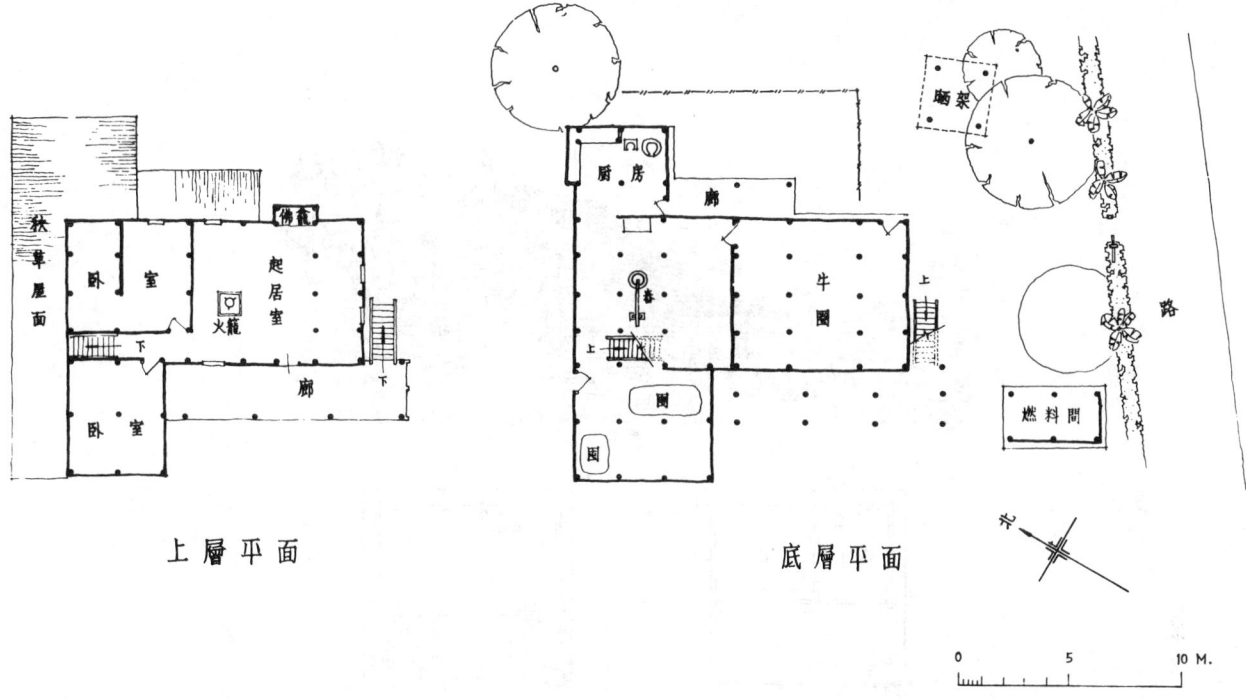

上层平面　　　　　　　　　　　底层平面

图 175-1　云南瑞丽县万楼傣族干栏式住宅平面图

图 175-2　云南瑞丽县万楼傣族干栏式住宅外观

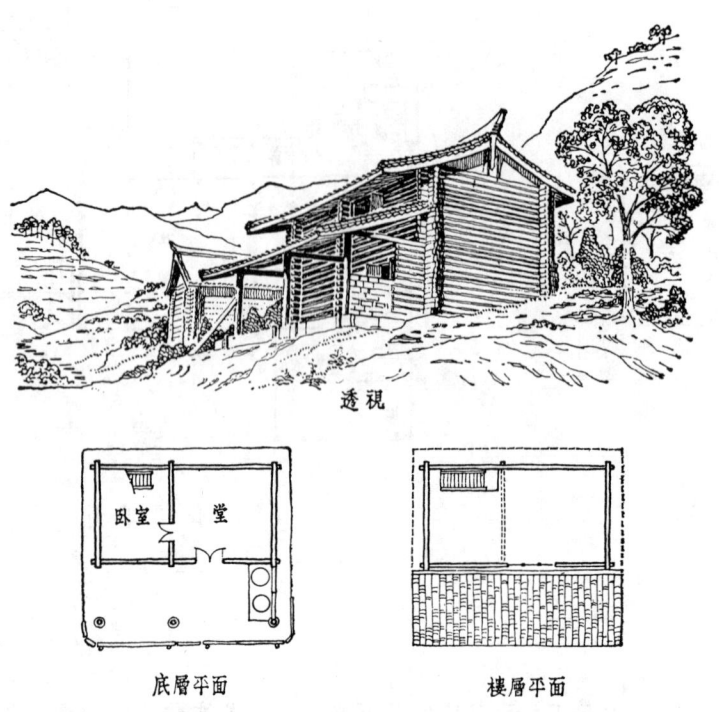

透视

卧室　堂

底层平面　　　　　　　楼层平面

图 176　云南南华县马鞍山井干式住宅平面及透视图

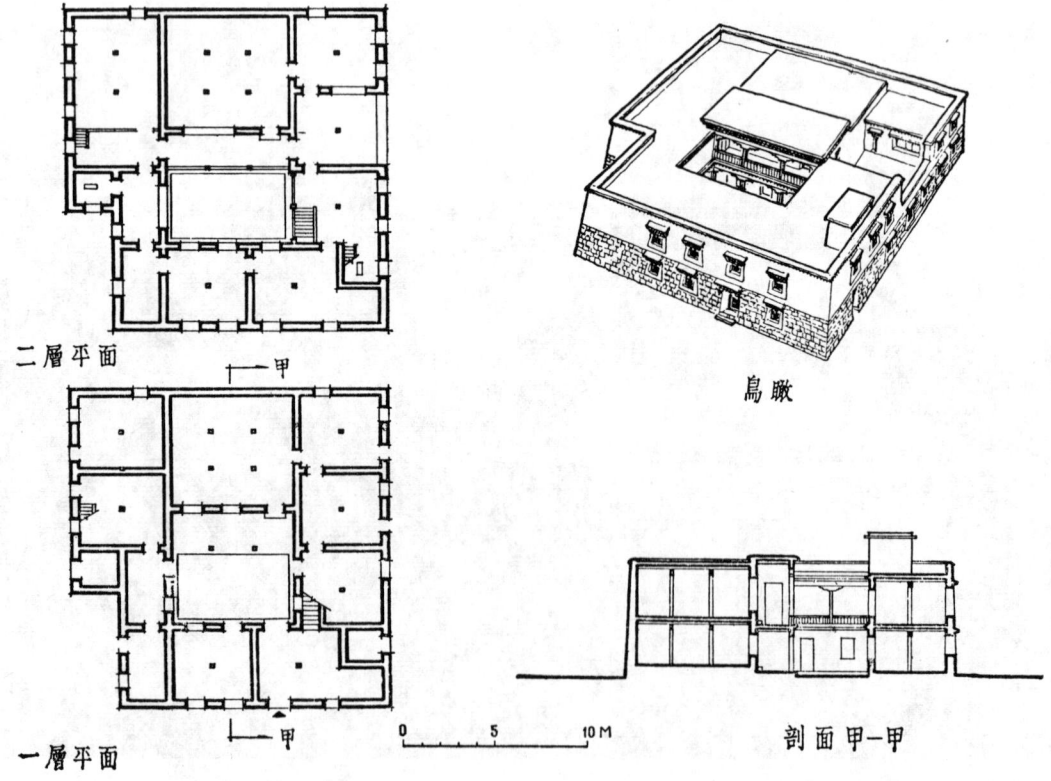

二层平面

甲

鸟瞰

一层平面

甲

0　　5　　10 M

剖面甲—甲

图 177　西藏自治区拉萨市藏族住宅平面、剖面及鸟瞰图

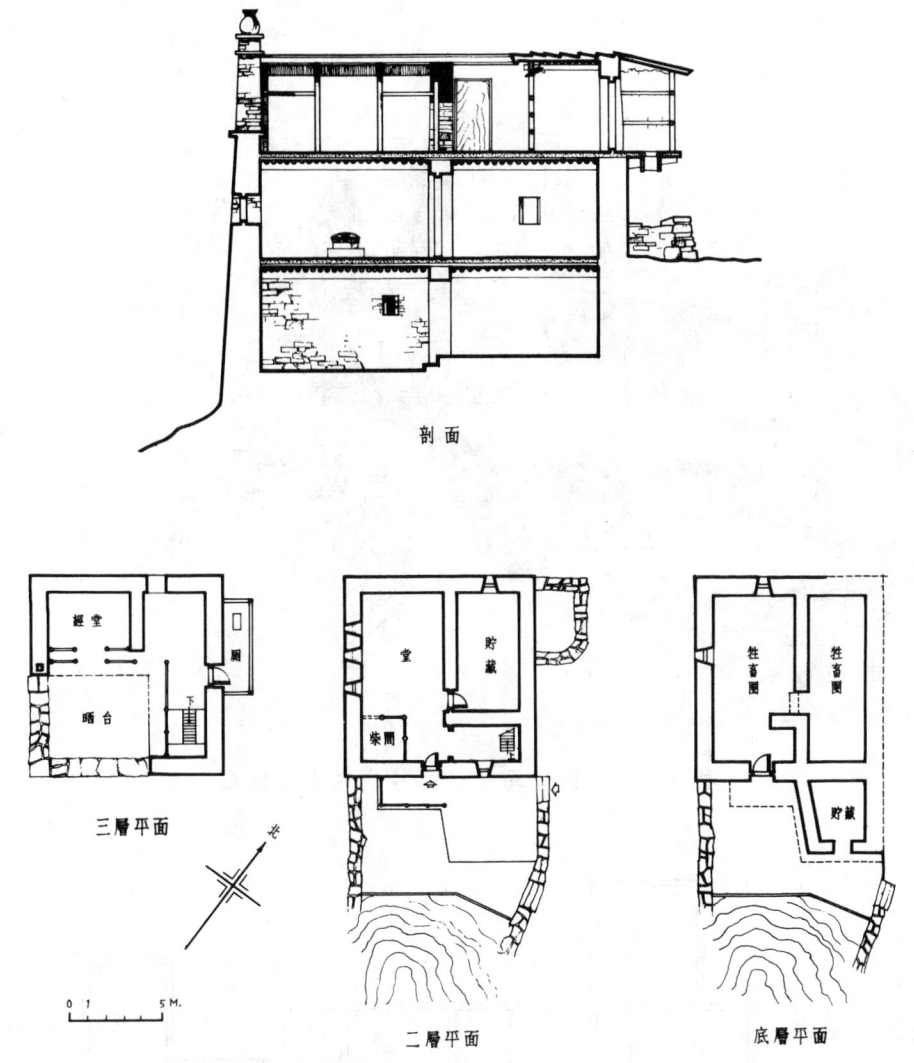

剖面

经堂　厕

晒台

三层平面

堂　贮藏

柴间

二层平面

牲畜圈　牲畜圈

贮藏

底层平面

图 178-1　四川马尔康县藏族住宅平、剖面图

内以葡萄架加强绿化，并联系各组房屋。房屋布置也以前后室相联，基本上与喀什一带的住宅相同，但室内外装饰比较简单[306]。

　　蒙古、哈萨克等族为适应游牧生活而使用移动的毡包，往往二三成组，附近用土墙围为牲畜圈。毡包的直径自 4 米至 6 米不等，高 2 米余，以木条编为骨架，外覆羊毛毡，顶部装圆形天窗，供通风和采光之用（图180）。此外，因从事半农牧而建造的固定住宅，有圆形、长方形以及圆形与长方形相结合等等形式，也有在固定房屋之外再用毡包的。

　　这时期的贵族、官僚、地主、富商们的私家园林，多集中在物资丰裕和文化发达的城市及其近郊。明朝除首都北京和陪都南京以外，苏州、杭州、松江、嘉兴四府是当时园林荟萃的地点，尤以明中叶以后，私家园林的数量逐步增加，造园艺术也有所发展[307]。到清朝中叶，由于扬州是盐商集中的地点，修建了大批园林[308]。其他地点则互有兴废，唯有苏州是官僚地主荟集的地方，所以代有兴建，维持五代以来一贯相承的盛况。这些私家园林常是住宅的一部分，规模不大，须在有限空间内创造较多的景物，因而在划分景区和造景方面，产生很多曲折细腻的手法，但也带来了幽曲有余而开朗

图 178-2   四川马尔康县藏族住宅透视图

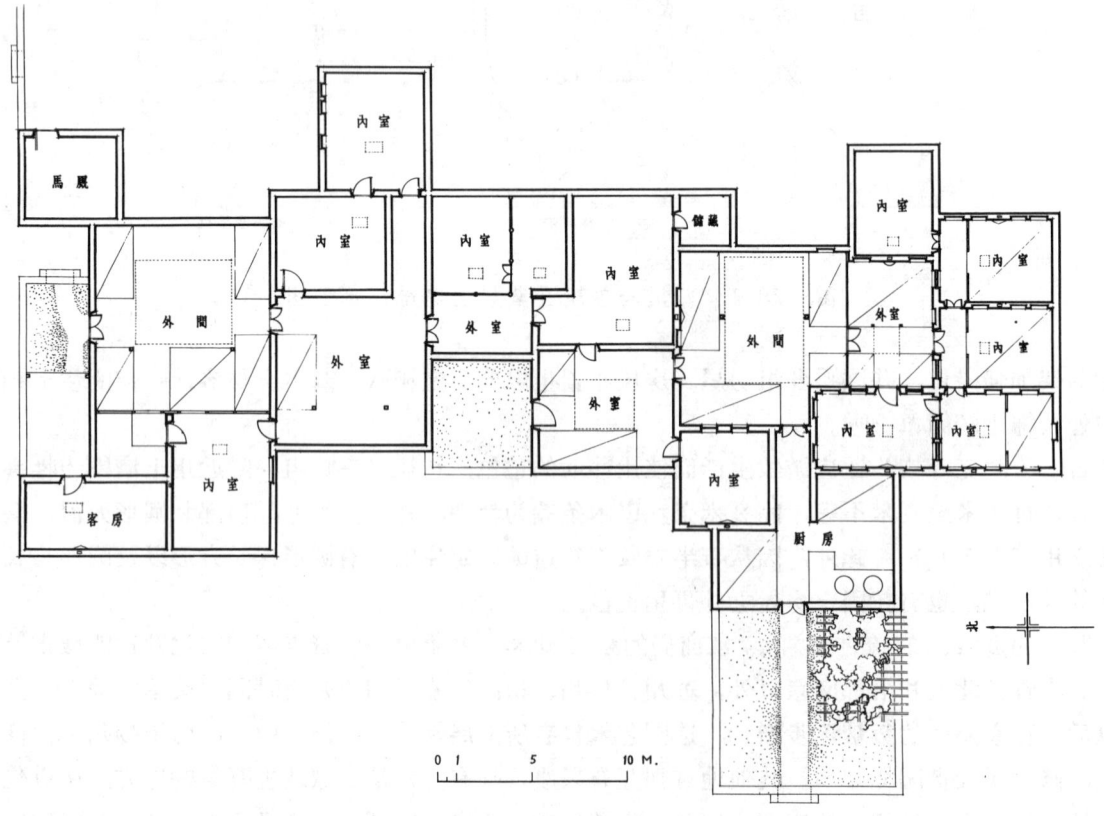

图 179-1   新疆维吾尔族自治区和田县维吾尔族住宅平面图

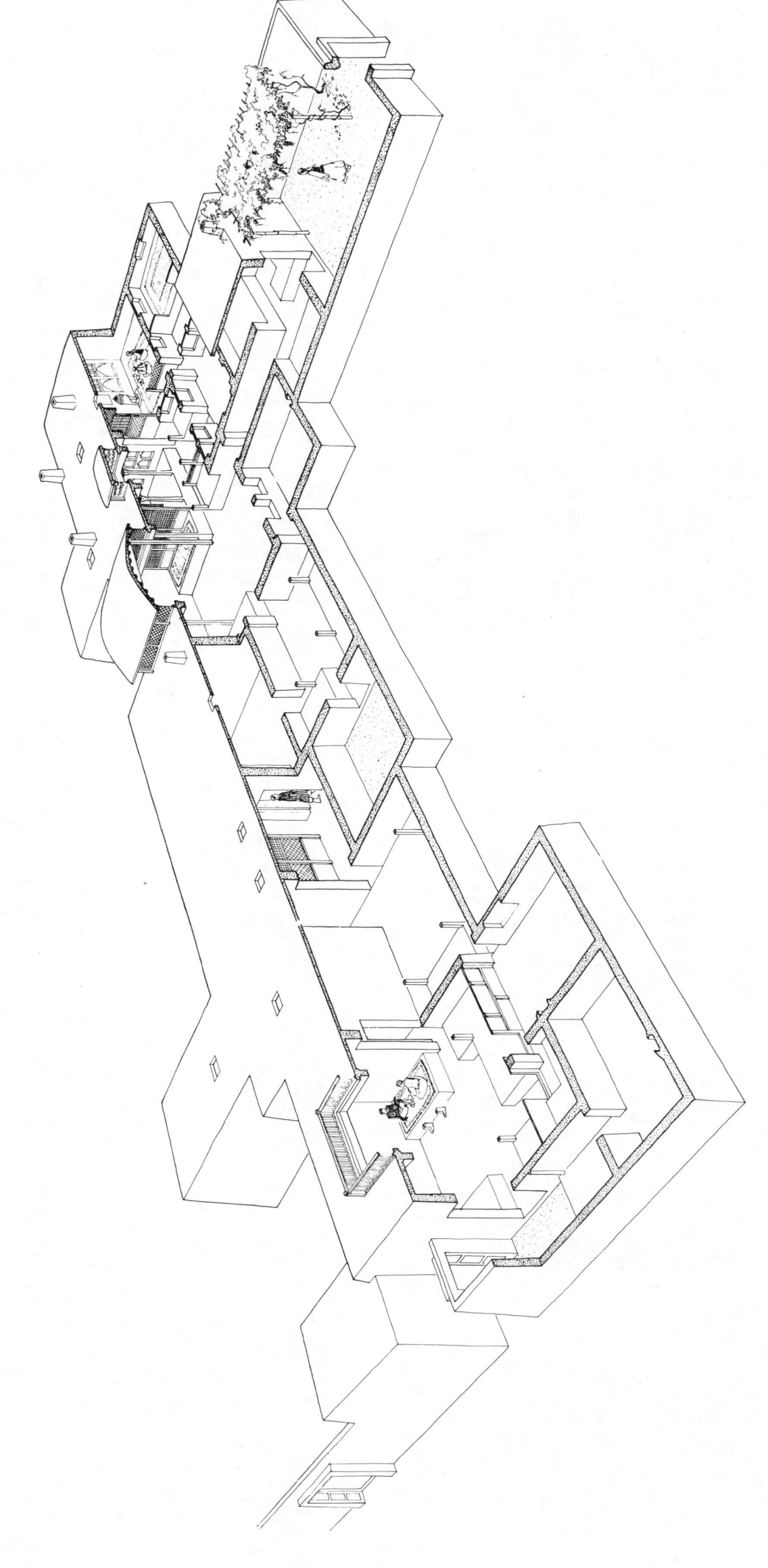

图 179-2　新疆维吾尔族自治区和田县维吾尔族住宅剖视图

图 179-3　新疆维吾尔族自治区和
田县维吾尔族住宅室内（前室）

图 179-4　新疆维吾尔族自治区和
田县维吾尔族住宅室内（后室）

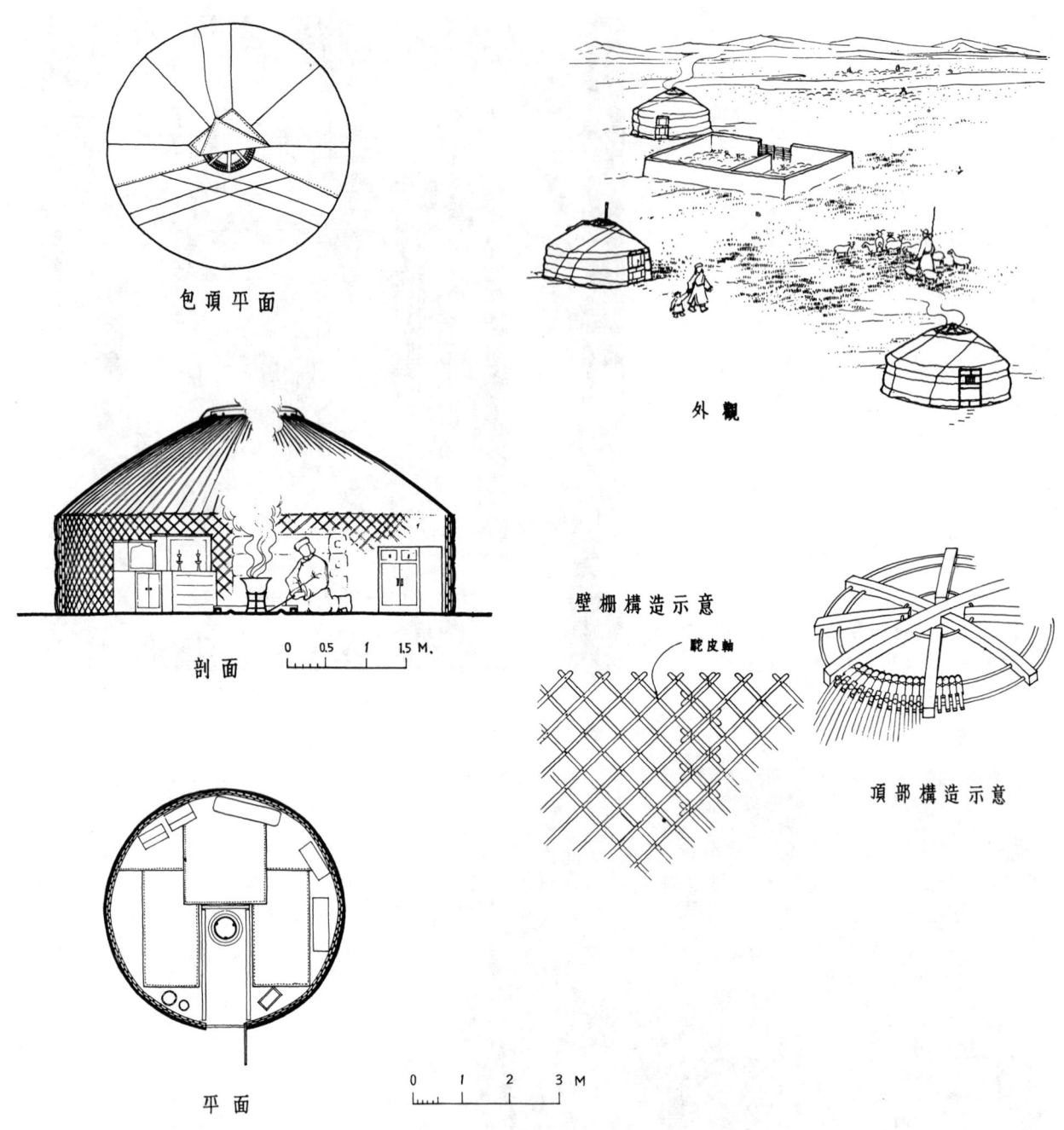

包项平面

外 观

剖 面

0  0.5  1  1.5 M.

壁栅构造示意

陀皮轴

顶部构造示意

平 面

0  1  2  3 M

图 180 蒙古族毡包平面、剖面及构造图

不足和建筑过于稠密的缺点。其中叠山艺术在这时期内，出现一些不同的理论和作风。现存遗物如明张南阳所叠上海豫园假山[309]及清戈裕良所叠苏州环秀山庄假山[310]，都是概括性很强和艺术水平很高的杰作。

　　现在江南地区还保存不少明清二代创建的园林，可是多数在太平天国后经过不同程度的修理与改建。其中苏州寒碧庄是清嘉庆三年（公元1798年）在明徐氏东园的废基上重建的，光绪二年（公元1876年）起又增建东、北、西三部分，改名留园,但其中部基本上保存寒碧庄的布局情况（图181-1）。

寒碧庄原位于当时住宅的西北，由若干组庭院和池山所组成，林木森茂，富于自然意趣。自住宅入园，先至东侧的小院揖峰轩，庭中布置太湖石峰，周围以曲折的回廊，分割为若干小空间，其间点缀树石花竹，宛然一幅幅精美的小品画，是小型庭园布局的杰作。再西，转折至传经堂，内部装修和家具是江南厅堂布置的典型之一。庭中有气势雄厚的湖石峰峦，整个格局和揖峰轩的玲珑幽静恰成明显的对照。

自揖峰轩和传经堂迤北，复有几处庭院和回廊，并有楼阁可俯瞰全园，或远眺苏州郊外著名的名胜虎丘，但现在除远翠阁外均已不存。

在这些不同大小和不同环境意趣的庭院组群之西，以山池构成园中的主要景区（图181-2）。中央池水清澈明静，倒影极佳。西北两侧是连绵起伏的假山，石峰杰立，间以溪谷，池岸陡峭，构图原

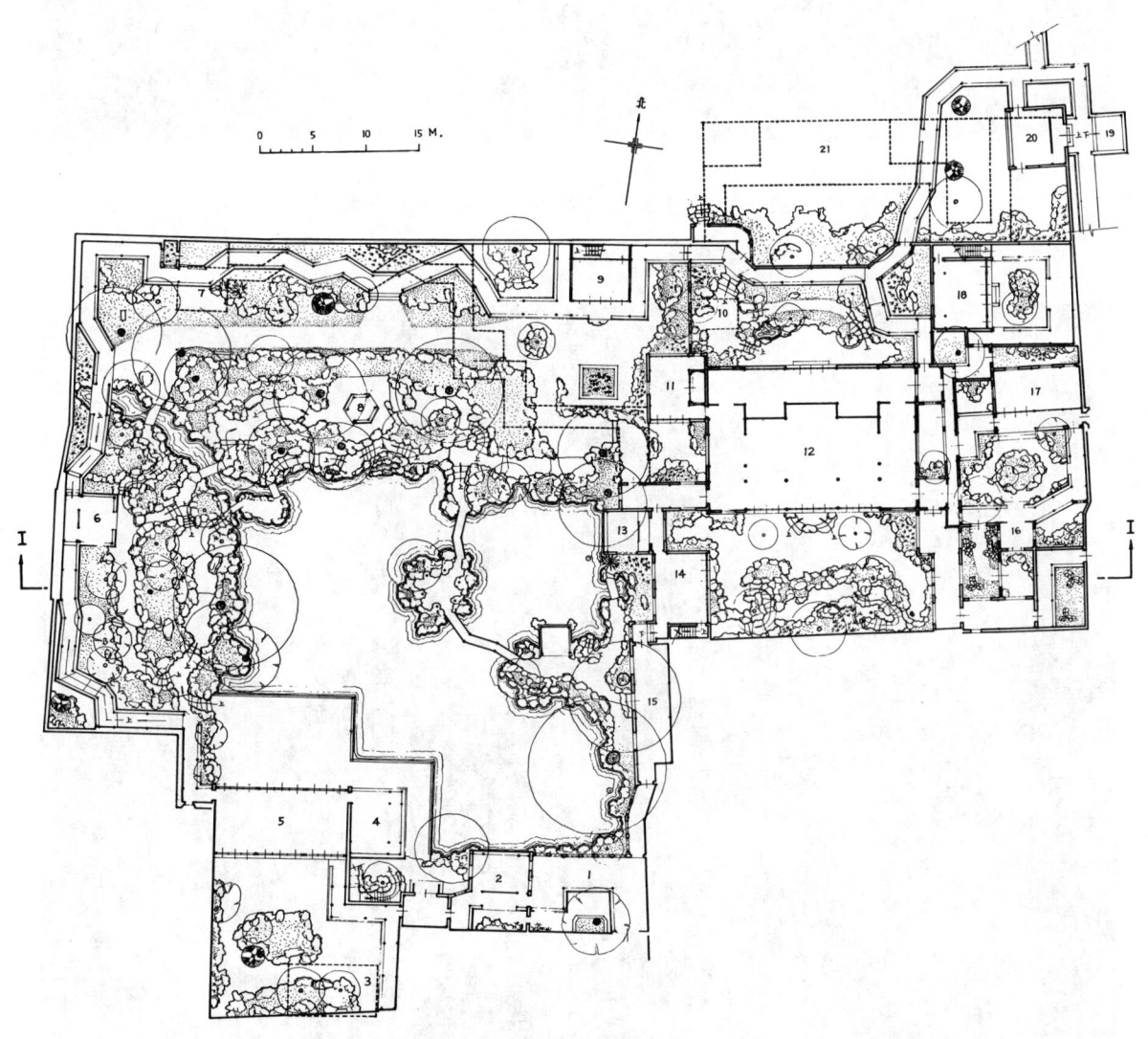

图 181-1　江苏苏州市寒碧庄（今留园）平面图

1—寻真阁（今古木交柯）；2—绿荫；3—听雨楼；4—明瑟楼；5—卷石山房（今涵碧山房）；6—餐秀轩（今闻木樨香轩）；7—半野堂；8—个中亭（今可亭）；9—定翠阁（今远翠阁）；10—原为佳晴喜雨快雪之亭，今已迁建；11—汲古得修绠；12—传经堂（今五峰仙馆）；13—垂阴池馆（今清风池馆）；14—霞嘯（今西楼）；15—西奕（今曲溪楼）；16—石林小屋；17—揖峰轩；18—还我读书处；19—冠云台；20—亦吾庐，今为佳晴喜雨快雪之亭；21—花好月圆人寿

图 181-3  江苏苏州市寒碧庄（今留园）东岸

图 181-4  江苏苏州市寒碧庄（今留园）西岸

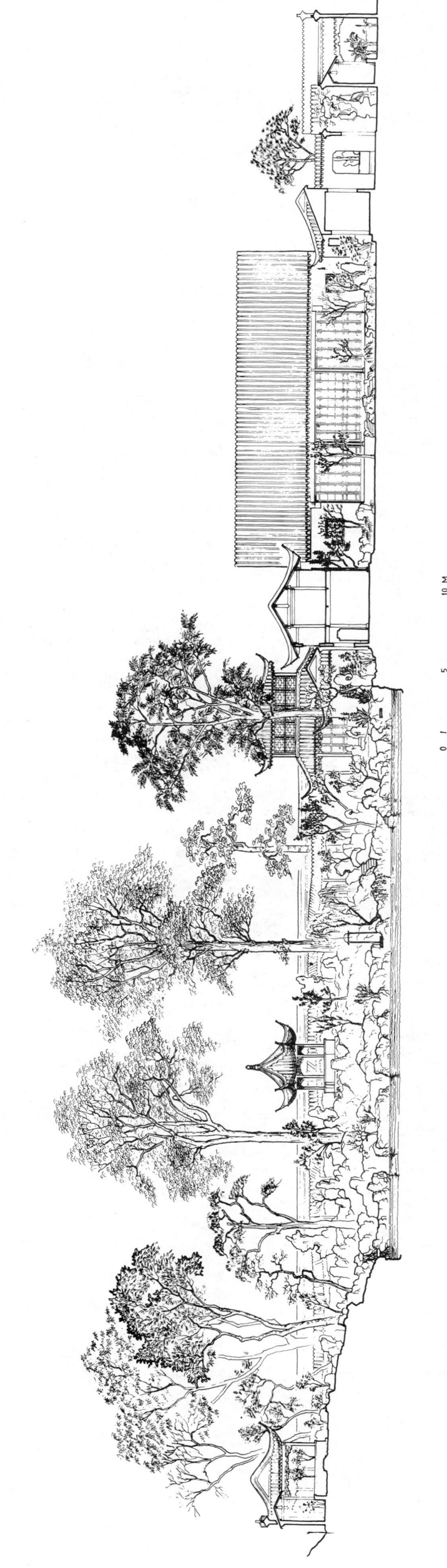

图 181-2　江苏苏州市寒碧庄（今留园）剖面图

图　181-5　江苏苏州市寒碧庄（今留园）局部

则大体受了宋元以来山水画的影响。据记载：徐氏东园原有画家周秉忠所造的石屏，蜚声一时[311]，这山可能是其遗迹，但原状已难追索了。池东南两侧则是高低虚实互相错落的厅、楼、廊、轩、亭等建筑，不仅富于变化，且面向水池，组成与西北山林相对比的画面（图181-3～4）。其中寒碧山房与明瑟楼是宴游的场所，而垂阴池馆与绿荫或位于水湾，或与池中小岛割出的小水面相接，以达到在完整的环境中各有局部的特色（图181-5）。东南角环以走廊，临池一面建各种形式的空窗、漏窗，使园景半露现于窗洞中，其另一面则布置花台小院，使游览过程中左右逢源、丰富变化。

　　在有限的空间内构成若干不同的景区，产生相互联贯和对比的艺术效果，逐步达到高潮，是明清时期私家园林在创造意境方面的特点，同时它也是山池、建筑、园艺、雕刻、书法、绘画等多种艺术

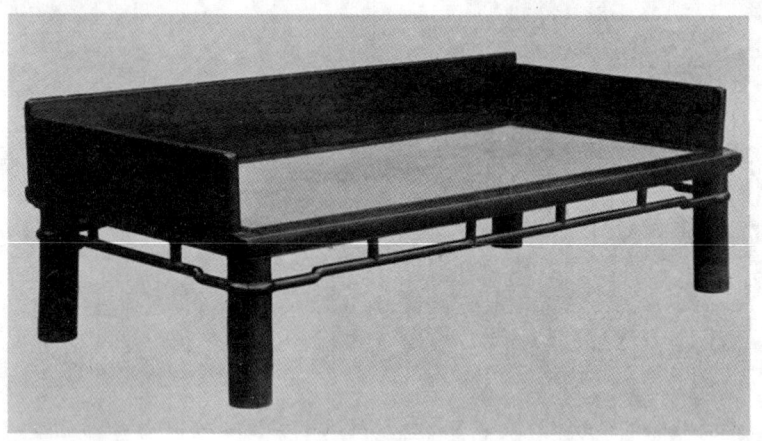

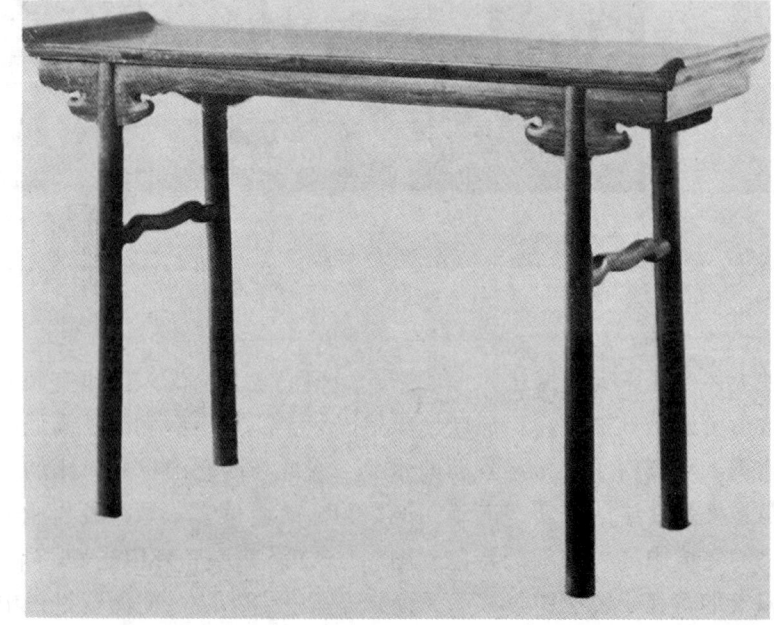

图 182-1  明代家具九件（之一）

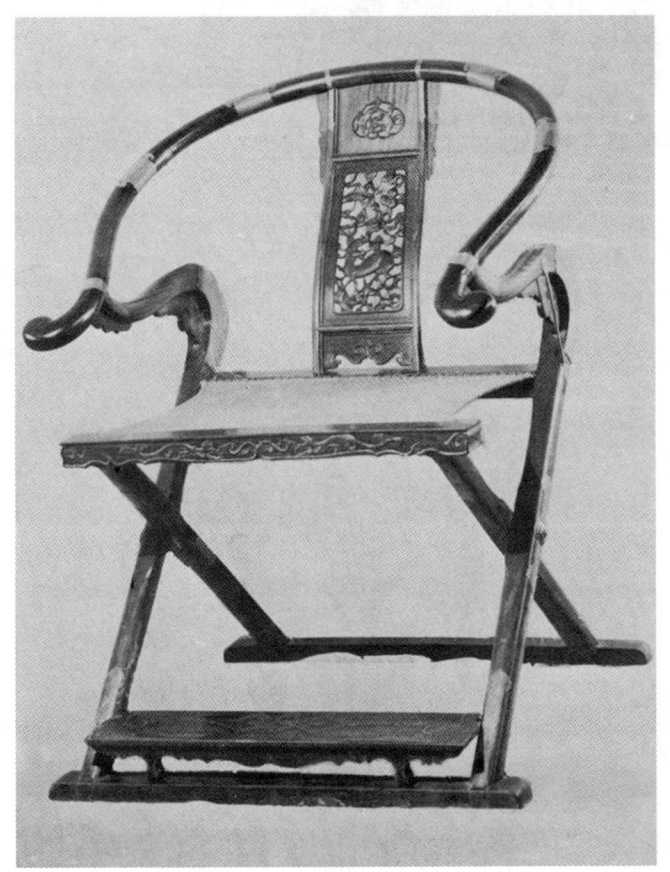

图　182-1　明代家具九件（之二）

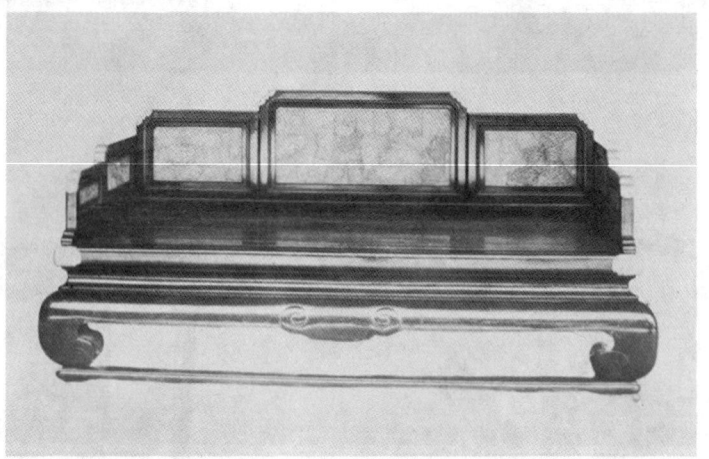

图 182-2  清代家具七件（之一）

的综合体。但是必须强调指出，这些手法充分反映了当时官僚、地主、商人的物质享受生活和极端颓靡的思想情调。其中有很多封建性糟粕是应该扬弃的。

随着手工业的发展，明代的苏州，清代的广州、扬州、宁波等地成为制作家具的中心。这时期，家具的类型和式样除满足了生活起居的需要以外，也和建筑有了更紧密的联系。一般厅堂、卧室、书斋等都相应地有几种常用的家具配置，出现了成套家具的概念。至于统治阶级的宫廷和府第，往往把家具作为室内设计的重要组成部分，常常在建造房屋时就根据建筑物的进深、开间和使用要求，考虑家具的种类、式样、尺度等进行成套的配制。

这时期，由于海外交通的发达，东南亚一带的木材如花梨、紫檀、红木等源源输入中国。这些出产于热带的木材具有质地坚硬、强度高、色泽和纹理优美的特点，因而在制作家具时，可采用较小的构件断面，制作精密的榫卯，并进行细致的雕饰与线脚加工。在这个物质前提下，再加上当时手工艺的进步，使得明清家具在造型艺术上作了不少新创造。

明清家具的特征，首先是用材合理，既发挥了材料性能，又充分利用和表现材料本身色泽与纹理的美观，达到结构和造型的统一。框架式的结构方法符合力学原则，同时也形成优美的立体轮廓。雕饰多集中于一些辅助构件上，在不影响坚固的前提下，取得了重点装饰的效果。因此，每件家具都表现出体型稳重、比例适度、线条利落、具有端庄而活泼的特点。

从家具发展方面来看，明代家具

图 182-2 清代家具七件（之二）

以简洁素雅著称（图182-1）。 清代家具在造型与结构上仍然继承了明代的传统， 但宫廷家具的造型趋向于复杂，同时吸收工艺美术的成就，出现了雕漆、填漆、描金的漆家具；木家具的装饰和雕刻也大量增多，并利用玉石、陶瓷、珐琅、文竹、贝壳等做镶嵌，破坏了家具的整体形象、比例和色调的统一和谐（图182-2）。 这种趋向到清代后期更为显着， 但是广大的民间家具以实用、经济为主，很少有此种弊病。

在明清统治阶级住宅中，家具布置大都采用成组成套的对称方式，而以临窗迎门的桌案和前后檐炕为布局的中心，配以成组的几、椅，或一几二椅，或二几四椅。柜、橱、书架等也多是成对的对称摆列，力求严谨划一（图183-1～2）。但为了使室内的气氛不陷于呆板，灵活多变的陈设起了重要的作用。 陈设品的摆列多数取平衡格局， 利用形体、色彩、 质感造成一定的对比效果。 其中书画、挂屏、文玩、器皿、盆花、盆景等陈设品，又都具有鲜明的色彩和优美的造型，与褐色家具及粉白墙面相配合，形成一种瑰丽的综合性装饰效果。

图 183-1　明朝住宅室内布置（明刻西湖二集版画）

**明间内部透视**

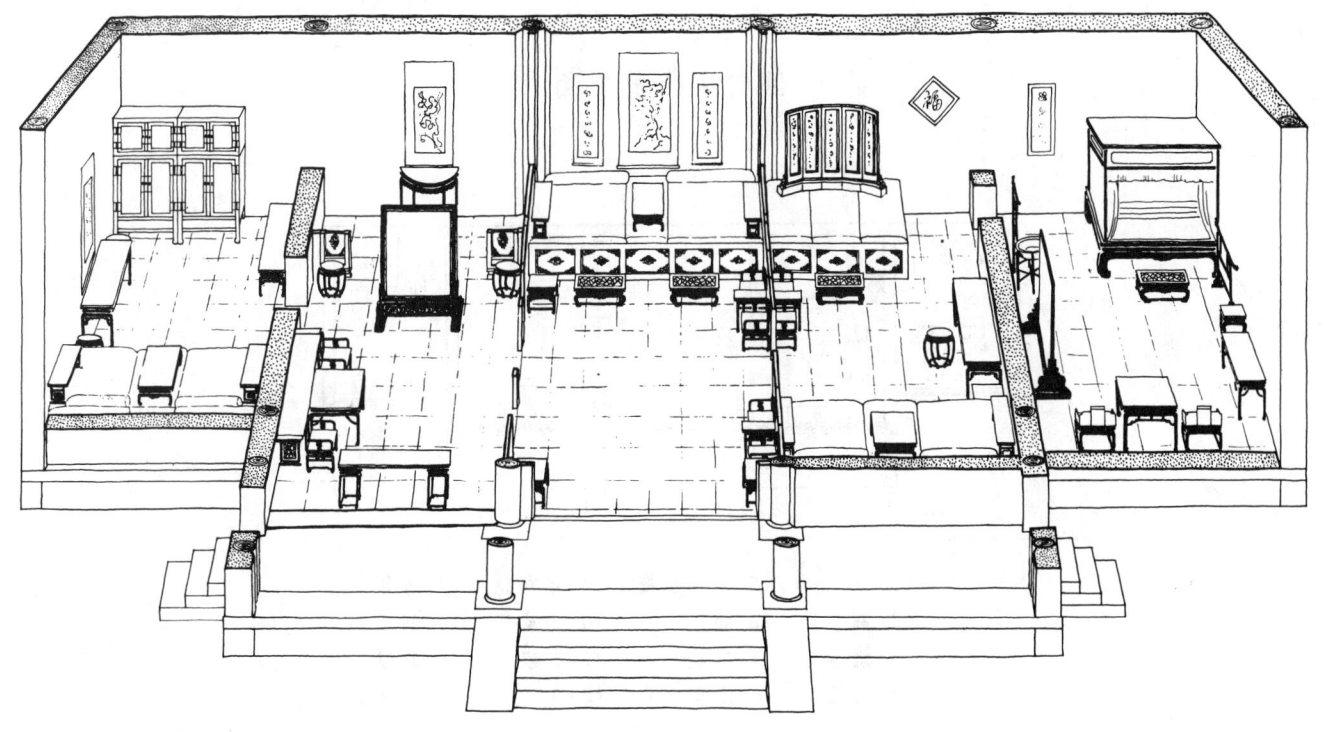

**鸟瞰**

图 183-2　清代住宅（起居室、卧室）室内家具布置示意图（一）

自西次間看明間

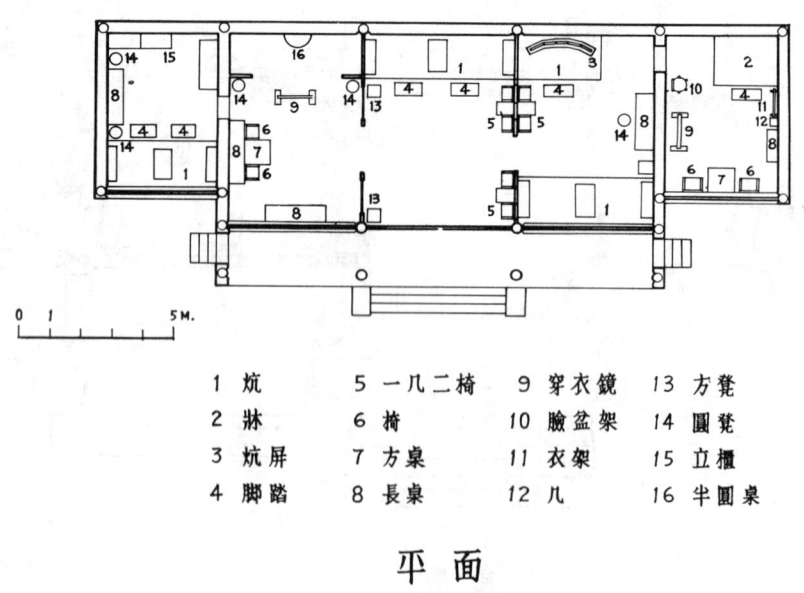

| 1 炕 | 5 一几二椅 | 9 穿衣镜 | 13 方凳 |
|---|---|---|---|
| 2 牀 | 6 椅 | 10 臉盆架 | 14 圓凳 |
| 3 炕屏 | 7 方桌 | 11 衣架 | 15 立櫃 |
| 4 腳踏 | 8 長桌 | 12 几 | 16 半圓桌 |

平　面

图 183-3　清代住宅（起居室、卧室）室内家具布置示意图（二）

# 第八节　明、清的坛庙建筑和陵墓建筑

在中国长期的封建社会中，形成了一套完整的宗法礼制，集中地反映了封建社会中的阶级、阶层的等级关系和宗法家族思想，其中还掺杂着许多迷信因素于内，是维护封建统治的上层建筑之一。在这思想体系中最重要的是要人们相信"天"是至高无上的主宰，自然界的日、月、星辰、雷、电、风、雨和重要的山、河等等也都各有其神，支配着农作物的丰歉与人间祸福，而人间的统治者的一切行动都是按照"天"的意志做的，因此是不可反抗的。其次，崇尚祖先，也是宗法礼制的一个重要内容。就是把祖先说成神圣的、正确的、无可怀疑的。为了表示皇帝和祖先以及各种神祇之间的联系，修建了许多祭祀性的建筑，如天坛、地坛、日坛、月坛、风神庙、雷神庙……和宗庙建筑（太庙）、陵寝等，并制订了一套与之相适应的建筑制度。大体说来，有坛、庙之分。明朝建造的北京天坛就是其中的代表作品。

天坛位于北京外城南部永定门内大街的东侧，与先农坛夹着全城的中轴线东西对峙，系明永乐十八年（公元1420年）明朝迁都北京时所创建的。当时它和先农坛都在城的南郊，至公元十六世纪修建外城才纳入城内。天坛是明清两朝皇帝祭天与祈祷丰年的地方。现在的规模是明嘉靖九年（公元1530年）形成的，除祈年门和皇乾殿是明代遗物外，大部分建筑经十八世纪初改建，其中主要的建筑——祈年殿在清光绪十五年（公元1889年）被雷火焚毁后按原来形制于次年重建的[312]。

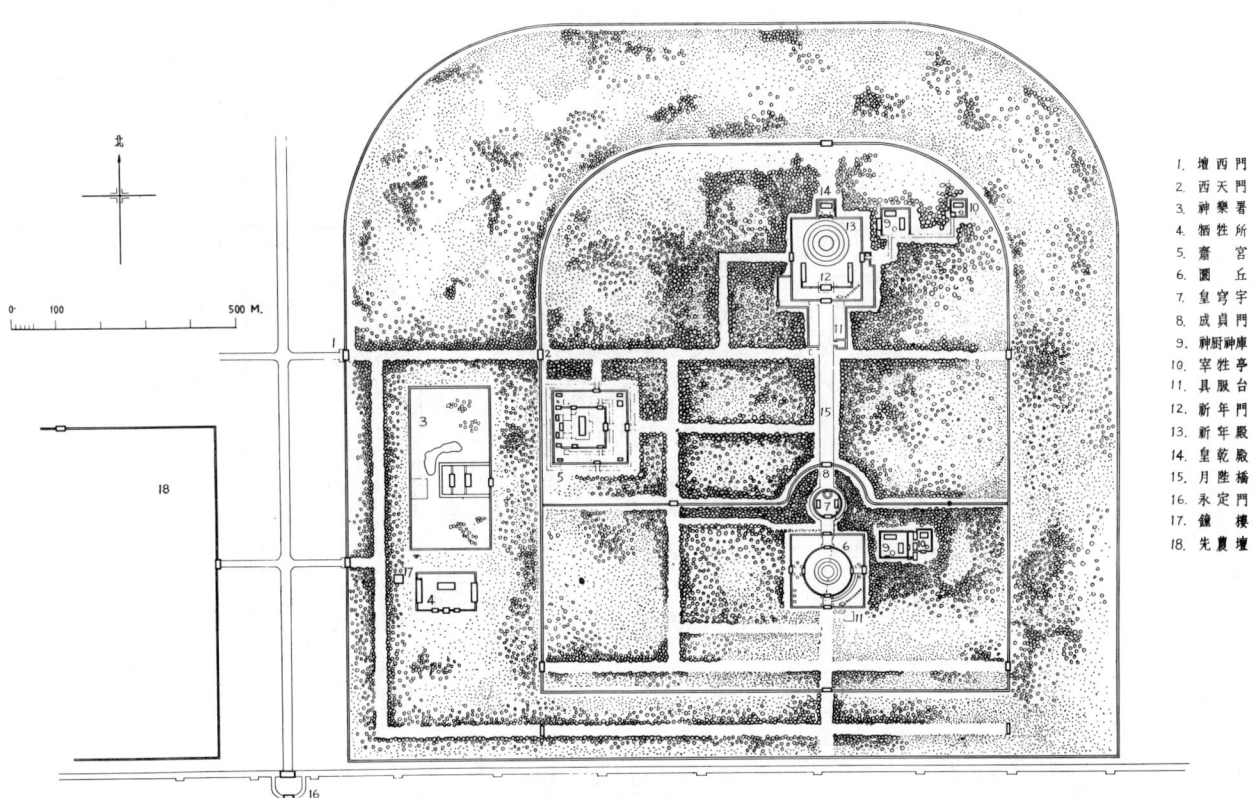

1. 增西门
2. 西天门
3. 神乐署
4. 牺牲所
5. 斋宫
6. 圜丘
7. 皇穹宇
8. 成贞门
9. 神厨神库
10. 宰牲亭
11. 具服台
12. 祈年门
13. 祈年殿
14. 皇乾殿
15. 丹陛桥
16. 永定门
17. 钟楼
18. 先农坛

图 184-1　北京市天坛总平面图

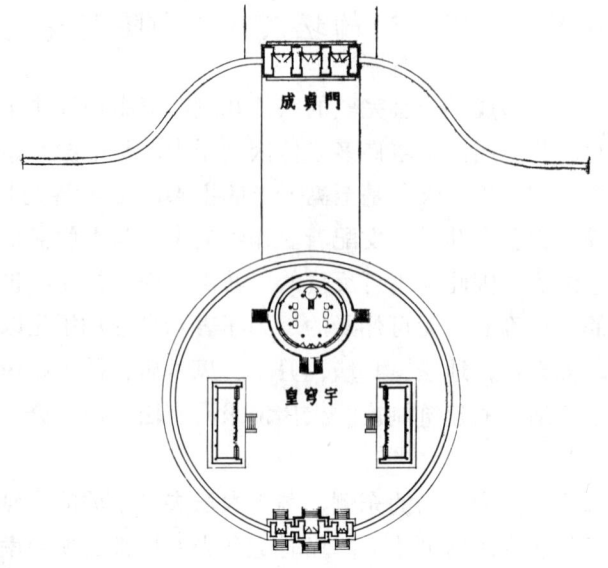

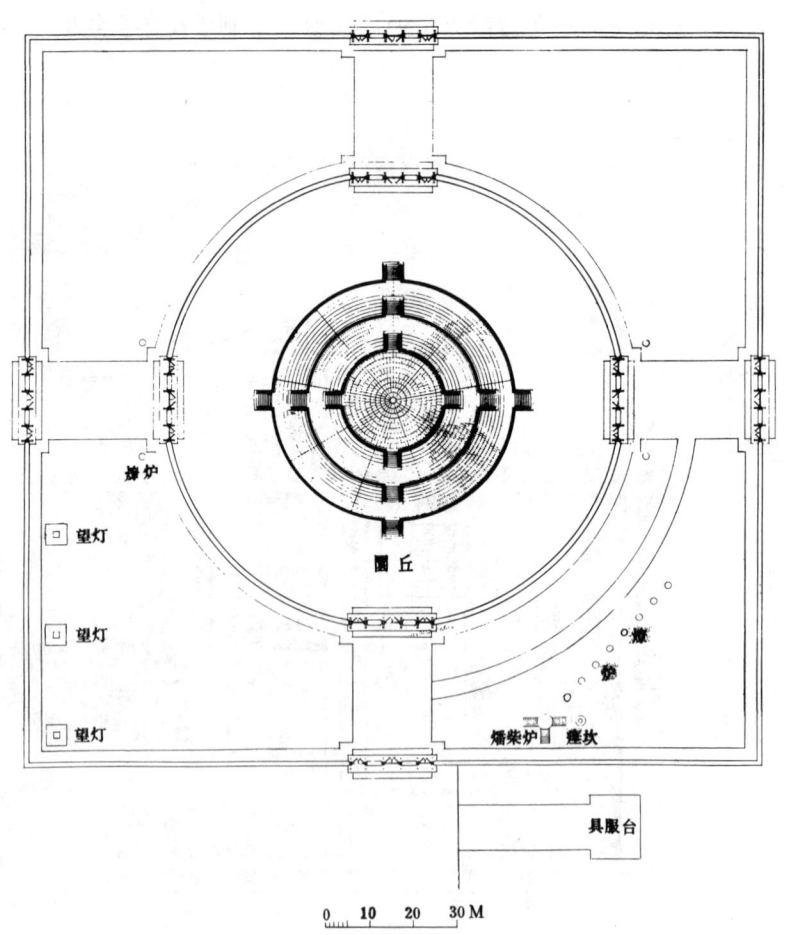

图 184-2　北京市天坛圜丘及皇穹宇平面图

图　184-3　北京市天坛皇穹宇

　　天坛的整个组群由内外两重围墙环绕，总面积 280 公顷。围墙的平面接近正方形，但北面的两角采用圆形，南面则为正角，是附会中国古代"天圆地方"之说而设计的。由于传统的礼制关系，天坛位于大街的东侧，主要入口设在西面（图184-1）。

　　天坛的建筑，按使用性质分为四组。在内围墙内，沿着南北轴线，南部有祭天的圜丘及其附属建筑；北部以祈祷丰年的祈年殿为主体，附以若干附属建筑；内围墙西门内南侧是皇帝祭祀前斋宿的宫殿——斋宫；外围墙西门以内建有饲养祭祀用的牲畜的牺牲所和舞乐人员居住的神乐署。其中圜丘和祈年殿是全部建筑的主体，它们之间以长约 400 米，宽 30 米，高出地面 4 米的砖砌大甬道——丹陛桥相联系。从总体上看，这条大道不是在正中而略偏于东部。

　　圜丘是一个白石砌成的三层圆形台子，是皇帝每年冬至日祭天的地点，周围用两重矮墙环绕。内墙平面作圆形，外墙平面作正方形，两重矮墙的四面正中都建白石棂星门。这一组露天的建筑，造型

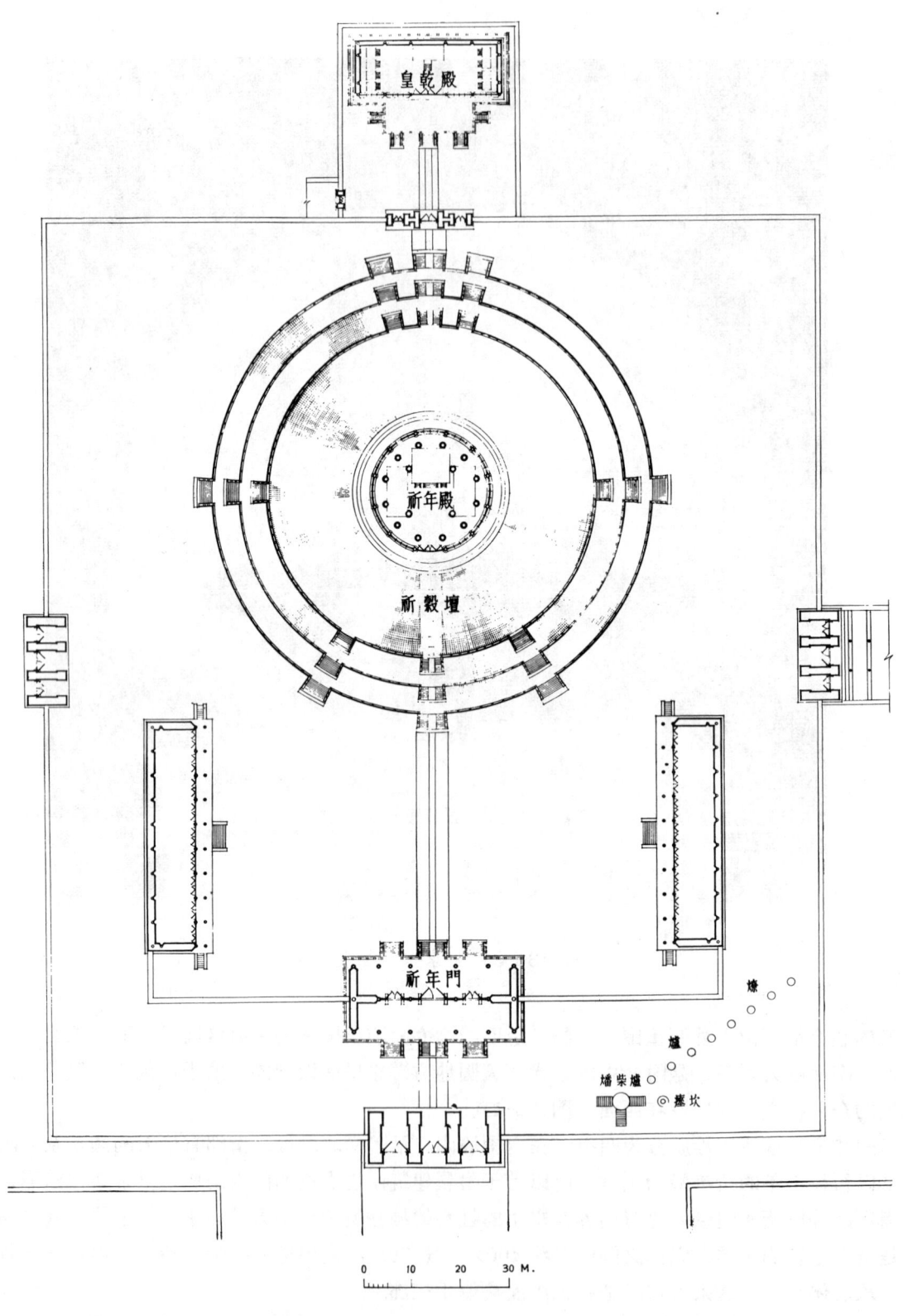

图 184-4  北京市天坛祈年殿总平面图

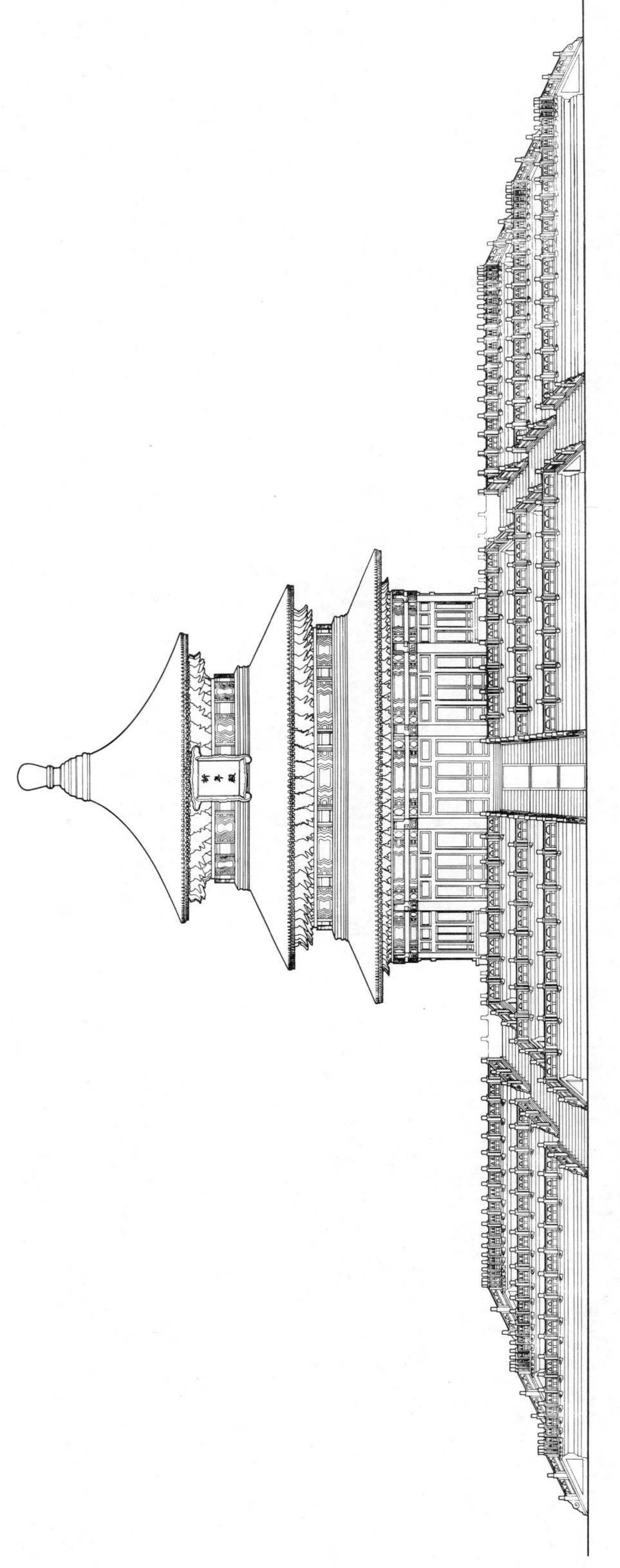

图 184-5　北京市天坛祈年殿正立面图

0　　5　　10　　15 M.

图 184-6　北京市天坛祈年殿外观

简单庄严而开朗，并在圜丘周围用三座高灯杆、十二座铁炉和一座琉璃炉作为陪衬（图184-2）。

　　皇穹宇是平时供奉着"昊天上帝"牌位的建筑（牌位在祭祀时才移到圜丘上）。这组建筑是在平面圆形的皇穹宇的两侧，各建长方形配殿一座，再以平面圆形的围墙环绕而成。围墙南面的正门与圜丘北面棂星门相距不到40米。皇穹宇是一座单檐的圆形小殿，饰以蓝瓦、金顶和朱色的柱和门窗，建立在洁白的单层须弥座石基上。内部的梁、柱、藻井和外面的装修及基座石刻等都十分精丽（图184-3）。

　　祈年殿和圜丘虽是天坛的两个同等重要的建筑，可是在艺术构图上祈年殿是天坛总体中最主要的组群。祈年殿是一座圆形平面的大殿，上覆三层蓝色琉璃瓦顶和渗金宝顶，朱柱和门窗，屹立在圆形白石台基上，但它与皇穹宇不同，下面是三层台基，上面是三层檐（图184-4～7）。这两座圆形殿遥相呼应，但大小不同，主次明确。祈年殿和它的东西配殿由平面方形的围墙环绕，成为一个组群，与南端用方形围墙环绕的圜丘遥遥相对。这两个圆心相距约750米。但在构图上，前者以其矗立高耸的形象与比较扁平的圜丘形成鲜明的对比。在祈年殿后面有一座皇乾殿。它与祈年殿的关系恰和皇穹宇对于圜丘一样（图184-8）。

　　皇帝在举行祭祀典礼的前夕住于斋宫内，所以斋宫有围墙两重，并以护城河环绕，戒备甚严。这一组群的正殿是砖券结构的"无梁殿"。

　　封建帝王对于天坛的建筑的设计，有着严格的思想要求，最主要是在艺术上表现天的崇高、神圣和皇帝与天之间的密切关系。例如，圜丘、皇穹宇、祈年殿平面都为圆形，内外围墙和祈年殿、圜丘间

图　184-7　北京市天坛祈年殿藻井

的隔墙作弧形，附会了古代"天圆"的宙宇观。圜丘的石块与栏板数目也附会天为"阳"的奇数或其倍数，并符合"周天"360度的天象数字。而祈年殿的内外三层柱子的数目，也和农业有关的十二月、十二节令、四季等天时相联系。各主要建筑用蓝色琉璃瓦顶是象征着"青天"。通过这一系列的处理，给建筑蒙上了一层神秘的色彩。

　　天坛的建筑布局，反映了古代建筑师卓越的空间组织才能。为了明确地突出主体，首先用一条高出地面的丹陛桥构成轴线，直贯南北，然后在其两端恰当地安排了体量与形状不同的建筑，成为全部的重心。同样地，轴线上的各组建筑也采取突出主体的手法。如圜丘外面两层矮墙的处理，有助于空间的延展，使圜丘显得比真实尺度更加高大些。又如祈年门前布置一个狭长的庭院，与后面的大庭院形成悬殊的空间对比，也加大了祈年殿的尺度感。此外，在天坛中，大片的柏林在创造肃穆、静谧的环境方面也发挥了很大作用。利用姿态挺拔和色调沉静的常绿树所具有的庄严肃穆的性格，作为衬托陵墓和祠祀建筑的有效工具 是由来已久的传统手法。无论在天坛西门内的 辇道上， 或在高高的丹陛桥

图 184-8 北京市天坛中轴线上建筑鸟瞰

上，人们都会感到大片苍翠浓郁的柏林，在祭祀时增加人们的肃穆感方面起着重要作用。

北京城北约45公里的天寿山麓，有从公元十五世纪初到十七世纪中叶建造的明朝十三代皇帝的陵墓，一般称为"十三陵"。

整个陵区的北、东、西三面由山岭环抱。十三座陵墓组群各依据着一个山峦，分布在山谷中。明朝迁都北京后第一代皇帝成祖（朱棣）的陵墓长陵是这陵墓群的主体，其他十二个陵各依地势分布于它的东南、西北和西南等处，彼此相距自四、五百米至千余米不等。山麓前（南）的缓坡上，距长陵约6公里处崛起的两座小山被利用为整个陵区的入口，在一个南北约9公里，东西约6公里的地区内，结合着自然地形，组成一个巨大的陵区（图185-1）。

山口外的石牌坊是整个陵区的入口（图185-2），牌坊的中线正对着11公里外的天寿山主峰。牌坊北约1300米，位于两座小山间微微隆起的横脊上的大红门是陵区的大门。大红门内六百余米处有碑亭和华表。自此往北至龙凤门，在长约1200米的神道两旁，排列着十八对巨大整石的文臣、武将、象、骆驼、马等雕像（图185-3～6）。龙凤门以北，地势渐高，约5公里到达长陵的陵门。

长陵建成于明永乐二十二年（公元1424年）。它是十三陵中最大的一座，也是明陵的典型（图186-1）。这陵由巨大的宝顶、方城明楼和它前面的祭殿——祾恩殿等所组成。宝顶周墙做成城墙形式，覆盖着深埋在地下的地宫。宝顶前面正中部分做成方台，上立碑亭，下称"方城"，上称"明楼"（图186-2）。宝顶之前，以祾恩殿为中心，布置成三重庭院。每重院墙正中都按功能的需要，设置了大小不同的门。

祾恩殿是一座和皇宫中的太和殿很相类似的大殿，面阔九间，重檐庑殿顶，下面由三层白石台基

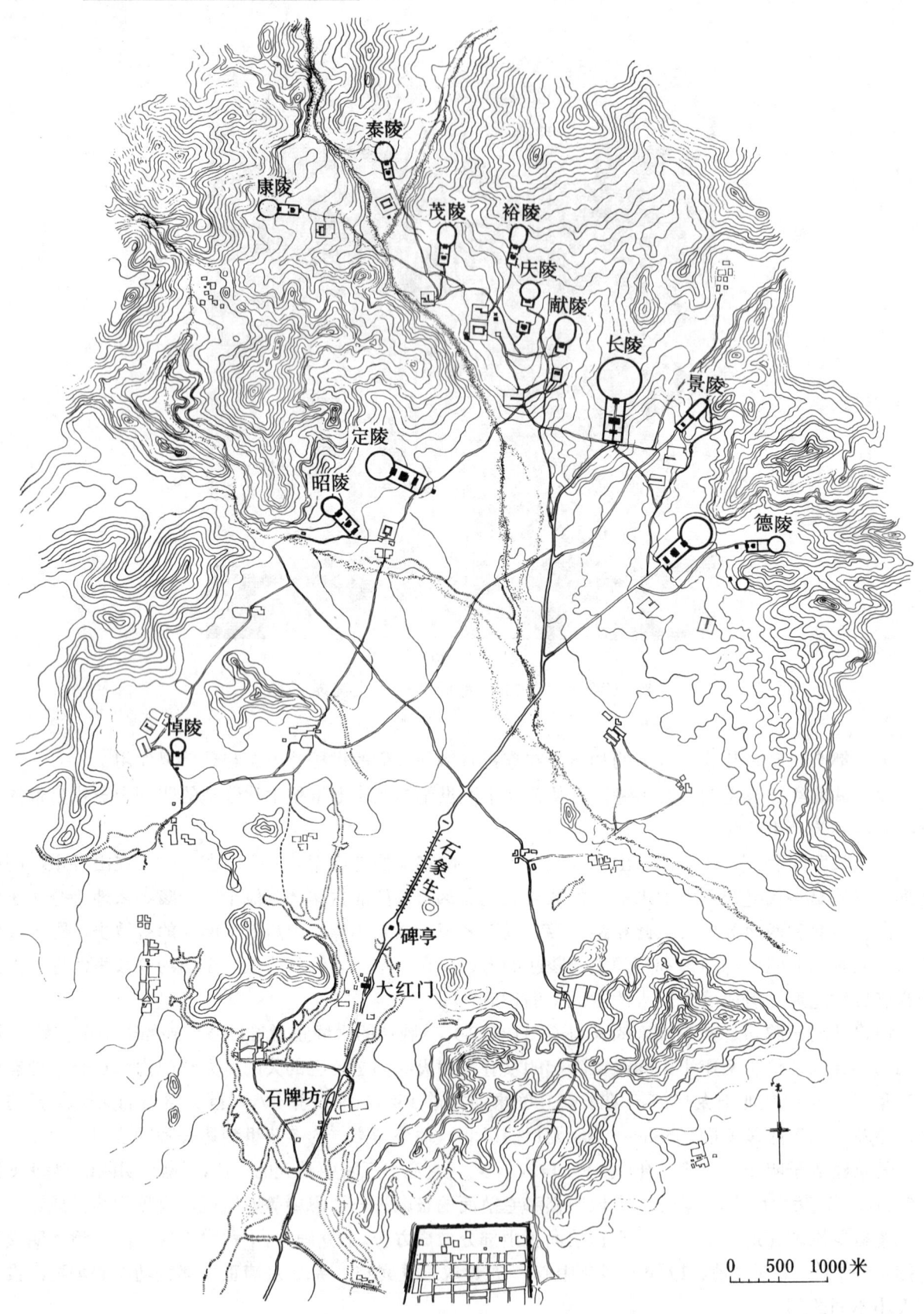

图 185-1  北京市明十三陵分布图

图 185-2　北京市明十三陵石牌坊

图 185-3　北京市明十三陵长陵碑亭

图 185-4   北京市明十三陵长陵神道石象生——驼

图 185-5   北京市明十三陵长陵神道石象生——象

图　185-6　北京市明十三陵长陵神道石雕文臣

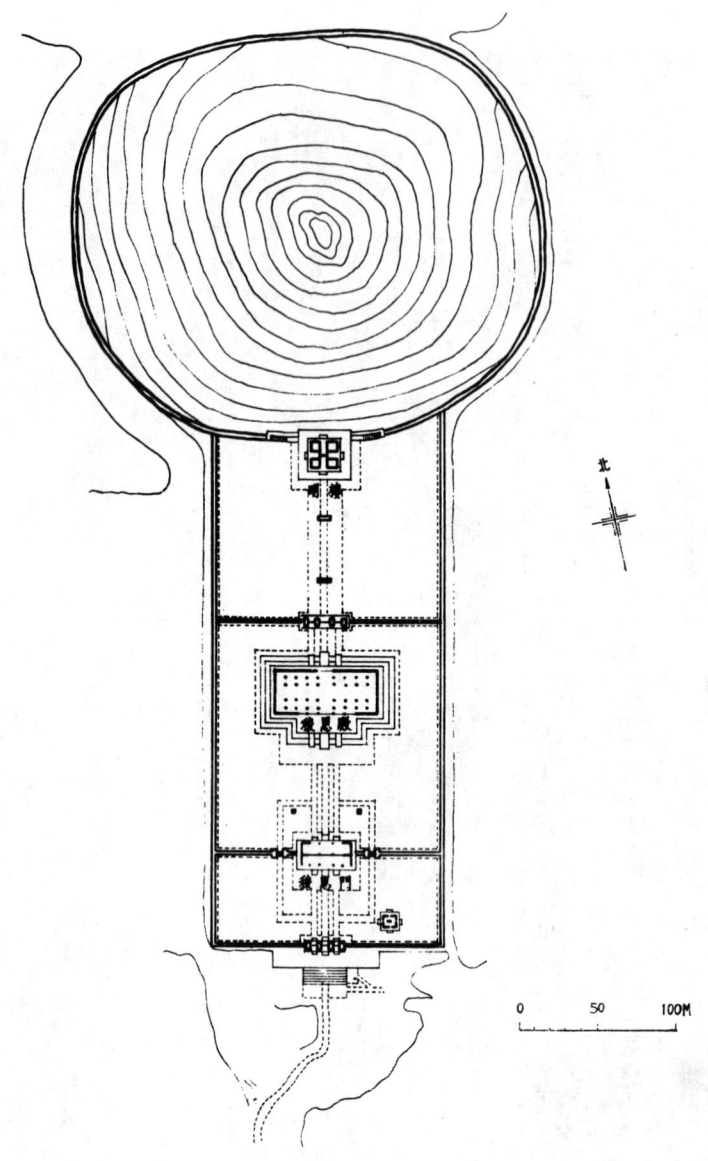

图 186-1   北京市明十三陵长陵平面图

承托；面积和太和殿大致一样，是中国现存最大的木构殿宇之一（图186-3）。但在组群布局上，这殿前面的庭院远比太和殿的庭院为小，白石台基也比较低矮，因而气魄略逊。

裬恩殿内部使用三十二根整根的 优质楠木柱，最高的约12米，而中央明间的四根大柱，直径达1.17米[313]，是其他古代木构架遗物所未有的。

明朝陵墓地下墓室都用巨石发券构成若干墓室相连的"地下宫殿"。公元1956年考古工作者发掘了十六世纪末年建造的定陵——神宗（朱翊钧）的陵。墓室平面以一个主室和两个配室为主，由三室之间的三重前室与最后一室十字形相交的两个隧道所组成（图187）。显然，这是地上庭院式布局的反映。主室和配室就是正殿和配殿，三个前室代表三进院子。由于结构的限制，这三进院子采用了三段

图 186-2　北京市明十三陵长陵方城明楼

连续的大券道的形式。其他各陵虽未经发掘，推想可能采用大致相同的布局和结构[314]。

　　中国历代皇帝为了提倡"厚葬以明孝"，以维护他们世袭的皇位和"子孙万代"的皇朝，不惜用大量的人力物力修建巨大的陵墓。一般来说，陵墓建筑反映了人间建筑的布局和设计。秦、汉、唐和北宋的帝后陵都具有明显的轴线，陵丘居中，绕以围墙，四面辟门；而唐与北宋诸陵在每个陵的轴线上建享殿、门阙、神道和石象生等。明朝各陵采用长达7公里的公共神道与牌坊、碑亭，以及方城明楼和宝顶相结合的处理方法，则是在北宋和南宋陵墓的基础上发展而成的。

　　清朝的皇帝陵墓基本上承袭了明朝的布局和形式，但后死的后妃在帝陵旁另建陵墓，与明代帝后合葬制度不同，同时分别隔代埋葬于河北省遵化县的东陵和易县的西陵[315]。

图 186-3  北京市明十三陵长陵祾恩殿

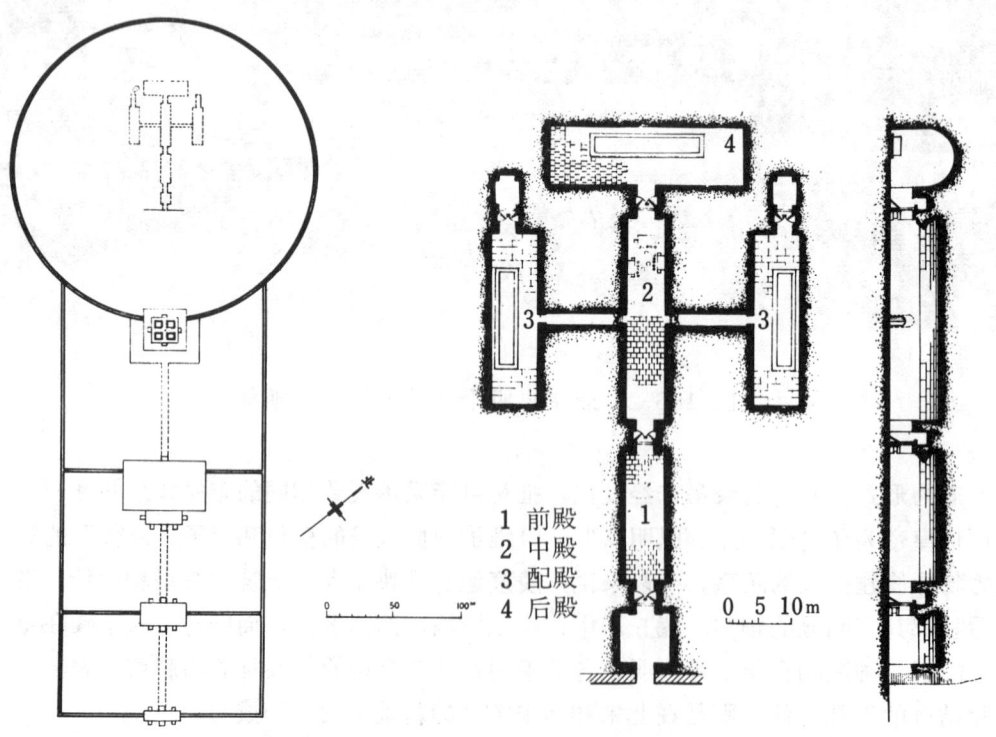

1 前殿
2 中殿
3 配殿
4 后殿

图 187  北京市明十三陵定陵平、剖面图

# 第九节　明、清的宗教建筑

## 佛　教　寺、　塔

元代的佛塔除增加了喇嘛塔这一新形式外，其他式样的塔虽然仍有修建，但数量不多。明清两代也大量建造喇嘛塔；高层的砖塔则多为楼阁式，密檐塔很少见。

山西洪洞县广胜上寺飞虹塔建于明正德十年～嘉靖六年（公元1515～1527年），是一座典型的明代楼阁式砖塔。塔在寺的轴线前方，是就元代原址重建的（图188-1）。塔八角，外观十三层，高47.63米，外壁用各色琉璃装饰。琉璃制的栏杆、天神、动物、斗栱等都极为细致华丽，是明代琉璃技术水平的重要标志（图188-2）。此外，南京报恩寺塔也是用彩色琉璃镶面的砖塔。此塔毁于十九世纪中叶，由现存的琉璃残件来看，其工艺的细致和色泽的美丽都是空前的（图189）。

佛塔中的另一种类型——金刚宝座塔，虽在敦煌石窟隋代壁画中已经出现，但实物最早的却见于明代。这种塔的基本型体肇源于印度，但到中国以后有很大变化。特别是装饰中掺入大量喇嘛教的题材和风格。北京的大正觉寺金刚宝座塔是这类塔中最早的实物，建于明成化九年（公元1473年）（图190）。宝座方形，石造，遍刻天王、狮子、孔雀及喇嘛教"八宝"，图案组织和谐，刻工精致。宝座上建五座密檐方形石塔和一个圆顶小殿。塔身也有与宝座类似的雕刻。

北京西黄寺清净化城塔是金刚宝座塔中的另一种式样，建于清乾隆四十七年（公元1782年）（图191）。基座较矮，共两层。座上正中建一高大的石喇嘛塔，四隅配以四座八角小石塔。小塔上遍刻经文。第一层基座前后各有一座石牌坊。整个塔群雕刻不多，以多变的体型造成了华丽的风格。

云南傣族的佛塔群也是明清时期重要的一种形式。位于潞西县风平的大佛殿重建于清雍正三年（公元1725年），其中有两座典型的傣族佛塔—熊金塔、曼殊曼塔（图192-1）。塔下有复杂的亚字形基座，塔身比例修长，周围以小塔和怪兽陪衬。多变的轮廓和丰富的雕饰，使这种形式的佛塔显得异常美丽夺目（图192-2～3）。由于傣族集居地区与缅甸接壤，所以这种塔群和缅甸塔具有类似的风格。

明清时期，国内仍然建造了许多大寺院，如南京灵谷寺[316]、报恩寺和山西太原崇善寺等[317]。其中崇善寺建于明洪武十四年（公元1381年），是明太祖（朱元璋）第三子晋恭王（朱棡）为纪念其母而建造的。建成后屡有修葺，至十九世纪中叶被火焚毁，只余大悲殿及部分附属建筑。但现存明成化十八年（公元1482年）的一幅寺院总图，忠实地表现了原来的面貌（图193-1）。

寺南向，据记载东西290多米，南北570多米，以东西门间的甬道分寺为南北二部，南部是仓、碾、园等，北部为寺的主体。主体部分在天王殿北以回廊构成庭院。正殿九间，重檐庑殿顶，下承二层白石台基，与后殿间以廊连接，成为工字殿。在这个主要庭院的东西，隔着夹道各有八院；夹道前后有门；另在主殿前东西配殿各以走廊与东西院的两座大殿连接，也成为工字殿的形制。主殿廊院的北部隔着夹道有大悲殿等三院（图193-2）。

崇善寺的布局是中国古代大型建筑平面的典型形式之一。如果拿唐朝的《关中创立戒坛图经》中的律宗寺院、宋代的后土祠、金代的中岳庙[155]和它比较，不难看出具有一定的嬗递发展关系，如廊院制度，东西部小院与主体廊院的关系，主院与小院间以夹道连系等。再以北京乾清宫和东西六宫的关系和崇善寺比较，也可看出若干接近之点。至于工字殿形制的主殿，东西朵殿及周围廊等是宋朝以来大型建筑群常用的方法；重檐九间的大殿，白石台基则与明长陵祾恩殿、北京太庙相近似。这些都说明这寺的布局和造型仅次于宫殿一等。

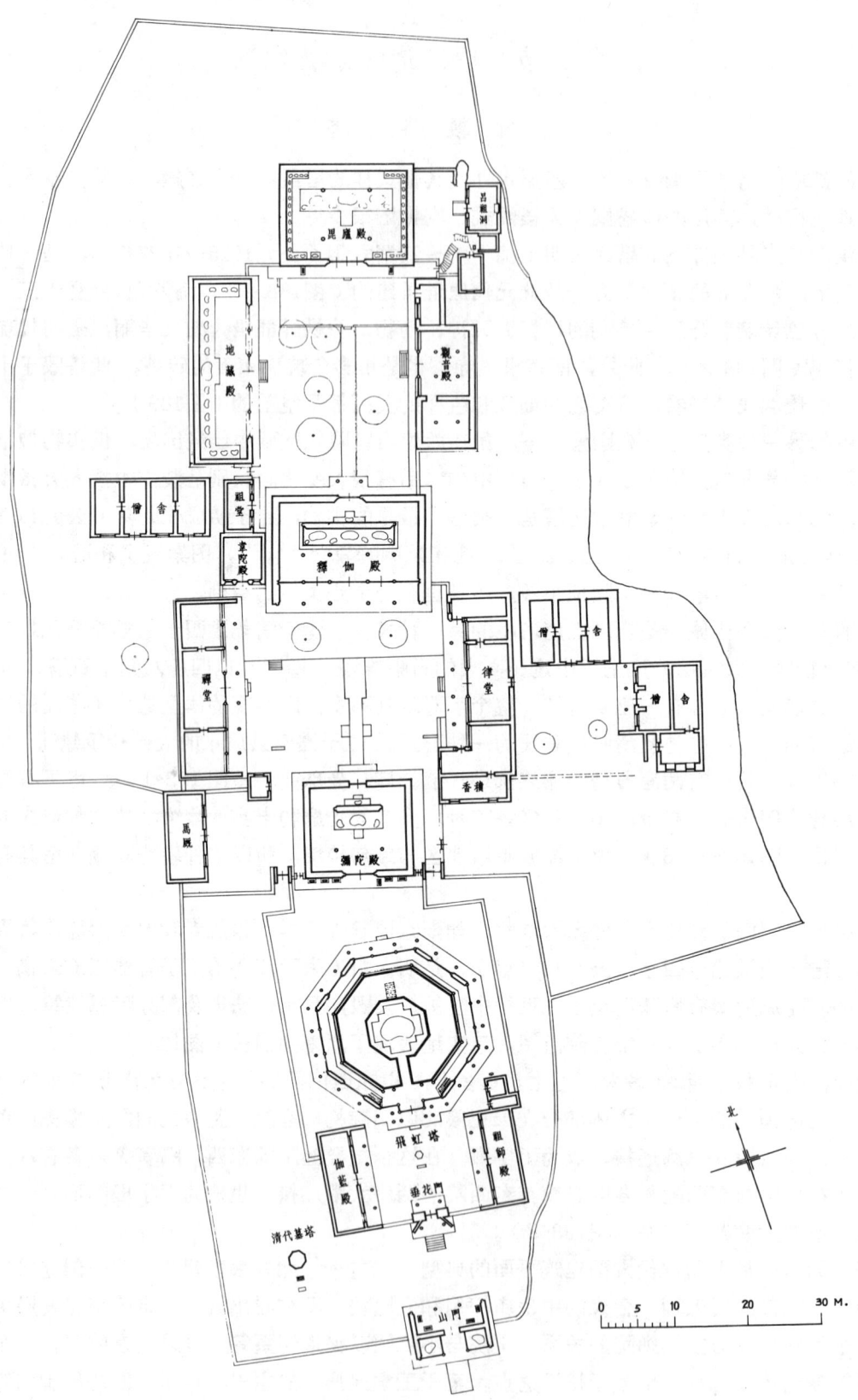

图 188-1　山西洪赵县广胜上寺总平面图

图 188-2　山西洪赵县广胜上寺飞虹塔

图 189  江苏南京市报恩寺塔琉璃饰件

图 190　北京市大正觉寺金刚宝座塔

图 191　北京市西黄寺清净化城塔

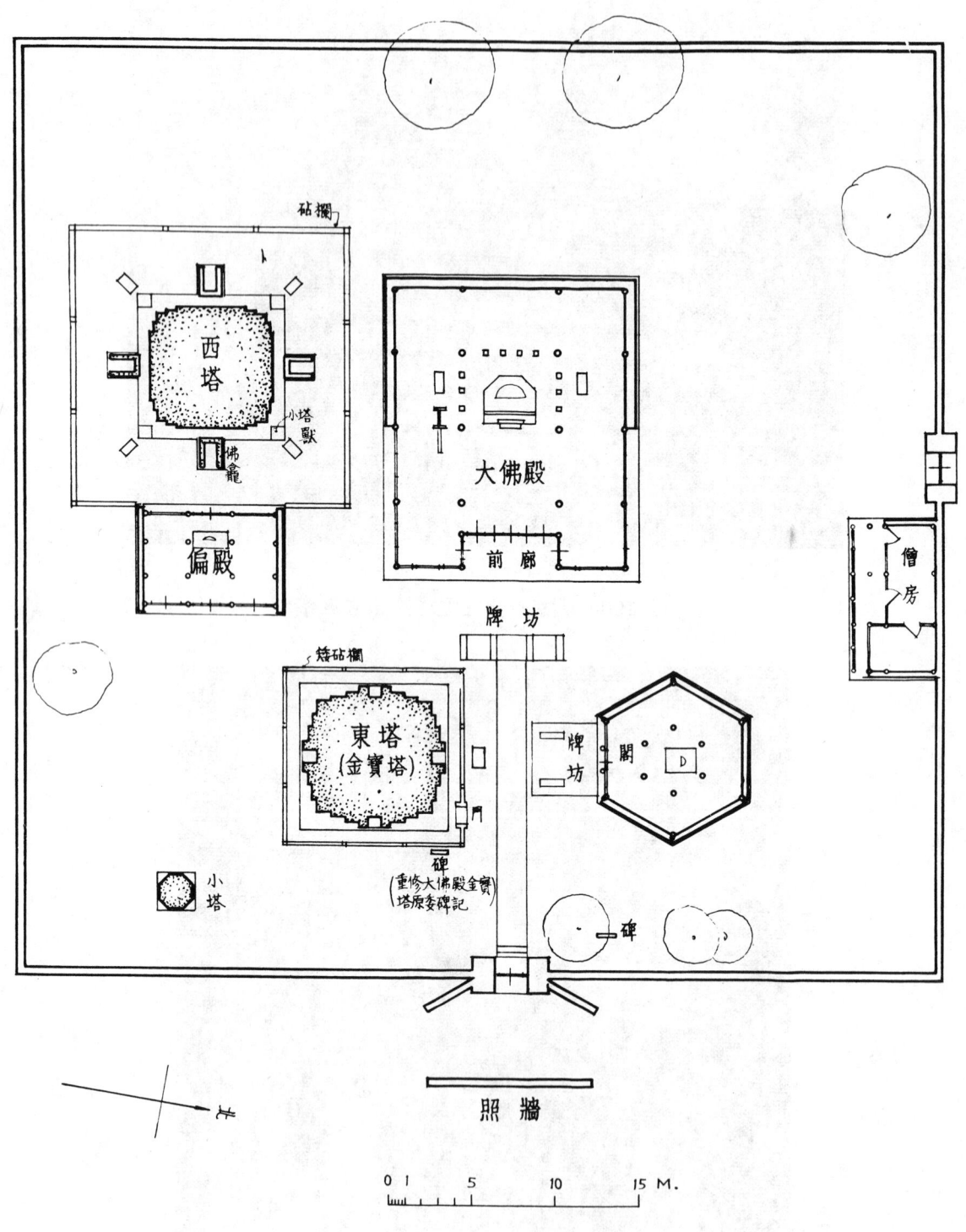

图 192-1　云南潞西县风平大佛殿总平面图

图 192-2　云南潞西县风平大佛殿外观

图 192-3　云南潞西县风平大佛殿佛塔详部

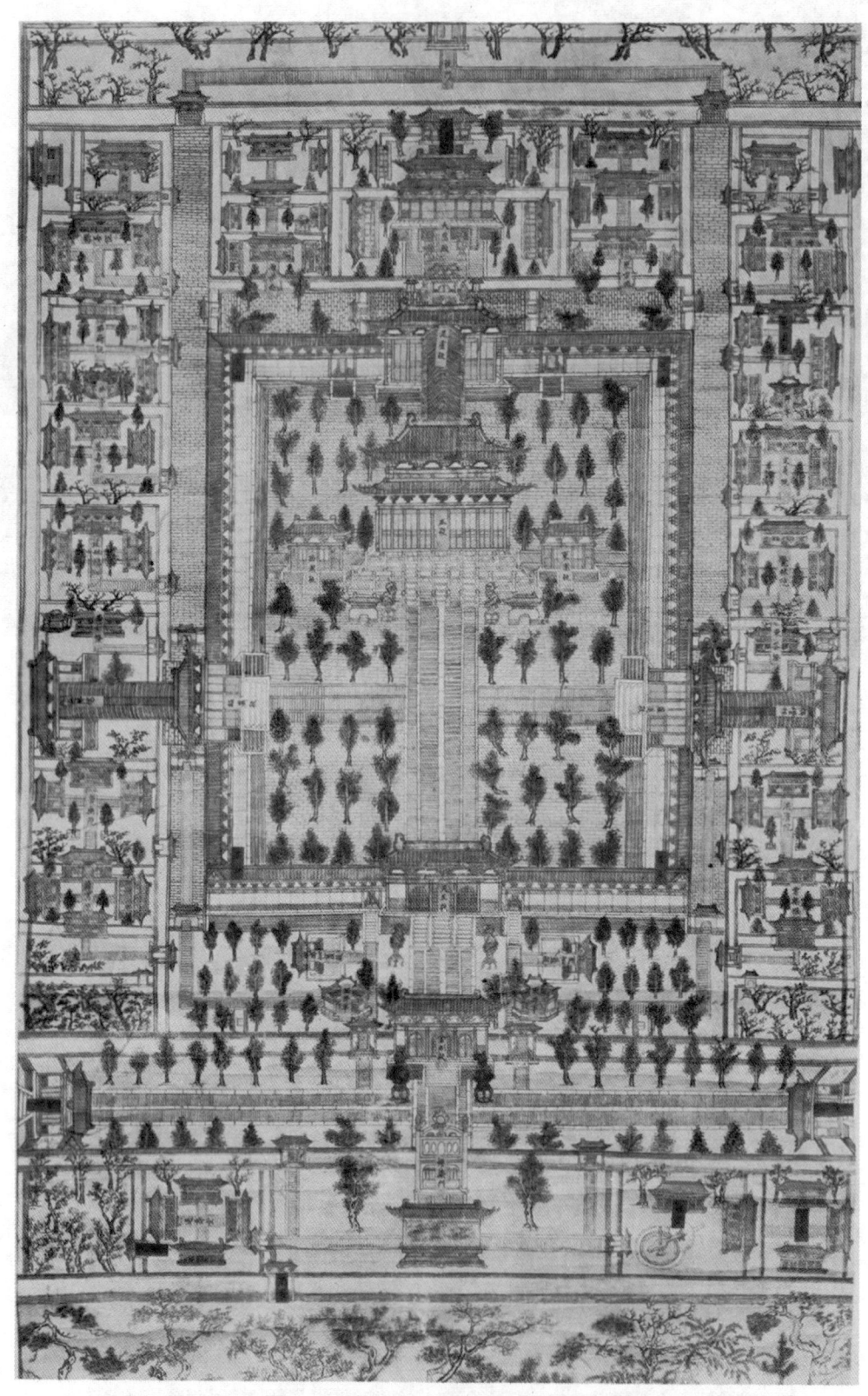

图 193-1　明代绘山西太原崇善寺总图

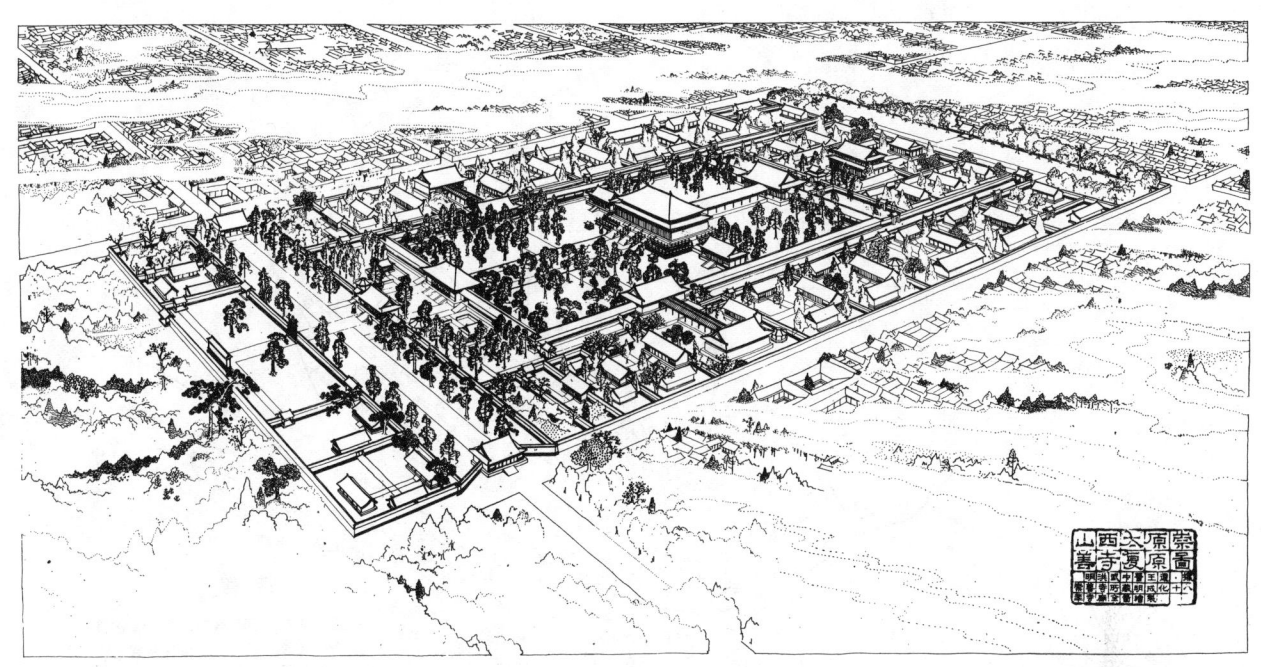

图 193-2　山西太原崇善寺复原图

## 藏族和蒙古族的喇嘛教建筑

明、清时期，藏族和蒙古族的喇嘛教建筑在元代的基础上进一步发展，特别在清朝，为了加强对藏族、蒙古族的统治，更重视喇嘛教，因而这类建筑的数量很多，仅在内蒙各旗，就有喇嘛庙一千余所，西藏、四川、甘肃、青海等地明清时代藏族的喇嘛寺数量则更多。

每座喇嘛寺院有二至六个札仓（经学院），分别供学习不同种类经典的僧众念经。札仓之外有佛寺，是供奉不同佛像的高大建筑。这两类建筑构成整个寺院的中心建筑，活佛的办公所和住宅、印经院、讲经坛、塔和僧众住宅，都是围绕着中心建筑而修建的。

甘肃夏河的拉卜楞寺始建于清康熙四十八年（公元1709年），是一组规模很大的建筑群（图194-1）。这个寺的铁桑浪瓦札仓（闻思学院）是典型的札仓建筑，由庭院、前廊、经堂和佛殿所组成。经堂可容纳四千喇嘛念经，以中部凸起的天窗采光（图 194-2）。佛殿高而进深小，内供铜佛，旁边一个殿内放置活佛尸塔。经堂和佛殿内满挂彩色幡帷，柱上裹以彩色毡毯，在幽暗的光线中显得非常神秘、压抑，形成喇嘛教建筑特有的气氛[318]（图194-3）。

佛寺只是为了容纳佛像，所以建筑高而不大。空间处理有两种形式：一种如拉卜楞寺的寿喜寺，内部只容一座大佛，空间上下通敞（图195-1～2）；另一种如甘肃合作县札木喀尔寺的格达赫寺，内部容纳多数小佛，所以各层分开。佛寺前以僧众住宅等附属建筑围成庭院（图196-1～2），而佛殿以其高大的体型，成为全寺的主体[318]（图196-3～4）。

塔在寺院中的用途，一种用以埋葬活佛，另一种塔内藏佛像供朝拜之用，而以后一种的数量为最多。这时塔的形制，随着教派的改变，已与元朝喇嘛塔有所不同。塔身下以方涩数层代替莲瓣，塔身和十三天的比例都是瘦而高，宝盖以上不用宝瓶而累迭月盘、日盘和宝珠[319]，同时塔在寺院中，以其高耸的形象成为突出的标志。此外，西藏江孜白居寺班根塔建于公元十五世纪初，下面的基座作成

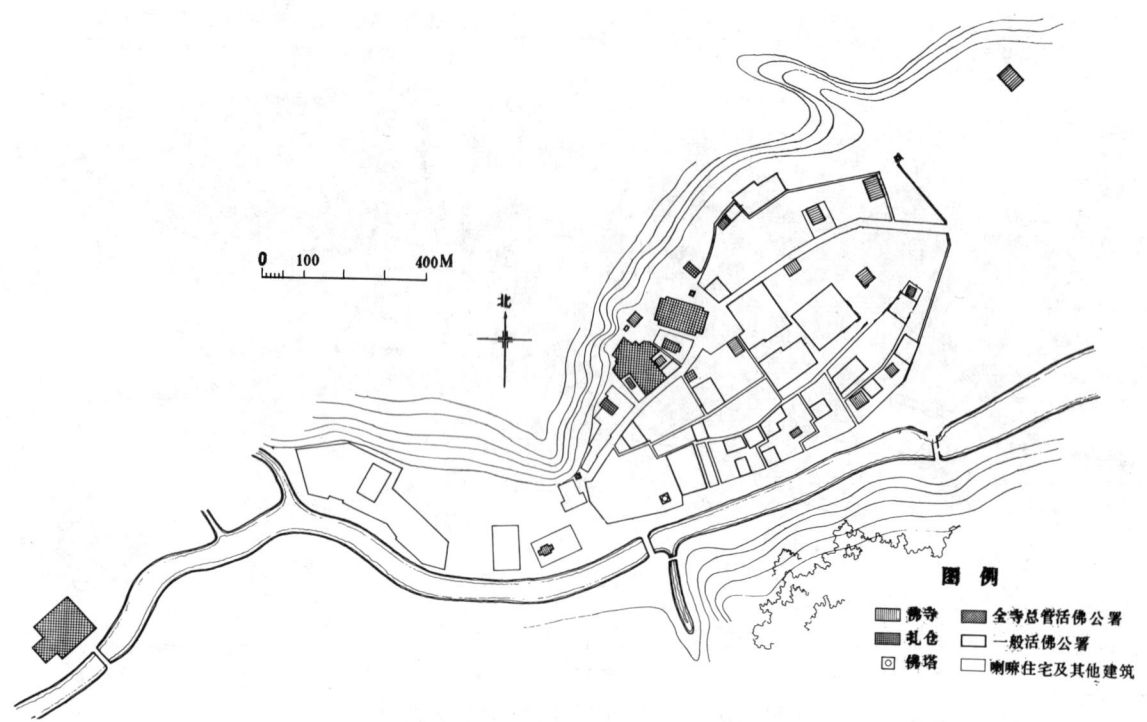

图 194-1 甘肃夏河县拉卜楞寺总平面图

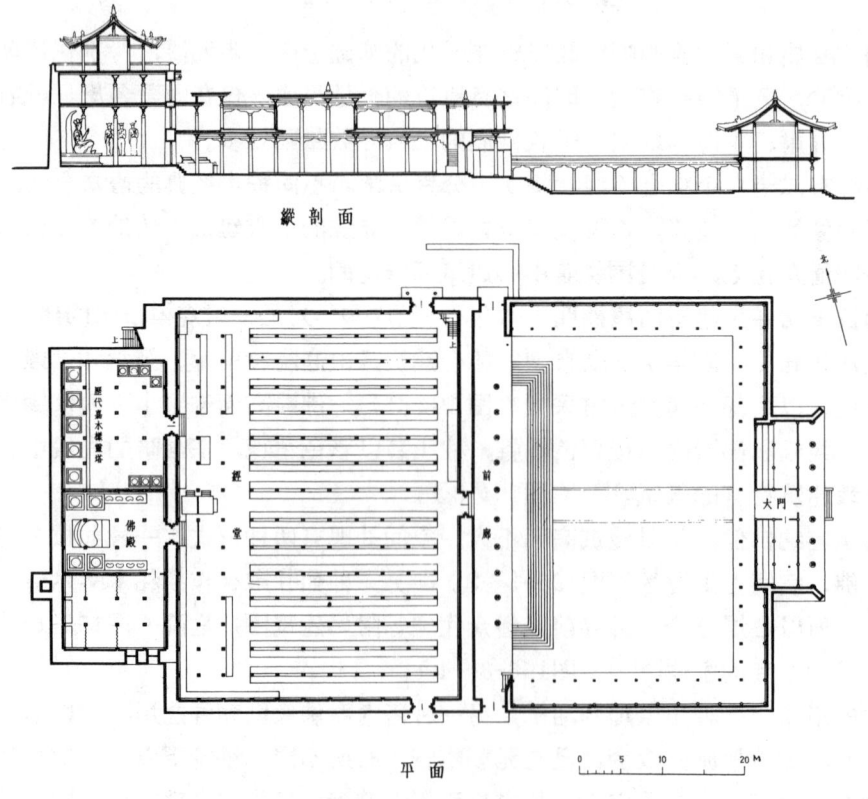

图 194-2 甘肃夏河县拉卜楞寺闻思学院经堂平、剖图面

图 194-3 甘肃夏河县拉卜楞寺闻思学院经堂内部

佛寺的门廊形式，层迭而上，上面安放塔身。沿塔的外壁设置许多小佛龛在喇嘛塔中，造型较为特殊[283]（图197-1～2）。

寺院建筑的结构，大部分使用密梁平顶构架，外部包以很厚的石墙或土墙，部分地方使用汉族形式的木构架屋顶。虽然由于使用不同，各类建筑体型不一，但由于这种构造上的特点，再加以比较定型了的一些装饰手法，使得寺院中许多建筑的外形有着共同的艺术特点。墙很厚，且有很大的收分，窗很小，因而建筑显得雄壮坚实，檐口和墙身上大量的横向饰带，则给人以多层的感觉。这些特点在艺术上增大了建筑的尺度感。坚实的墙身上往往点缀一部分木门廊，上面又有轻飐的汉族形式的屋顶，使这种坚实的体型并不呆板。色彩和装饰采用对比的手法。教义规定：经堂和塔都刷白色，佛寺刷红色，白墙面上用黑色窗框，红色木门廊及棕色饰带；红墙面上则主要用白色及棕色饰带。屋顶部分及饰带上重点点缀溜金装饰，或用溜金屋顶。这些装饰和色彩上的强烈对比，有助于突出宗教建筑的重要性。

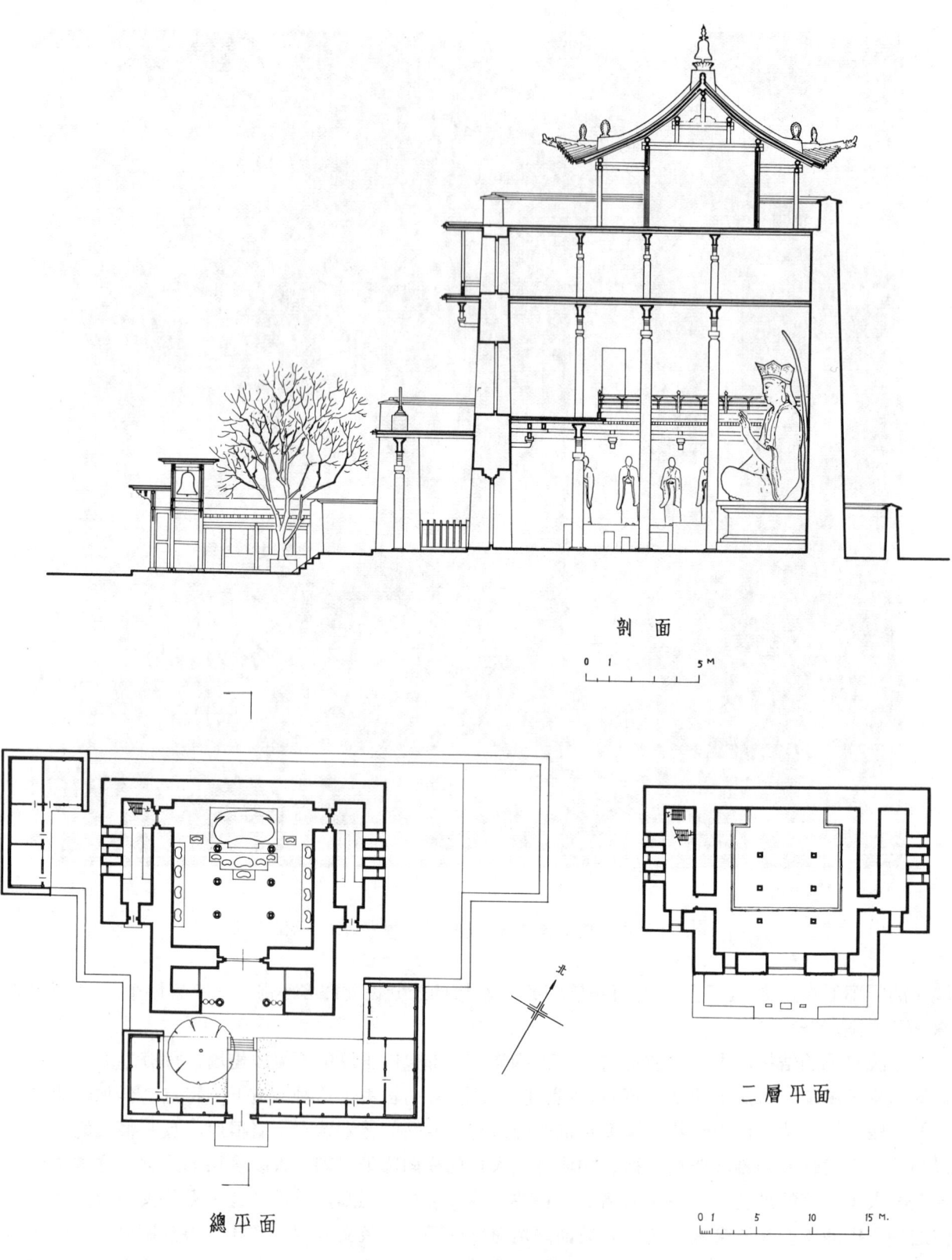

剖  面

0  1          5 M

二层平面

總平面

0  1      5      10      15 M.

图 195-1   甘肃夏河县拉卜楞寺赛康（寿喜寺）平、剖面图

图 195-2　甘肃夏河县拉卜楞寺赛康（寿喜寺）外观

在这些共同的造型特点中，藏族特有的装饰如由柱子到屋檐一整套构件、平顶檐口饰带、屋顶的溜金装饰构件、大门和窗户等等，从比例、形式到纹样、色彩都已定型化，而各类建筑又都使用这些同样装饰。对于统一建筑风格发挥了一定作用（图198）。

西藏拉萨的布达拉宫是一组大型寺院建筑群，始建于公元七世纪松赞干布王时，现在的建筑是清顺治二年（公元1645年）五世达赖喇嘛时期建造的，工程历时五十年。

布达拉宫缘山修建，高达200余米，外观十三层，但实际仅九层。主体建筑分两部分："红宫"主要是大经堂和存放历代达赖喇嘛尸塔的大殿；"白宫"是寝室、会客室、餐厅、办公室、仓库及经堂。在主体建筑之前有一片6公顷多的平坦地带，其中布置了印经院、管理机构、守卫室及监狱。围绕全宫有很厚的石城墙及城门（图199-1）。宫殿的结构和一般寺院相同，其中最突出的是藏族工匠对于砌墙有着熟练的技巧，不立杆、不挂线，而砌缝平整，收分准确。

布达拉宫的艺术处理手法和其他寺院建筑相似，利用山峰修筑建筑，而高耸的主体建筑位于山顶，控制全部建筑群，是非常成功的艺术处理（图199-2～3）。

蒙古族的寺院从使用上可分为两类：一类，主要供僧众学习经文，组合内容及建筑处理和藏族寺院类似；另一类僧众不多，一般只有一所经堂主要供朝拜之用。后一种在蒙古族的寺院中有一定的典

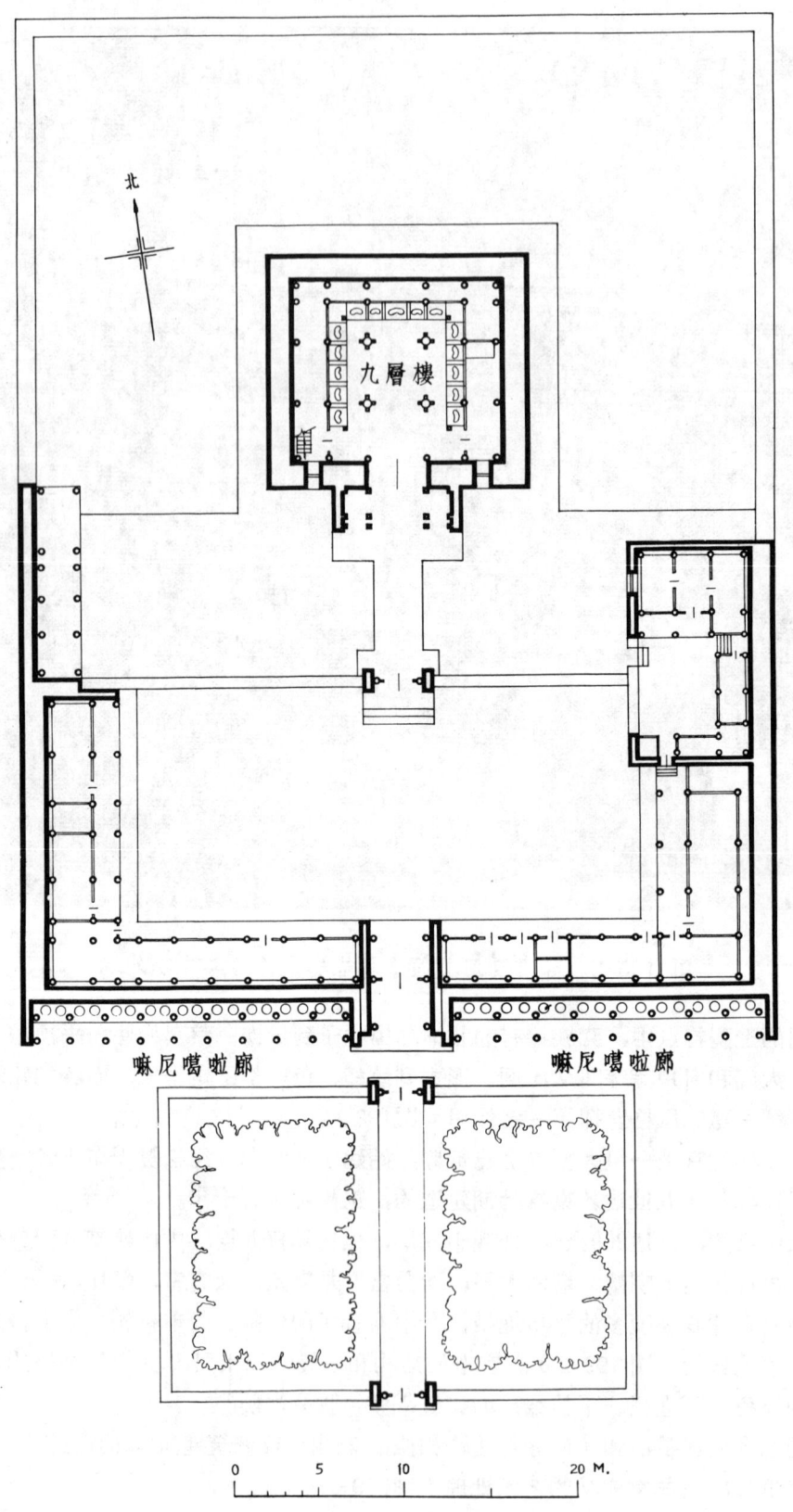

北

九層樓

嘛尼噶啦廊　　嘛尼噶啦廊

0　　5　　10　　　　20 M.

图 196-1　甘肃合作县札木喀尔寺格达赫（九层楼）总平面图

图 196-4 甘肃合作县札木喀尔寺格达藏（九层楼）远观

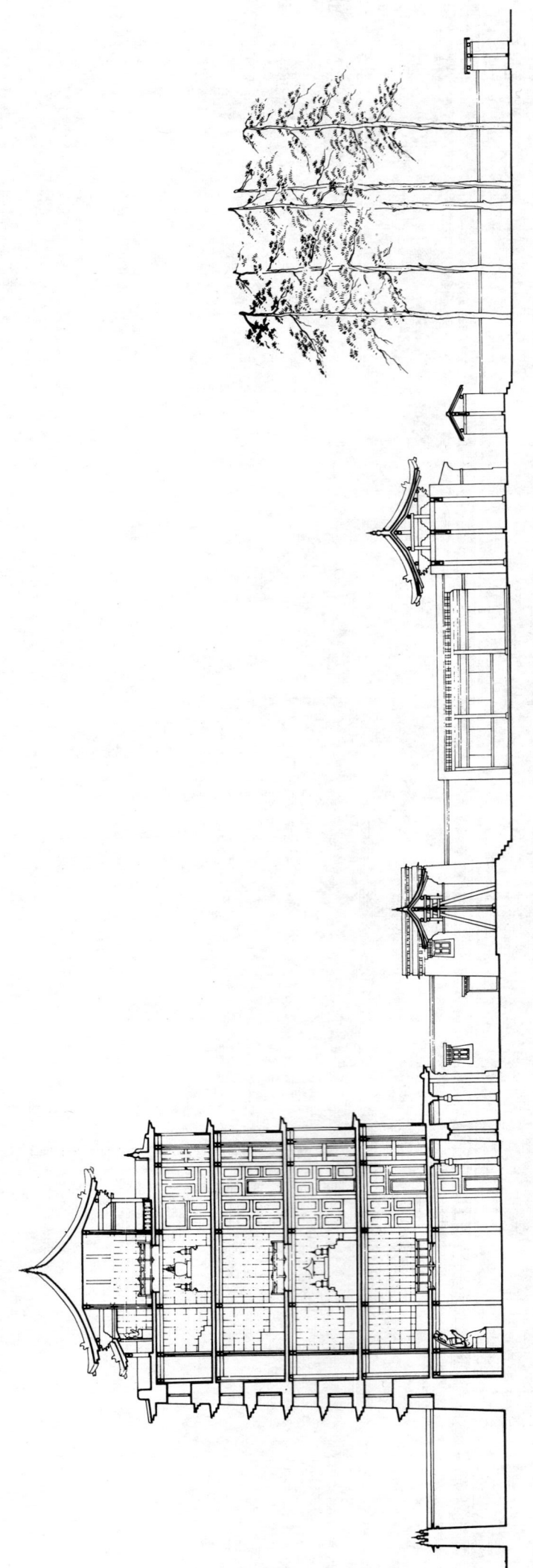

图 196-2　甘肃合作县扎木喀尔寺格达藏（九层楼）纵剖面图

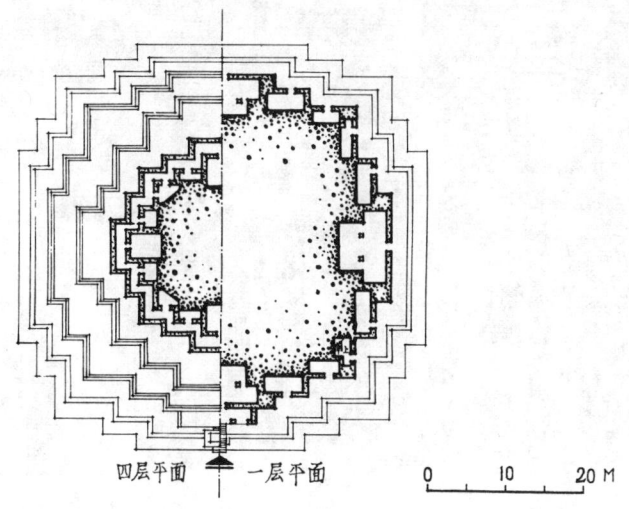

图 196-3　甘肃合作县札木喀尔寺格达赫（九层楼）正面外观

四层平面　　一层平面　　　　0　　10　　20 M

图 197-1　西藏自治区江孜白居寺班根塔平面图

图 197-2　西藏自治区江孜白居寺班根塔外观

型意义。

蒙古族从明代起，大量吸收了汉族文化，到清代得到更密切的融合。这种情况反映到建筑上的是城市中的寺院完全采用了汉族传统佛寺的布局方式。除大经堂的平面，空间处理仍然保持喇嘛教经堂的特有形式外，其他建筑都与汉族建筑一样。

呼和浩特市的席力图召是这类建筑中典型的例子。主要建筑按纵轴线排列，完全采用汉族传统佛寺的制度，但在中轴线的后部，布置了喇嘛教寺院特有的大经堂（图200-1）。

大经堂重建于清康熙三十五年（公元1696年），平面分为前廊、经堂、佛殿三部分，但佛殿已毁，只余前面两部分。大经堂建在高台上，前有月台，这是汉族建筑的特点。外墙用砖，屋顶用汉族建筑的构架形式，但整个平面和空间处理，仍是喇嘛教寺院经堂特有的方式（图200-2～3）。

建筑造型，墙身不太厚，外镶蓝琉璃砖；门廊很大，上面满开米红色窗户；檐口饰带很宽大，并和屋顶的黄琉璃瓦檐组合起来，上面的溜金饰物也很多。这些都使大经堂在外形上显得很华丽而无雄伟的气派[320]（图200-4）。

图 193　西藏自治区日喀则札什伦布寺

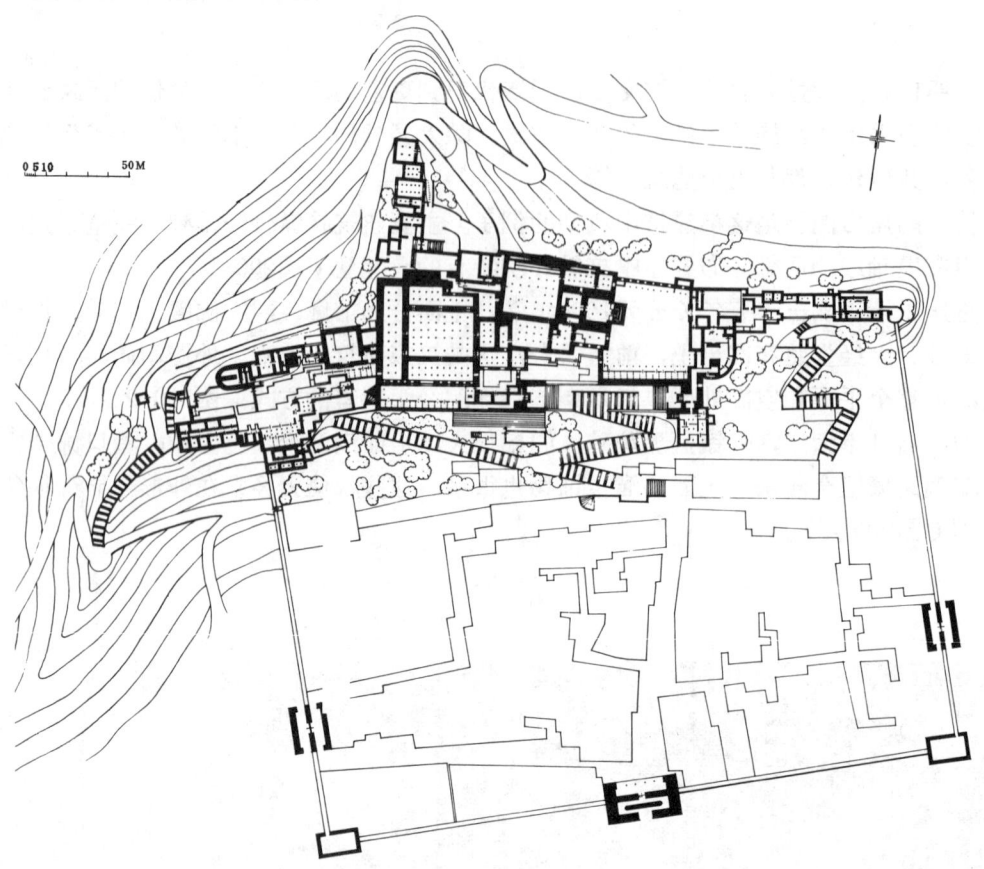

图 199-1 西藏自治区拉萨市布达拉宫总平面图

图 199-2 西藏自治区拉萨市布达拉宫全景

图 199-3　西藏自治区拉萨市布达拉宫近景

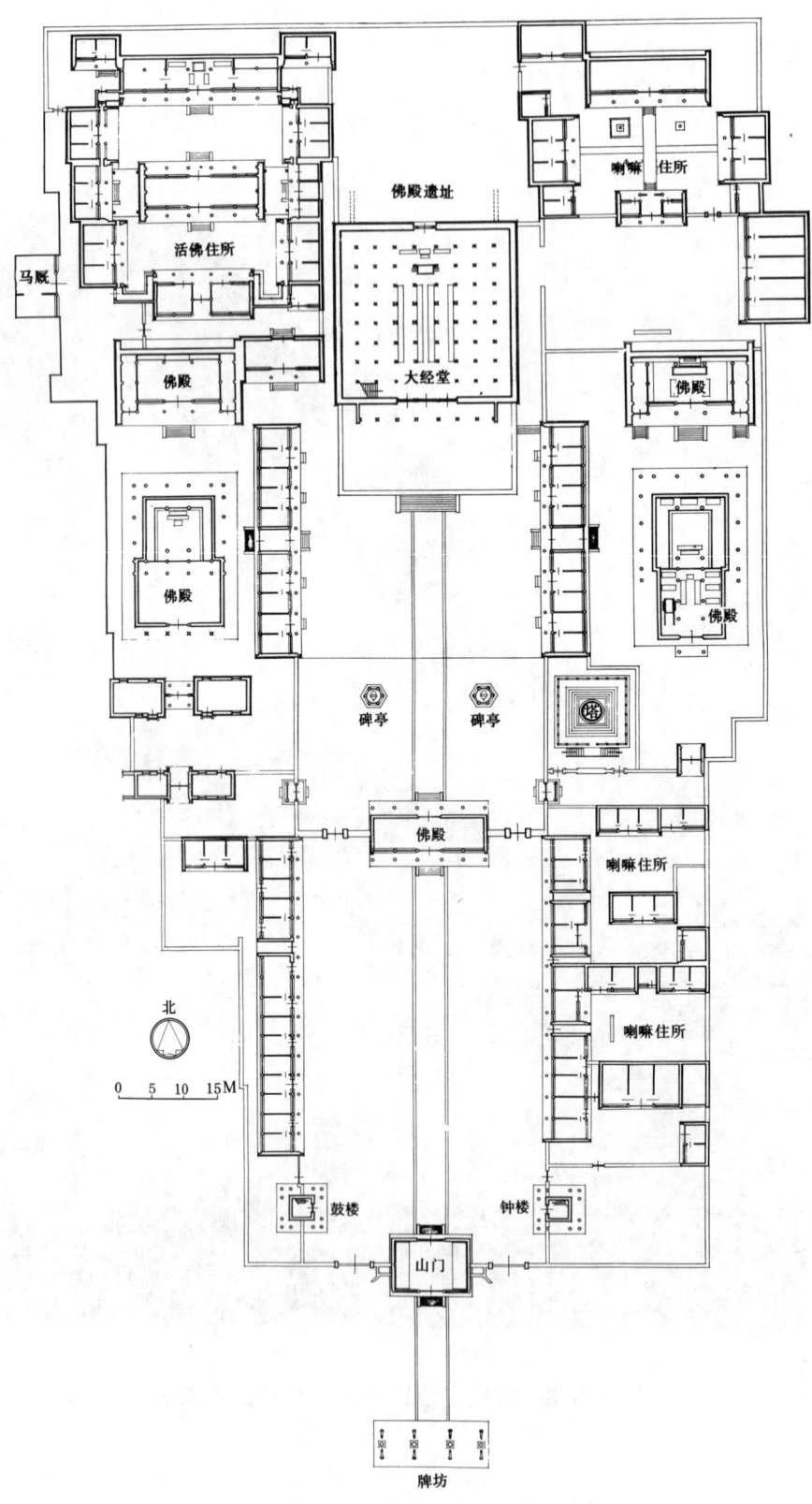

马厩

活佛住所

佛殿

佛殿

佛殿遗址

大经堂

喇嘛住所

佛殿

佛殿

碑亭　碑亭

佛殿

喇嘛住所

喇嘛住所

北

0　5　10　15M

鼓楼　钟楼

山门

牌坊

图 200-1　内蒙古自治区呼和浩特市席力图召总平面图

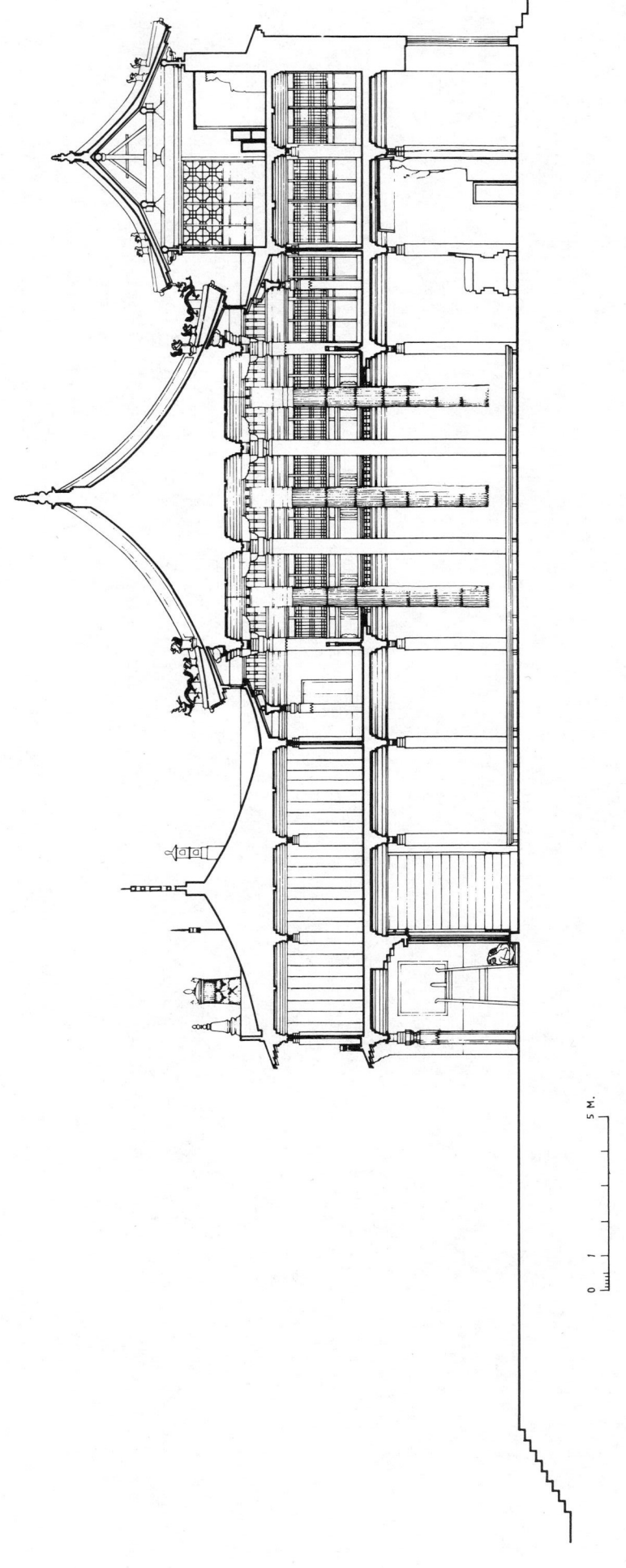

图 200-2　内蒙古自治区呼和浩特市席力图召大经堂剖面图

图 200-3　内蒙古自治区呼和浩特市席力图召大经堂内部

图 200-4    内蒙古自治区呼和浩特市席力图召大经堂外观

## 河北承德的喇嘛教寺院

承德是由北京东北通往内蒙古的一条孔道。清朝皇帝为了抵御沙俄侵略者，便于联系和团结蒙族、藏族等少数民族，从公元十八世纪初起在这里建造离宫，兼作避暑之用。围绕离宫的东面和北面的山地上建有十一组喇嘛教寺院，现存八座，即：溥仁寺（康熙五十二年，公元1713年）、普宁寺（乾隆二十年公元1755年）、普佑寺（乾隆二十五年公元1760年）、安远庙（乾隆二十九年，公元1764年）、普乐寺（乾隆三十一年公元1766年）、普陀宗乘庙（乾隆三十六年，公元1771年）、殊象寺（乾隆三十九年公元1774年）、须弥福寿庙（乾隆四十五年，公元1780年）（图201）。其中普陀宗乘庙是模仿布达拉宫、须弥福寿庙是模仿札什伦布寺修建的，其他寺院同样是为纪念战胜民族分裂势力的叛乱和团结少数民族的胜利而建造的。这些建筑的形式，吸取了西起西藏、新疆，北到蒙古，东南到浙江等许多地区著名建筑的特点，集中了当时建筑上成功的经验而创造出来的，反映了当时民族文化交融的情况[321]。

这些寺院在总体处理上，有些利用山势的自然坡度布置建筑，有些则作了较多的人工处理，把坡地处理成几个不同高度的台阶，在各个台阶上对称地布置建筑。建筑布局大部分采用对称方式，但普

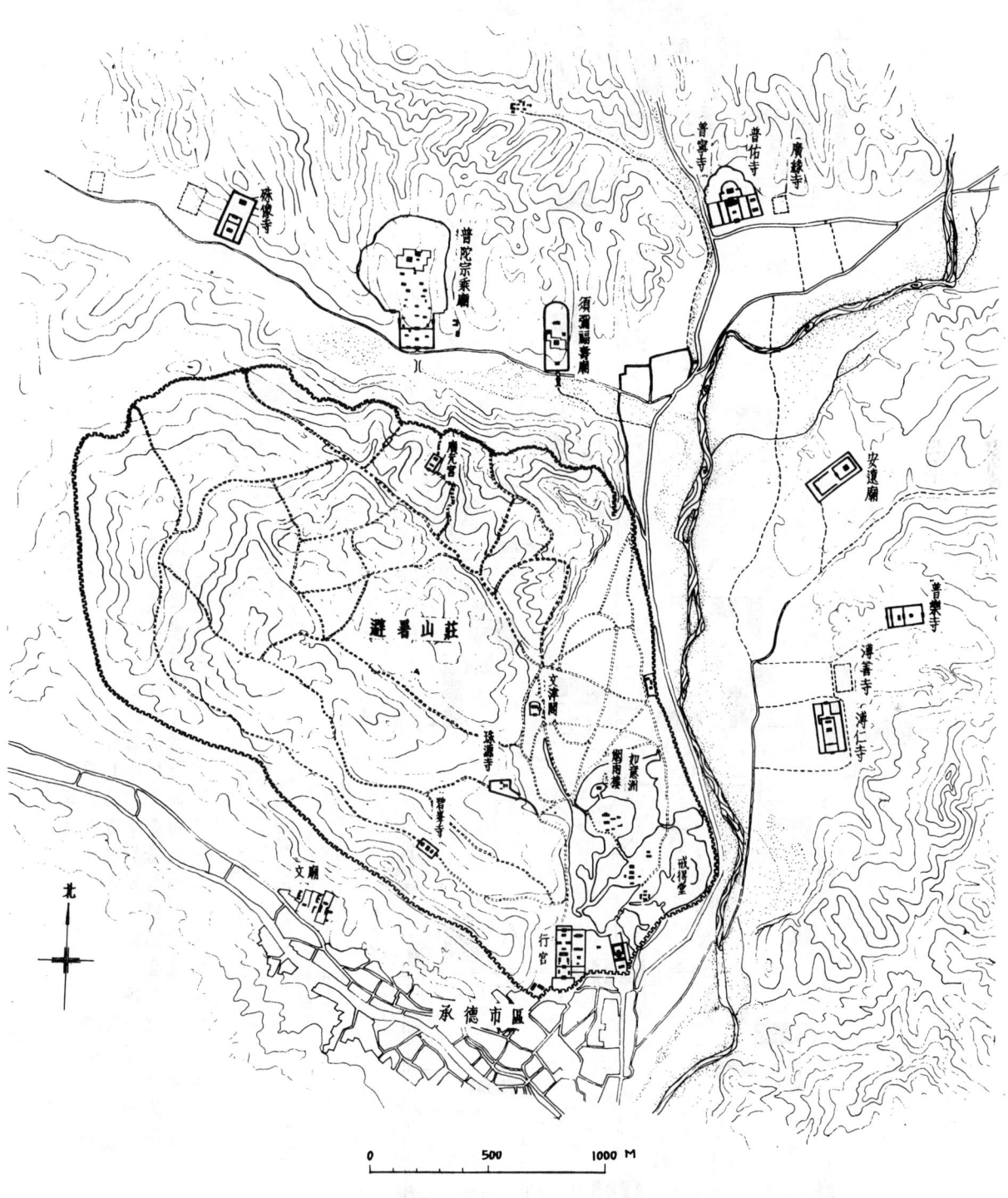

图 201　河北承德市避暑山庄和外八庙总平面图

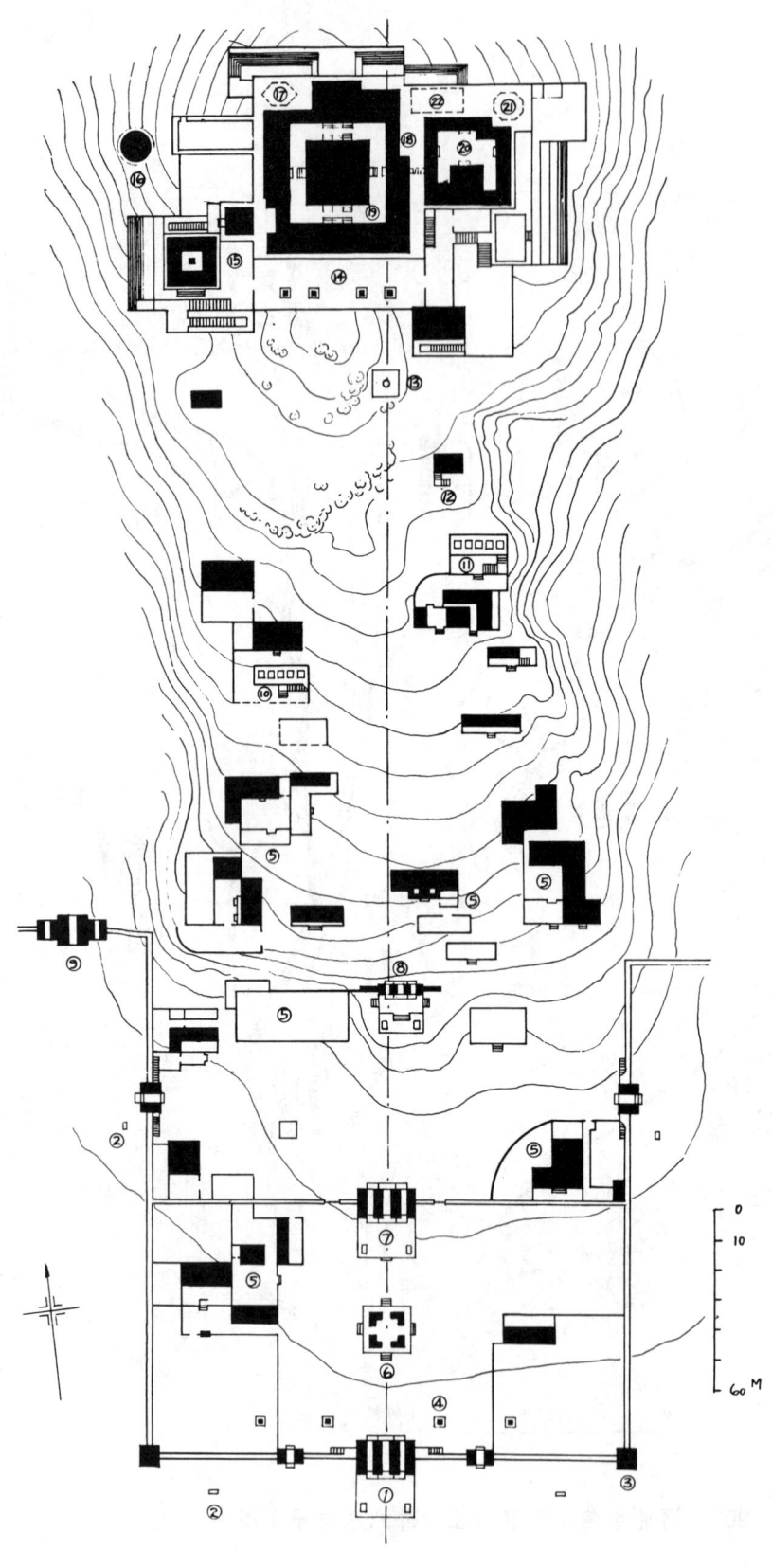

1 山門
2 制碑
3 隅閣
4 幢竿
5 白臺
6 碑閣
7 五塔門
8 琉璃牌樓
9 三塔水口門
10 白臺西方五塔
11 白臺東方五塔
12 白臺鐘樓
13 白臺單塔
14 大紅臺
15 千佛閣
16 圓臺
17 六方亭
18 大紅臺羣樓
19 萬法歸一殿
20 戲臺
21 八方亭
22 落伽勝境殿

图 202-1　河北承德市普陀宗乘庙平面图

图 202-2　河北承德市普陀宗乘庙全景

图 203-1　河北承德市须弥福寿庙全景

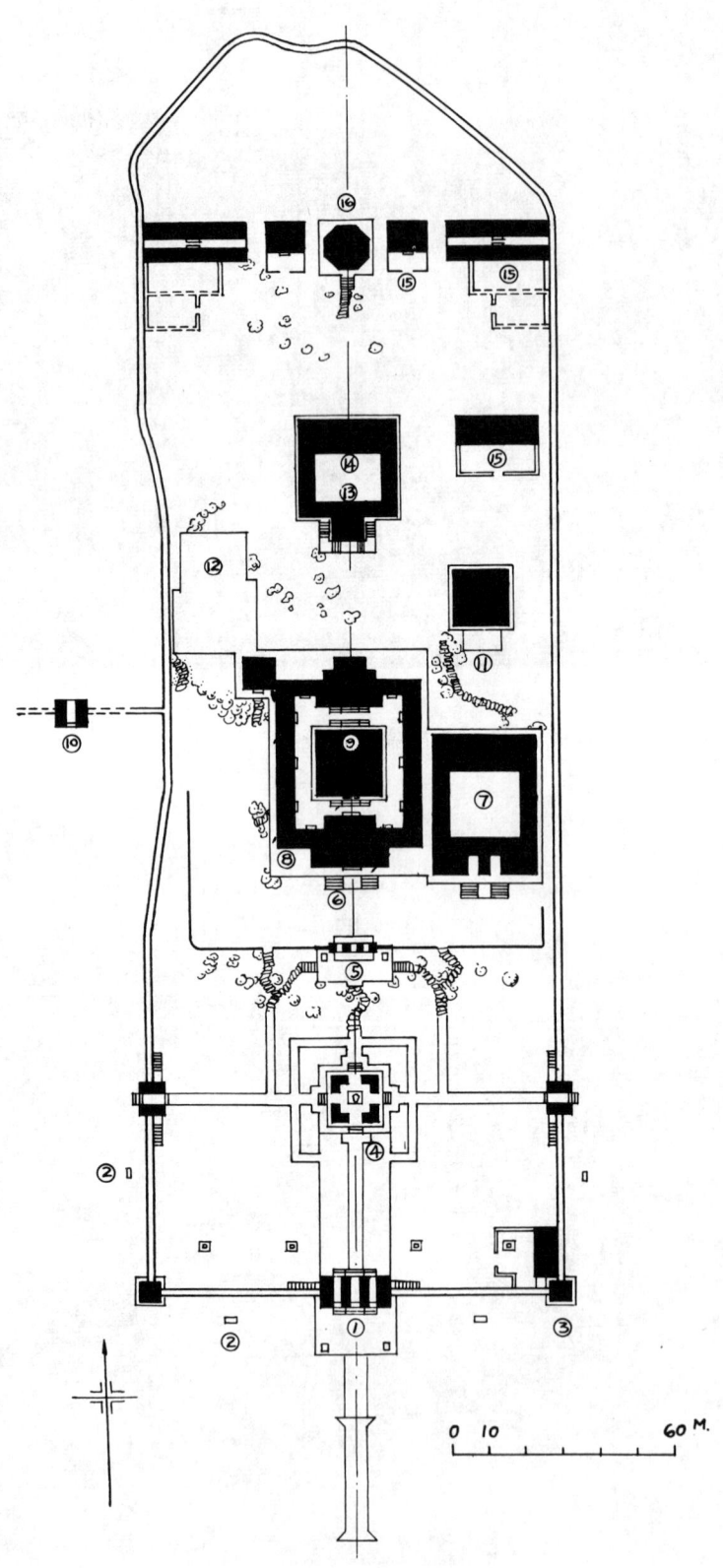

1 山門
2 制碑
3 隔閣
4 碑閣
5 琉璃牌樓
6 大紅臺
7 東紅臺
8 大紅臺羣樓
9 妙高莊嚴殿
10 單塔白臺
11 生歡喜心殿
12 吉祥法喜殿
13 金賀堂
14 萬法松緣殿
15 白臺
16 琉璃寶塔

图 203-2　河北承德市须弥福寿庙平面图

陀宗乘庙和须弥福寿庙则只是前面部分对称，其他部分随地形而变化（图202-1～2、203-1～2）。一部分寺院还附有园林，但处理手法不同于一般园林，而是就自然地势略加人工点缀，把山石树木组合到一起；也有些山石花木的处理主要是用来衬托建筑，给某些严整的建筑增添不少生趣。

　　这些寺院都以主体建筑的造型引人入胜，而其建筑的造型各不相同，绝对尺度都很高大，又都依地形建在寺中最高的地方，使优美的体型突出在一般建筑之上，极为壮观。其中如普宁寺大乘阁，高三层，上面五个屋顶一大四小（图204-1～4），造型稳重；普乐寺旭光阁为重檐圆顶，下面承以两层高台，周围配置八座琉璃小塔，比例和谐而形体富于变化（图205）；普陀宗乘庙的大红台利用山势修建，平面曲折，体型错落有致，并在模仿藏族寺院形式的基础上，加入若干汉族建筑的手法，给人以雄壮而活泼的印象（图206）。

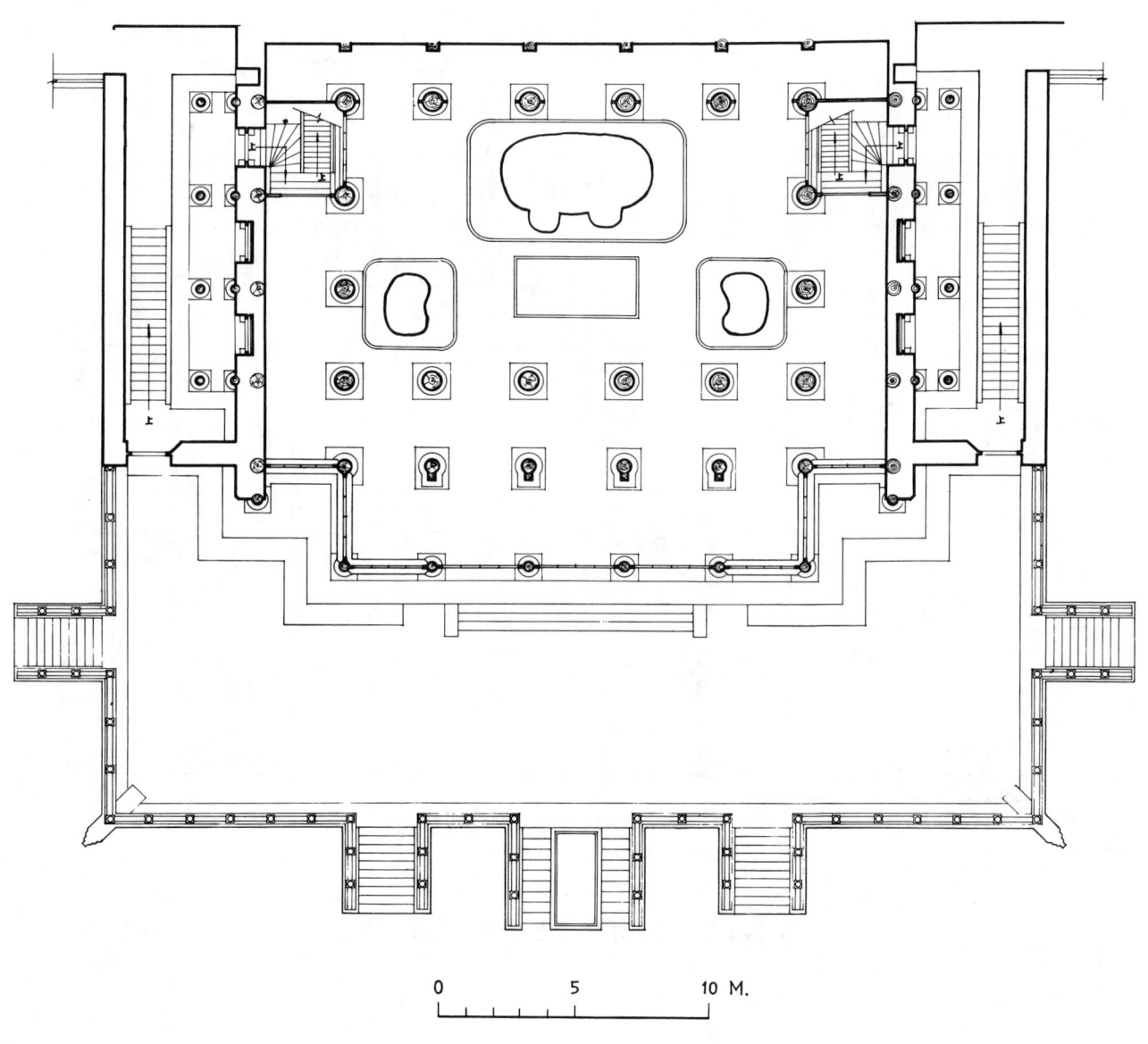

0　　　　　5　　　　　10 M.

图 204-1　河北承德市普宁寺大乘阁一层平面图

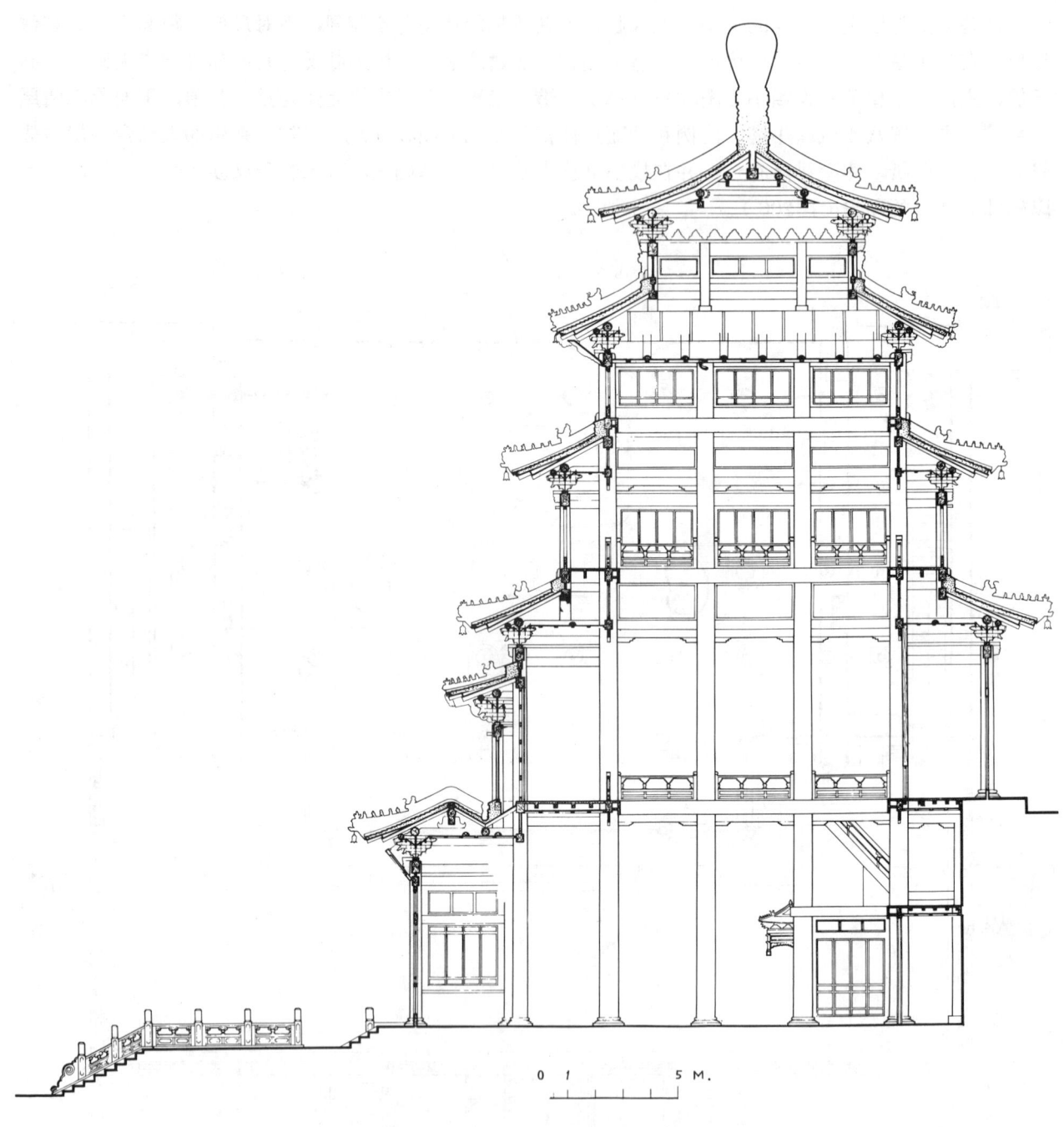

图 204-2　河北承德市普宁寺大乘阁剖面图

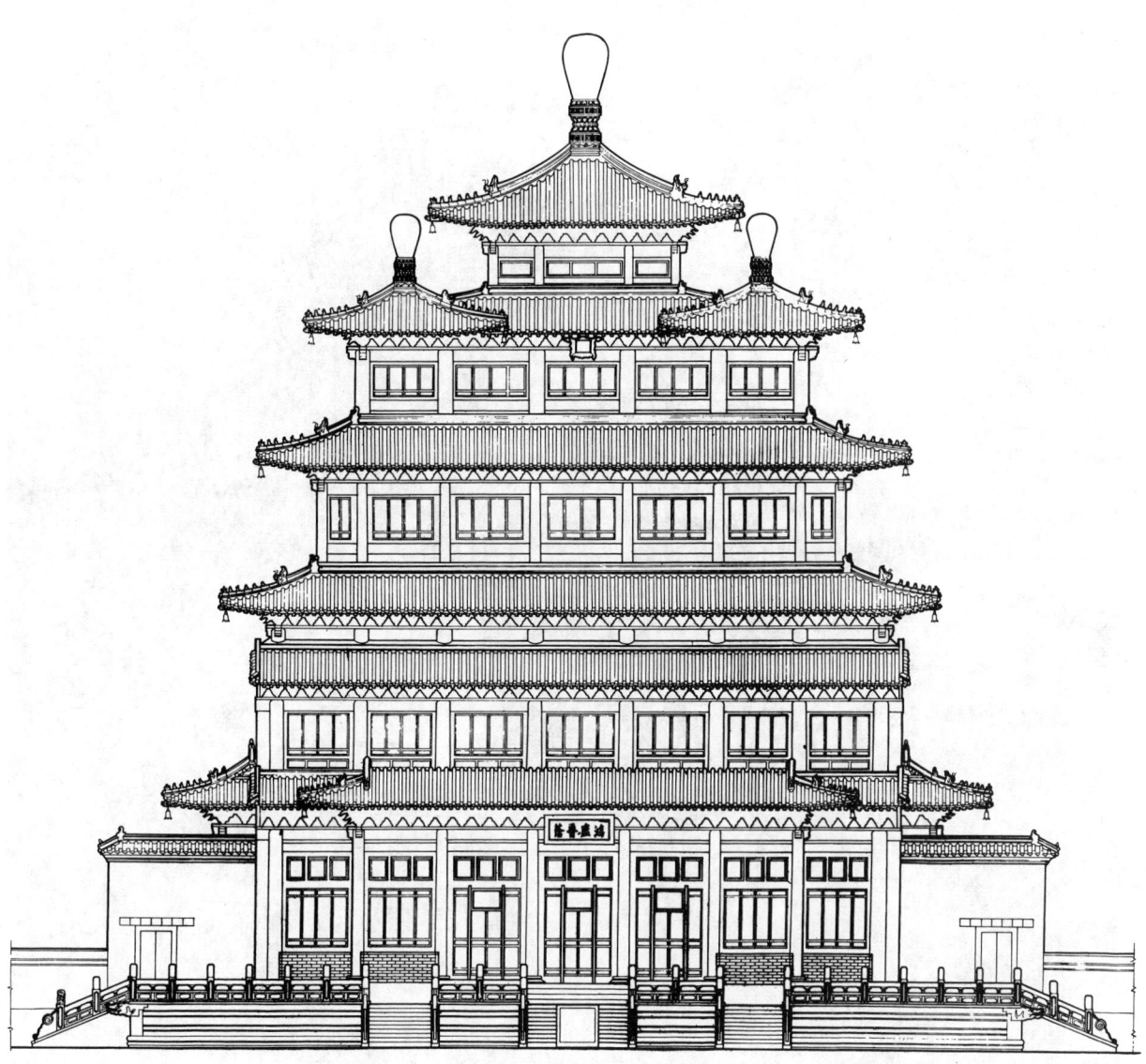

0  1        5 M.

图 204-3　河北承德市普宁寺大乘阁正立面图

图 204-4  河北承德市普宁寺大乘阁外观

图 205 河北承德市普乐寺旭光阁

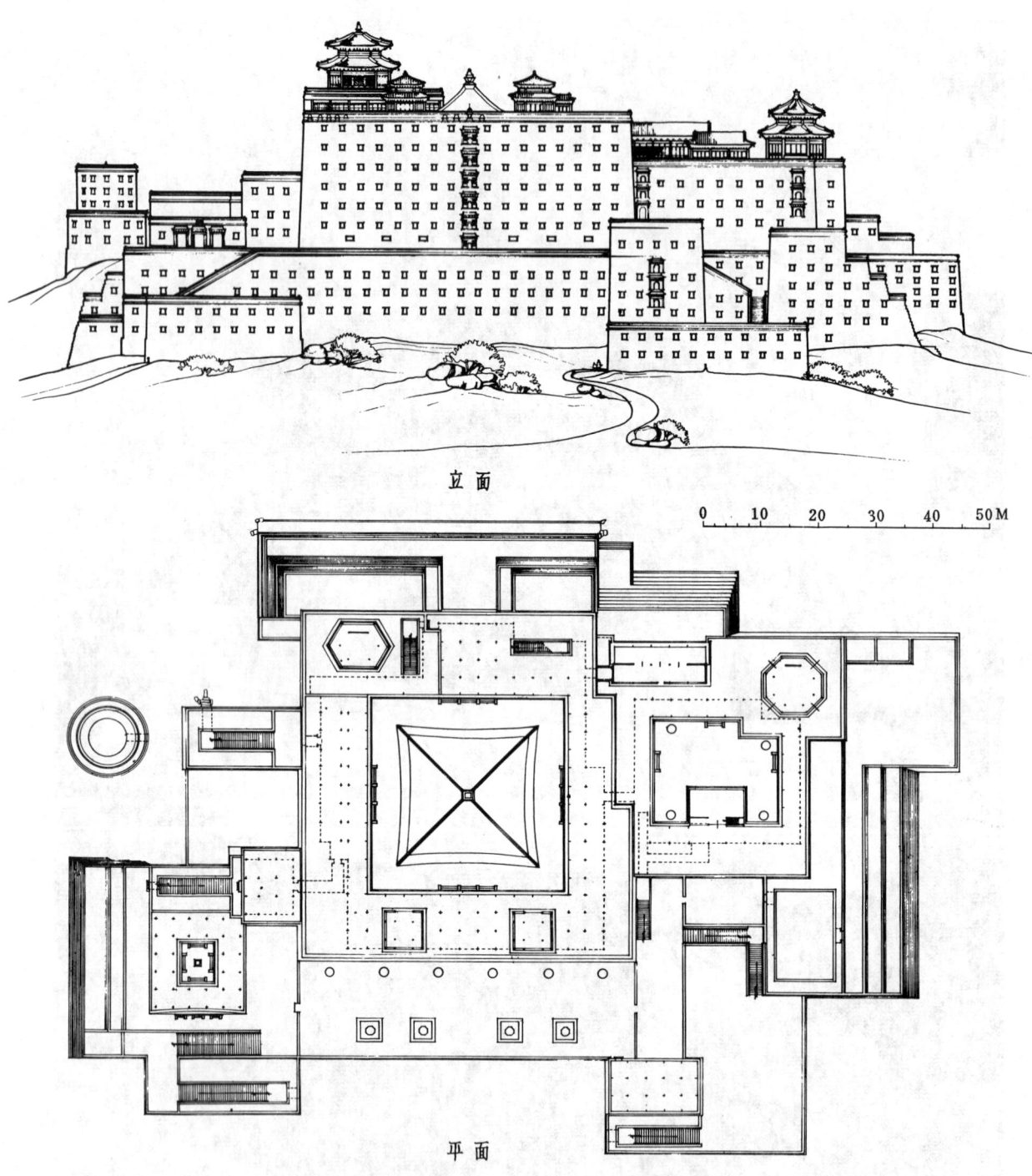

立面

0    10    20    30    40    50 M

平面

图 206  河北承德市普陀宗乘庙大红台平、立面图

## 伊 斯 兰 教 建 筑

明、清时期的伊斯兰教建筑分为两个系统：一种以回族的礼拜寺和教长墓为代表；另一种以维吾尔族的礼拜寺和玛札为代表。

西安化觉巷清真寺是回族礼拜寺的重要例证，始建于明洪武二十五年（公元1392年）[322]（图207-1）。由于回教徒礼拜时须面向麦加圣地，所以中国清真寺采用东西方向的轴线，而大门位于东端。这寺平面在东西轴线上对称地布置各种建筑，与汉族建筑的布局方式并无差别。按伊斯兰教的要求，清真寺应由礼拜殿、唤醒楼、浴室、教长室及经文教室等所组成，其中以唤醒楼和礼拜殿与教义具有密切关系。唤醒楼即中亚礼拜寺的"密那楼"，原是塔形，称"密那塔"或"光塔"，供招唤教徒作礼拜之用。礼拜殿分为前廊、大殿及后殿三部分，其平面基本脱胎于中亚礼拜殿。但在这里，前者是一个传统的楼阁建筑，而后者则完全是一座勾连搭的大殿形式。寺中最富有伊斯兰教特色的是礼拜殿内的装饰。殿内主要以暗红、棕和金色的蔓卷纹及阿拉伯文字组成繁密的图案，在深邃的殿宇中造成一种低沉的气氛（图207-2）。但前殿的天花和斗栱彩画仍为汉族式样（图207-3）。伊斯兰教在元代大量传入内地后，随着也传入了中亚的建筑形式。经过约一世纪就被中国匠师们吸收融化，创造出中国的伊斯兰教建筑形式。这一现象正如同佛教传入中国的情形一样，说明中国古代匠师有着勇于吸收外来因素，和在传统的基础上创造自己的独立风格的才能。

伊斯兰教在公元十至十一世纪间传入新疆，但十五世纪以后才成为维吾尔族主要信仰的宗教。在伊斯兰教输入新疆以前，新疆地区的建筑已经形成独特的体系：建筑结构有木柱密梁平顶和土坯拱（或穹窿顶）两种方式，建筑布局自由灵活，装饰和色彩都很丰富。伊斯兰教由中亚传入新疆以后，在原有建筑体系的基础上增加了伊斯兰教特有的建筑因素，发展成为中国的维吾尔族伊斯兰教建筑。在以后的发展中也吸取了不少国内其他民族的建筑因素，如汉、回、藏族的某些装饰纹样。

维吾尔族伊斯兰教建筑包括三种类型，即礼拜寺、教经堂、教长陵墓。大型的教长陵墓也同时包括礼拜寺和教经堂在内。

喀什市阿巴伙加玛札是一组大型的宗教建筑群、包

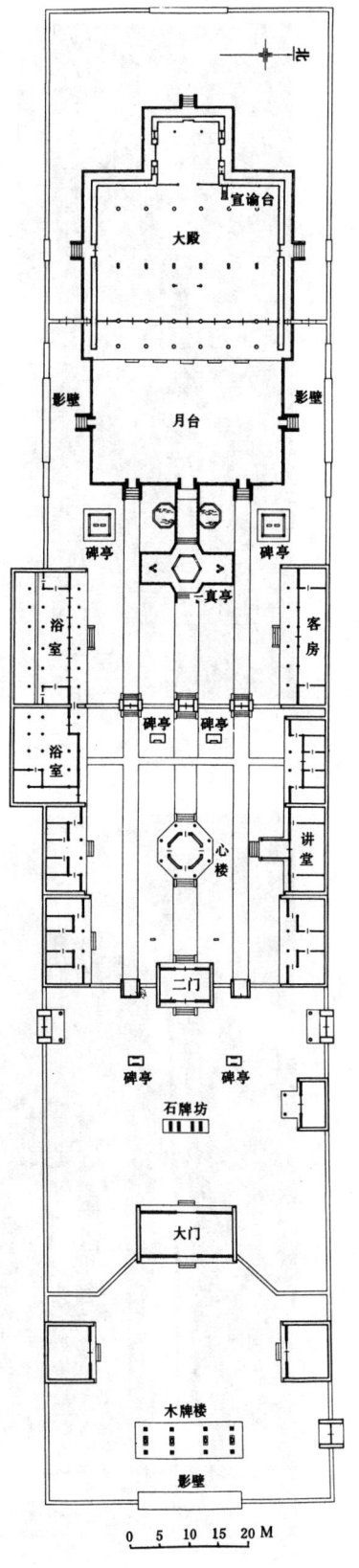

图 207-1 陕西西安市华觉巷清真寺
总平面图

图 207-2　陕西西安市华觉巷清真寺礼拜殿后殿内部

图 207-3　陕西西安市华觉巷清真寺礼拜殿前殿内部

括主墓室、四座礼拜寺和一所教经堂。从公元十八世纪初建造，经过不断改建和扩建，形成现在的规模。因为是不断扩建成的，所以建筑的组合各自成组（图208-1～2）。

大门、高礼拜寺、低礼拜寺和教经堂是一个组群（图208-3～4）。这几座建筑相互毗连，构成进入陵墓前面一个非常华丽的画面；其中以高礼拜寺的造型最引人入胜。开敞的外殿集中了许多华丽的装饰，位于转角处的两个塔楼与大门两侧的塔楼，构成伊斯兰教建筑特有的轮廓。低礼拜寺和教经堂隐在高墙的后面，在造型上只起着陪衬作用。

主墓室是全陵园的主体（图208-5～8）。结构是在内部用四个大尖拱支持一个穹窿顶，而大拱四周又用厚墙支托，同时在墙的四个角上用塔楼固定；外面用绿琉璃镶面和部分白墙面相组合，整个建筑造型稳重简练而不呆板。内部全部刷白；有着静穆的气氛。

大礼拜寺以墙环绕，自成一组。前殿高大，列柱林立，色调幽暗，有着伊斯兰教特有的低沉而神秘的气氛（图208-9）。后殿为一系列低矮的拱顶，更加显得沉闷。大礼拜寺和主墓室之间是绿顶礼拜寺。它的后殿和主墓室相似，前殿与大礼拜寺相似，在造型上恰成为二者间的过渡。

维吾尔族建筑中成就最高的是装饰艺术。装饰不是平均使用，而是置于视线最集中的地方。如礼拜寺外殿最外一列柱子的柱头形式很多，柱身雕刻也很细致，而里面的柱子就很简单；天花板只在

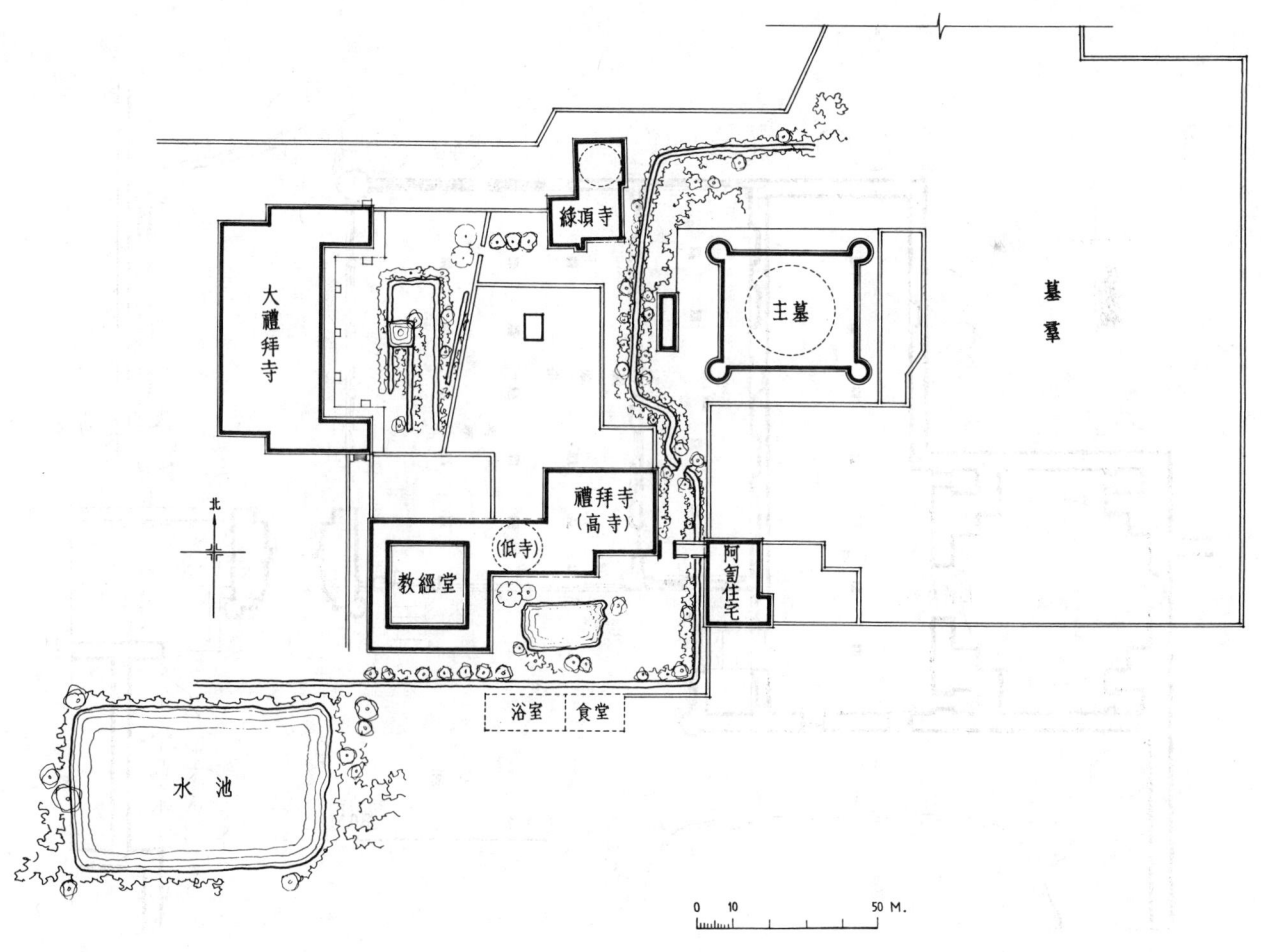

图 208-1　新疆维吾尔族自治区喀什市阿巴伙加玛札总平面图

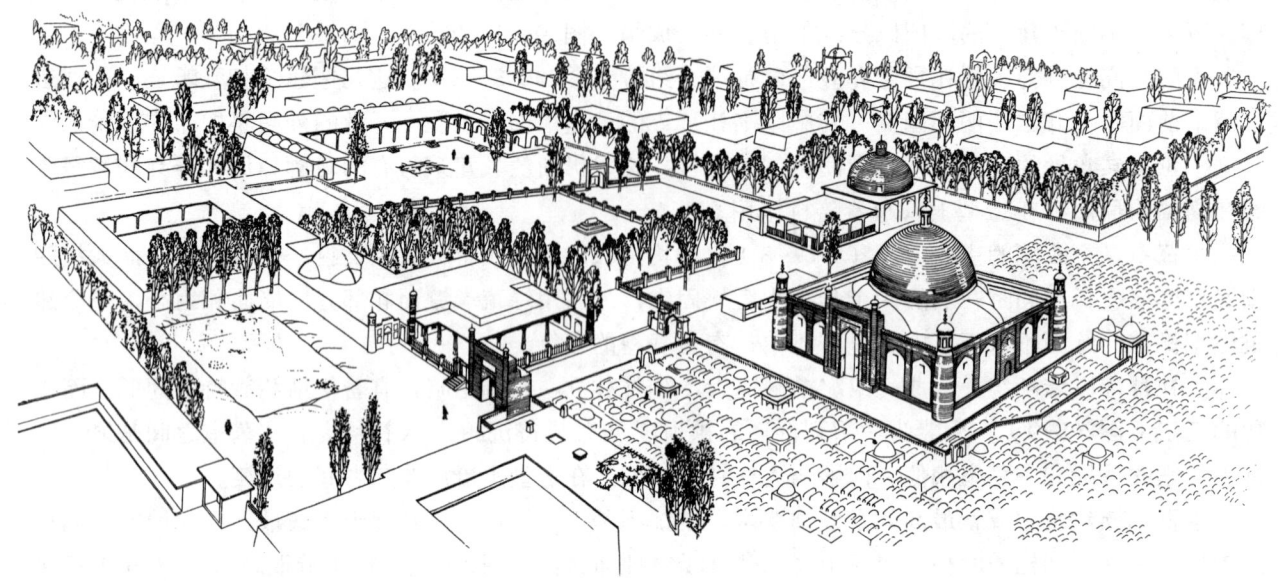

图 208-2　新疆维吾尔族自治区喀什市阿巴伙加玛札鸟瞰图

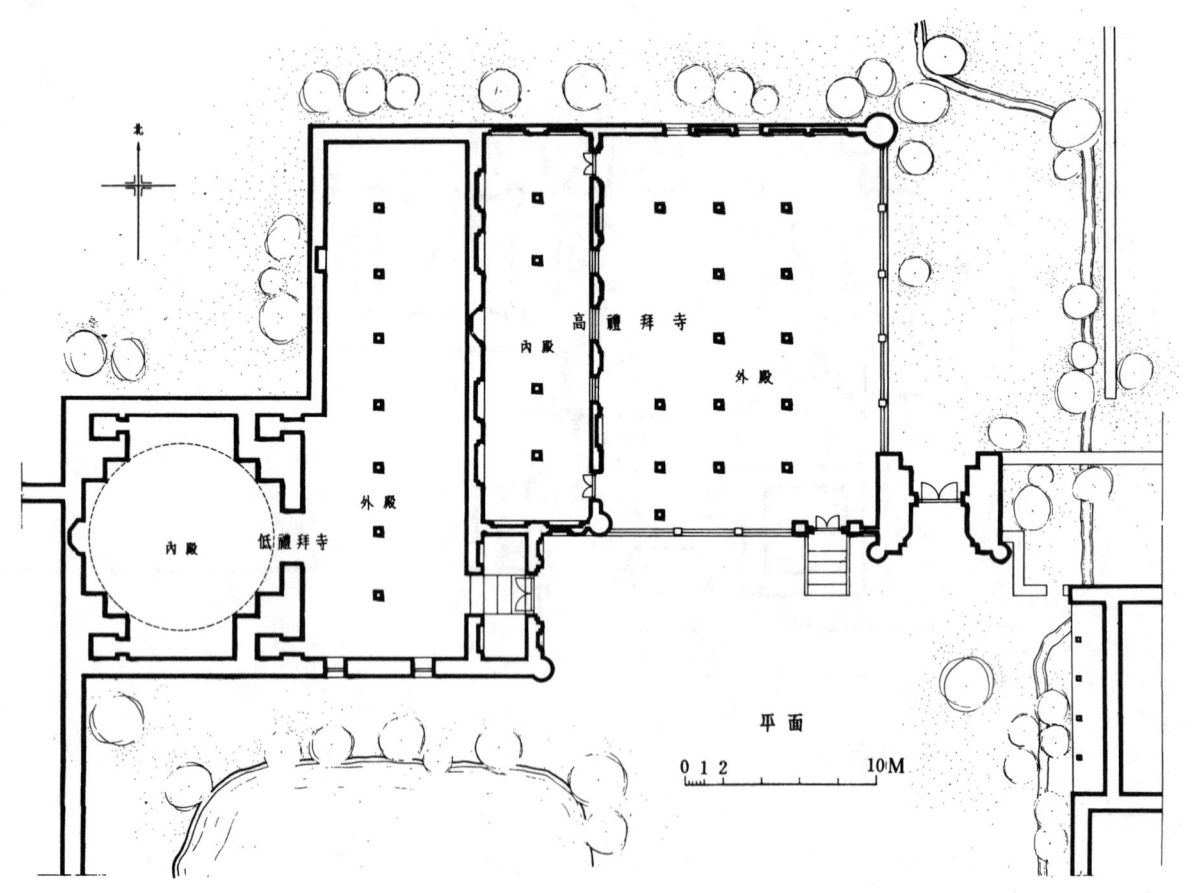

图 208-3　新疆维吾尔族自治区喀什市阿巴伙加玛札高低礼拜寺平面图

图　208-4　新疆维吾尔族自治区喀什市阿巴伙加玛札高低礼拜寺外观

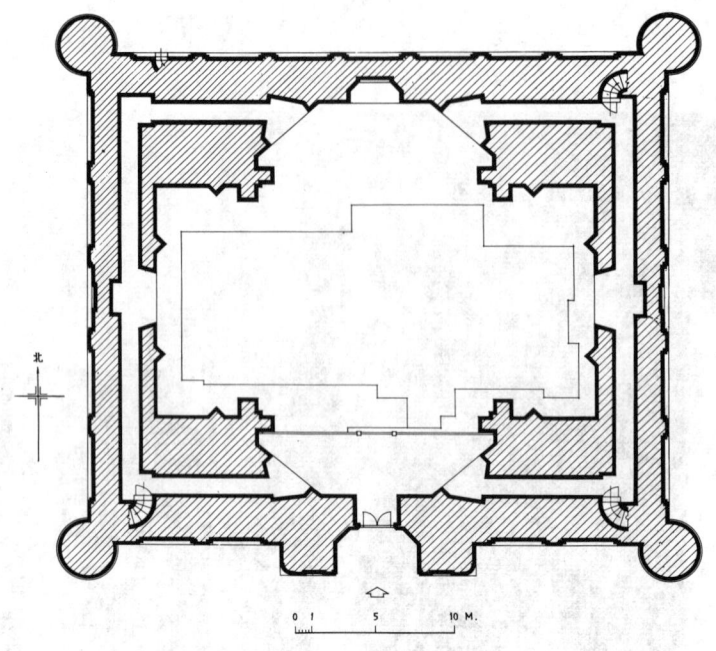

图 208-5　新疆维吾尔族自治区喀什市阿巴伙加玛札主墓平面图

图 208-6　新疆维吾尔族自治区喀什市阿巴伙加玛札主墓剖面图

图 208-7 新疆维吾尔族自治区喀什市阿巴伙加玛札主墓正立面图

图 208-8 新疆维吾尔族自治区喀什市阿巴伙加玛札主墓近景

图 208-9　新疆维吾尔族自治区喀什市阿巴伙加玛札大礼拜寺

　　中心几间用彩画作装饰，其他则是素雅的密梁而已。又如高礼拜寺的装饰主要集中在塔楼、礼拜窟龛和天花板及墙的交接处，这几处也正是人们的视线最容易集中的地方。至于窗户棂条的组合使用各种精巧的几何形纹样，是伊斯兰教建筑的特点之一。

　　维吾尔族建筑装饰的种类很多，而最出色的是拼砖、石膏花饰、彩画和窗户棂条的组合（图208-10～11），多种装饰往往综合使用，形成华丽细致的艺术气氛[306]。

图 208-10　新疆维吾尔族自治区喀什市阿巴伙加玛札主墓塔楼

图 208-11  新疆维吾尔族自治区喀什市阿巴伙加玛札主墓窗棂

# 第十节　元、明、清建筑的材料、技术和艺术

宋、辽、金、元等代虽建造了不少精美 的 砖塔，唐、宋时期还用砖包砌城垣、铺街道，可是元大都的城垣仍然是土筑的。到了明代，砖的生产大量增长，不仅民间建筑很多使用砖瓦，全国大部分州、县城的城墙都加砌砖面，特别是河北、山西二省内长达千余公里的万里长城，在公元十五、六世纪间，大部分建为雄厚的砖城。

在结构方面，元以前城门洞上 部 一般 做 成 梯形，用柱和梁架支撑，从元代起已有一些城门用半圆形券，明清则全部采用砖券。建筑方面，公元十五世纪出现了全部用砖券结构的无梁殿（图209-1～3），并盛行于十六世纪中、晚期。华北黄土地区的窑洞住宅内部也陆续衬砌砖券，说明这时候砖券结构已普及各地。随着伊斯兰教传入的穹窿顶，通常建于方形平面上，其结构方式有二种：一种是由

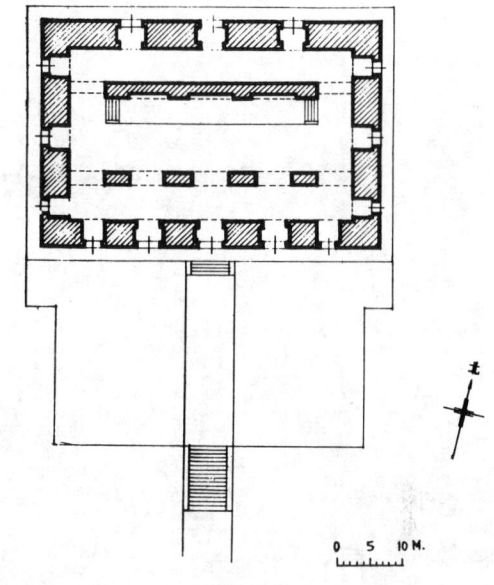

图 209-1　江苏南京市灵谷寺大殿平面图

图 209-2　江苏南京市灵谷寺大殿内景

图 209-3　江苏南京市灵谷寺大殿外观

元代一直延续至清朝的新疆维吾尔族陵墓，在面积不大时，穹窿直接放到方形厚墙上，面积较大时，顶下用连续小拱构成多边形数层，作为圆顶与方形平面间的过渡。另一种方式见于内地礼拜寺中，是在方形平面的四角用砖叠涩及砖制斗栱出挑，上承穹窿顶。而当面积较大时，则如北京、杭州等处少数明代清真寺大殿，在汉族形式的屋顶下并列三座穹窿。这种在内地发展起来的砖砌穹窿顶，到了明中叶发展成为多层的斗八形状，如在太原永祚寺、苏州开元寺二处无梁殿中所见到的。

夯土技术在明清时期有了更高成就。福建、四川、陕西等地有若干建于清代中叶的三、四层楼房采用夯土墙承重，内加竹筋，虽经地震，仍极坚实。

明、清二代琉璃瓦的生产，无论数量或质量都超过过去任何朝代，不过瓦的颜色和装饰题材仍受到封建社会阶级制度的严格限制，其中黄色琉璃瓦仅用于宫殿、陵寝和高级的祠庙。今天人们从北京景山俯瞰紫禁城。看到一片华丽的金黄色琉璃瓦海，点缀着苍松翠柏，显示中国古代匠师在运用琉璃瓦以获得艺术效果方面是非常成功的。

这时期内，贴面材料的琉璃砖多使用于佛塔、牌坊、照壁、门、看面墙等处。已毁的南京明代报恩寺塔是用彩色琉璃砖饰面的；现存山西洪洞县广胜寺明代飞虹塔、山西大同明九龙壁、北京故宫及北海的清代九龙壁等都是具有高度技术水平与艺术水平的范例（图210）。此外，镏金、玻璃及其它美术工艺品用于建筑，丰富了装饰的手法，对于建筑艺术起了不少作用。

在木结构方面，元代一方面发展唐宋以来的传统，而另方面，部分地方建筑继承着金代，在结构

图 211 北京市故宫太和殿梁架结构示意图

| 1 檐柱 | 5 小额枋 | 9 平板枋 | 13 正心桁 | 17 五架梁 | 21 单步梁 | 25 脊桁 | 29 中金桁 | 33 檐椽 |
| 2 老檐柱 | 6 由额垫板 | 10 上檐额枋 | 14 挑檐桁 | 18 三架梁 | 22 雷公柱 | 26 脊垫板 | 30 下金桁 | 34 飞檐椽 |
| 3 金柱 | 7 挑尖随梁 | 11 博脊枋 | 15 七架梁 | 19 童柱 | 23 脊角背 | 27 脊枋 | 31 金桁 | 35 溜金斗栱 |
| 4 大额枋 | 8 桃尖梁 | 12 夹马板 | 16 随梁枋 | 20 双步梁 | 24 扶脊木 | 28 上金桁 | 32 隔架枓 | 36 井口天花 |

上作了某些新的尝试。元代许多殿宇柱子排列灵活，往往与屋架不作对称的连系，而是用大内额，在内额上排屋架，形成减柱、移柱的作法。《营造法式》中的斜栱，在元代建筑中占有突出的地位，斜栱由柱头斗栱上挑，承两步甚至三步椽子。这些建筑梁架多用原木并且适应材料的形状有许多灵活的构造，有些则用旧料拼合[323]（图145-4）。虽然元代这些新的变革没有直接被明代建筑继承下来，但某些构架原则却在明清时期得到了进一步发展。最重要的是斗栱结构机能发生了变化，就是将梁外端做成巨大的要头伸出斗栱外侧，直接承托挑檐檩；梁下的昂自然失去了原来的结构意义；而补间平身科的昂也多数不延长到后侧，成为纯装饰性构件，因此，斗栱比例可以减小，排列更可丛密。而内檐各节点上的斗栱也逐渐减少，将梁身直接置于柱上或插入柱内，使梁与柱的交接更加紧密。明清时期的楼阁建筑，都将内柱直接升向上层，而去掉了辽金楼阁建筑常见的上下层柱间的斗栱。这种结构方式在楼阁结构的整体性上无疑具有更大的优点，承德的大乘阁就是一个典型的例子。

　　明清时期的木结构，从官式建筑来看，存在着互相矛盾的现象。一方面，构架的整体性加强了，以太和殿和大乘阁为例，无论是殿或阁的构架体系都很明确，节点简单牢固；并将宋元时期的襻间改为檩、垫板和枋，驼峰被柁墩所代替，都是简化构件的具体表现。但另一方面，却再没有金元时期那种灵活处理空间和构件的方法，构架死板僵化；而梁的断面由3∶2改为5∶4的比例，不但断面不合理，而且加重了梁本身的静荷重（图211）。

图 210　北京市北海九龙壁

图 212-1    清代宫廷室内装修之一

　　这种矛盾现象是木构架结构发展的必然趋势。中国木构架结构体系经过三千年的发展，由简陋到成熟、复杂，再进而趋向简练的过程是很明显的。明代的官式建筑已经高度标准化、定型化，而清朝于公元1733年颁布的《工部工程做法则例》则进一步予以制度化。建筑的标准化标志着结构体系的高度成熟，但同时也不可避免地使结构僵化。如《做法则例》就把所有建筑固定为二十七种具体的房屋，每一种房屋的大小、尺寸、比例都是绝对的；构件也是一样。这种绝对化势必导致矛盾的另一极端。

　　许多地区的民间建筑虽然在发展上也和官式建筑一样——趋于标准化、定型化，但由于地区和民族的不同，各地区的建筑有相当大的差别。正是由于各地民间建筑都在自己的基础上得到成熟的发展，所以明清时期中国建筑的地方特色更加显著起来。

　　在建筑艺术方面，明清二代统治阶级的官式建筑由于斗栱的比例大大地缩小了，出檐的深度减少了，柱的比例细长了（唐宋柱径与柱高的比例为1:8～9，清为1:10），柱的生起、侧脚和卷杀不再采用了，梁、枋的比例沉重了，屋顶柔和的线条轮廓消失了，因而呈现着比较沉重、拘束但稳重、严谨

图　212-2　清代宫廷室内装修之二

的风格，而与唐宋建筑发生很大的差别。

　　官式建筑的标准化、定型化还包括彩画、门窗、须弥座、栏杆、屋瓦以及装饰花纹等方面。其中只有室内装饰性的木间隔受到限制较少，创造了很多优秀作品（图212-1～3）。但是从清中叶以后，装饰走向过分繁琐，定型化的花纹也失去了清新活泼的韵味。这些更加深了个体建筑沉重拘束的风格。

　　虽然如此，明清的建筑师在组群的总体布局上获得了不少成就。他们在指定的地段上，把按照成熟定型的做法所产生的各种不同大小、形式的房屋巧妙地组合在一起，如北京的明清宫殿、颐和园、西苑、天坛等便是明证。清朝世袭的皇室建筑师"样式雷"家族留下的数以千计的图纸，绝大部分都是组群的总体平面图，在每座房屋的平面位置上注明面阔、进深、柱高的尺寸、间数和屋顶形式，因而具体的结构和施工只须遵照《做法则例》进行工作。这种设计的特点，显示了明清建筑师在各种不同的地段上，灵活而妥善的运用各种建筑体型进行空间组织的能力，也表现了他们敏锐而准确的尺度感。这时期四合院的空间组合方式也和前代有不同的特点，就是废弃唐宋以来以低矮的廊院围绕主体

图 212-3    清代宫廷室内装修之三

建筑的手法改为由正房和厢房、墙、门等组成封闭的空间，并通过不同空间的变化来突出主体建筑。如北京故宫、天坛等就是这种院落组合的典型。

另一面，明清的民间建筑和园林，在空间组织、建筑造型、建筑装饰、利用地方材料和设计施工方法等方面仍有很多新的创造和发展。据明代中叶已经流传的《鲁班经》所载，江浙住宅有以明间面阔为基本单位来决定各部分比例尺寸的设计方法，建筑内部的天花，结合室内空间使用各种轻巧秀丽的轩，而天花以上部分仍沿用唐宋以来的草架结构。在福建的土造大楼中，有很多高达四五层、厚约一米余而收分较小的夯土承重墙，显示高度的技术水平。河南、山西、陕西等省的窑洞住宅从布局到构造都作了不少改进。藏族和西北少数民族的建筑也在这时出现了模数制度。在造型艺术方面，各地区、各民族的建筑比官式建筑更为生动活泼、富于变化，尤以各民族建筑经过密切交流以后，出现的一批新风格的建筑为最，如承德的几处喇嘛庙就是很成功的作品。这些，都为丰富的中国古代文化增添了一批新的成果。

# 附　录　一

## 注　释

［1］　《春秋谷梁传·庄公二十三年》：“礼楹，天子丹，诸侯黝垩，大夫苍，士黈。”（世界书局影印清阮元刻十三经注疏本）

［2］　《礼记·礼器第十》：“天子之堂九尺，诸侯七尺，大夫五尺，士三尺。”（世界书局影印清阮刻十三经疏本）

［3］　《周礼·冬官考工记第六》，郑玄注：“司空，掌营城郭，建都邑，立社稷、宗庙，造宫室、车服、器械，监百工者，唐虞以上曰共工。”（世界书局影印清阮元刻十三经注疏本）

［4］　关于中国古代社会的分期问题，本书采用郭沫若同志的说法。见郭沫若主编：《中国史稿》第一册178～187页。（人民出版社1962年6月版）

［5］　（北魏）杨衒之：《洛阳伽蓝记》。（周祖谟校释本，中华书局1963年）

［6］　（清）顾炎武：《历代帝王宅京记》卷12，邺南城。（槐庐丛书三编本）

［7］　（宋）张方平：《乐全先生集》卷25，奏请修南京内殿门阙事。（四库全书珍本初集本）

［8］　（晋）陈寿：《三国志》吴书卷第2，孙权传，赤乌十年拆迁武昌宫材造建业太初宫。（百衲本二十四史）

［9］　（北齐）魏收：《魏书》卷13，孝静帝纪，天平元年，自洛阳迁都邺。（百衲本二十四史）

［10］　（后晋）刘昫等：《旧唐书》卷20上，昭宗本纪，天祐元年，自长安迁都洛阳。（百衲本二十四史）

［11］　（元）周密：《癸辛杂识》别集，卷上，燕用。（学津讨原本）

［12］　（梁）肖子显：《南齐书》卷57，魏虏传。（百衲本二十四史）

［13］　（清）张惠言：《仪礼图》。（同治九年崇文书局重刻本）

［14］　刘敦桢：《中国住宅概说》。（建筑工程出版社1957年5月版）

［15］　（明）崔铣：《嘉靖彰德府志》卷8，邺都宫室志。（上海古籍书店1964年印本）

［16］　（北魏）郦道元：《水经注》卷22、23、31，张伯雅墓、曹嵩墓、尹检墓。（四部丛刊本）

［17］　陕西省文物管理委员会：《唐乾陵勘查记》。《文物》1960年第4期。

［18］　郭湖生、戚德耀、李容淦：《河南巩县宋陵调查》。《考古》1964年第11期。

［19］　（唐）李华：《含元殿赋》见《唐文粹》卷1。（四部丛刊本）

［20］　（唐）房乔等：《晋书》卷29，五行志下，（百衲本二十四史）

［21］　（元）陶宗仪：《南邨辍耕录》卷21，宫阙制度。（四部丛刊本）

［22］　（唐）白居易：《白氏文集》卷69，自题小园。（四部丛刊本）

［23］　中国科学院考古研究所：《唐长安大明宫》。科学出版社1959年11月版。

［24］　敦煌文物研究所：《敦煌壁画》。文物出版社1960年3月版。

［25］　（宋）范成大：《揽辔录》。（丛书集成初编本）

［26］　（梁）惠皎：《高僧传》卷6，惠远传。（海山仙馆丛书本）

［27］　（唐）柳宗元：《唐柳先生集》卷28，永州龙兴寺东丘记。（四部丛刊本）

［28］　（唐）杜宝：《大业杂记》。（历代小史本）

［29］　（宋）范谟：《砌街记》。（《蜀艺文志》卷40）

［30］　（宋）梁克家：《淳熙三山志》卷4，城涂。（北京图书馆藏清抄本）

［31］　（唐）柳宗元：《唐柳先生集》卷17，梓人传。（四部丛刊本）

［32］　如明朝的杨青、蒯祥、徐杲。见朱启钤、梁启雄：《哲匠录》，《中国营造学社汇刊》3卷3期，1932年。

[33]　（宋）司马光：《资治通鉴》卷180，隋纪四，炀帝大业元年。（古籍出版社1956年印本）

[34]　朱启钤、梁启雄：《哲匠录》。《中国营造学社汇刊》4卷1期，1933年。

[35]　单士元：《宫廷巧匠——样式雷》。《建筑学报》1963年第3期。

[36]　（宋）王溥：《唐会要》卷86，城郭。（丛书集成初编本）

[37]　夏鼐：《我国近五年来的考古新收获》。《考古》1964年第10期。

[38]　中国科学院考古研究所、陕西省西安半坡博物馆：《西安半坡》，9页。（文物出版社1963年9月版）

[39]　中国科学院考古研究所：《庙底沟与三里桥》，7页。（科学出版社1959年9月版）

[40]　北京大学考古实习队：《洛阳王湾遗址发掘简报》。《考古》1961年第4期。

[41]　黄河水库考古工作队陕西分队：《陕西华阴横阵发掘简报》《考古》1960年9期。

[42]　北京大学历史系：《中国考古学初稿》，45～48页。

[43]　中国科学院考古研究所：《沣西发掘报告》，43～44页。（文物出版社1963年3月版）

[44]　浙江省文物管理委员会：《吴兴钱山漾遗址第一、二次发掘报告》。《考古学报》1960年第2期。

[45]　安志敏：《干阑建筑的考古研究》。《考古学报》1963年第2期。

[46]　云南省博物馆：《云南晋宁石寨山古墓群发掘报告》。（文物出版社1959年9月版）

[47]　陈明达：《海城县的巨石建筑》。《文物参考资料》1953年第10期。

[48]　符松子：《辽宁省新发现两座石棚》。《考古通讯》1956年第2期。

[49]　河南省文化局文物工作队：《郑州二里岗》。（科学出版社1959年8月版）

[50]　河南省文化局文物工作队第一队：《郑州商代遗址的发掘》。《考古学报》1957年第1期。

[51]　安金槐：《郑州地区的古代遗存介绍》。《文物参考资料》1957年第1期。

[52]　郭宝钧：《1950年春殷墟发掘报告》。《中国考古学报》第5册，1951年。

[53]　容庚、张维持：《殷周青铜器通论》，102～120页。（科学出版社1958年10月版）

[54]　《左传·庄廿一年》、《谷梁传·桓三年》、《公羊传·昭廿五年》及《周礼·天官冢宰》均有"观"或"阙"的记载。（世界书局影印清阮元刻十三经注疏本）

[55]　五层门，见《礼记·明堂位》。三朝，见《礼记·文王世子》。（世界书局影印清阮元刻十三经注疏本）

[56]　（汉）班固：《汉书》卷27，五行志中之上。（百衲本二十四史）

[57]　（宋）李如圭：《仪礼释宫》。（《丛书集成》本）

[58]　（清）张惠言：（仪礼图》。（同治九年，崇文书局重刻本）

[59]　陈梦家：《西周铜器断代》（二）。《考古学报》第10册，1955年12月。

[60]　中国科学院考古研究所：《洛阳中州路》（西工段）。（科学出版社1959年1月版）

[61]　《墨子》卷13，鲁问，公输。（四部丛刊本）

[62]　《孟子》卷7，离娄上。（世界书局影印清阮元刻十三经注疏本）（四部丛刊本）

[63]　（汉）司马迁：《史记》卷126，滑稽列传。（百衲本二十四史）

[64]　（汉）司马迁：《史记》卷29，河渠书。（百衲本二十四史）

[65]　（北魏）郦道元：《水经注》卷33引《风俗通》。（四部丛刊本）

[66]　（汉）司马迁：《史记》卷6，秦始皇本纪。（百衲本二十四史）

[67]　（汉）司马迁：《史记》卷8，高祖本纪。（百衲本二十四史）

[68]　中国历史博物馆考古组：《燕下都城址调查报告》。《考古》1962年第1期。

[69]　中国科学院考古研究所：《新中国的考古收获》68页。（文物出版社1961年12月版）

[70]　（汉）司马迁：《史记》卷5秦本纪。（百衲本二十四史）

[71]　王仲殊：《汉长安城考古工作的初步收获》。《考古通讯》1957年第5期。

[72]　王仲殊：《汉长安城考古工作收获续记》。（《考古通讯》1958年第4期）

[73]　《三辅黄图》卷1，汉长安故城，都城十二门。（四部丛刊本）

[74]　刘敦桢：《大壮室笔记》。（《中国营造学社汇刊》3卷3期，1932年）

[75]　《三辅黄图》卷2，汉宫。（四部丛刊本）

[76]　唐金裕：《西安西郊汉代建筑遗址发掘报告》。（《考古学报》1959年第2期）

[77]　中国科学院考古研究所汉城发掘队：《汉长安城南郊礼制建筑遗址发掘简报》。（《考古》1960年第7期）

[78]　黄展岳：《汉长安城南郊礼制建筑的位置及其有关问题》。（《考古》1960年第9期）

[79]　王世仁：《汉长安城南郊礼制建筑（大土门村遗址）原状的推测》。（《考古》1963年第9期）

[80]　中国科学院考古研究所洛阳发掘队：《洛阳涧滨东周城址发掘报告》。（《考古学报》1959年第2期）

[81]　（刘宋）范晔：《后汉书》卷107，五行志五。（百衲本二十四史）

[82]　阎文儒：《洛阳汉魏隋唐城址勘察记》。（《考古学报》第9册。1955年6月）

[83]　（刘宋）范晔：《后汉书》卷1，光武帝纪引蔡质《汉典职仪》。（百衲本二十四史）

[84]　（刘宋）范晔：《后汉书》卷115，百官志二所载南北二宫司马、员吏、卫士人数，反映了二宫的规模。（百衲本二十四史）

[85]　（刘宋）范晔：《后汉书》卷117，百官志四注引《汉宫篇》及《汉典职仪》。（百衲本二十四史）

[86]　（晋）左思：《三都赋》。见《文选》卷4、卷5、卷6。（四部丛刊本）

[87]　俞伟超：《邺城调查记》。（《考古》1963年第1期）

[88]　（清）顾炎武：《历代帝王宅京记》卷8引《洛阳记》。（槐庐丛书三编本）

[89]　《周礼·地官第二·里宰》郑玄注。（世界书局影印清阮元刻十三经注疏本）

[90]　刘敦桢：《东西堂史料》。（《中国营造学社汇刊》5卷2期，1934年）
　　　　《三辅黄图》卷2。（四部丛刊本）

[91]　（北魏）郦道元：《水经注》卷19，渭水。（四部丛刊本）

[92]　广州市文物管理委员会：《广州出土汉代陶屋》32～41页。（文物出版社1958年版）

[93]　胡肇椿：《楼橹坞壁与东汉的阶级斗争》。（《考古》1962年4期）

[94]　重庆市博物馆：《重庆市博物馆藏四川汉代画像砖选集》。（文物出版社1957年12月版）

[95]　河南省文化局文物工作队：《郑州南关159号汉墓的发掘》。（《文物》1960年8、9期合刊）

[96]　《三辅黄图》卷4。（四部丛刊本）

[97]　河南省文化局文物工作队：《河南信阳楚墓出土文物图录》。（河南人民出版社1959年9月版）

[98]　江苏省文物管理委员会：《江苏徐州汉画像石》图11、12、18、73、92、100。（科学出版社1959年8月版）

[99]　司马迁：《史记》卷75，孟尝君列传。（百衲本二十四史）

[100]　李文信：《辽阳发现的三座壁画古墓》。（《文物参考资料》1955年第5期）

[101]　（汉）班固：《汉书》卷68，霍光传；卷50，汲黯传；卷98，西域传。（百衲本二十四史）

[102]　题（汉）刘歆：《西京杂记》。（抱经堂校定本）

[103]　王增新：《辽阳市棒台子二号壁画墓》。（《考古》1960年11期）

[104]　（刘宋）范晔《后汉书》卷103，五行志一。（百衲本二十四史）

[105]　（晋）陈寿：《三国志·魏志》卷1，武帝记，裴松之注。（百衲本二十四史）

[106]　《墨子》卷6，节葬下。（四部丛刊本）

[107]　（清）朱孔阳：《历代陵寝备考》卷8。（申报馆丛书续集本）

[108]　《周礼·春官第二·冢人》。（其树种见《论语·八佾》）（世界书局影印清阮元刻十三经注疏本）

[109]　陕西省文物管理委员会：《秦始皇陵调查简报》。（《考古》1962年第8期）

[110]　（汉）班固：《汉书》卷12，平帝纪。（百衲本二十四史）

[111]　刘敦桢：《大壮室笔记》。（《中国营造学社汇刊》3卷4期，1932年）

[112]　陕西省文物管理委员会：《陕西省兴平县茂陵勘查》。（《考古》1964年第2期）

[113]　北京市文物工作队：《北京西郊发现汉代石阙清理简报》。（《文物》1964年第11期）

[114]　刘敦桢：《定兴县北齐石柱》。（《中国营造学社汇刊》5卷2期1934年）

[115]　中国科学院考古研究所：《辉县发掘报告》。（科学出版社1956年3月版）

[116]　中国科学院考古研究所：《长沙发掘报告》。（科学出版社1957年8月版）

[117] 湖南省博物馆：《长沙砂子塘西汉墓发掘简报》。（《文物》1963年第2期）

[118] 黎金：《广州的两汉墓葬》。（《文物》1961年第2期）

[119] 中国科学院考古研究所：《洛阳烧沟汉墓》。（科学出版社1959年12月版）

[120] 姚鉴：《河北望都汉墓的墓室结构和壁画》。（《文物参考资料》1954年第12期）

[121] 于豪亮：《记成都扬子山一号墓》。（《文物参考资料》1955年第9期）

[122] 南京博物院、山东省文物管理处：《沂南古画像墓发掘报告》。（文化部文物管理局1956年3月版）

[123] （汉）司马迁：《史记》卷5，秦本纪；卷43，赵世家；卷44，魏世家。（百衲本二十四史）

[124] （汉）司马迁：《史记》卷88，蒙恬列传。（百衲本二十四史）

[125] 佟柱臣：《考古学上汉代及汉代以前的东北疆域》（丁·古长城）。（《考古学报》1956年第1期）

[126] 罗哲文：《临洮秦长城、敦煌玉门关、酒泉嘉峪关勘查简记》。（《文物》1964年第6期）

[127] 鲍鼎、刘敦桢、梁思成：《汉代的建筑式样与装饰》。（《中国营造学社汇刊》5卷2期，1934年）

[128] 阎文儒：《河西考古杂记》。（《文物参考资料》1953年第12期）

[129] （汉）班固：《汉书》卷97，外戚传；卷99，王莽传。（百衲本二十四史）

[130] （刘宋）范晔：《后汉书》卷72，董卓传。（百衲本二十四史）

[131] （汉）班固：《两都赋》。见《文选》卷1。（四部丛刊本）

[132] （汉）王延寿：《鲁灵光殿赋》。见《文选》卷11。（四部丛刊本）

[133] （汉）班固：《汉书》卷98，元后传；卷68，霍光传。（百衲本二十四史）

[134] （宋）司马光：《资治通鉴》卷95，晋纪十九，成帝咸康8年。（古籍出版社1956年印本）

[135] （北魏）郦道元：《水经注》卷10，浊漳水。（四部丛刊本）

[136] （清）顾炎武：《历代帝王宅京记》卷9，洛阳上。（槐庐丛书本）

[137] （北魏）郦道元：《水经注》卷16，谷水。（四部丛刊本）

[138] （北魏）杨衒之：《洛阳伽蓝记》卷2。（周祖谟校释本，中华书局1963年）

[139] 朱偰：《南京的六朝遗迹》。

[140] （唐）姚思廉：《陈书》卷31，肖摩诃传。（百衲本二十四史）

[141] 《太平御览》卷196。（四部丛刊本）

[142] 《大清一统志》卷163，河南府二，寺观。（光绪二十七年，上海宝善斋石印本）

[143] （北齐）魏收：《魏书》卷114，释老志。（百衲本二十四史）

[144] （刘宋）范晔：《后汉书》卷103，陶谦传。（百衲本二十四史）

[145] （唐）李延寿：《南史》卷70，郭祖深传。（百衲本二十四史）

[146] （梁）肖子显：《南齐书》卷53，虞愿传。（百衲本二十四史）

[147] （唐）张彦远：《历代名画记》卷5，晋，王、虞。（人民美术出版社，1963年印本）

[148] （北魏）杨衒之：《洛阳伽蓝记》卷1，永宁寺。（周祖谟校释本）

[149] （北魏）杨衒之：《洛阳伽蓝记》卷1，建中寺。（周祖谟校释本）

[150] 刘敦桢：《复艾克教授论六朝之塔》。（《中国营造学社汇刊》4卷1期，1933年）

[151] 《洛阳伽蓝记》卷1，永宁寺："中有九层浮屠一所，架木为之，举高九十丈，有刹复高十丈，合去地一千尺，去京师百里，已遥见之。"（周祖谟校释本，中华书局，1963年）案《释教录》（大藏经本）作九十丈，《水经注》卷16（四部丛刊本）及《魏书》卷114"释老志"（百衲本二十四史）均作四十余丈。

[152] （后晋）刘昫等：《旧唐书》卷22，礼仪志二。（百衲本二十四史）

[153] （日）太田博太郎等：《日本の建筑》。（彰国社1954年版）

[154] 刘敦桢：《河南省北部古建筑调查记》。（《中国营造学社汇刊》6卷4期，1937年）

[155] （唐）释道宣：《续高僧传》卷36，明芳传。（光绪十六年江北刻经处刊本）

[156] 林徽音、梁思成、刘敦桢：《云冈石窟中所表现的北魏建筑》。（《中国营造学社汇刊》4卷3、4期合刊，1933年）

[157] 宿白：《大金西京武州山重修大石窟寺碑校注》。（《北京大学学报》（人文科学）1956年第1期）

[158] 文化部社会文化事业管理局：《麦积山石窟》。（文物出版社1954年4月版）

[159]　罗宗真：《南京西善桥油坊村南朝大墓的发掘》。（《考古》1963年第6期）

[160]　河南省文化局文物工作队：《邓县彩色画像砖墓》。（文物出版社1958年12月版）

[161]　云南省文化局文物工作队：《云南省昭通后海子东晋壁画墓清理简报》。（《文物》1963年12期）

[162]　（北魏）杨衒之：《洛阳伽蓝记》卷3，高阳王寺。（周祖谟校释本，中华书局1963年版）

[163]　（宋）王溥：《唐会要》卷71，州县改置下；卷26，城郭。（丛书集成初编本）

[164]　（唐）李吉甫：《元和郡县志》卷27，江南道三，沔州汉川县。（武英殿聚珍版书本）

[165]　（宋）王溥：《五代会要》卷26，街巷。（丛书集成初编本）

[166]　（宋）王溥：《唐会要》卷31，舆服上，引营缮令。（丛书集成初编本）

[167]　马得志：《唐长安考古纪略》。（《考古》1963年第11期）

[168]　（唐）李林甫等：《大唐六典》卷7，工部，郎中、员外郎条。（光绪二十一年广雅书局刊本）

[169]　（宋）宋敏求：《长安志》卷7～10，唐京城。（经训堂丛书本）

[170]　陈寅恪：《隋唐制度渊源略论稿》。（三联书店1954年10月版）

[171]　（宋）宋敏求：《长安志》卷6。（经训堂丛书本）

[172]　马得志：《1959～1960年唐大明宫发掘简报》。（《考古》1961年第7期）

[173]　刘致平、付熹年：《麟德殿复原的初步研究》。（《考古》1963年7期）

[174]　（宋）王溥：《唐会要》卷86，街巷。（丛书集成初编本）

[175]　（清）徐松：《唐两京城坊考》。（丛书集成初编本）

[176]　中国科学院考古研究所洛阳发掘队：《隋唐东都城址的勘查和发掘》。（《考古》1961年3期）

[177]　（清）徐松辑：《元河南志》卷4。（藕香零拾本）

[178]　（清）徐松：《唐两京城坊考》卷5，宫城、皇城、上阳宫、神都苑。（丛书集成初编本）

[179]　（清）徐松：《唐两京城坊考》卷4，永平坊、延福坊。（丛书集成初编本）

[180]　（清）徐松辑：《元河南志》卷1，崇让坊、嘉献坊。（藕香零拾本）

[181]　（宋）王钦若等：《册府元龟》卷61，帝王部，立制度二，后晋天福二年条。（中华书局1960年印本）

[182]　（唐）白居易：《白氏长庆集》卷60，池上篇并序。（四部丛刊本）

[183]　（唐）皮日休：《二游诗·任诗》。见《全唐诗》卷609。（中华书局1960年印本）

[184]　（唐）李绅：《苏州开元寺诗》。见《全唐诗》卷482。（中华书局1960年印本）

[185]　宿白：《白沙宋墓》97页，注230。（文物出版社1957年9月版）

[186]　（唐）段成式：《寺塔记》。（人民美术出版社1964年印本）

[187]　（唐）张彦远：《历代名画记》卷3，记两京外州寺观壁画。（人民美术出版社1963年印本）

[188]　祁英涛、杜仙洲、陈明达：《两年来山西省新发现的古建筑》。（《文物参考资料》1954年11期）

[189]　梁思成：《记五台山佛光寺建筑》。（《文物参考资料》1953年。5、6期合刊）

[190]　刘铭恕：《考古随笔二则》。（《考古》1964年6期）

[191]　刘敦桢：《云南之塔幢》。（《中国营造学社汇刊》7卷2期，1945年）

[192]　山西省晋东南专员公署：《上党古建筑》图版24。（1963年12月版）

[193]　杨烈：《山西平顺县古建筑勘察记——大云寺、明惠大师塔》。（《文物》1962年2期）

[194]　阎文儒：《莫高窟的石窟构造及其塑像》。（《文物参考资料》2卷4期，1951年）

[195]　陕西省文物管理委员会杨正兴同志提供的调查资料。

[196]　陕西省文物管理委员会：《唐乾陵勘察记》。（《文物》1960年4期）

[197]　陕西省文物管理委员会：《唐永泰公主墓发掘简报》。（《文物》1964年1期）

[198]　南京博物院：《南唐二陵发掘报告》。（文物出版社1957年版）

[199]　梁思成：《赵县大石桥》。（《中国营造学社汇刊》5卷1期1933年）

[200]　余鸣谦：《最近竣工的赵县安济桥》。（古代建筑修整所编《历史建筑》1959年1期）

[201]　余哲德：《赵县大石桥石栏的发现及修复的初步意见》。（《文物参考资料》1956年3期）

[202]　（后晋）刘昫等：《旧唐书》卷122牛僧儒传，卷132高骈传。（百衲本二十四史）

[203]　（唐）黄滔：《黄御史集》卷5，灵山塑北方毗沙门天王碑。（四部丛刊本）

[204]　程学华：《唐贴金画彩石刻造像》。（《文物》1961年7期）

[205]　杨伯达：《曲阳修德寺出土纪年造像的艺术风格与特征》。（《故宫博物院院刊》总第2期）

[206]　（后晋）刘昫等：《旧唐书》卷6，武后本纪。（百衲本二十四史）

[207]　《文物》1963年2期封底。

[208]　徐续：《光孝寺大殿》。（《文物参考资料》1956年7期）

[209]　广州文管会：《关于徐续光孝寺大殿内容的几点更正》。（《文物参考资料》1957年1期）

[210]　（唐）杜佑：《通典》卷48，礼八，诸侯、大夫、士宗庙。（万有文库二集十通本）

[211]　辜其一：《四川唐代摩崖中反映的建筑形式》。（《文物》1961年11期）

[212]　（清）顾炎武：《日知录》卷12（馆舍）；"予见天下州之为唐旧治者，其城郭必皆宽广，街道必皆正直。廨舍之为唐旧创者，其基址必皆宏敞。宋以下所置，时弥近者制弥陋。"（道光十四年刊黄汝成《日知录集释》本）

[213]　（宋）洪迈：《容斋随笔》卷9，唐扬州之盛。（四部丛刊本）

[214]　（清）徐松：《宋会要辑稿》食货六七之一，置市。（中华书局1957年印本）

[215]　（宋）孟元老：《东京梦华录》卷2，州桥夜市，东角楼街，楼东街酒楼。（古典文学出版社1957年印本）

[216]　（宋）孟元老：《东京梦华录》卷3，相国寺内万姓交易。（古典文学出版社1957年印本）

[217]　（宋）沈括：《梦溪笔谈》卷18。（四部丛刊本）

[218]　（元）脱脱等：《宋史》卷154舆服志。（百衲本二十四史）

[219]　山西省云冈古物保养所清理组：《山西大同市西南郊唐、辽金墓清理简报》。（《考古通迅》1958年第6期）

[220]　郑隆：《赤峰大窝铺发现一座辽墓》。（《考古》1959年第1期）

[221]　《锦西大卧铺辽金时代画像石墓》。（《考古》1960年第2期）

[222]　梁思成、刘敦桢：《大同古建筑调查报告》上华严寺大殿及善化寺部分。（《中国营造学社汇刊》4卷3、4期合刊，1933年）

[223]　李良姣：《山西朔县崇福寺弥陀殿建筑初步分析》。（《历史建筑》1959年第1期）

[224]　参见本书第6章第7节，金代建筑的结构部分。

[225]　（清）徐松：《宋会要辑稿》方域一。（中华书局1957年印本）

[226]　（宋）孟元老：《东京梦华录》卷1。（古典文学出版社1957年印本）

[227]　（宋）李心传：《建炎以来系年要录》卷129，绍兴九年六月条。（丛书集成初编本）

[228]　（宋）赵彦卫：《云麓漫抄》卷3，唐代入阁制度。（中华书局1958年印本）

[229]　（宋）张昊：《云谷杂记·补编》卷1，寿山艮岳条。（中华书局1958年印本）

[230]　（宋）孟元老：《东京梦华录》卷7，三月一日开金明池琼林苑。（古典文学出版社1957年印本）

[231]　（宋）李焘：《续资治通鉴长编》，天禧二年六月乙巳条。（文津阁四库全书本）

[232]　（清）徐松：《宋会要辑稿》兵三。（中华书局1957年印本）

[233]　（宋）朱长文：《吴郡图经续记》卷上，城邑，卷中。（蒋氏密韵楼影宋本）

[234]　（宋）朱长文：《吴郡图经续记》卷上·卷中。（蒋氏密韵楼影宋本）

[235]　（宋）陆游：《渭南文集》卷20，居室记。（四部丛刊本）

[236]　（宋）周应合：《景定建康志》。（文津阁四库全书本）

[237]　（宋）王希孟绘：《千里江山图卷》。（故宫博物院藏品）

[238]　（宋）李格非：《洛阳名园记》。（古今逸史本）

[239]　（宋）吴自牧：《梦梁录》卷8，德寿宫，卷19，园囿。（古典文学出版社1957年印本）

[240]　（元）周密：《癸辛杂识·前集》吴兴园圃。（学津讨原本）

[241]　林徽音、梁思成：《晋汾古建筑预查记略》。（《中国营造学社汇刊》5卷3期，1935年）

[242]　王世仁：《记后土祠庙貌碑》。（《考古》1963年第5期）

[243]　梁思成：《正定调查纪略》。（《中国营造学社汇刊》4卷2期，1932年）